뇌 속 코끼리

우리가 스스로를 속이는 이유

뇌 속 코끼리

우리가 스스로를 속이는 이유

케빈 심러, 로빈 핸슨 지음

이주현 옮김

데이원

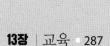

지적인 삶에 불을 지펴 주고
생각하는 방법을 가르쳐 준
리 코빈에게 이 책을 바친다.
—케빈

동네 모퉁이에서 투덜거리던
어린 친구들에게 말해 주고 싶다.
너희들이 생각했던 것보다 너희들의 말이 훨씬 더 옳았다는 것을.
—로빈

작가의 말

로빈은 10년 넘게 이 책의 주제와 관련된 내용을 꾸준히 블로그에 올렸지만, 로빈이 더 적극적으로 나서지 않았다면 지금 당신이 손에 든 이 책—혹은 화면으로 보고 있는—은 탄생하지 않았을 것이다. 2013년, 케빈은 두 번째 박사 학위 취득을 고려하는 대신, 로빈을 찾아가 학업을 중단하고 학생과 어드바이저의 관계로 비공식적으로 편하게 대화하고 일할 것을 제안했다. 두 사람이 힘을 합쳐 이 책을 탄생시켰다. 이 책은 일종의 박사 학위 논문과도 같다. 그렇다면 독자들은 이 논문의 심사 위원인 셈이다.

일반적인 논문과 조금 다른 점이 있다면, 이 책이 주장하는 바가 결코 독창적이지 않다는 것이다. 이 책의 기본 명제—인간은 스스로 마음속 동기를 점검할 때, 전략적으로 눈을 감아 버린다—는 수천 년 전부터 여러 형태로 존재해 왔다. 시인, 극작가, 철학자뿐 아니라 수많은 현자들 또한 사적인 자리에서 으레 주장하던 명제다. 그럼에도 오늘날까지 이 논지가 학술적인 글에서 다뤄진 것은 본 적이 없다. 산더미처럼 많은 책을 읽어도 이 주제를 다룬 책을 찾기는 쉽지 않다. 만약에 로빈이 그의 연구 인생 초반에 이 논지를 알았더라면 훨씬 좋았을 것이다. 연구자라면 한 번쯤 마주하는 막다른 길을 조금은 피할 수 있었을 테니. 이제는 후대의 젊은 연구자들이 이 논지를 명확하게 제대로 다루는 책 한 권이라도 도서관에서 찾을 수 있기를, 이 책이 바로 그런 책이 되기를 바란다.

이 책을 마무리하면서 우리는 이제 우리의 생각과 마음이 다른 곳으로 옮겨 간 것을 느낀다. 다른 작업과 프로젝트가 우리를 적극적으로 부르고 있고, 이제는 우리가 '뇌 속의 코끼리'라고 지칭한 이기적인 동기라는 주제를 집중해서 들여다보기 어려워졌다. 이 책의 저자인 우리조차 이제는 더 마음 편한 주제로 우리의 시선을 돌릴 수 있게 되어 다행이라고 생각한다. 세상이 이 책에 어떻게 반응할지 궁금하다. 출간 전 리뷰에서는 거의 만장일치로 긍정적인 반응을 얻은 만큼, 이 책을 읽는 독자들은 인간의 동기와 제도에 관한 우리의 주장 중 3분의 2 정도는 받아들이기를 기대해 본다. 다만 이 책의 핵심 명제가 많은 사람한테(특히 학자들한테 널리) 받아들여지는 일은 상상하기 힘들다. 우리보다 훨씬 뛰어난 사람들이 오래전부터 비슷한 아이디어를 발전시켜 왔지만, 눈에 띌 만한 성과를 내지는 못했다. 인간의 마음과 문화에는 틀림없이 이러한 주제를 멀리하려는 거부반응이 있는 것 같다.

마지막으로 많은 사람의 도움 없이는 이 작업을 해내지 못했을 것이다. 다음에 소개하는 동료, 친구, 가족들이 우리에게 해 준 훌륭한 조언, 아낌없는 피드백 및 격려에 감사드린다.

- 북 에이전트인 테레사 하트넷과 편집자 린 아가브라이트와 조앤 보세트에게 감사드린다.
- 초안에 대한 피드백을 해 준 스콧 아론슨, 사누 아티파람바트, 밀스 베이커, 스테파노 베르톨로, 로미나 보치아, 조엘 보르겐, 브라이언 캐플란, 데이비드 채프먼, 타일러 코웬, 장 루이 데살, 제이 딕시트, 카일 에릭슨, 매튜 폴쇼, 찰스 펭, 조슈아 폭스, 에이빈드 키외르스타드, 안나 크루피츠스키, 브라이언 레딘, 제프 론

스데일, 윌리엄 맥어스킬, 제프리 밀러, 루크 무엘하우저, 패트릭 오쇼네시, 로르 파슨즈, 애덤 새프런, 칼 슐만, 마이샤 타신, 토비 언윈, 잭 와이너스미스에게도 큰 감사를 드린다.

- 로빈은 이 책과 관련된 연구로 인해 어떠한 재정적 지원도 받지 않았다. 다만 종신 재직권이 주는 자유로움을 누렸을 뿐이다. 양해해 준 조지메이슨대학교의 동료들에게 매우 감사드린다.

- 케빈은 여러 지원과 격려, 아이디어 및 영감을 얻는 데 있어 닉 바, 에밀리오 세코니, 이안 쳉, 애덤 디안젤로, 요셉 요다니아, 디크란 카라궤우지안, 제니 리, 저스틴 마레스, 로빈 뉴튼, 이안 패드햄, 사라 페리, 벤카트 라오, 나발 라비칸트, 달시 릴리, 나쿨 산트푸카르, 조 셰르메타로, 프라산나 스리칸타, 알렉스 바턴, 프랑셀 왁스에게 많은 도움을 받았다. 이에 감사드리고, 특히 이 책을 논문처럼 생각하라고 제안한 찰스 펭과 '박사 학위를 가진 조언자'를 구하라고 제안한 조나단 론즈데일에게 큰 감사를 드린다. 또한 아낌없이 도와준 그의 부모님 스티브와 밸러리, 그리고 아내 다이애나에게 특별한 감사를 표한다.

- 마지막으로 케빈의 멘토이자 25년 지기 친구인 리 코빈에게 감사드린다. 이 프로젝트는 리 코빈 없이는 불가능했을 것이다.

●●●
들어가며

방 안의 코끼리 : 인정하거나 언급하길 꺼리는 중대한 문제. 사회적으로 금기되는 것.

뇌 속의 코끼리 : 인간의 마음이 작동하는 기제에 대해 중요하지만 알려지지 않은 특징. 내적으로 금기시되는 것.

로빈이 코끼리를 처음 목격한 것은 1988년도였다.

캘리포니아 공대에서 추상경제학 박사 과정을 막 끝낸 후였다. 로빈은 박사 후 과정을 시작하게 되었고 2년간 보건의료 정책을 집중적으로 연구하기로 했다. 연구 초반에는 로빈 또한 모두가 궁금해할 만한 일반적인 질문에 대한 해답을 찾고자 했다. 어떤 의학적 치료가 효과적인지, 병원과 보험 회사들은 왜 이렇게 운영되고 있는지 그리고 보건의료 시스템의 효율성을 어떻게 향상할 수 있는지와 같은 질문 말이다.

하지만 연구를 하면 할수록 들어맞지 않는 퍼즐 조각 같은 데이터를 마주하게 되었다. 그러면서 그는 가장 근본적인 사실에 의문을 품기 시작했다. 환자들이 의료 서비스에 어마어마한 돈을 쓰는 이유 말이다. 건강 말고 다른 이유가 더 있을까?

하지만 어쩌면 그것만이 유일한 이유가 아닐 수도 있다. 로빈이 의아하게 생각한 데이터를 함께 살펴보자. 우선, 선진국은 과할 정도로 많은 양의 약을 복용한다. 약뿐만 아니라 병원을 방문하는 주기라든가 진단 검사를 받는 횟수 또한 건강을 유지하기 위해 필요한 수준보다 훨씬 과한 편이다. 대규모 무작위 연구 결과를 보면 무상 의료 서비스를 받는 사람들은 의료 지원을 받지 않는 대조군에 비해 약을 많이 복용한다. 물론 그렇다고 해서 이들이 그만큼 눈에 띄게 건강해지는 것은 아니다. 반면에 스트레스를 최소화하거나 식습관, 운동 습관, 수면 또는 대기의 질을 개선하고자 하는 노력과 같은 비의료적 방법이 건강에 훨씬 이로운 것으로 나타났다. 그럼에도 환자와 정책 결정자는 이런 비의료적 방법에는 그다지 관심을 보이지 않는 편이다.

환자들은 외관적으로 좋아 보이는 의료 서비스에 너무나도 쉽게 만족하고, 놀라울 정도로 의료 서비스에 대해 자세히 알아보려고 하지 않는다. 예를 들어 다른 의사의 진단을 받아 본다거나 주치의나 병원 측으로부터 결과에 대한 통계를 요구하는 경우는 거의 없다(한 연구 결과에 따르면, 아주 위험한 심장 수술을 받아야 하는 환자 중 단 8퍼센트만이 그 수술과 관련된 인근 병원별 사망률을 알아보기 위해 50달러를 지불하고자 했다). 그리고 저비용의 고통 완화 치료와 값비싼 생명 연장 치료를 비교했을 때, 많은 경우 고통 완화 치료가 생명 연장 측면에서 동일한 효과가 있고 삶의 질을 유지하는데 있어서 훨씬 더 나은 선택이지만 연명 치료에 말도 안 되는 수준의 값을 지불한다. 이런 데이터를 종합해 보면 의료 서비스가 건강과 절대적인 상관관계가 있다고 당연히 여겼던 믿음이 진정으로 옳은지 의심스럽다.

이런 수수께끼를 풀기 위해 로빈은 의료 정책 전문가로서는 상당히 의외의 방법으로 이 문제를 접근했다. 그는 사람들이 약을 구입하는 다른 동기가 있지 않을까 생각했다. 단순히 건강해지기 위한 목적 외의 다른 동기 말이다. 그리고 이런 동기는 대체로 무의식에 내재되어 있다고 주장했다. 내면을 들여다보면 건강을 위한 동기 하나만을 볼 수 있지만 한 걸음 물러나서 외부에서 객관적으로 그 동기를 보고, 행동에서 시작해 그 동기를 역으로 파악하면 생각하지 못했던 흥미로운 그림이 나온다.

어린아이가 넘어져서 무릎을 다치면, 아이의 엄마는 괜찮다며 상처가 난 무릎에 뽀뽀를 해 준다. 그런다고 상처가 실제로 낫는 것은 아니지만 아이와 엄마 모두 그 행위 자체를 소중하게 여긴다. 아이는 넘어지는 것보다 더 심각한 어떤 상황에도 엄마가 늘 그 자리에 있다는 사실에 안심하게 되고, 엄마 또한 아이의 신뢰를 얻기에 충분한 존재라는 것을 아이에게 보여 줄 수 있게 된다. 이런 소소하지만 중요한 예시를 통해 우리는 의학적으로 도움이 되지 않아도 의료적 도움을 주고받길 원하도록 프로그램화되어 있을지도 모른다는 사실을 알 수 있다.

로빈은 위의 예시와 비슷한 상호관계가 현대 의료 시스템에도 교묘하게 숨겨져 있지만 실제로 의학적 치료가 일어나기 때문에 우리는 이 사실을 알아채지 못한다고 주장한다. 즉, 값비싼 의학적 치료로 인해 질병이 치료되고 있긴 하지만 동시에 그 치료가 정교하게 꾸며진 '엄마의 뽀뽀' 성인판이라는 것이다. 아이와 엄마의 관계를 현대 의료 시스템에 대입해 보면 환자는 사회적 지원을 받고 있다는 사실에 안심하고, 이 지원을 해 주는 이들은 환자의 충성심을 어느 정도 사길 원한다. 그리고 여기서 '뽀뽀를 해 주는' 역할을 맡거나 지원하는 이들은 단순히 의사를 말하는 것이 아니다. 치료 과정 중에 환자의 곁에 있는 모든 이들을 말한다. 병원에 가 보라고 등을 떠민 배우자, 병원에 간 동안 아이들을 대신 돌봐 준 친구, 업무적으로 양해해 준 상사 그리고 심지어 애초에 환자의 의료 보험을 지원하는 고용주와 정부까지 모두 포함된다. 이 모든 사람들은 이런 식의 지원을 해 주는 대신 어느 정도의 충성심을 얻길 원한다. 하지만 결국 환자가 필요 이상의

약을 복용하는 것으로 결론이 나고 만다.

의료는 단순히 건강만을 위한 것이 아니라 '과시적 돌봄', 즉 보여 주기식의 행위이기도 한 셈이다.

아직까지 가설에 불과한 주장을 독자들이 완전히 믿어 주길 기대하진 않는다. 예시로 든 의료 서비스에 관해서는 14장에서 더 자세히 다루어 볼 예정이다. 우리가 이 주장이 어떤 느낌인지를 대략적으로라도 전달하는 것이 중요하다. 우선 인간의 행동은 여러 가지 동기에 근거한다. 의료적 행위를 주고받는 것과 같이 꽤 일차원적으로 보이는 행동까지도 말이다. 인간은 복잡한 생명체이기 때문에 딱히 놀랄 일은 아니다. 그리고 이런 인간의 동기는 무의식에 내재되어 있다. 즉, 인간은 행동을 하면서도 이 동기를 전혀 의식하지 못하고 있다는 말이다. 이는 단순히 인간의 마음 저 한 구석에서 생쥐처럼 몰래 부산스럽게 돌아다니고 있는 작고 미미한 동기가 아니라, 국가의 경제 데이터에 족적을 남길 만큼 거대하기 짝이 없는 코끼리만큼 큰 동기이다.

로빈은 의료 서비스를 연구하며 최초로 뇌 속의 코끼리를 목격했다. 반면에 케빈은 실리콘 밸리에 위치한 신생 소프트웨어 기업에서 근무하면서 처음으로 뇌 속의 코끼리를 발견했다.

케빈은 처음에 스타트업에서 근무하는 것이 본격적으로 회사를 세우기 전 연습 과정이라고 생각했다. 사람을 모으고, 이들에게 생각하고 대화를 나누고 코딩을 할 시간을 주면 사회에 도움이 될 만한 굉장한 프로그램이 탄생하리라 생각했다. 마치 레고 조각을 열심히 조립하면 하나의 결과물이 나오는 것처럼 말이다.

그러던 어느 날 그는 인류학자 크리스토퍼 보엠Christopher Boehm의 《숲속의 평등Hierarchy in the Forest》이라는 책을 읽게 되었다. 침팬지 사회를 분석하는 데 사용되는 개념을 동일하게 인간 사회에 적용한 이 책을 읽은 뒤 케빈은 그가 속한 환경을 아주 다른 시각으로 바라보게 되었다. 깜박거리는 형광등 아래 컴퓨터 모니터만 쳐다보며 일하고 있는 소프트웨어 엔지니어들은 수다를 떠는 영장류 무리처럼 보였다. 회사 인원 전체가 참여하는 회의, 동료와 함께하는 식사 그리고 팀별 회식 같은 행사는 정교한 사회적 그루밍 시간처럼 느껴졌으며, 입사 전 면접은 무리에 들어오기 위한 뻔한 의식처럼 보이기 시작했다. 심지어 회사 로고도 어떤 부족의 표식 또는 종교적 상징처럼 보였다.

하지만 케빈이 보엠의 책에서 얻은 가장 큰 발견은 사회적 지위에 관한 것이었다. 영장류로 모습을 바꾼 직원들은 서열을 유지하거나 한 단계 올라가려고 끊임없이 사투를 벌이고 있었다. 우월성을 과시하거나 영역 싸움을 하거나 상대를 적극적으로 도발하는 식으로 사회적 지위를 위한 싸움을 했다. 사실 이런 행동들은 인간만큼 사회적이고 정치적인 종에게 드문 일은 아니다. 오히려 흥미로웠던 점은 사람들이 이런 사회적 경쟁을 일상적인 비즈니스 용어로 잘 포장해서 그 실체를 파악하기 어렵게 만든다는 것이었다. 예를 들자면 리처드는 카렌에 대해 불만을 표현할 때, "그녀는 내 일을 방해한다"라고 말하지 않고 "그녀는 고객에게 충분히 신경 쓰지 않는다"라고 말한다. 사람들은 사회적 지위와 같은 금기된 주제를 노골적으로 거론하지 않는다. 대신 '경험' 또는 '선배의 조언' 등으로 잘 포장해서 이야기할 뿐.

결국 우리는 사회적 지위를 높이려는 목적으로 생각하거나 이야기하지는 않는 편이다. 다시 의료 서비스의 주제로 돌아가자면, 의료 서비스를 '보여 주기 위해' 제공하는 것은 아니다. 하지만 인간은 모두 본능적으로 이런 식으로 행동한다. 사실 우리는 꽤 교묘하게 전략적으로 행동하는 편이다. 인간이란 자기 자신조차 인식하지 못한 채 자신의 이익을 추구할 수 있는 종이다.

요상한 일이다. 인간은 왜 그렇게 중요한 동기를 스스로조차 자각하지 못하는 것일까? 생물학에 따르면 인간은 경쟁을 추구하는 사회적 동물다운 본능을 가지고 있다. 의식은 유용하기에 발달된 것이다. 그러니 마음 속 깊이 내재된 생물학적 동기에 대해서도 오히려 과잉해서 의식하는 쪽 이 합당한 것 아닐까? 그럼에도 대개 우리는 의도적으로 의식하지 않는 것 처럼 보이곤 한다.

그렇다고 해서 우리가 마음속에 내재된 동기들을 말 그대로 전혀 인식하 지 못한다는 말은 아니다. 마음속 어딘가에 있다는 것은 알지만 우리를 불 편하게 만드는 것이기 때문에 정신적으로 뒷걸음질치는 것이다.

이 책의 핵심 주장

"우리는 존재의 가장 심오한 곳까지 사회적인 생물이다."

−칼 포퍼Karl Popper[1]

"누구든 혼자일 때는 성실하다. 또 다른 누군가가 나타나면 동시에 위선이 시작된다."   −랄프 왈도 에머슨Ralph Waldo Emerson[2]

인간은 숨겨진 동기에 근거하여 행동할 수 있을 뿐 아니라 그렇게 행동 하도록 설계된 종이다. 인간의 뇌는 자신의 이해에 따라 행동하도록 설계 됐다. 하지만 동시에 다른 사람에게는 그 이기적인 면모를 드러내지 않도 록 끊임없이 노력한다. 다른 사람을 잘 속이기 위해서 우리의 뇌는 '자기 자신', 즉 의식적 마음에게조차 진실을 밝히지 않는다. 자신의 추악한 동기 를 자신조차 모르면 다른 사람에게 감추기 쉽기 때문이다. 이것이 바로 우 리가 이 책을 통해 살펴볼 진실이다.

따라서 스스로를 속이는 자기기만은 탐탁지 않은 행동을 하면서 '좋게 보이기' 위해 뇌가 사용하는 책략이자 전략이다. 당연한 말이겠지만 이런 이중성에 대해 자원해서 솔직히 털어놓고자 하는 이들은 거의 없다. 하지 만 이 사실에 대해 터놓고 이야기하지 않고 지금처럼 피해 가기만 한다면 인간의 행동에 대해 결코 제대로 이해할 수 없을 것이다. 숨겨진 동기와 관련된 모든 사실을 왜곡하거나 부정해야 한다. 꼭 알아야 할 중요한 사실들은 앞으로도 계속해서 금기시될 것이고 우리는 영원히 우리가 왜 이렇게 생각하고 행동하는지에 대해 이해하지 못할 것이다. 우리가 우리 자신을 진정으로 이해할 수 있는 방법은 딱 한 가지다. 바로 코끼리를 마주하는 것이다.

또다시 말하지만, 인간이 자신의 추악한 동기를 완전히 인지하지 못하는 건 아니다. 이런 동기들은 보고자 한다면 어차피 뻔히 보이는 것들이다. 그리고 '숨겨진' 동기의 종류에는 여러 가지가 있는데, 하나씩 살펴보다 보면 이미 우리가 아는 것들도 있고, 어렴풋이 알고 있거나 완전히 알지 못했던 것도 있다. 우리는 이런 동기들을 통틀어 '코끼리'에 비유하기로 했다(상자 1 참조). 방에 있든 뇌 속에 있든, 코끼리는 분명히 그곳에 있으며 코끼리를 보고자 얼굴 또는 마음의 방향을 돌린다면 언제든지 쉽게 발견할 수 있다(그림 1 참조). 하지만 우리는 그 코끼리를 보고도 모른 체하며, 따라서 깊게 들여다봐야 하는 행동과 그 행동을 하게 된 이유 또한 굳이 들여다보지 않는다.

상자 1 코끼리

인간이 이야기하는 것은 차치하고 생각하기조차 꺼리는 뇌 속의 코끼리의 정체는 무엇일까? 한마디로 말하자면 '이기심'이라고 할 수 있다. 우리 정신세계 내에 존재하는 자기 본의적인 부분 말이다.

사실 코끼리는 단순한 '이기심'보다는 훨씬 많은 개념을 포괄하고 있다. '이기심'은 그저 핵심적인 요소일 뿐 코끼리는 모두 서로 촘촘히 연결되어 있는 더 많은 요소의 총체다. 따라서 이 책에서 사용하는 '코끼리'라는 용어는 단순히 인간의 이기심뿐만 아니라 그로부터 파생된 개념 모두

를 지칭한다. 인간이 권력, 지위, 성을 위해 고군분투하는 사회적 동물이라는 사실, 필요하다면 경쟁에서 앞서 나가기 위해 기꺼이 거짓말도 하고 속임수도 사용하는 동물이라는 사실, 자신의 동기를 숨긴다는 사실, 그리고 숨기는 행동은 다른 사람들을 속이기 위한 것이라는 사실 모두 '코끼리'를 의미한다. 때에 따라 숨겨진 동기 그 자체를 지칭하기 위해서 '코끼리'라는 단어를 사용하기도 한다. 이 개념 중 하나라도 이해한다면 나머지를 이해하기는 무척 쉬울 것이다. 결국 이 개념들은 모두 큰 그림에서 보자면 동일한 맥락이며, 모두 하나같이 금기시되기 때문이다.

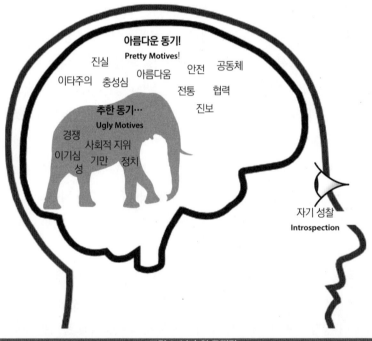

그림 1. 뇌 속의 코끼리

인간의 행동은 보이는 것과 실제가 다른 경우가 대다수다. 이것이 우리가 강조하고자 하는 점이다. 물론 이런 주장을 한 사람은 우리가 처음이 아니다. 여러 시대 많은 사상가가 다양한 방법으로 '인간의 행동은 소위 그 행동의 이유라고 말하는 것과 일치한 적이 없다'는 주장을 펼쳐 왔다. "아마도 우리는 훨씬 더 고상한 행위에도 얼굴을 붉혀야 할 것이다"라고 17세기 프랑스 고전 작가 프랑수아 드 라 로슈푸코François de La Rochefoucauld는 말했다.[3]

물론 유명한 지그문트 프로이트Sigmund Freud 또한 인간의 숨겨진 동기를 열렬히 주장한 사람 중 하나였다. 그는 행동 이면의 동기를 무의식 내에 잘 숨겨 두는 방법과 더불어 다양한 종류의 숨겨진 동기를 주장했다. 이 책에서 다루는 설명 중 많은 부분이 프로이트주의로 보일 수 있지만 오히려 프로이트주의의 방법론과 주장을 부정하는 주류 인지심리학에 기반한다.[4] 정신세계 속 억압된 생각과 갈등? 물론 이런 개념들이 이 책이 내세우는 핵심 개념들이긴 하다. 하지만 오이디푸스 콤플렉스? 꿈이 신뢰할 수 있는 증거라는 주장? 정신 분석으로 태아 때 기억을 되살릴 수 있다는 주장? 이런 것들은 이 책이 전달하고자 하는 바와는 전혀 상관이 없다.

이 책은 진화심리학으로부터 출발하며, 다윈 진화론을 바탕으로 자기기만에 대해 폭넓은 연구를 펼쳐 온 로버트 라이트Robert Wright를 비롯해 로버트 트리버스Robert Trivers와 로버트 커즈번Robert Kurzban(우연의 일치로 모두 로버트다)과 같은 학자들의 주장에 기반한다. 이들은 인간의 뇌는 스스로를 속이도록 설계되었다고 주장한다(트리버스의 말을 그대로 인용하자면 효과적으로 '타인을 속이기' 위해서라고 한다).

이 책은 진화심리학의 관점에서 출발하지만 거기서 그치지 않는다. 약 1세기 전 경제학자이자 사회학자로 활동했던 소스타인 베블런Thorstein Veblen 으로부터 영감을 받아 더욱 넓은 사회적 수준에서 숨겨진 동기를 모색한다. 베블런은 사치품의 수요를 설명하기 위해 '과시적 소비'라는 용어를 만든 것으로 알려져 있다. 값비싼 시계나 명품 가방을 구매하는 이유에 대해 소비자들은 편의적, 미학적 또는 기능적 이유를 든다. 하지만 베블런은 이를 부정하며, 사치품의 수요는 사회적 동기로부터 기인한다고 주장한다.

부를 과시하기 위함이라고 최근에는 심리학자 제프리 밀러Geoffrey Miller가 진화론적 관점에서 비슷한 주장을 펼쳤고, 이 책은 그의 연구 또한 깊게 다루고 있다.

이 책의 목표는 단순히 인간이 무의식적으로 행하는 많은 행동을 열거하는 것이 아니라 자선 단체, 기업, 병원, 대학 등 사회에서 중추적인 역할을 담당하는 기관들이 공식적인 목적 외에도 숨겨진 동기를 품고 운영되고 있다는 사실을 알리는 것이다. 따라서 이러한 사회적 제도와 기관을 살펴볼 때에는 반드시 숨겨진 의도를 고려해야 한다. 이들의 존재 목적을 크게 오해할 위험이 있기 때문이다.

이 책을 통해서 개인 수준에서뿐만 아니라 사회 수준에서 인간이 전략적인 자기기만에 탁월한 종이라는 점을 알게 될 것이다. 인간의 뇌는 꾀를 부리고, 사회적 지위를 위해 싸우고, 권모술수를 부리는 데 탁월하게 발달되어 있지만, 한편으로는 '자신', 즉 뇌의 의식적인 부분으로부터 나오는 생각은 순수하고 고결한 척할 수 있다. 우리는 뇌가 어떤 일을 꾸미는지 항상 알아낼 순 없고, 아는 척하다가 문제가 발생하기 마련이다.

기본 개념

네 개의 연구 분야를 간략히 살펴볼 예정인데, 각기 다른 연구 분야이지만 신기하게도 같은 결론에 도달했다. 심리학자 티모시 윌슨Timothy Wilson의 말을 빌리자면, '내 안의 낯선 나'가 존재한다는 것이다.

1. **미시 사회학.** 소규모 집단에서 사람들이 실시간으로 어떻게 상호작용하는지 살펴보면 인간의 사회적 행동의 깊이와 복잡함을 금세 알 수 있고 더 나아가 주위에서 일어나는 일을 인간이 얼마나 인식하지 못하는지 알게 된다. 인간의 사회적 행동에는 웃음, 얼굴 붉힘, 눈물, 시선, 보디랭귀지가 포함된다. 실제로는 이런 행동

을 의도적으로 제어하는 일이 거의 불가능하기 때문에 '자신'이 주도권을 가지고 있지 않다고 말하는 것이 더 맞을 수도 있다. 인간의 뇌는 인간 대신 타인과의 상호작용을 연출한다. 놀랄 만큼 교묘한 수준으로 말이다. '자신'이 다음에 어떤 말을 해야 할지 고민하는 동안에도 인간의 뇌는 적당한 때에 웃음을 내보이고, 알맞은 표정을 내비치고, 적절하게 눈을 맞추거나 눈을 피하기도 한다. 그리고 자세를 통해 자신의 영역과 사회적 지위를 표현할 뿐 아니라 상대의 행동을 해석하고 행동에 따른 반응을 보이기도 한다.

2. **인지 및 사회 심리학.** 인지적 편향과 자기기만에 대한 연구는 최근 몇 년 사이에 엄청나게 발전했으며, 인간의 뇌는 불운하거나 특이한 것이 아니라 교활하다는 사실이 새롭게 드러났다. 인간의 뇌는 의도적으로 정보를 숨기기도 한다. 바람직하지 않은 목적을 숨기기 위해 그럴듯한 사회적인 동기를 꾸며 내는 것이다. 트리버스의 말을 인용하자면, "편향된 인풋으로 인한 편향된 부호화, 거짓 논리에 근거한 정리, 잘못된 기억, 다른 사람에게 왜곡된 정보 전달에 이르기까지 '정보 처리'의 모든 단계에서 진짜 자신보다 더 좋게 보이려고 하는 평소의 목적에 유리하게끔 정신은 끊임없이 정보의 흐름을 왜곡시키는 방향으로 움직인다."[5] 에밀리 프로닌Emily Pronin은 이를 '자기 관찰의 착각'이라고 불렀다. 우리는 우리가 안다고 믿는 만큼 자신의 마음을 잘 알지 못하고 안다고 믿는 척할 뿐이다. 자기 자신을 조금만 속이면 보상이 따른다. 사리사욕만 추구하는 자신의 추악한 모습을 드러내지 않고도 최고의 이익을 위해 행동할 수 있는 것이다.

3. **영장류학.** 인간은 영장류이다. 더 자세히 말하자면 유인원이다. 따라서 인간의 본성은 유인원의 본성과도 비슷하다고 볼 수 있다. 영장류를 연구해 보면 성적 과시, 지배와 복종, 힘의 과시, 정

치 공작 등 상당히 마키아벨리적인 요소들을 발견할 수 있다. 하지만 인간에게 왜 새로운 자동차를 구입했는지 또는 왜 인간관계를 끊었는지 등 자신의 행동에 대해 설명해 보라고 하면 그 행동의 동기를 상당히 협조적이고 사회적인 것으로 묘사한다. 과시와 정치 공작 등 경쟁 사회에 사는 사회적 동물에게서 흔히 보이는 면모를 스스로 입 밖으로 꺼내는 일이 거의 없다. 뭔가 잘못된 것 같지 않은가?

4. **이론과 실제의 불일치.** 의료, 교육, 정치, 자선 사업, 종교, 언론 등 특정 사회적 제도와 관련된 데이터를 들여다보면 이들은 공식적으로 내놓은 목표를 달성하지 못할 때가 있다는 사실을 알 수 있다. 많은 경우, 단순히 실행상의 실패라고 볼 수 있다. 한편으로는 이 기관들이 공식적, 대외적으로 밝힌 목표 이외에 숨겨진 다른 목적을 달성하려는 것처럼 보이기도 한다. 예를 들어 학교를 한번 살펴보자. 학교의 목적은 중요한 기술과 지식을 학습하는 것이다. 하지만 많은 학생이 배운 것 중 대부분을 기억하지 못하고, 그나마 기억하는 것 중의 대부분은 그다지 쓸모없는 것이라고 말한다. 게다가 이른 아침 기상, 빈번한 시험 등 학교 커리큘럼이 학습 과정을 상당히 방해하도록 설계되어 있다는 연구 결과도 있다(이런 의문에 대해서는 13장에서 더 자세히 다룰 것이다). 또, 뭔가 잘못된 것 같지 않은가?

이 책은 이렇게 광범위한 수준의 사회 이슈를 다룬다는 점에서 다른 책과는 다르다. 개인의 삶 또는 개인의 행동 수준에서 자기기만을 살펴본 이들은 많다. 하지만 그중에서도 한 단계 더 나아가 도출한 결론을 사회 기관이나 제도에까지 적용한 이들은 많지 않다.

결국 인간은 혼자일 때만큼이나 자주 공적인 자리에서도 숨겨진 동기에 근거하여 행동한다. 그리고 이런 숨겨진 동기들이 충분히 교묘하게 잘 어우러지면 안정적인 제도가 탄생하게 된다. 학교, 병원, 교회, 민주주의와 같이 부분적으로나마 이런 숨겨진 동기를 잘 뒷받침하는 제도 말이다. 이 것이 의료에 대해 로빈이 내린 결론이었고, 이와 비슷한 논리가 삶의 다른 많은 부분에도 동일하게 적용된다.

다른 시각으로 한번 살펴보자. 세상에는 차마 인정하고 싶지 않은 동기에 기반해 행동하는 사람들이 넘쳐 난다. 대부분의 경우 이런 감추고픈 동기들은 반대 세력에 의해 세상에 드러나곤 한다. 예를 들어, 2008년 금융위기로 미국의 은행가가 정부에 구제 조치를 요청했을 때, 그들은 구제 조치가 전체 경제에 도움이 될 것이라고 주장했다. 하지만 자신들의 주머니 사정에 도움이 될 것이라는 말은 교묘하게 빼놓았다. 다행히도 많은 사람이 은행가의 부당 이익을 주장하고 나섰다. 이와 비슷하게 부시 정권 시절, 전쟁을 반대하는 사람들, 대부분 진보주의자들은 전쟁의 폐해를 주장하며 자신들의 시위를 정당화했다. 그리고 오바마 정권이 들어서면서 시위의 수가 급격히 감소했는데, 이때는 심지어 이라크와 아프가니스탄에서의 전쟁이 더욱 심화되고 있는 상황이었다.[6] 이 모든 것을 종합해 보면 이들에게 중요했던 것은 결국 평화가 아니라 당파에 대한 지지였던 것이다. 그리고 보수계 비판가들은 이런 일관성 없는 행위를 기꺼이 지적하고 나섰다.[7]

인간의 숨겨진 동기가 소속된 집단 혹은 당파의 이익과 일치하지 않으면 과연 어떤 일이 발생할까? 만약 모두들 동기를 숨기고자 하는 영역이 비슷해서 동기를 이끌어 낼 반대 세력이 없다면 이런 숨겨진 동기는 어떻게 드러날 수 있을까?

이 책은 바로 이런 공적인 영역 중에서 아직 세상 밖으로 드러나지 않은 어두운 면모에 빛을 비춰 보고자 한다. 관련된 이들 중 대부분이 전략적인 자기기만에 빠져 있는 사회 기관, 겉으로 보기에는 공급자와 소비자 간에 정상적인 거래가 일어나고 있지만 실제로 들여다보면 정작 다른 것을 거래하고 있는 시장을 살펴보려고 한다. 예를 들어, 예술 업계에 종사하는 사람들은 예술을 그저 미를 감상하고 추구하는 행위라고 말하지만 실제로는 사회에서 영향력이 큰 사람들과 네트워크를 형성하고 성적으로 자신을 과시하는 (실제로 성적인 친밀감을 위해서도) 구실로 작용하는 경우가 많다. 교육은 배움을 위한 것이라고 하지만 그것이 다가 아니다. 어쩌면 점수를 받고, 순위가 매겨지고, 자격을 위한 평가를 받고, 취업에 적합한 사람이라는 인증을 받기 위한 목적이 더 클지도 모른다. 종교 또한 신이나 사후 세계를 믿는 행위라기보다는 집단의 결속력을 위해 공개적으로 믿음을 선포하는 행위에 가까울지 모른다. 이런 각각의 영역에서 숨겨진 동기를 찾아낸다면 인간이 특정 상황에서 왜 그렇게 행동하는지 대부분 이해할 수 있다. 그리고 특히 다른 대안이 없는 경우, 인간은 공식적인 목적보다는 어둠 속에 숨겨 둔 목적을 우선시하는 경향이 있다.

이런 식으로 생각을 이어 나가다 보면 사회의 많은 기관들이 그야말로 쓸모없게 느껴질 수도 있다. 아이들을 교육하고, 환자들을 치료하고, 창작을 도모하는 기관들은 사회에 도움을 주고 사회와 사람들을 이롭게 하는 곳들이다. 하지만 이 기관들의 표면 아래에는 거대하지만 아무도 모르게 작동하는 용광로가 존재한다. 그리고 매년 몇 조 달러 규모의 부, 자원, 노동이 이 용광로에 들어가 재로 변해 버리고 만다. 그저 과시하고자 하는 목적 하나를 달성하기 위해서 말이다. 이 기관들은 결국 그들이 주장하는 공식적인 목적을 달성하긴 하나 문제는 효율성이다. 공식적인 목적 외에도, 그 누구도 인정하지 않으려는 숨겨진 목적 또한 동시에 달성해야 하기에 상당히 비효율적으로 운영되고 있다.

엄청나게 비관적으로 들릴지 모르겠지만 사실 우리에겐 좋은 소식이다. 이처럼 많은 결함을 품고 있음에도 불구하고, 이 기관들은 우리 사회와 인간의 삶에 이미 깊숙이 들어와 있기 때문이다. 인간의 삶에 도움이 되는 쪽으로 말이다. 이 기관들의 문제와 원인을 정확하게 진단할 수 있다면 언젠가는 변화를 이끌어 내고 인간의 삶이 더욱 나아질 수도 있지 않겠는가.

물론 대규모 사회 기관이 어떻게 운영되는지에 관심이 없는 사람도 있을 것이다. 그런 경우에도 이 책이 독자들의 삶에 실용적으로 사용되길 바란다. 특히 '상황 인식(군대 용어를 차용해서)' 능력을 높이는 데 도움이 되었으면 한다. 회의에 참석할 때나, 교회 예배를 드릴 때나, 텔레비전 프로그램에서 정치인이 떠들어 대는 모습을 볼 때나, 어떤 상황에서든 인간은 그 상황의 맥락에 대해서 더 자세히 알고 싶어 하고 그 상황이 왜 일어나는지 또한 궁금해한다. 인간의 사회적 행동은 때로는 도무지 이해할 수 없을 정도로 너무나도 복잡하다. 그 가운데서 이 책은 복잡한 인간의 행동을 이해할 수 있는 틀을 제공한다. 특히 일반적인 직관에 어긋나는 행동을 이해하는 데에는 더더욱 도움이 될 것이다. 사람들이 웃는 이유. 방 안에서 가장 중요한 사람을 찾는 법(어떻게 알아볼 수 있는지). 예술가를 섹시하다고 생각하는 이유. 사람들이 그토록 여행 다녀온 사실을 자랑하고 싶어 하는 이유. 창조론을 진심으로 믿는 사람이 있는지 등등. 사람들이 스스로에 대해 하는 말을 들어 보면 종종 혼란스러워질 때가 있다. 왜냐하면 사람은 자신의 행동에 대한 동기를 전략적으로 잘못 해석하는 경향이 있기 때문이다. 인간 행동 이면에 무엇이 있는지 알아보기 위해서는 반대 입장에서 그 동기를 들여다보고 인간 행동에 대한 데이터를 활용하는 수밖에 없다(상자 2 참조).

상자 2 알기 쉽게 설명하는 이 책의 주제

1. 우리는 늘 다른 이들을 평가한다. 좋은 친구가 될 만한 사람인지, 같은 편이 될 수 있는 사람인지, 애인이 될 수 있는 사람인지 또는 리더가 될 수 있는 사람인지 파악하길 원한다. 그리고 판단하는 가장 중요한 기준 중 하나는 바로 동기이다. 저 사람이 왜 저렇게 행동하는지, 그 행동 이면에는 다른 이들의 이익을 우선시하고자 하는 마음이 있는지 또는 그저 사리사욕을 채우기 위한 것인지 말이다.

2. 다른 사람에게 늘 평가받기 때문에 우리는 항상 좋은 모습을 보이고 싶어 한다. 따라서 보기에 좋은 동기를 강조하고 못난 동기는 감추려고 한다. 굳이 따지자면 거짓말하는 것은 아니지만 그렇다고 해서 정직하다고 볼 수도 없다.

3. 조금 이상하게 들릴지는 모르겠지만 이렇게 특정 동기만 강조하는 것은 우리가 내뱉는 말뿐만 아니라 생각에도 적용된다. 자기 자신에게는 정직해도 되지 않는가? 하지만 우리가 하는 생각조차 사적인 것이 아니다. 많은 방면에서 우리가 혼자서 의식적으로 생각하는 것은 곧 다른 사람에게 말로 전달된다. 트리버의 말처럼 "자기기만은 사실 다른 사람을 속이기 위한 것이다."[8]

4. 삶의 어떤 영역에서, 특히 정치와 같이 의견이 양극단으로 갈리기 쉬운 영역에서는 상대편이 주장하는 것보다 상대편의 동기가 훨씬 더 이기적이라고 쉽게 지적하는 편이다. 하지만 의료와 같은 영역에서는 관련된 사람들의 동기가 아름다운 것이라고 믿고 싶어 한다. 이런 경우, 행동의 이면에 있는 동기에 대해 우리 모두가 오해하는 것일 수도 있다.

책의 구성

이 책은 1부와 2부로 구성되었다.

　1부 '동기를 숨기는 이유'에서는 우리가 스스로의 마음을 왜곡하고 더욱 뒤틀린 자기기만의 모습을 보이는 이유를 인간의 사회생활에서 나타나는 수많은 동기와 연결지어 살펴본다. 성경책의 마태복음 7장 3절은 "어찌하여 형제의 눈 속에 있는 티는 보고 네 눈 속에 있는 들보는 깨닫지 못하느냐"라고 말한다. 이 성경 구절을 이 책의 주제에 맞게 바꿔 보자면 "어찌하여 형제의 마음속에 있는 생쥐는 보고 네 마음속에 있는 코끼리는 깨닫지 못하느냐"라고 할 수 있겠다. 1부에서는 마음속의 코끼리를 가능한 한 정면 돌파하는 것이 목적이다. 1부를 다 읽고 나면 눈을 깜빡거리거나 시선을 돌리지 않고 코끼리를 정면으로 바라볼 수 있길 바란다.

　2부 '일상생활 속의 숨겨진 동기'에서는 코끼리에 대한 이해를 바탕으로 작게는 개인에서부터 넓게는 사회 제도에 이르기까지 다양한 인간의 행동을 분석해 본다. 그 결과, 겉으로 보이는 것과 실제는 매우 상이하다는 사실을 알게 될 것이다.

주의할 점

　세상을 이해하고 싶은 사람들의 입장에서는 우리의 뇌가 알고 보면 우리 자신을 속이고 있다는 사실을 받아들이기 여간 쉽지 않으리라. 코끼리라는 존재도 혼란스럽지만 현실이 더더욱 혼란스럽다. 게다가 심각한 문제가 또 하나 있는데, 바로 이 책의 주장들을 공개적으로 지지하기 어렵다는 사실이다.

　어떤 주장은 다른 아이디어에 비해 쉽게 널리 퍼지고 받아들여지기도 한다. 이를테면 이타주의적이거나 협력을 강조하는 주장 외에도 뭔가 좋아

보이는 동기를 가진 주장은 사람들에 의해 자연스럽게 공유된다. 이런 주장의 경우 심지어 사람들이 "함께라면 큰일을 해낼 수 있어요!"라고 자발적으로 외쳐 주기도 한다. 외치는 자와 듣는 자 모두 뭔가 영감을 주는 주장을 선호한다는 것을 알 수 있다. 많은 이들의 관심과 세상의 박수를 받고 싶다면 이런 주장을 기반으로 목소리를 내면 된다. 훌륭한 설교, TED 강연, 학위 수여식 연설 그리고 대통령 취임식 연설은 이런 주장을 기반으로 한다. 하지만 그 외의 많은 주장은 벽에 부딪히고 세상에 영원히 받아들여지지 않는다. 경쟁 또는 다른 추악한 동기를 강조하는 주장의 경우, 사람들은 이런 주장을 공유하는 것을 극히 기피한다. 분위기를 차갑게 만들기 때문이다. 저자들이 직접 경험한 바에 의하면 이런 주장을 입 밖으로 꺼내게 되면 저녁 모임 분위기는 한순간에 얼어붙을 것이다.

이런 관점에서 이 책이 주장하고자 하는 바를 다시 한번 명확히 하겠다. 냉소주의와 염세주의를 구별하기 어려울 수도 있다. 인간의 동기를 나쁘게 바라보는 것과 인간 자체를 나쁘게 바라보는 것의 차이라고 할 수도 있겠다. 저자들은 인간의 동기는 회의적인 시각으로 바라보지만 결코 사람 자체를 싫어하지는 않는다는 점을 독자들에게 말하고 싶다(실제로 저자의 가장 친한 친구들 중 대부분은 사람이다!). 그리고 인간의 치부를 적나라하게 밝히면서 인간이라는 종을 깎아내리려는 의도는 전혀 없다. 그저 지금까지는 그다지 주목을 받지 못한 인간의 본성에 대해 잠시 시간을 내서 생각해 보자는 것이다. 무엇보다 인간의 본성에 대해 정직하게 탐구했다고 해서 인간이라는 멋진 존재에 대한 애정이 줄어들 것이라고는 생각하지 않는다.

조금 더 솔직해지자면 인간의 숨겨진 동기를 직면하는 일에는 위험 요소도 분명히 존재한다.

인간이 자기 자신을 속이는 이유는 그만큼 자기기만이 유용하기 때문이다. 자기기만을 통해서 인간은 다른 이들 앞에서는 이타적인 듯한 태도를 취하면서 동시에 이기적인 행동으로부터 오는 이익을 누리게 된다. 실제 우리의 모습보다 더 나은 사람처럼 보인다. 이렇게 착각 속에 지내 왔던 인간이 이 착각을 마주하게 되면 자기 존재 자체에 대한 의문이 생길 수도 있다. 어쩌면 모르는 편이 더 낫다는 말도 일리 있다.

하지만 이 착각을 마주할 것인가 말 것인가에 대한 선택, 내면을 들여다보고 코끼리를 정면으로 마주할 것인가 또는 그저 시선을 돌린 채 살아갈 것인가에 대한 선택은 영화 '매트릭스The Matrix'에서 네오가 마주한 선택과 비슷하다. 모피어스는 네오에게 한쪽 손에는 파란색 알약, 다른 쪽 손에는 빨간색 알약을 내밀며 경고한다. "이것을 먹으면 이제 예전으로는 못 돌아갈 것이다. 파란 알약을 선택하면 이야기는 막을 내린다. 너는 네 침대에서 눈을 뜰 것이고 믿고 싶은 것을 믿으면 된다. 하나 빨간 알약을 선택하면 너는 이상한 나라에 남을 것이고 토끼 굴이 어디까지 이어져 있는지 알게 될 것이다."[9]

잘못된 호기심으로 인해 인생이 끝난다면 케빈과 로빈은 이미 저세상에 살았을 테다. 비록 모르고 살 수도 있겠지만 알 기회가 온 이상, 그 기회를 놓칠 수 없다. 이 책을 고른 여러분은 이미 빨간색 알약을 선택한 것이다. 이제 진실을 위한 여정을 함께 떠나 보자.

1부

동기를 숨기는 이유

1장
동물의 행동

인간의 복잡한 사회생활을 본격적으로 살펴보기 전에, 간단한 것부터 시작해 보도록 하자. 인간 역시 동물이기 때문에 다른 동물을 관찰함으로써 자신에 대해 많은 것을 알아 갈 수 있다(다음 장에서 볼 예정이지만 식물을 살펴보는 것도 도움이 될 수 있다). 어쩌면 인간에게는 다른 종을 연구하는 게 특별히 더 큰 도움이 될지도 모른다. 다른 종에 대해서는 선입견을 크게 가지고 있지 않기 때문이다. 다른 동물에 대해 알아보는 이 과정을 보조 바퀴를 달고 자전거를 타는 과정으로 봐도 좋을 듯하다.

이번 장에서는 다소 이해하기 어려운 동물의 행동 두 가지를 빠르게 살펴보려고 한다. 동물의 행동은 언뜻 보기에는 단순하고 이해하기 쉬워 보이지만, 깊이 파고들다 보면 예상치 못하게 무척이나 복잡하다는 것을 알 수 있다.

하지만 유의할 점이 있다. 인간을 제외한 다른 동물은 인간과 같이 행동 이면의 동기를 숨기지 않는다는 점이다. 이들의 동기가 이해하기 어렵다고 느껴진다면 그것은 이들이 어떠한 심리 작전을 펼쳐서 그런 것은 아니다. 이 주제에 대해서는 이 장 후반부에서 더 자세히 다뤄 보자.

사회적 그루밍

영장류가 털을 손질하는 모습부터 살펴보자. 인간은 비교적 털이 없는 편이지만, 다른 영장류 동물은 몸 전체가 굵은 털로 뒤덮여 있다. 털 손질을 게을리하면 금세 털에 진흙이나 오물이 달라붙으면서 벼룩, 이, 진드기와 같은 기생충이 쉽게 서식할 수 있는 환경을 제공하게 된다. 따라서 영장류는 털을 깨끗이 하기 위해서 정기적으로 관리를 해 줘야 한다.

영장류에 속하는 동물은 스스로 털 손질을 할 줄 알고, 실제로 스스로 털 관리를 한다. 하지만 혼자서 잘 손질할 수 있는 부위는 전체 몸의 절반밖에 되지 않는다. 등, 얼굴, 머리 쪽의 털을 혼자서 손질하기는 쉽지 않다. 따라서 몸 전체의 털을 깨끗하게 관리하기 위해서는 다른 이들의 도움이 필요하다.[1] 여기서 사회적 그루밍social grooming이라는 개념이 등장한다.[2]

사회적 그루밍을 하고 있는 수컷 침팬지 두 마리를 머릿속에 그려 보자. 그루밍을 받는 침팬지는 몸을 엉거주춤 구부린 채 등을 상대에게 보여 주고 있다. 그루밍을 해 주는 침팬지는 다른 침팬지 쪽으로 기어가서 그의 털을 유심히 살피기 시작한다. 그리고 장장 몇 분에 걸쳐 상대방의 털을 손가락으로 긁고 고르고, 털에 붙은 이물질을 엄지손가락을 이용하여 떼 낸다. 상당히 많은 주의력과 집중력을 요하는 행위이다.

만약에 그루밍을 하는 침팬지에게 무엇을 하고 있는지 물어볼 수 있다면, 침팬지는 사무적인 톤으로 이렇게 답할지도 모르겠다. "친구 등에 붙은 이물질들을 떼어 내는 중이에요." 이것이 그루밍의 목적이고 침팬지가 그토록 집중하고 있는 이유이긴 하다. 아니면 단도직입적으로 행위에 대한 대가를 이야기해 줄지도 모른다. "제가 친구의 등을 그루밍해 주면 친구가 제 등을 그루밍해 줄 가능성이 높아요." 이 말 또한 사실이다. 침팬지들은 평생 지속되는 비교적 안정적인 그루밍 파트너십을 맺곤 한다. 언뜻 보기에 그루밍은 단순히 털을 깨끗하게 관리하는, 위생을 목적으로 한 행위인 것 같지만 전체적인 그림을 보면 결코 그것이 전부라고 할 수 없다.

따라서 사회적 그루밍이라는 행위를 보이는 그대로 받아들이면 안 된다. 단순한 위생 목적이라고 하기에는 이해하기 어려운 면이 많기 때문이다.

- 대부분의 영장류는 털을 깨끗하게 관리하기 위해 그루밍에 필요 이상의 시간을 들인다.[3] 예를 들자면 겔라다개코원숭이는 서로를 그루밍하는 데 무려 하루의 17퍼센트라는 터무니없이 긴 시간을 들인다.[4] 하루의 0.1퍼센트만 그루밍에 소비하는 영장류도 있으며, 그루밍과 비슷한 털 고르기 행위에 하루의 단 0.01퍼센트만 소비하는 새들도 있다. 이들에 비하면 겔라다개코원숭이는 그루밍에 시간을 과하게 투자하는 것이다.[5]
- 또 신기한 사실은 영장류는 자기 자신을 그루밍하는 시간보다 다른 영장류를 그루밍하는 데 훨씬 많은 시간을 보낸다는 것이다.[6] 만약에 그루밍의 유일한 목적이 위생이었다면 다른 영장류보다 자기 자신을 그루밍하기 위해 보내는 시간이 훨씬 많아야 할 것이다.
- 마지막으로 영장류 각 종별로 평균 몸 크기와 그루밍에 소비하는 시간의 상관관계를 살펴보자. 만약 그루밍이 순수하게 위생을 목적으로 한 행위라면, 몸이 더 크고 털이 더 많은 종은 서로를 그루밍하는 데 더 많은 시간을 보내야 할 것이다. 하지만 실제로 그러한 상관관계는 존재하지 않는다.[7]

"대체 왜 이런 걸까?"라는 질문이 절로 떠오른다. 그루밍에는 틀림없이 다른 목적이 있는 것처럼 보인다.

미국 영장류학자 로빈 던바Robin Dunbar는 연구 인생 대부분을 사회적 그루밍에 바쳤다. 그리고 일평생의 연구 끝에 그가 내린 결론은 영장류학자 사이에서 상식으로 통한다. 던바에 따르면 사회적 그루밍은 위생을 목적으로 한 행위일 뿐만 아니라, 정치적인 행위이기도 하다. 서로를 그루밍해 주면서 영장류는 여러 상황에서 도움이 되고 도움을 받을 수 있는 동맹 관계를 구축하는 것이다.

그루밍은 서로 긴밀하게 얽혀 있는 여러 가지 메시지를 내포한 행위다. 그루밍을 하는 대상은 "내가 시간이 좀 남으니 너를 도와줄게"라는 메시지를 전달하는 반면 그루밍을 받는 대상은 "너라면 내 뒤로 다가와도(또는 내 얼굴을 만져도) 괜찮아"라는 메시지를 전달하는 것이다. 양측 모두 물리적인 친밀감을 누리면서 동시에 동맹을 강화한다. 만약에 두 마리가 라이벌 관계라면 이렇게 등을 내어 주며 느긋한 시간을 즐기긴 어려울 것이다.[8]

결론은, 던바의 말을 인용하자면 "그루밍은 신뢰 관계가 형성될 수 있는 토대를 쌓는 행위"이다.[9]

그루밍의 정치적 기능을 통해 이 행위가 단순히 위생 목적이 아니라는 것을 알 수 있다. 예를 들면 서열이 높은 동물이 서열이 낮은 동물보다 더 많이 그루밍을 받는다.[10] 서열이 낮은 영장류가 서열이 높은 영장류를 그루밍할 시에는 나중에 보답으로 그루밍을 받을 가능성이 낮다. 그렇다면 다른 혜택이 분명히 존재할 것이다. 실제로 그루밍 파트너끼리는 음식을 나눠 먹는 경우가 많다.[11] 이뿐만 아니라 같은 장소에서 먹이를 찾기도 하고[12], 집단 내 다른 구성원과 충돌했을 때 서로 돕는 경향이 강하다.[13]

그리고 이런 정치적인 기능을 통해 왜 그루밍에 소비하는 시간이 털의 양에 비례하지 않고 사회적 집단의 크기와 비례하는지 알 수 있다.[14] 평균적으로 규모가 큰 집단일수록 정치적으로 복잡한 경향이 있다. 큰 집단 내에서는 동맹 맺는 일이 더욱 중요할 뿐만 아니라 동맹을 유지하는 일 또한 어렵다.

하지만 영장류는 그루밍이라는 행위 이면에 정치적인 동기가 있다는 것을 자각하지 않아도 된다. 자연 선택설이 존재하는 이상, 중요한 것은 사회적 그루밍을 많이 행하는 개체는 적게 행하는 개체보다 잘 살아간다는 점이다. 따라서 영장류는 그루밍을 통해 기분이 좋아지는 이유를 굳이 이해하고 있지 않더라도 그루밍을 주고받으면 기분이 좋아진다는 사실을 본능적으로 안다는 것이다.[15]

그렇다고 해서 영장류가 그루밍을 하는 이유에 위생적인 측면도 아예 존재하지 않는다고 생각해서는 안 된다. 만약에 위생적인 목적이 전혀 없다면 일일이 서로의 털을 고르기보다는 등 마사지와 같은 다른 행위를 할 수도 있다. 하지만 사회적 그루밍이라는 행위 이면에 위생적인 목적이 어느 정도 있다고 해도 영장류가 왜 그렇게 많은 시간을 이 행위에 투자하는지 설명하긴 어렵다. 겔라다개코원숭이의 경우 매일 30분만 사회적 그루밍에 소비해도 충분히 털을 깨끗하게 유지할 수 있지만 무려 120분을 사회적 그루밍에 투자한다(마치 인간이 하루에 네 번 샤워하는 것과 같다). 90분이라는 불필요한 시간을 소비하는 데에는 분명 정치적 이유가 클 것이다.

경쟁적 이타심

인간의 행동을 살펴보기 전에 다른 예시를 한번 보도록 하자. 아모츠 자하비Amotz Zahavi와 텔아비브대학 조류학 팀의 연구로 유명해진 아라비안노래꼬리치레는 시나이 사막과 아라비아반도 일부의 건조한 덤불에 생식하는 작은 갈색 새다. 노래꼬리치레는 3~20마리가 작은 무리를 지어 생활하며 포식자로부터 몸을 숨기기 위해 수목과 덤불의 일부분을 집단으로 방어한다. 이렇게 집단에 소속되어 있는 새들은 생활하는 데 전혀 무리가 없는 반면 집단에 소속되지 못한 새들은 크나큰 위험에 노출된다. 무리에서 쫓겨나 홀로 생활하는 새들은 다른 무리로부터도 외면당할 가능성이 높으며 먹이와 몸을 숨길 수 있는 장소를 구하는 데 어려움을 겪는다. 결국 대다수는 매 같은 맹금류나 뱀에게 잡아먹히곤 한다.[16]

노래꼬리치레의 사회생활에는 특이한 면이 있다. 우선 수컷의 행동을 다룰 예정이지만 암컷도 비슷한 행동을 한다. 수컷 노래꼬리치레는 엄격한 계급 사회를 이루며 살아간다. 무리의 리더인 알파 수컷은 서열상 두 번째에 있는 베타 수컷과의 경쟁에서 항상 승리하며, 베타 수컷은 또 서열상 세 번째에 있는 감마 수컷과의 경쟁에서 항상 승리한다. 아주 가끔 서열상 위아래에 있는 수컷들 사이에서 심각한 싸움이 발생하는데 이때 한 마리가 죽든가 무리로부터 영구 추방을 당하는 것으로 싸움은 종결된다. 하지만 대부분의 경우 수컷들은 굉장히 사이좋게 지내는 편이다. 실제로 수컷 노래꼬리치레는 다양한 방법으로 서로와 무리를 도우며 살아간다. 어른 새들은 먹이를 서로 나누고, 자신의 새끼가 아니더라도 다른 새들의 새끼들에게도 먹이를 물어다 주는가 하면 포식자나 라이벌 무리를 공격하고 다른 새가 먹이를 찾는 동안 포식자가 공격해 오지 않는지 살피는 '감시 업무'도 충실히 이행한다.

언뜻 보기에는 이런 행동들이 단순히 이타심에서 비롯된 것으로 보인다(심지어 자기희생적으로 보이기도 한다). 예를 들어 감시 업무를 맡은 노래꼬리치레는 굶으면서 그 업무를 수행한다. 이와 비슷하게, 무리를 대신하여 적을 공격하는 노래꼬리치레는 자신이 다칠 것을 감수하고 공격을 강행한다. 하지만 조금 더 자세히 들여다보면 이런 행동들은 보이는 것만큼 이타적이지 않다는 것을 알 수 있다.

우선 노래꼬리치레는 무리를 돕기 위해 경쟁한다. 그것도 때로는 격렬하게 말이다. 서열이 높은 새들은 자신보다 서열이 낮은 새들에게 먹이를 먹여 주는데, 때로는 먹이를 먹고 싶어 하지 않는 새들에게도 억지로 먹이기도 한다. 이와 비슷하게, 베타 수컷이 나무 꼭대기에서 감시 업무를 하면 알파 수컷은 괜히 베타 수컷이 있는 곳까지 날아가 베타 수컷이 업무를 중단하고 날아갈 때까지 괴롭히기도 한다. 반면에 알파 수컷을 쫓아낼 만큼 강하지 않은 베타 수컷은 알파 수컷이 양보하면 바로 교대할 수 있도록 끈질기게 알파 수컷 근처를 맴돈다. 그 외의 이타적인 행동을 실행하는 '특권'을 둘러싸고 비슷한 공방이 일어난다.

만약에 노래꼬리치레의 행동이 정말 도움이 되기 위한 행동이었다면 왜 굳이 이타적인 행동을 하기 위해 경쟁하며 시간과 힘을 낭비할까? 하나의 가설은, 서열이 높은 새들은 힘이 더 세기 때문에 먹이를 먹지 않고도 오랜 시간 버티거나 포식자를 잘 쫓아내기 때문이라는 것이다. 따라서 더 많은 부담을 짊어지더라도(심지어 싸워서라도) 실제로 무리 내 자신보다 약한 동료들을 돕는다는 것이다. 하지만 이 가설에는 문제점이 있는데, 노래꼬리치레들은 주로 오직 서열이 자신보다 바로 위거나 아래인 새들과 경쟁한다는 점이다. 예를 들어, 알파 수컷이 감마 수컷으로부터 감시 업무를 빼앗으려 하는 일은 거의 없다. 알파 수컷은 베타 수컷을 향해서만 집중적으로 경쟁의 에너지를 쏟아붓는다. 만약에 진짜 목적이 힘이 약한 구성원을 돕는 것이었다면 알파 수컷은 베타 수컷이 아닌 감마 수컷으로부터 감시 업무를 빼앗아야 말이 된다. 그뿐만 아니라 노래꼬리치레는 다른 수컷들이 무리의 새끼에게 먹이를 주지 못하게 하는 등 라이벌이 무리에 헌신하는 것을 방해하기도 한다. 만약에 무리 전체에게 도움이 되고자 하는 것이 목적이었다면 말이 되지 않는 행동이다.

그렇다면 이런 행동이 이타심으로부터 비롯되는 게 아니라면 목적은 무엇일까? 다른 구성원을 돕기 위해서 과도하게 경쟁까지 하는 진짜 이유 말이다.

자하비와 그의 연구팀이 면밀히 살펴본 바로는 노래꼬리치레는 이렇게 이타적 행동을 함으로써 무리 사이에서 일종의 '공로credit'를 쌓게 된다. 자하비는 이를 '위신에 의거한 지위prestige status'라고 부른다. 이렇게 공로를 쌓게 되면 두 가지 측면에서 이득을 얻을 수 있다. 하나는 짝짓기 기회다. 지위가 높을수록 수컷은 무리의 암컷과 짝짓기를 할 기회가 많아진다. 예를 들어 지위가 높은 알파 수컷은 무리 내에서 짝짓기할 기회를 독차지할 수도 있다. 하지만 베타 수컷의 지위가 높아지는 경우, 알파 수컷은 짝짓기의 기회를 양보하기도 한다.[17] 이런 식으로 알파 수컷은 효과적으로 베타 수컷이 자신의 곁을 떠나지 않도록 뇌물 공세를 펼치기도 한다.

지위가 높으면 얻을 수 있는 또 다른 이득은 바로 무리에서 쫓겨날 가능성이 낮아진다는 것이다. 만약에 베타 수컷이 무리에 도움이 되는 일을 많이 해서 지위가 높아지면 알파 수컷에 의해 쫓겨날 가능성이 낮아진다. 두 가지 이유가 있다. 첫 번째는 지위가 높은 베타 수컷은 무리에 도움이 된다는 사실을 증명했기 때문에 알파 수컷은 그를 측근에 두고 싶어 한다는 것이다. 그리고 두 번째는 이타적인 행동을 거듭함으로써 노래꼬리치레는 자신이 힘이 세다는 것과 건강하다는 것을 증명하기 때문이다. 알파 수컷이라 하더라도 지위가 높은 베타 수컷과 일대일로 싸워서 이긴다는 보장이 없기 때문에 지위가 낮은 베타 수컷보다 지위가 높은 베타 수컷을 조금 더 봐주는 것이다.

노래꼬리치레는 이타적으로 행동하기 위해 경쟁까지 벌이지만 사실상 이타적인 행동은 자신의 생존과 번식의 가능성을 높이기 위한 것이다. 이타적으로 보이는 행동을 한 꺼풀 벗겨 내 보면 사리사욕이 존재한다는 사실을 알 수 있다.

인간의 행동

동물의 행동을 보이는 그대로 받아들여서는 안 된다. 앞서 봤던 동물들의 예시로부터 명확하게 알 수 있듯이 말이다. 어떤 행동의 표면 아래에는 더 복잡하고 심오한 동기가 존재한다. 그리고 이것은 심지어 인간보다 더 단순한 인생을 사는 다른 생명체의 행동에서도 동일하게 나타나는 양상이다. 따라서 투표를 하거나 예술 작품을 만드는 등의 인간의 행동도 보이는 그대로 믿어서는 안 된다.

앞서 말했듯이 동물들이 행동 이면의 동기를 '숨긴다고' 말하는 건 잘못일 수도 있다. 적어도 심리적 측면에서 말이다. 개코원숭이들이 서로를 그루밍하는 동안 그루밍이라는 행위로 야기될 정치적인 영향을 고려하지 않고서 그 행위를 할 수도 있다(단순히 본능에 따라 하는 행동일지 모른다). 하지만 그렇다고 해서 의도적으로 정치적인 영향을 인지하지 못하는 것은 아니다. 그루밍 행위 이면에 존재하는 정치적인 의도를 숨길 필요가 없기 때문에 그에 대한 인식 또한 굳이 억누를 필요가 없는 것이다. 지식을 의도적으로 억압하는 것은 두 가지 조건이 충족되었을 때만 유용하다. 첫 번째는 다른 이들이 나의 마음을 어느 정도 간파했을 때이다. 두 번째는 다른 이들이 나에게 상을 줄지 벌을 줄지 판단할 때인데, 상벌을 결정하는 기준은 그들이 나의 마음에서 무엇을 봤는지에 근거한다.

이 두 가지 조건은 어떤 경우에는 인간이 아닌 영장류에도 동일하게 적용될 수 있다. 두 마리의 동물이 싸움에 이르기 전까지는 서로의 의도를 필사적으로 간파하고 이해하려고 한다.[18] 이때에는 상대를 속이는 것이 이득이 될 수도 있으며, 이 과정에서 자기기만이 어느 정도 일어날 수도 있다. 천적의 눈을 피할 때 위장술이 유용한 것과 마찬가지로 의도를 파악하려는 적수를 만났을 때에는 자기기만이 유용할 수도 있다. 하지만 인간을 제외한 영장류는 인간에 비해 상대방의 마음을 읽는 능력이 떨어진다. 따라서 이들은 자신의 마음을 스스로 속여야 할 필요성이 그만큼 적다.

이에 대해서는 추후 더 자세히 살펴보도록 하자. 다음으로 넘어가기 전에 중요하게 짚고 넘어가야 할 점이 있다.

다른 종의 행동을 연구할 때 그들의 입장을 고려하지 않을 수 없다. 그들이 어떻게 느끼는지, 어떤 시각으로 세상을 바라보는지 조금이나마 이해하기 위해서이다. 하지만 때로는 이런 방법이 오히려 더 혼란을 야기하기도 한다. 몇몇 동물의 반직관적인 행동은 우리가 이해하기 어려운 행동을 하는 종에 대해 더 많은 것을 알려준다. 찰스 다윈Charles Darwin이 처음 그의 이론을 공표하고 나서 한 세기 이상의 기간 동안 과학자들은 감시 업무를 자발적으로 담당하는 노래꼬리치레와 같이 이타적으로 보이는 동물의 행동을 설명하기 위해 '종의 이익the good of the species'과 같은 개념을 이유로 들었다.[19] 인간이 노래꼬리치레의 입장에서 할 법한 말이다. 하지만 결코 동물의 행동을 설명하기 위해서도 인간의 행동을 설명하기 위해서도 타당하고 자연스러운 주장은 아니다.

인간이 어째서 동물과 인간의 의도를 잘못 이해하는지 알아보기 위해서는 인간의 뇌가 어떻게 설계되었는지, 그리고 뇌는 어떤 문제를 해결하기 위해서 존재하는지 자세히 알아볼 필요가 있다. 즉, 진화 과정을 살펴보아야 한다는 말이다.

2장
경쟁

우리 인간은 특이한 종이다. 다른 동물에 비해 털도 없는 편이고, 두 다리로 걸을 뿐만 아니라 주위에 아무도 없는 듯 춤추고 노래하는 종이다. 웃고, 얼굴을 붉히고, 눈물을 흘린다. 그리고 갓난아기는 동물 전체를 통틀어 가장 연약한 존재다.

하지만 그중에서도 가장 눈에 띄는 특징은 바로 지능이다. 인간은 몸의 크기에 비해서 과도하게 큰 뇌를 가진다. 아마도 이렇게 큰 뇌 덕분에 인간은 지구에서 가장 유연하게 행동하는 생물체가 되었을 것이다. 그렇다 하더라도 인간은 왜 지적이고 유연한 동물이 되었을까? 그리고 인간의 뇌는 왜 이렇게나 급격히 커졌을까?(그림 2 참조)

술에 취한 사람이 집 열쇠를 잃어버리고는 '불빛이 거기밖에 없으니까'라며 가로등 밑에서 열쇠를 찾는 것처럼 인간의 진화를 연구하는 사람은 불빛, 즉 신뢰할 만한 증거가 있는 곳에서 그 해답을 찾으려고 한다. 고고학적 기록은 현재까지 남은 증거만을 바탕으로 한다. 조상의 골격, 석기, 몸을 치장하는 데 썼던 붉은색 안료에 대해서는 충분히 알지만 조상의 뇌 조직, 발성 또는 보디랭귀지를 복원할 방법은 전혀 없다.

여기까지는 기본 상식이라고 볼 수 있다. 하지만 증거 자체가 이미 편향적인데 인간이 이 문제에 접근하는 방식 또한 무척 편향됐다. 이런 측면에서 술에 취했다기보다는 자만에 빠졌다고 볼 수 있다. 인간은 우리 인간이라는 종이 돋보이길 원한다. 진짜 모습보다 더 돋보이게 만드는 조명 같은 불빛 아래에 서고 싶어 한다. 진화의 과정에서도 마음에 들지 않는 부분은 충분히 들여다보지 않는다. 이런 의미에서 불빛이 희미해서가 아니라 너무 밝아서 문제이다.

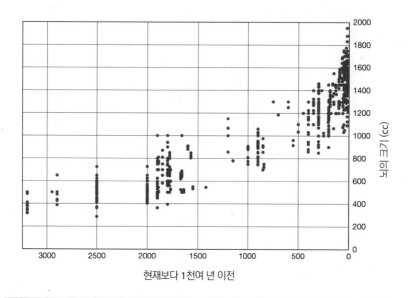

현재보다 1천여 년 이전

그림 2. 시계열 순으로 보는 인류 조상의 뇌의 크기(de Miguel and Henneberg 2001)

인간의 뇌가 왜 이렇게 커졌는지에 대해 설명하는 넓은 범위에서의 '불빛' 두 가지를 살펴보자.

1. **생태학적 어려움.** 포식자를 피하거나 대형 사냥감을 잡거나 불을 다루거나 새로운 식량원을 발견하거나 새로운 기후에 빠르게 적응하는 등의 일이 이에 해당한다. 이런 활동을 할 때 인간은 환경에 대항하게 되는 상황에 놓이면서 서로 협력할 기회가 만들어진다.

2. **사회적 어려움.** 짝짓기 상대를 구하거나 사회적 지위를 얻기 위한 경쟁, 동맹, 배신 등 결탁을 위한 정치, 집단 내 폭력, 사기, 기만 등이 이에 해당한다. 이런 활동에서 인간은 다른 인간과 대립

하게 되는 상황에 놓이면서 경쟁적이고 심지어 파괴적인 성향을 띠게 된다.

많은 이들이 인간의 지능에 대한 해답을 생태적 어려움에서 찾길 원한다. 협력을 통해 지능이 진화했다고 믿는 편이 훨씬 마음 편하기 때문이다. "혹독한 바깥 세상에 대응하기 위해서는 더 많이 배우고 협력해야 했기에 지능이 발달했어요. 모두를 위해 더 좋은 결과를 냈죠."라고 말하고 싶은 것이다. 윈윈윈win-win-win을 주장하고 싶은 듯하다.

하지만 현실은 그 반대다. 인간 지능의 비밀을 풀 열쇠는 혹독하고 그다지 매력적이지 않은 사회적 어려움에서 찾을 수 있다. 한 사람이 이득을 보면 다른 한 사람은 손해를 입는 제로섬 게임과 같은 현실 말이다. 인간이 이런 경쟁적인 제로섬 본능을 완전히 인지하지 못하는 건 아니다. 다만 인간의 행동을 설명하는 데 그다지 중요하게 여기지 않을 뿐이다.

여기서 인간이 과연 무엇을 이렇게 두려워하는지 이해하는 일은 중요하다. 인간은 경쟁 중에서도 많은 종류의 경쟁을 인정하고 심지어 축하하기도 한다. 인간들은 게임이나 스포츠와 같은 즐거운 경쟁은 매우 좋아하는 편이다. "레슬링에서 패자는 없다. 단지 승자와 배우는 자만 있을 뿐"이라는 말도 있을 정도다. 시장에서 여러 업체가 경쟁하면 가격은 내려가고 혁신이 일어나는 것처럼 더 넓은 의미에서 모두가 이득을 보는 협력적인 경쟁은 찬성하는 편이다.

때로는 심지어 전쟁과 같은 집단 대 집단의 경쟁을 쉽게 인정하기도 한다. 다른 집단을 상대로 경쟁을 즐긴다는 말이 아니라(물론 그런 사람도 있겠지만) 그 경쟁을 쉬쉬하고 비밀시하지는 않는다는 말이다. 왜냐하면 '그들'을 상대로 벌이는 경쟁을 통해 '우리' 사이에서 공유되는 공통의 이익이 드러나기 때문이다. 전쟁이 아무리 파괴적이고 잔혹하다 해도 전쟁이 일어나면 전 국민이 단결되는 이유가 바로 여기에 있다.

이보다 인정하기 더 어려운 것은 협력적이었던 관계를 뒤돌아서게 만드는 경쟁이다. 성적인 질투, 친구 간의 지위 다툼, 부부 사이에서의 권력 다툼, 부정행위에 대한 유혹, 직장 내 정치 등과 같은 경쟁 말이다. 물론 모두가 직장 내 정치적 싸움이 있다는 것을 알지만 그것에 대해 회사 블로그에 공개적으로 글을 올릴 수 있는 사람이 얼마나 있을까?

일반적으로 사람은 개인이나 가족, 공동체 또는 국가의 구성원으로 자신을 잘 포장해 주는 이론을 선호한다. 반면에 본인의 라이벌 이야기를 할 때면 아주 기꺼이 그들의 행동이 왜 그렇게 좋지 못한지에 대한 가설을 늘어놓는다. 다른 사람을 향해 내뱉은 말이 자신에게 되돌아오지 않는 이상 말이다.

이런 편견과 심리적 약점이 있다고 해서 우리가 경쟁에 대해 제대로 알 수 없다는 것은 아니다. 단지 그 과정이 조금 더 어려워질 뿐이다. 우리는 인간의 지능에 대한 해답을 협력이라는 불빛 아래에서 찾길 원한다. 자신이 돋보이고 좋게 보이는 조명 말이다. 하지만 만약에 해답이 다른 곳에 존재하는 것 같다는 의심이 조금이라도 든다면 심호흡을 한 번 한 뒤 본격적으로 경쟁이라는 살벌한 불빛 아래로 뛰어들어 봐야 한다.

세쿼이아 나무 이야기

케빈이 태어나고 성장한 캘리포니아는 세쿼이아, 미국삼나무 혹은 레드우드라고도 부르는 세계에서 가장 큰 나무의 자생지다.

현재 살아 있는 세쿼이아 나무 중 가장 키가 큰 것은 높이가 무려 115미터나 된다. 과거에는 그보다도 더 키가 큰 개체도 있었으며 122미터 이상이었던 나무의 흔적도 남아 있다. 이 정도 높이에서는 일반적으로 모세혈관 현상이 일어나지 않는다. 이렇게 높은 나무에서는 뿌리에서 가지 끝에 있는 잎사귀까지 물을 보낼 수 없기 때문이다. 따라서 세쿼이아는 어떤 의

미에서 극한까지 자란다고 할 수 있다.[1]

하지만 세쿼이아든 다른 종의 나무든 너무 높으면 그만한 대가가 따른다. 위로 자라고 바람과 중력을 거스르며 서 있기 위해서는 많은 에너지와 물질이 필요하다. 높이 자라는 데 소비되지 않았다면 그 에너지와 물질은 뿌리를 더 튼튼하게 하고, 가지를 위 대신 옆으로 펼쳐 더 많은 햇빛을 받고, 종자를 더 많이 생성하거나 뿌려서 번식을 하는 데 사용되었을 수도 있다.

그렇다면 왜 굳이 위로 자라는 데 이렇게 많은 노력을 하는 것일까? 이유는 종에 따라 다양하다. 어떤 종은 더욱 효과적으로 종자를 흩뿌리기 위해서, 또 어떤 종은 땅에서 나무를 먹는 동물로부터 나뭇잎을 보호하기 위해서 위로 자란다. 실제로 아카시아 나무는 기린이 나뭇잎을 쉽게 먹지 못하도록 높이 자란다. 하지만 대부분의 경우 나무가 높이 자라는 이유는 햇빛을 더 많이 받기 위해서이다. 숲은 경쟁이 치열한 곳이다. 햇빛은 귀하기도 하지만 나무의 성장에 매우 중요하다. 나무 중에서도 가장 높은 나무에 속하는 세쿼이아 또한 숲에서 자라는 한 다른 세쿼이아를 상대로 햇빛을 위한 경쟁에 참여해야 한다.

많은 경우, 종의 가장 치열한 경쟁 상대는 바로 같은 종이다.

세쿼이아는 진화론적 측면에서 군비 경쟁, 더 적합하게는 '높이 경쟁'을 하는 중이다. 세쿼이아는 다른 세쿼이아보다 더 빨리, 더 높이 자라기 위해 모든 노력을 쏟지 않으면 말 그대로 말라비틀어져서 다른 나무들의 그늘 아래에서 죽게 된다.

넓은 목초지에 세쿼이아 한 그루가 있다고 가정해 보자. 이 나무는 다른 식물과 동물을 내려다보고 하늘에 닿을 것같이 키가 크고 넓디넓은 곳에 홀로 서 있다. 무언가 잘못되었다고 느껴질 만큼 이상한 그림이다. 자연은 이런 식으로 작동하지 않는다. 만약에 아무것도 없는 광활한 목초지에 홀로 있다면 굳이 높게 자라기 위해 에너지를 낭비할 필요가 있을까?

그렇다면 키가 아닌 번식에 에너지를 많이 쏟은 개체에 의해 경쟁에서 밀리지 않았을까? 그렇다. 따라서 논리적으로 광활하고 탁 트인 들판은 세쿼이아가 자랄 만한 환경이 아니라고 추론해 볼 수 있다. 나무가 빽빽이 밀집된 숲에서 진화했다면 세쿼이아의 키가 왜 이렇게 커지게 되었는지 이해할 수 있다.

인간을 한번 생각해 보자. 세쿼이아처럼 인간 또한 두드러지는 특징을 가진다. 바로 큰 뇌이다. 지능을 갖춘 호모 사피엔스가 광활한 목초지에 홀로 서 있는 세쿼이아처럼 뇌를 갖춘 동물이라고는 찾아볼 수 없는 넓은 들판에 우두커니 서 있다고 생각해 보자. 이것 역시 뭔가 그림이 이상하다. 그림 3에서 볼 수 있듯이 인간의 지능은 다른 동물의 지능과 전혀 비례하지 않고 이상하고 불필요하다고 느껴질 만큼 높게 보인다. 물론 이런 접근 방식은 옳지 않다. (비유적으로 표현해 보자면) 인간은 목초지에서 진화한 것이 아니라 빽빽한 숲에서 진화했다. 그리고 세쿼이아처럼 다른 종을 대상으로 경쟁한 것이 아니라 그림 4가 표현한 것처럼 다른 인간을 대상으로 경쟁했다.

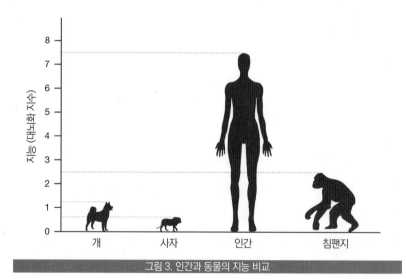

그림 3. 인간과 동물의 지능 비교

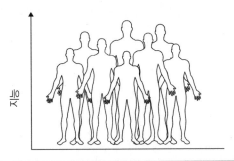

그림 4. 지능 경쟁 중인 인간들

영장류학자 다리오 마에스트리피에리Dario Maestripieri는 "인간에게 일어나는 가장 큰 문제의 원인은 거의 대부분 다른 인간이다."[2]라고 말한 바 있다. 가장 초기의 호모 사피엔스는 긴밀한 유대감을 바탕으로 20~50명으로 구성된 작은 집단으로 생활했다. 이 작은 집단이 인간의 '수풀' 또는 '숲', 즉 햇빛을 위해 경쟁하고 음식, 성, 영토, 사회적 지위와 같이 영장류가 필요로 하는 자원을 위해 경쟁하는 곳이었다. 그리고 이런 것들은 그냥 주어지지 않았다. 라이벌을 앞서가고 이겨야만 얻어졌다.

이것이 '사회적 뇌 가설social brain hypothesis' 혹은 '마키아벨리적 지능 가설Machiavellian intelligence hypothesis'이 주장하는 바다.[3] 인간의 조상이 지능적으로 발달한 가장 큰 이유는 다양한 사회적 및 정치적 상황에서 서로 경쟁하기 위해서라는 것이다.

저널리스트 매트 리들리Matt Ridley는 진화 생물학과 관련된 그의 저서 《붉은 여왕The Red Queen》에서 "인간의 뇌가 폭발적으로 커지게 된 모습은 종의 내부에서 군비 경쟁 같은 일이 있어났음을 시사한다"라고 말했다.[4] 심리학자 스티븐 핑커Steven Pinker와 폴 블룸Paul Bloom도 인간의 지성이 진화한 원인으로 종 내부의 경쟁을 강조했다. 1990년도에 작성된 언어의 진화와 관련된 유명한 논문에서도 이와 비슷한 주장을 내놓았다. 거의 동등한 지적 능력을 가졌으며 때로는 노골적으로 악의적인 동기를 지니기도 한 생물체와 상호작용하는 것은 인간의 인지를 발달시키는 데 어마어마한 영향을 미쳤고, 그 영향력 또한 점점 더 확대되어 왔다.[5] 로버트 트리버스는 한 걸음 더 나아가 거짓말과 거짓말을 알아차리는 것 사이의 군비 경쟁이야말로 인간의 지성이 발달하게 된 이유라고 주장한다. "기만을 인지하는 것과 기만이 확산되는 것 모두 지능이 진화하는 데 크나큰 원동력으로 작동했다. 아이러니하게도 부정직함이 진실을 간파하게 해 주는 지적 도구를 날카롭게 만드는 역할을 했는지도 모른다."[6]

물론 사회적 뇌 가설만으로는 인간의 뇌가 어떻게, 그리고 왜 이렇게 커지게 되었는지 설명할 수 없다.[7] 하지만 많은 학자들이 종 내부의 경쟁이 현재 인간이 지닌 지능을 형성하는 데 중요한 요인이었다는 점에 동의한다.

만약에 인간이 정말 협력만을 강조하고 경쟁은 중요시하지 않는다는 편견이 있다 해도 이를 잠시만 뒤집어 보도록 하자. 이제 인간이라는 종의 역사에서 경쟁이라는 측면을 중점적으로 살펴볼 예정이다. 특히 인간의 조상이 행해 왔던 큰 '경쟁' 세 가지, 성, 사회적 지위 그리고 정치를 하나씩 짚어보자.

성

'적자생존', 자연 선택과 관련해서 가장 흔히 사용되는 문구이다. 하지만 사실상 생존보다 중요한 것은 번식이다. 물론 호랑이에게 잡아먹히지 않는 것도 중요하지만, 조상들의 번식 활동을 통해 대가 끊기지 않고 계속 이어져 왔기 때문에 오늘날까지 많은 생명체가 존재한다는 사실을 기억해야 할 것이다. 그럼에도 많은 조상이 포식자의 먹잇감이 되어 생명을 잃었다 (물론 자손을 남긴 뒤에 말이다). 진화론적 관점에서 보면 생존이 아니라 번식이 가장 중요한 쟁점이 된다.

인간이라는 종과 관련하여 성을 이야기할 때는 성의 차이, 즉 남성과 여성이 어떻게 다른 성적 전략을 추구하는지에만 몰두하기 쉽다(때로는 집착이라 할 수 있을 만큼). 물론 남녀 간에는 생물학적인 차이가 명백히 존재하며, 이런 차이는 인간의 행동을 이해하는 데 중요한 단서가 될 수 있지만 지금이 책에서는 이를 가볍게 다루고 넘어갈 것이다.[8] 남성과 여성을 따로 보지 않고 묶어서 보기로 한 것은 일부일처제를 선택하는 종에 있어서 수컷과 암컷의 동기가 하나로 집약 가능하기 때문이라고 생각해 주면 좋겠다.[9] 실제로 리들리는 이렇게 말했다. "이런 면에서 인간이 특이하다는 점은 매우 중요하다."[10] 따라서 성과 관련한 주제에 접근할 때 성별에 따라 약간 다른 강조점을 두겠지만 전반적으로 여성과 남성을 구별하기보다 동일한 일반적인 본능을 따르는 인간으로서 바라볼 예정이다.

그리고 이 책에서는 성별에 따른 경쟁적인 면에 집중할 것이라는 점을 알아주었으면 한다. 남성과 여성 간의 협력적인 육아를 조명할 필요도 있겠지만 여기서는 그런 측면을 깊게 다루지 않을 예정이다.

성적 경쟁의 대표적인 예는 바로 교미 상대를 찾기 위한 경쟁이다. 국소적으로 제로섬 게임이라고 볼 수 있다. 한 공동체 내에서 교미 상대의 숫자는 어차피 정해져 있기 때문이다. 따라서 어느 성별이든, 자신과 같은 성별의 개체와 경쟁에 놓이게 된다. 좋은 남성과 (일부일처제로) 관계를 맺고 싶은 여성은 다른 여성과 경쟁해야 하며, 여성과 관계를 맺고 싶은 남성은 다른 남성 라이벌을 제치고 여성에 의해 선택되어야 한다.

여느 경쟁과 같이, 세쿼이아 나무가 햇빛을 경쟁하는 것과 같이 유성 생식을 하는 종 내에서 교미 상대를 위한 경쟁은 진화적 군비 경쟁으로 이어진다. 공작새의 화려한 꼬리가 대표적인 예이다.[11] 공작새의 꼬리는 공작새의 신체적 및 유전적 우월함을 자랑하는 도구이다. 이와 비슷하게 인간역시 번식을 위한 상대를 찾기 위해 구애 작전을 펼치며 남성과 여성 모두 혼인 시장에서 자신을 적극적으로 어필한다. 잠재적인 상대에게 자신이 좋은 유전자를 가지고 있으며 결국 좋은 부모가 되리라는 사실을 알리고 싶은 것이다.

그다지 이해하기 어려운 논리는 아니다. 하지만 이 행위가 내포하고 있는 바는 조금 의외일 수도 있다. 제프리 밀러는 저서 《메이팅 마인드The Mating Mind》에서 "우리의 마음은 생존을 위한 장치로써뿐 아니라 구애를 위한 장치로써 진화했다"라고 말할 만큼 인간의 특징적인 행동 중 많은 행동이 단순히 생존을 위한 것이 아니라 번식을 목적으로 한다고 말했다.

인간이 가지고 있는 많은 역량, 예를 들어 시각 예술, 음악, 스토리텔링, 유머 등이 마치 공작새의 화려한 꼬리처럼 번식을 위해 자신을 적극적으로 드러내는 장치로 작용한다는 것이다.

사회적 지위

사회적 지위란 예전부터 집단 내에서 개인의 순위 또는 위치라고 정의되어 왔다. 이는 사회의 계급 제도에서 한 개인이 어디에 위치하고 있는지를 지칭하는 단어로, 그 사람이 사회에서 얼마나 존경을 받고 있는지 또 얼마나 영향력을 미치는 인물인지 알 수 있는 지표로 작용한다. 지위가 높을수록 더 많은 사람의 추종을 받고 좋은 대우를 받게 된다.

이전 장에서 살펴보았던 노래꼬리치레와 마찬가지로 인간 사이에서 높은 사회적 지위는 두 가지 이득을 가져다준다. 바로 지배dominance와 위신prestige이다.[12] 지배는 다른 이들에게 위압감을 줌으로써 생겨나는 지위로 (소련의 독재자였던 이오시프 스탈린처럼) 지위가 낮은 쪽은 두려움과 회피 본능을 느끼게 된다. 위신은 훌륭한 사람이 되면서 얻을 수 있는 지위다(유명 영화배우 메릴 스트립처럼). 그리고 지위가 낮은 쪽은 상대를 향해 존경심과 다가가고 싶은 본능을 느끼게 된다. 물론 이 두 가지 종류의 지위는 함께 존재할 수 있다. 예를 들어 스티브 잡스Steve Jobs는 지배와 위신 두 가지를 지닌 사람이다. 하지만 이 두 가지 종류의 지위는 면밀히 분석해 보면 각기 다른 생물학적 특성으로 표현되는 완전히 다른 전략이다. 몇몇 연구자가 말한 것처럼 "정상에 올라갈 수 있는 두 가지 다른 방법"이다.[13]

지배는 때로는 잔인하고 파괴적인 경쟁의 결과다. 힘과 권력, 즉 무력으로 다른 이들을 지배하는 능력이다. 하지만 지배의 위계질서에서는 오직 한 명만이 정상을 선점하기에 정상에 오르기 위해서는 다른 이들을 넘어뜨려야 하며 정상에 오른 뒤에도 그 자리를 지키기 위해 계속 싸워야 한다. 스탈린은 권력을 잃어버리는 것에 대해 병적으로 불안해한 것으로 악명이 높으며 이 불안함 때문에 대숙청Great Purge 때 직접적 혹은 간접적으로 60만 명 이상의 사람을 죽음으로 내몰았다.[14]

반면에 위신을 얻기 위해서는 그렇게까지 치열하게 경쟁하지 않아도 된다. 적어도 겉으로 보기에는 말이다.[15] 위신은 결코 무력으로는 얻어질 수 없는 것으로, 추종자들의 마음으로부터 자발적으로 우러나오는 존중에서 생겨나는 것이다. 그럼에도 존중에는 분명히 한계가 있다. 이런 측면에서 위신은 국가를 막론하고 여느 고등학교에서 흔히 볼 수 있는 인기투표와도 비슷하다(단, 그만큼 시시하진 않다). 위신은 그저 돈이 많거나 아름답거나 스포츠를 잘한다고 해서 얻어지는 것이 아니라 거기에다 웃기고 예술적이고 똑똑하고 말을 잘하고 매력적이고 착하기까지 해야 얻어진다. 물론 이것들은 다 상대적인 자질이긴 하다. 다른 동물들에 비해서 인간은 하나같이 무척이나 뛰어나다. 하지만 인간이라는 같은 종 내에서 경쟁해야 할 때는 별 의미 없는 사실이다. 오늘날 가장 가난한 사람도 물질적인 면에서는 옛날 옛적의 왕과 왕비보다는 훨씬 부자이지만 위신의 측면에서는 최하위 계급에 속한다.

또 달리 생각해 보자면 위신은 우정과 유대라는 시장에서의 '가격'이다(성적 매력이 혼인 시장에서의 가격인 것처럼). 모든 시장에서 가격은 공급과 수요에 의해 결정된다. 인간은 모두 비슷한 정도의 (매우 제한된) 우정만 공급이 가능하다. 하지만 우정의 수요는 개인마다 매우 다른 편이다. 위신이 높은 사람은 다른 이들의 시간과 관심을 마음껏 받을 수 있으며, 그와 친구가 되고 싶어 하는 사람이 줄 서 있을 것이다. 반면에 위신이 낮은 사람은 다른 이들의 시간과 관심을 그만큼 받기 어렵기 때문에 더 낮은 가격으로 우정을 제공해야 한다. 당연히 모두 가격을 올리고 싶어 하기에 새로운 기술을 배우거나 더 많은, 그리고 더 나은 도구를 습득하거나 매력을 발산하는 식으로 친구나 동료로서 더 매력적으로 보여지기 위한 노력을 한다.

위신을 위한 경쟁은 때로 예술, 과학, 기술적 혁신과 같은 긍정적인 효과를 일으킨다.[16] 하지만 위신을 얻길 원하는 행위 그 자체는 거의 제로섬 게임과 같다. 가까운 친구의 성공을 축하해 주기보다는 배 아파하는 이유가 여기에 있다.

정치

아리스토텔레스Aristotle가 인간을 '정치적인 동물'이라고 일컬은 사실은 잘 알려져 있다. 하지만 인간만 '정치적인 동물'이라고 부를 수 있을까?[17]

1982년, 영장류학자 프란스 드 발Frans de Waal은 유명한 저서 《침팬지 폴리틱스Chimpanzee Politics》를 출간했다. 그는 인간 이외의 동물도 '정치적' 동기가 있다는 사실을 주장하면서 세간을 놀라게 했다(이 책에서 처음으로 영장류학 분야에 '마키아벨리주의'라는 말을 적용하기도 했다).[18] 드 발의 핵심 주장은 인간의 권력 투쟁이 구조적으로 침팬지의 권력 투쟁과 유사하다는 것이다. 침팬지의 행동을 인간의 언어로 잘 옮겨 보면 침팬지의 정치적인 행동을 이해할 수 있다고 주장했다. 인간이 정치적으로 행동할 때 나타나는 목적과 동기가 침팬지들 사이에서 동일하게 나타나기 때문이다.

침팬지의 행동 중 어떤 면이 인간에게 '정치적'으로 보이는 것일까? 다른 동물과 같이 침팬지들 사이에는 지배적인 위계질서가 확립되어 있다. 위계질서란 가장 센 침팬지가 가장 위에, 가장 약한 침팬지가 가장 아래에 위치한 수직적인 관계를 의미한다. 힘이 센 침팬지는 먹이나 교미의 기회를 더 많이 누리기 위해 일상적으로 자신보다 힘이 약한 침팬지를 위협한다. 하지만 이 수직적인 관계만으로 침팬지를 '정치적'이라고 하기에는 그 관계와 질서가 너무나도 단순하다. 닭들 사이에도 쪼는 순서peacking order라고 하는 위계질서가 존재한다. 하지만 닭이 마키아벨리적으로 무언가를 꾸민다고 생각하는 사람은 거의 없다.

그렇다면 이렇게 단순한 상하 관계의 침팬지 사회가 정치적으로 보이도록 만드는 것은 무엇일까? 한 단어로 말하자면, 그것은 바로 '연합체'이다. 함께 권력을 휘두르는 동맹 말이다. 드 발의 다른 저서 《내 안의 유인원Our Inner Ape》에는 다음과 같은 내용이 나온다.

> 침팬지는 2대 1로 싸우는 경우가 있는데, 이런 싸움은 침팬지 간의 권력 투쟁을 더욱 풍성하면서도 동시에 위험하게 만든다. 이때 해답은 연합에 있다. 수컷 한 마리가 단독으로 지배하는 경우는 없다. 설사 있다 하더라도 그 지배는 오래가지 못할 것이다.[19]

즉, 다른 수컷 침팬지들과 무리를 이루어 사는 수컷 침팬지는 단순히 힘이 센 것만으로 그 자리를 지킬 수 없다. 심지어 무리 내에서 힘이 가장 세다 하더라도 의미가 없다. 힘이 센 다른 침팬지 여러 마리와 힘을 합쳐야 하며, 좋은 동맹이 될 만한 다른 침팬지를 찾아낸 후에 같은 편으로 만드는 능력도 있어야 한다. 주위에 많은 동맹이 형성되고, 해체되고, 충돌되는 과정 가운데 이 혼란을 잘 파악하고 대응할 줄 아는 요령 또한 지녀야 한다.

결국 이 연합 때문에 그토록 정치적으로 보이는 것이다. '정치적' 삶은 팀을 형성하고 함께 공통된 목적을 향해 나아가는 능력 없이는 개인 간의 경쟁 수준에 머무르고 말 것이다. 닭이 그저 스스로를 위해 다른 닭을 부리로 쪼아 대는 것처럼 말이다. 하지만 무리에 약간의 협동심을 더하면 갑자기 집단 수준의 정치적 삶이 피어나기 시작한다.

연합 정치는 다양한 종에서 목격된다. 영장류가 정치적인 집단이라는 것은 말할 필요도 없고, 고래, 돌고래, 늑대, 사자, 코끼리, 미어캣 또한 정치적 집단이다.[20] 그렇다 하더라도 인간만큼 정치적인 집단은 없을 것이다. 인간의 뇌가 크기나 복잡함 측면에서 다른 동물을 능가하는 것처럼, 인간의 연합 또한 그렇다. 인간의 연합은 다양한 형태로 나타나고 다양한 명칭으로 불린다. 정부에서 연합이라 함은 이익 집단과 정당의 형태를 띠고 있으며, 비즈니스 세계에서는 팀, 회사, 동종 업계의 조합, 노동조합의 형태를 띤다. 고등학교에서의 연합은 또래 집단과 친구를 의미하며, 깡패 조직이나 감옥에서는 패거리를 뜻한다. 때때로 연합은 파벌이라고 불린다. 두 명이 힘을 합쳐 다른 한 명을 추방시키는 것만큼 작은 규모로 나타날 수도, 전 세계적으로 영향력이 막대한 종교처럼 큰 규모로 나타날 수도 있다(공식적이든 비공식적이든). 연합에 소속되려면 회원 자격을 획득해야 하며, 연합에 소속된 이후에는 새로운 회원을 영입하고 현재 회원을 내쫓아 낼 만한 능력을 갖춰야 한다.

인간은 연합 정치에 많은 시간을 소비한다. 파티에 누구를 초대할지 고민할 때도 정치적으로 행동한다. 환영받는 느낌이 들어 교회에 교인으로 등록할 때, 일한 만큼 보상을 받지 못한다고 느껴 퇴사할 때 등, 모두 정치적 본능에 따라 행동하는 것이다. 소속될 새로운 무리를 찾고, 무리에 들어가고, 어떠한 이유로 그 무리를 떠나기로 마음먹는 것은 마치 늑대가 무리로 사냥하는 것만큼 자연스러운 일이다.[21]

또한 권력 투쟁과 깊은 관계가 있는 헨리 키신저Henry Kissinger나 로버트 모지스Robert Moses의 전기를 읽었거나 TV 프로그램인 '서바이버Survivor'나 '왕좌의 게임Game of Thrones'을 시청해 본 사람이라면 연합 정치의 끝이 결코 좋지 않으리라는 사실을 이미 알 것이다. 이 연합 정치에서 승리를 차지하려면 때로는 협박, 반협박, 배신, 기만, 그리고 심지어 폭력이 동원되기도 한다. '정치'가 나쁜 의미로 사용되는 이유가 여기에 있다. 그렇다고 해서 정치에 강요나 배신과 같은 행위만 있는 것은 아니다. 악수, 협력, 도움 그리고 포용와 같은 긍정적인 면모도 분명히 존재한다.

니콜로 마키아벨리Niccolòo Machiavelli와 동시대 사람이지만 그만큼 유명하지는 않은 발다사레 카스틸리오네Baldassare Castiglione 역시 그렇게 주장했다. 두 사람 모두 16세기 이탈리아 도시의 정치적 물결에 대한 책을 집필했다. 마키아벨리는 최고 지도자를 위한 《군주론The Prince》을, 카스틸리오네는 궁정에 고용되었던 하위 귀족을 위한 《궁정론The Book of the Courtier》을 집필했다. 두 책의 주제는 비슷하지만 그 내용은 완전히 반대이다. 마키아벨리는 인간 정치의 무자비하고 비도덕적인 측면을 강조한 반면, 카스틸리오네는 다른 이들의 환심을 사는 데 부드럽고 인간적인 면모의 필요성을 강조했다. 카스틸리오네에 따르면 이상적인 궁정인은 예의 바르고 사회적 품격을 갖춰야 하며, 승마, 시, 음악, 춤에도 일가견이 있어야 한다.[22] 속이고 위압감을 주는 방식으로 다른 이들을 조종하기보다는 매력, 칭찬, 사교 등의 가치를 통해 다른 이들의 마음을 사야 한다고 주장했다.[23]

마키아벨리와 카스틸리오네 모두 옳다. 그들이 제시한 두 가지 전략은 정치 세계에서 성공하는 데 유용하다. 하지만 비록 카스틸리오네의 방법이 조금 덜 노골적으로 경쟁하는 것처럼 보인다 할지라도 사실상 하나의 공통된 동기로부터 출발한다. 모든 궁정인이 왕의 총애를 받을 수 있는 것은 아니기 때문에 결국 한 사람의 성공은 다른 사람의 실패로 이어진다. 따라서 인생에서 마주하는 수많은 경쟁에서 이기고자 하는 동기는 악랄한 소시오패스든 매력이 넘치는 궁정인이든 결국 동일하다.

구조적 유사성

앞서 말한 세 가지 경쟁—성, 사회적 지위, 정치—를 완벽하게 구분하는 것은 불가능하다. 이들은 서로 중복되기도 하고 동일한 목표를 공유하기도 한다. 때로는 하나의 경쟁에서 얻은 성과가 다른 경쟁에서 유용하게 사용될 때도 있다. 예를 들어 높은 지위와 정치적 영향력을 가지고 있으면 혼인 시장에서 성공하기 한결 쉬워진다. 그리고 매력적인 동반자는 결과적으로 사회적 지위 향상에 도움이 될 수 있다.

이 세 가지 경쟁은 구조적으로도 유사한 면이 있다. 이전에 언급한 것처럼, 이 세 가지 경쟁은 참여하는 모두가 이길 수는 없는 경쟁의 장이다. 그리고 규제가 없는 경쟁은 안 좋은 결과로 이어지기도 한다. 특히 성과 사회적 지위 측면에서 더더욱 그렇다. 결혼 상대와 친구의 숫자는 한정적이기 때문이다. 정치 또한 마찬가지다. 모두를 위해 '파이를 늘리는' 방법으로 정치적으로 협력하는 것이 불가능하지 않아도 정치에서 협력은 예외에 가깝다. 대부분의 상황에서 연합의 성공에는 또 다른 연합의 실패가 수반된다. 하지만 더 중요한 사실은 연합 내의 개인들이 협력을 통해 더 큰 파이를 얻을 수 있다는 것이다. 그리고 이것이야말로 정치에 그토록 중독되게 만드는 요인이다.

또 다른 유사점은 세 가지 경쟁 모두 두 가지의 상호 보완적인 능력을 요구한다는 것이다. 바로 잠재적 파트너를 평가하는 능력과 좋은 파트너를 구하는 능력이다. 성적인 측면에서 파트너는 짝짓기 상대이고, 사회적 지위 측면에서 파트너는 친구와 동료이다. 정치적 측면에서 파트너는 동맹, 즉 한편이 될 사람을 의미한다.

우리는 다른 사람을 평가할 때 그 사람이 파트너로서 가치가 있는지 없는지를 판단한다. 따라서 그 사람에게서 특정한 특성이나 자질을 찾으려 한다. 배우자를 찾을 때는 좋은 부모가 될 만한 좋은 유전자를 가진 사람을 원하고, 친구와 동료에게서는 뛰어난 능력을 보유한 마음이 맞는 사람을 찾는다. 그리고 자신에게 충성할 수 있는 사람을 바란다. 정치적 동맹을 찾을 때도 이와 비슷하다. 결국 정치적 동맹이란 특정한 목적을 위해 만드는 친구인 셈이기 때문이다.

파트너를 찾기 위해서는 다른 사람에게서 찾고자 하는 자질이 자신에게 있다는 사실을 홍보해야 한다. 자신이 가진 바람직한 특징을 드러내고, 강조하고, 심지어 과장하면서 본인의 가치를 높인다. 이 과정을 통해 자신보다 질적으로 더 좋은 배우자, 더 높은 지위에 있는 친구 그리고 더 나은 연합이 자신을 선택할 가능성이 높아진다. 따라서 모든 경쟁은 군비 경쟁으로 귀결된다. 세쿼이아 나무가 햇빛을 두고 경쟁하는 것과 같이 인간은 잠재적인 배우자, 친구 그리고 동맹으로부터 관심과 애정을 받기 위해 경쟁한다. 그리고 각 경쟁에서 승리하는 방법은 라이벌을 제치는 것이다.

이런 맥락에서 마태복음 7장 1절의 가르침—"비판을 받지 아니하려거든 비판하지 말라"—을 지키는 일은 어렵다. 다른 이들을 쉽게 판단하면서 동시에 자신이 판단받을 때를 대비하여 자신을 홍보하려는 인간의 본능을 거스르는 것이다. 인간 본성의 경쟁적인 측면을 이해하기 위해서는 마태복음 7장 1절을 뒤집어서 생각하는 편이 나을 것이다. "자유롭게 판단하고 자신 또한 판단받으리라는 사실을 인정하라."[24] 이렇게 말이다.

시그널과 시그널링

판단하고 판단받는 것 모두 시그널signal에 의해 이루어진다. 진화 생물학에서 시그널이란[25] 소통하거나 정보를 전달하기 위해 사용되는 모든 것을 의미한다. 예를 들어 깨끗한 피부나 윤기 나는 털은 건강하다는 증거다. 뛰어난 품종견과 초라한 들개를 비교해 보면 금방 알 수 있다. 으르렁거리는 소리는 공격을 예고하는 것이고 으르렁 소리의 크기를 통해 소리를 내는 동물의 크기를 가늠해 볼 수 있다.

시그널은 발신자의 기본적인 특징이나 사실과 부합할 때 '정직'하다고 할 수 있다. 그렇지 않은 경우에 시그널은 부정직하거나 허위라고 일컫는다.

속이고자 하는 유혹은 어디에나 있다. 속이는 행위자는 불필요한 비용을 지출하지 않고도 이득을 볼 수 있기 때문이다(기만에 대해서는 5장에서 더 자세히 다룰 예정이다).

따라서 가장 좋은 시그널, 즉 가장 정직한 시그널은 값비싸다.[26] 시그널을 생성하는 것도 비용이 많이 드는 일이지만, 그 시그널을 거짓으로 생성하는 것은 더 많은 비용이 드는 일이다.[27] 예를 들면 사자의 크고 깊은 울음소리는 사자가 얼마나 큰 몸을 가지는지 전달해 주는 시그널이다. 이 동일한 소리를 작은 생쥐가 거짓으로 만들어 내는 것은 불가능한 일이다.

때로는 자신이 바람직한 특성을 지닌다는 걸 증명하기 위해 위험이나 약간의 낭비를 감수하는 것도 필요하다. 이것을 '핸디캡 원리handicap principle'라고 부른다.[28] 핸디캡 원리를 통해 스컹크와 독개구리와 같이 훌륭한 방어 기제를 지닌 생물체의 몸이 왜 선명한 색으로 진화하게 되었는지 알 수 있다. 자신을 방어하지 못한다면 눈에 쉽게 띄는 동물은 금방 다른 동물의 먹잇감이 되고 말 것이다. 비생물학적인 예로 파란색 청바지와 정장 바지의 차이점을 살펴보자. 청바지는 내구성이 좋아서 매일 빨래하지 않아도 되지만 정장 바지는 관리 측면에서 조금 더 신경을 써야 한다. 이것이 정장 바지가 조금 더 격식을 차린 복장으로 여겨지는 이유이기도 하다.

"말보다 행동이 중요하다"라는 말은[29] 인간의 사회적 영역에서 정직한 시그널링과 핸디캡 원리를 가장 잘 반영한 격언이다. 말의 문제는 말을 하는 데 비용이 전혀 들지 않는다는 것이다. 이처럼 말은 지나치게 저렴한 경우가 많다. 상사로부터 "잘하고 있어!"라는 말을 듣는 것과 연봉 인상을 받는 것, 이 중에 어떤 시그널이 회사에서 가치를 인정받는다는 것을 제대로 전달할까?

인간은 지금까지 논의해 온 경쟁적인 영역에서 정직한 시그널에 상당히 의존한다. 다른 이들을 잠재적인 배우자, 친구 또는 동맹으로 평가할 때 말이다. 병원에 입원했을 때 누가 병문안을 오는지 보고 진실한 친구와 그저 그런 친구를 구분하고, 누가 헬스장에 가서 운동하거나 마라톤을 달리는지 보고 건강한 배우자를 선택할 수 있을 것이다. 처음 갱단에 입회하는 신입 단원은 갱단을 상징하는 문신을 새김으로써 말로만 입단을 선언하는 것보다 훨씬 효과적으로 자신의 충성을 어필할 수 있다. 물론 친구, 배우자 또는 팀원으로서 자신을 홍보할 때 이런 정직한 시그널을 사용하기도 한다.

그렇다고 해서 자신이 주고받는 시그널을 항상 의식할 필요는 없다. 인간에게는 자신의 예술적인 감각과 시간적 여유를 자랑하기 위한 수단으로 '창작하고자 하는 본능'이 발달되었을 수도 있다. 그렇다고 해서 이런 것을 생각하면서 통나무를 깎아 조각상을 만들지는 않는다. 이때 머릿속에는 단순히 조각상에 대한 아름다움만 가득할지도 모른다(예술에 대해서는 11장에서 더 자세히 다룰 예정이다). 하지만 인간의 가장 오묘하고 특이한 행동의 이면에 담긴 논리는 시그널로서의 가치에서 찾아볼 수 있다.[30]

실생활에서 시그널링 분석이 어려운 이유 중 하나는 '역시그널링 countersignaling'이라는 현상 때문이다. 예를 들어 단순한 지인이나 친한 친구인 동시에 적인 사람이 있을 수도 있다. 단순한 지인은 자신이 적이 아니라는 사실을 어필하기 위해서 미소, 포옹 또는 상대방에 대한 작은 일을 기억하는 등 따뜻하고 친밀한 시그널을 사용할 것이다. 반면에 친한 친구는 자신이 단순한 지인보다는 가까운 사이라는 것을 어필하기 위해 의도적으로 친하지 않은 척을 하기도 한다. 점심 약속에 친한 친구가 지갑을 놔두고 와서 돈을 내지 못할 때, 정말 친한 친구에게는 바보라고 스스럼없이 놀릴 수 있다. 사이가 멀어질까 봐 걱정하지 않고 장난으로 놀릴 수 있을 만큼 친한 사이일 때만 가능한 것이다. 단순한 지인과는 불가능한 일이지만 친한 친구 사이에서는 이런 장난이 때로는 더욱 친밀한 관계를 만들어 주기도 한다.

따라서 시그널은 때로 시그널이 없는 경우부터, 시그널이 있는 경우, 또 역시그널까지 계층적 구조로 나타낼 수 있다. 어떤 사건과 전혀 관계가 없는 사람은 시그널이 없는 경우와 역시그널을 구별할 수 없겠지만 관련이 있는 사람은 이 시그널을 직감적인 수준일지라도 어떻게 해석해야 할지 알고 있다.

성, 사회적 지위, 정치와 같은 경쟁의 장에서 시그널이 사용될 때에는 군비 경쟁으로 이어지는 경우가 많다. 다른 경쟁자를 능가하기 위해서 가장 강력한 시그널을 시도한다. 때로는 이런 시도가 놀라운 성과로 나타나기도 한다. 바흐의 협주곡, 고갱의 그림, 셰익스피어의 시와 희곡, 록펠러의 자선 사업 단체, 아인슈타인의 상대성 이론 등과 같은 멋진 성과 말이다. 그리고 때로는 인간 또한 세쿼이아 나무와 같이 에베레스트산을 등산하거나 피라미드 또는 초고층 빌딩을 건축하고 달에 로켓을 쏘아 올리는 등 하늘에 닿기 위해 경쟁한다.

앞을 내다보는 인간

인간의 계보와 인간이 계보를 통해 어떻게 발달되어 왔는지를 생각해 볼 때, 세쿼이아 나무를 염두에 두면 좋을 것이다. 격렬한 종 내부의 경쟁에 직면한 세쿼이아 나무는 말 그대로 암흑에서 빛을 향해 우뚝 일어섰다. 인간의 유별난 특징 중 많은 것들도 이와 비슷하다.

경쟁적 투쟁의 가장 큰 문제는 엄청난 낭비를 일으킨다는 점이다. 세쿼이아 나무는 필요 이상으로 키가 크다. 만약에 전부 다 그렇게 크지 않기로 약속했다면, 세쿼이아 나무들 사이에 30미터라는 '높이 제한'이 있었다면, 전체 종에게 훨씬 이득이며 더 높이 자라기 위해 소비하는 그 많은 에너지를 다른 곳에 투자했을 것이다. 번식을 위해 솔방울을 더 많이 만들고 결론적으로 새로운 영토로 뻗어 나갔으리라. 이런 경우에 경쟁은 종 전체의 발목을 붙잡은 셈이다.

하지만 안타깝게도 세쿼이아 나무에 높이 제한 같은 것을 둘 수는 없다.

그리고 자연 선택도 도움이 되지 않는다. 모든 나무가 '종의 이익'을 위해 성장을 멈출 수는 없다. 정말 만약에 세쿼이아 나무가 어떻게든 성장을 자제할 수 있다 하더라도 몇 번의 돌연변이가 일어난 후에 나무 한 그루가 무리 전체의 질서를 무너뜨리고 햇빛을 독차지할 것이다. 그리고 이 나무는 햇빛으로부터 오는 에너지를 흠뻑 받고서는 라이벌을 제친 뒤 다른 나무보다 더 많이 번식할 것이다. 이 과정을 통해 다음 세대의 세쿼이아 나무는 훨씬 더 치열하게 경쟁할 수밖에 없다. 결국에는 모든 나무가 지금처럼 엄청난 높이를 자랑하며 성장할 가능성이 높다.

하지만 인간은 다르다. 다른 자연 작용과 달리 인간은 앞을 내다볼 수 있는 능력이 있다. 그리고 쓸데없는 경쟁을 피할 수 있는데, 이는 규범을 세우고 실행하면서 자신의 행동을 조절할 수 있기 때문이다. 이에 대해서는 다음 장에서 살펴보도록 하자.

3장
규범

한 번쯤은 이런 경험이 있으리라 생각한다. 영화표를 끊으려고 친구와 조용히 대화를 나누면서 줄을 서는데 난데없이 모르는 사람들이 새치기를 한다. 갑자기 아드레날린이 솟구치고 심장 박동 수가 미친 듯이 올라간다. 목을 타고 얼굴까지 열이 확 오르는 것이 느껴진다. '저 사람 방금 새치기한 거 맞지?' 중대한 결정을 내리기 전에 스스로에게 물어본다. 새치기한 그들을 직면할지 아니면 그냥 넘어갈지.[1]

누군가가 새치기를 했다는 사실이 인생에 그렇게 큰 영향을 미치지는 않는다. 영화표를 받기까지 길어 봤자 일 분 정도 더 소요될 뿐이다. 게다가 새치기한 사람들을 다시 만날 가능성은 거의 없다. 그리고 만약에 그들이 폭력적인 사람들이면 어떡할 것인가? 괜히 말을 꺼냈다가 그들 중 한 명이 싸움을 걸면 어떡할 것인가? 칼이나 총을 소지하고 있다면? 이 모든 위험을 감수하느니 차라리 일 분 더 늦게 표를 받는 것이 현명한 선택이다.

하지만 한편으로는 새치기는 엄연히 잘못된 행동이다. 이렇게 쉽게 넘어갈 수는 없다. 다른 사람이 새치기하는 것을 눈앞에서 당해 놓고도 그냥 넘어가는 자존심 없는 사람이 있을까?

이 딜레마와 그에 수반되는 강력한 생리적 반응은 모든 인간에게 보편적으로 나타나는 행동적 수단으로, 수렵 채집인이었던 조상으로부터 물려받은 것이다. 현대 사회에서는 이런 행동과 반응이 항상 합리적이라고 단언할 수는 없지만 인간의 조상이 이런 상황을 항상 맞닥뜨렸기 때문에 진화한 행동과 반응이다. 그때 유용했던 것이 지금도 (대부분의 경우) 유용하며,

특히 길에서 완전히 모르는 사람을 마주했을 때보다 이미 아는 사람을 마주했을 때 더더욱 유용하다.

이전 장에서 봤듯이, 세쿼이아 나무는 그 누구도 멈출 수 없는 치열한 경쟁에 갇혀 있다. 자연 선택하에서 세쿼이아 나무가 '종의 이익'을 위해 성장을 멈추는 방법은 없다. 하지만 인간은 그렇지 않다. 다른 생물체와 달리 인간은 때로는 앞을 내다보고 불필요한 경쟁을 피하기 위해 스스로의 행동을 조절할 수 있다. 불필요한 경쟁을 생산적인 협력 활동으로 전환할 수 있다는 것, 이것이야말로 인간의 최고 능력 중 하나다. 인간은 줄의 제일 앞자리를 차지하기 위해서 뛰어나가기보다는 인내심을 가지고 질서 정연하게 기다릴 줄 안다. 하지만 가끔 새치기하는 사람 때문에 편법을 쓰고자 하는 유혹에 빠지기도 하기에 질서를 유지하는 것이 늘 쉽지만은 않다.

사회학자와 인류학자에게 줄 서기와 같은 관습은 규범으로 알려졌다. 공동체 내 개인이 어떻게 살아가야 하는지 알려 주는 규칙과 지침 같은 것이다. 규범이란 광범위하며, 칵테일 파티 참석 시 입어야 할 복장과 같이 다소 가볍고 일상적인 예의부터 운전을 하려면 취득해야 하는 운전면허증처럼 엄격하고 강제력이 있는 법률까지 포함된다. 테이블 매너, 스포츠맨십, 해사법, 세법, 로버트 의사 규칙Robert's Rules of Order, 도서관에서 정숙해야 하는 것 등은 인간의 문화에 침투한 다양한 규범이다. 그리고 앞으로 각 장에서 살펴보겠지만 규범을 회피하거나 위반하고 싶은 욕망은 인간이 자기 자신에게 진짜 의도를 속이는 주요한 이유 중 하나이기도 하다.

인간은 규범을 만든다. 규범이란 (일반적으로) 집단 내 대다수에게 유익하기 때문이다. 하향식 법률과 같이 어떤 규범은 억압과 착취로 이루어지며, 강제로 집행하는 이런 종류의 규범은 사회 전반에 해가 될 뿐이다. 하지만 상향식의 대중적인 규범은 득이 된다. 경쟁을 억제하고 협력을 촉진할 수 있는 주요 방법 중 하나다. 즉, 인간은 전체의 이익을 위해 다 같이 자제할 수 있는 종이다.

인류학자 데이비드 그레이버David Graeber는 저서 《부채, 첫 5,000년의 역사Debt: The First 5,000 Years》에서 테이 레잉가에 관한 이야기를 한다. 레잉가는 마오리족 마을의 일원으로 뉴질랜드 해안부를 이리저리 쏘다니며 현지 어부들에게 잡은 물고기 중 가장 좋은 것을 달라고 구걸하는 '악명 높은 대식가'였다. 마오리족 문화에서는(물론 다른 문화에서도 그렇지만) 누군가가 음식을 달라고 직접적으로 부탁할 때, 이 부탁을 거절하는 것은 실례라고 여겨지기에 어부들은 어쩔 수 없이 레잉가의 요구에 응할 수밖에 없었다.

거절할 수 없어서 어부들은 레잉가에게 계속해서 물고기를 주었고, 어부들의 불만이 최고조로 쌓였던 어느 날, 어부들은 이쯤이면 충분히 했다고 생각하고 레잉가를 살해했다.

레잉가의 이야기는 극단적이긴 하지만 규범을 따르고 시행하는 데에 얼마나 큰 리스크가 수반되는지 알 수 있다. 레잉가는 공짜로 음식을 얻어먹지 말아야 한다는 중요한 규범을 어겼다. 그리고 결국에는 큰 값을 치르게 되었다. 하지만 레잉가를 살해한 어부들은 다른 규범(음식을 나누어 먹는 것)에 너무 충실한 나머지 나중에는 살의를 느끼고 살인이라는 행위를 저지르기까지 했다. "레잉가의 요구를 거절할 수는 없었을까?"라고 어부들에게 물어보고 싶다. 하지만 비슷하게 자신에게도 물어봐야 할 것이다. "그렇다면 새치기하는 사람을 봐줄 수 있지 않을까?" 본능이 얼마나 강하게 자리 잡고 있는지 알 수 있다.

물론 대부분의 규범은 누군가를 죽음으로 내몰 때까지 강제로 시행되지는 않는다.

일반적으로 범죄에 대한 대가는 그 범죄에 합당하게 치러진다. 예를 들어 바지 지퍼를 안 올렸다고 해서 외설죄로 체포당하는 일은 없다. 약간의 웃음을 살 뿐이지. 이런 작은 위반 행위에 대해서는 더 심각한 처벌을 가하기 전에 여러 가지 약한 수준의 제재가 우선된다. 위반자를 육체적으로 처벌하는 대신 눈알을 굴린다든지 못마땅한 눈치로 약간 째려보는 식이다. 보디랭귀지가 통하지 않는다면 다른 사람들 앞에서 위반자에게 (일단은 예의 바르게) 그만두라고 요청하든지 소리를 치든지 사과를 요구해야 한다.

하지만 어떤 종류의 처벌이 존재할 것이라는 일종의 협박은 반드시 필요하다. 아니면 '규범'은 말뿐이 되고 만다. "검이 없는 계약은 그저 말일 뿐이다."라고 토마스 홉스Thomas Hobbes는 말했다.[2] 이와 비슷하게 규범이라고 인정하든 하지 않든 실질적인 규범이 만들어지지 않고는 규범이 시행될수 없다. 예를 들어 마오쩌둥Mao Zedong이나 스티브 잡스 같은 사람에 대해 팬심을 넘어 광적으로 빠진 집단의 경우, 이들을 비판하는 것은 그 집단 내에서 못마땅하게 여겨질 뿐만 아니라 마오쩌둥이나 스티브 잡스 그 당사자가 아니라 오히려 그 주위 사람들에 의해 처벌받는 경우가 있다. '리더를 비판하는 일'이 공식적으로 금지된 일도 아닌데 말이다. 그렇다면 규범의 본질은 규범을 설명할 때 사용하는 단어에 있는 것이 아니라 어떤 행동이 처벌받는지, 그리고 어떤 형태의 처벌을 받는지에 달렸다.

수렵 채집인

지구상에서 진정한 의미의 규범을 만든 최초의 동물은 인간이다. 그리고 비록 인간은 현재 복잡한 법률 제도 내에서 시행되는 엄격한 법률을 포함하여 다양한 규범이 존재하는 세상에서 살지만, 인간의 세상은 (그리고 인간의 마음도) 단순하게 시작되었다. 그리고 오늘날까지도 초기의 단순했던 그 모습을 많이 포함하고 있다. 따라서 인간이라는 종이 어떻게 발달했는지 살펴보는 것은 도움이 된다.

수렵과 채집은 기원전 1만 년 무렵 농업 혁명이 일어나기 전까지 우리 조상들이 살아가던 방식이다. 지금부터 그려 볼 수렵 채집의 라이프 스타일은 현대 수렵 채집인의 생활에 관한 것이다. 20세기와 21세기에 들어서도 이런 라이프 스타일을 유지해 온 사람들 말이다. 이런 집단은 매우 드물다. 인류학자들이 파악하기로는 현대 수렵 채집 집단은 고작 스무 개밖에 되지 않는다. 이미 현대 문명과 접촉했을 수도 있고 또는 단순히 농업, 상업, 그 밖의 '문명화된' 목적에 적합하지 않은 환경으로 내몰렸을 수도 있지만 다양한 측면에서 현대적인 생활 방식에 영향을 받기도 했다. 그럼에도 인간의 조상이 어떻게 살았을지 대략적으로 가늠해 볼 수 있을 만큼 수렵 채집의 생활 방식에 관한 데이터는 일관적이며, 충분히 많은 고고학적 증거와 이론이 이를 뒷받침한다.[3]

수렵 채집인은 20~50명으로 집단을 이루며 방랑 생활을 한다. 여기서 '수렵 채집'이란 음식을 구하는 방식을 의미한다. 이들은 농경이나 가축을 통해서가 아니라 자연으로부터 음식을 구한다. 수렵 채집인이 섭취하는 에너지원 중 대부분은 과실, 견과류, 야채이고 낚시, 사냥 그리고 때로는 다른 동물의 먹이를 가로채는 방법으로도 칼로리를 보충한다. 많은 사람이 흔히 수렵 채집이라고 하면 떠올리는 이미지와는 달리 대형 동물을 사냥해서 먹는 일은 거의 없다.

수렵 채집인은 생존하기 위해서 서로에게 엄청나게 의존한다. 잠시라도 집단으로부터 떨어진 상태는 마치 사형 선고를 받은 것과 다름없다. 모두 각자 알아서 스스로를 돌보고 필요하다면, 그리고 할 수 있다면 서로 돕는 걸 당연하게 여기지만(공짜로 얻어먹는 것은 안 됨) 어려운 상황을 맞닥뜨릴 시에는 다른 이들로부터 도움을 받는 것도 당연시된다. 협력적인 사회 생활은 다 같이 음식을 나누고, 서로 돕고, 서로에게서 배우고, 무리로 사냥과 채집을 하고, 포식자와 라이벌로부터 무리를 보호하기 위해서 힘을 합치고, 누군가 아플 때 서로를 돌봐 주는 것을 의미한다. 남성, 여성, 아이들은 다양한 일을 분담하지만 집단 내에서 담당하는 일은 그리 크게 다르지 않다. 즉, 대부분의 남자들은 다른 남자들이 하는 일을 하고, 여성과 아이들도 마찬가지다. 자유롭게 선물을 교환하기도 하지만[4] 현대의 경제적 논리와는 반대로 물질적인 것을 교환함으로써 큰 이익을 보지는 못한다.

각 집단은 무리를 지어 터전을 옮겨 다니며 짧게는 몇 주, 길게는 몇 달 동안 지낼 장소를 정하고 그곳에 베이스캠프 역할을 하는 터를 잡는다. 그리고 먹을 것이 부족해질 때, 또는 계절별로 음식을 구할 기회를 잘 포착하기 위해서 일 년에 몇 차례 베이스캠프를 이동한다. 이러한 유목 생활 방식 때문에 물질적인 것에 그다지 집착하지 않고 가지고 다닐 수 있을 만큼만 소유하는 편이다. 근처에 사는 소수 집단과 가끔 교류하며 지내기도 하는데, 이 교류의 주목적은 친목 도모이다. 영토 소유는 이들에게 큰 의미가 없다. 집단 간의 대립이 일어나기도 하고 때로는 죽음(주로 남성)이 발생하기도 하지만 전면전은 거의 일어나지 않는다. 일어난다고 해도 자원이 풍부한 지역에서 아주 가끔 일어날 뿐이다.

베이스캠프의 이동 시기와 다른 집단과의 교류와 관련된 문제는 모두 집단 내 모든 개인과 토론을 통해서 결정되며 모두에게 공평하게 발언권이 주어지는 공개적인 회의에서 결정된다. 전원이 합의해야만 결정을 내릴 수 있고, 결정된 내용에 반대하는 사람은 자유롭게 그 집단을 떠날 수 있다.

수렵 채집인은 남성은 죽을 때까지 태어나고 자란 집단에 남고, 여성은 성인이 되면 다른 집단으로 옮기는 부계 거주의 생활 방식을 채택하는 경우가 많다(따라서 근처 집단 사이에 많은 혈연이 생긴다). 남성과 여성이 서로 일부일처제로 평생을 지내는 경우는 드물다.

남성들은 가끔 혼외 관계를 가지기도 하지만 적어도 결혼 후 처음 몇 년 동안은 일부일처제로 지낸다. 일반적으로 남성과 여성은 관계를 통해 적어도 한 명 또는 많으면 몇 명의 아이를 낳으며, 남성은 아버지로서 아이가 태어난 후 처음 몇 년 동안은 아이에게 음식을 제공하고 양육하는 일을 돕는다.

때로 어려움을 맞기도 하지만 이들은 수렵 채집을 하면서 여가를 많이 누리는 편이다. 적어도 농부보다는 더 많은 여가를 누린다. 이 남는 시간 동안 수렵 채집인들은 이야기를 나누고, 농담을 하고, 장난치고, 노래를 부르고, 춤을 추고, 예술 작품을 만들고 친목을 다진다.

방랑 수렵 채집인의 생활 방식 중 가장 놀라운 면은 침팬지의 생활 방식에서도, 인간의 현대적인 생활 방식에서도 찾아볼 수 없는 바로 놀라운 수준의 평등주의다. 집단 내 주요 결정자는 항상 성인 남자를 포함하고, 집단 문화에 따라 때로는 성인 여자를 포함하기도 하며 이들은 서로를 동료로서 평등하게 대한다. 수렵 채집인과 비교하면 침팬지 무리나 농부(그리고 넓은 의미에서는 산업 사회도) 사회는 위계질서를 훨씬 더 따르는 직접적인 지배에 익숙하고 공공연한 불평등을 당연시한다. 하지만 이런 위계질서란 수렵 채집인 집단에서는 있을 수 없는 일이다. 이들 사이에서도 리더라고 불리는 자들이 있지만, 이들은 집단 내 나머지 사람들이 자발적으로 존경하여 그 위치에 오른 사람들이며, 다른 사회에서 찾아볼 만한 알파 독재자와는 거리가 먼 '장로 위원회'에 가깝다.

수렵 채집인 사이에 만연한 평등주의의 주된 목적은 한 명의 사람 또는 하나의 연합이 지배하는 상황을(따라서 나머지 사람들의 인생을 비참하게 만드는 상황을) 막기 위한 것이다. 따라서 사람들 위에 군림하려고 하는 사람에 대해서는 촉각을 곤두세우고 굉장히 민감하게 반응한다. 지배하려고 하거나 직계 가족이나 친족 외의 사람을 괴롭히거나 자랑하거나 탐욕스럽게 권력을 추구하거나 편을 가르거나 다른 사람의 행동을 통제하려고 하는 등의 조짐을 보이는 사람을 경계한다. 수렵 채집인은 미국 독립 전쟁 당시 장군이었던 크리스토퍼 개즈던Christopher Gadsden이 했던 "자유를 짓밟지 말라."라는 말을 그 누구보다 지지하고 몸소 실천하며 살았던 사람들이다.

수렵 채집인이었던 조상이 공통으로 지켰던 규범 중 많은 것들이 오늘날 인간의 본성에 깊숙이 새겨졌다. 하지만 오늘날 우리는 훨씬 더 많은 규범 가운데 살아간다. 대부분의 사회에서는 그 사회 특유의 규범을 아이들에게 가르친다. 사회마다 각기 다른 규범을 채택하기에 인간은 세계 각지로 퍼져 나갈 수 있었고 그곳에서 각 현지 환경에 적합한 규범을 채용해 가며 살아간다.

이런 '문화적 유연성' 덕분에 인간의 조상은 약 일만 년 전 수렵과 채집에서 농경과 가축으로 전환하는 거대한 변화를 이뤄 낼 수 있었다. 농경민은 결혼, 전쟁, 물적 재산과 관련된 규범을 채택했고 또한 동물, 계급이 낮은 사람 그리고 노예를 하대하며 살았다. 이렇게 새로운 규범을 시행하기 위해서 농경민은 사회적 동조와 관련된 강한 규범을 따르는 것은 물론이고 도덕적인 가르침을 주는 신과 관련된 강력한 종교를 믿었다.

왜 규범이 중요할까

인간의 조상이 집요하게 추구한 평등주의는 세계 최초의 규범이라고 할 수 있다. 그렇지만 왜 다른 영장류에서는 볼 수 없는 이런 정치의식이 인간의 조상에게는 두드러지게 나타나게 되었을까?

언어는 분명 큰 요인이다. 규범을 표현할 언어 없이 규범을 만들고 시행하기는 어려울 테니까 말이다. 아니, 불가능에 가깝다. 하지만 이런 언어 소통 문제 이전에 더 근본적인 어려움이 존재한다. 바로 한 집단 내에서 권력이 가장 큰 개인을 포함하여 모두가 어떻게 규범을 따르게 할지에 대한 문제다.

규범을 따르는 인간의 행동과 다른 동물의 행동을 구별하는 것은 중요하다. 동물이 싸움을 걸지 않는 이유는 대부분 단순히 부상에 대한 걱정 때문이다. 어떤 추상적인 '폭력을 사용하면 안 된다는 규범' 때문이 아니다. 이와 비슷하게 가족 외의 동물들과 음식을 나누는 이유는 추후 그에 대해 받을 대가 때문이다. '음식을 나눠 먹어야 한다는 규범' 때문이 아니다. 실제 인간의 삶에 존재하는 규범에 따른 이득은 더욱 복잡하다. 인간은 무언가를 '잘못'하면 잘못을 저지른 그 상대뿐만 아니라 제3자로부터 비난받는 것을 두려워한다.[5] 여기서 제3자란 종종 속한 집단 전체 혹은 적어도 그 대부분을 의미할 때도 있다. 예를 들어 몸집이 크고 힘이 센 알버트는 힘이 약한 밥으로부터 무언가를 쉽게 빼앗을 수 있다. 이때 알버트는 밥에게서 받을 보복을 두려워하지는 않겠지만 집단 내 다른 사람들로부터 받을 가능성이 큰 보복은 두려워할 것이다.

그렇다면 '집단적 시행collective enforcement'이 규범의 핵심이라고 볼 수 있다. 이 집단적 시행 덕분에 수렵 채집 생활 양식에서 평등주의적 정치 질서가 돋보이게 된다.

만약에 상대로부터 반격당할 것이 두려워 다른 이에게 폭력을 가하지 않는다면, 그것은 규범이라고 할 수 없다. 만약에 정부의 보복이 두려워 정부에 대해 이의를 제기하지 않는다면, 그것도 규범이라고 할 수 없다. 만약에 어떤 일 때문에 이웃 사람들이 못마땅해하고 심지어 단결해서 보복할까 봐 두려워한다면 그것은 규범이라고 여길 만하다. 바로 제3자에 의한 집단적인 이행이 인간의 규범 이행에서 특이하게 찾아볼 수 있는 면이다.

분자 생물학자 폴 빙엄Paul Bingham은 이를 '연합 집행coalition enforcement'이라고 부르며, 규범을 어긴 자들은 연합, 즉 서로 협력하여 행동하는 무리의 사람들에 의해 처벌받는다고 말했다.6 크리스토퍼 보엠은 이를 '역지배 계층reverse dominance hierarchy'이라 불렀다.7 유인원 사회에서는 가장 힘이 센 유인원이 나머지 무리를 지배하는 반면 인간 사회에서는 여러 명으로 이루어진 연합이 지배하며 가장 힘이 센 자를 효과적으로 견제한다. 빙엄과 보엠은 공통적으로 이것은 유일하게 인간 사이에서만 가능하며, 이것을 가능하게 하는 요소는 바로 무기의 사용이라고 주장한다(상자 3 참조).

상자 3 무기

무기는 두 가지 의미에서 게임 체인저다. 무기는 집단 내 힘이 약한 자와 강한 자 간의 공평한 경쟁의 장을 만드는 역할을 한다.[8] 가장 초기의 무기는 아마 뾰족하거나 무거운 돌과 같이 단순한 형태를 띠었을 것이다. 그럼에도 상대에게 심각한 부상을 입히거나 죽이기에는 충분했을 것이다. 이런 무기가 존재하지 않는다면 힘이 센 자는 보복에 대한 큰 두려움 없이 약한 자를 물리적으로 지배할 수 있다. 만약에 힘이 약한 침팬지가 힘이 센 침팬지가 자는 틈을 노려 갑작스럽게 공격한다고 해도 한 번이나 두 번 때리고 무는 정도로는 승산이 없다. 하지만 무기가 주어진다면 이야기가 달라진다. 한 번의 공격으로도 충분히 상대에게 심각한 손상을 입힐 수 있다.

이와 비슷하게 힘이 약한 인간도 큰 돌 또는 뾰족한 돌 하나만 가진다면 그것을 무기 삼아 힘이 센 자의 머리에 던지거나 목을 찔러서 힘이 센 자를 다치게 하거나 죽일 수 있다.

무기가 힘의 균형을 바꾸는 다른 방법은 돌이나 창 같은 투척 무기를 통해서이다. 이렇게 멀리 던져서 공격해야 하는 원거리 무기를 사용하면 한 명의 개인을 상대로 여러 명이 연합을 이루어 공격하기 훨씬 쉬워진다.[9] 원거리 무기가 없다면 모든 공격적인 행위는 싸우는 상대가 서로 가까운 거리에서 육박전을 펼쳐야 한다. 그렇게 되면 한 사람을 공격할 때 대략 세 명 이상의 인원은 아무런 도움이 안 된다는 계산이 나온다. 네 번째 사람은 그저 방해만 될 뿐이다. 그리고 세 명이 한 명을 상대로 싸우는 난전에서도 세 명의 공격자들이 심각하게 부상을 입을 위험은 존재한다. 특히 싸워야 하는 그 한 명이 집단 내에서 가장 강한 사람이라면 더더욱 그렇다. 하지만 원거리 무기가 있다면 다섯 명에서 일곱 명의 연합 세력이 자신이 다칠 위험 없이 최강자에게 도전할 수 있다. 무거운 돌이나 창을 들고 가장 강한 사람을 포위하면 가능한 일이다.

무기가 등장하자 육체적 힘은 더 이상 유인원 무리 내에서 성공하기 위한 주요인이 아니었다. 물론 여전히 중요하지만 이제 그것만 중요하지는 않다. 대신 특히, 정치적 기술, 즉 가장 효과적인 연합을 파악하고, 참가하고 그리고 가능하면 이끌어 갈 수 있는 능력이 가장 결정적인 요인이 된다.

만약에 보엠, 빙엄 그리고 비슷한 주장을 하는 다른 사람들의 말이 옳다면 인간의 정치적 행동의 궤도에서 변곡점은 다름 아닌 살상 무기를 사용하는 방법을 배운 일이다. 인간의 조상이 집단적으로 서로를 살해하고 처벌하는 방법을 터득한 그 시점부터 모든 게 달라졌다. 단 하루 만에 연합의 크기는 걷잡을 수 없이 커졌고 정치는 엄청난 속도로 복잡해졌으며 이렇게 복잡한 정치의 세계에서 살아남기 위해서는 더 똑똑해져야 했다. 인간의 뇌는 몇천 세대 동안 정체되었던 시간을 만회하기 위해 열심히 작동했다. 그리고 곧 규범이 넘쳐 나기 시작했다. 지나치게 지배적인 알파에 대항하는 규범부터 시작해서 오늘날의 네티켓까지 인간은 세상의 발달에 발맞춰 새로운 규범을 만들어 내고 있다.

머나먼 옛날 조상들에게 무슨 일이 일어났는지에 대한 이론은 어쩌면 억측에 가까울지도 모른다. 하지만 어떤 순서로 무슨 일이 벌어졌든 하나의 종으로서 도착한 곳은 명확하다. 인간은 집단 전체가 준수할 규칙을 정하고자 언어를 사용하는 사회적 동물이며, 만든 규칙을 시행하기 위해서 집단적 처벌이라는 위협적인 수단을 사용한다. 집단 내에서 가장 강한 사람도 예외는 아니다. 그리고 집단마다 규칙은 많이 다르지만 강간과 살인을 금지하는 것과 같이 모든 사회에 공통으로 통용되는 규칙도 존재한다.[10]

무기가 있고 다른 이들을 집단적으로 처벌할 능력을 지녔어도 규범은 시행하기 매우 어렵다. 이것은 매우 중요한 사실이지만 종종 경찰, 법원, 감옥과 같이 현대적인 제도에 의해 가려져 있다. 이런 제도는 꽤 원활하게 작동하지만 몇천 년 동안 진행된 문화적 진보의 결과일 뿐이다. 하지만 먼 옛날의 조상이나 강력한 감시와 통치가 없는 현대를 살아가는 사람들에게는 규범을 시행한다는 것이 만만치 않은 일이다. 인간의 사회적 생활을 보면 알 수 있다. 강제적인 소송이나 수감 생활의 위협보다는 오히려 구성원들이 서투르게 (하지만 대부분 꽤 효율적으로) 서로 규범을 시행하도록 만드는 것에 의해 작동한다. 즉, 강도를 만나 경찰을 부르는 일보다는 새치기를 하지 못하게 하는 류의 행동이 많다.

그런 까닭에 우리에게는 다른 사람들로 하여금 규범을 준수하게 만드는 비장의 카드로 최소 두 가지가 있다. 바로 뒷담화와 평판이다.

뒷담화와 평판

살다 보면 뒷담화 때문에 억울한 일을 당하는 경우가 종종 벌어진다. 그러나 이 뒷담화에 대해 인류학자는 우리가 일반적으로 생각하는 것과는 다른 의견을 가진다. 뒷담화란 뒤에서 누군가에 대해 이야기하는 것을 의미하며 주로 그 누군가의 단점이나 잘못된 행동을 중점으로 다룬다. 뒷담화는 거의 모든 사회에서 나타난다.[11] 때로는 정말 나쁜 의도를 가지고 누군가에게 상처를 주기 위해서 행해지기도 하지만 뒷담화는 특히나 권력을 가진 사람들 사이에서 나쁜 행동을 억제하기 위한 중요한 수단이 되기도 한다. 예를 들어 만약에 언젠가 북한 정권이 무너진다면 '최고 지도자'에 대한 국민들의 뒷담화가 지대한 영향을 미쳤을 것이다.

케빈은 이전 직장에서 뒷담화의 장점을 직접 경험했다. 케빈과 동료 직원들은 의도치 않게 자신보다 힘이 약한 자를 괴롭히는 사람을 고용한 적이 있다. 고용하자마자 그가 그런 행동을 보인다는 걸 알아차리지 못했다. 그의 악행은 서서히 이뤄졌고 회사에서 그의 영향력이 커질수록 그 강도도 심해져만 갔다. 하지만 그의 실체를 회사 내 모든 사람이 알아차렸을 때쯤에는 그에게 맞서려고 하는 사람이 아무도 없었다. 이미 그는 너무 힘이 세졌고, 그에게 맞서기 위해서 많은 위험을 감수하려고 하는 사람은 아무도 없었다.

이 난관을 타개할 방법은 뒷담화였다. 여러 차례 그의 뒤에서 두세 명의 직원이 모여 한 뒷담화를 통해 케빈과 그의 동료들은 마침내 그를 해고시켜야겠다는 결론에 도달했다. 모두 힘을 합쳐 이 일을 이뤄 내기로 작정했다. 이런 대화들이 모여서 결국 해고로 이어졌다. 하지만 예상보다 시간은 오래 걸렸고, 원하는 결론에 도달하리라 확신했던 사람은 아무도 없었다. 만약에 그가 조금 더 권력이 있었더라면, 또는 조금 덜 문제를 일으켰다면 결과는 달랐을지 모른다.

이런 일화는 회사 내 팀이나 교회 소모임에서부터 사교 모임이나 정치적 모임까지 여러 명의 사람이 모이는 곳이라면 흔한 일이다. 생각보다 많은 경우에 누군가를 배제시키기 위해 사람들은 뒷담화라는 방법을 사용한다.

하지만 뒷담화는 공식적인 제재로 이어지지 않을 때도 중요하고 유용한 역할을 한다. 뒷담화를 당하는 사람의 명성을 심각하게 훼손할 수 있기 때문이다. 자신의 평판을 갉아먹는다는 위협 자체가 나쁜 행동을 하는 데 있어 강한 억제제가 된다. 나쁜 행동에 대한 직접적인 처벌이 어렵거나 고비용일 경우에 더욱 그렇다. 물론 뒷담화는 누군가의 명성에 해를 가하기에 종종 악의적인 목적으로 사용되기도 한다. 하지만 규범 시행과 관련해서는 뒷담화를 중요한 제재 메커니즘이 변형된 형태로 바라보는 게 중요하다.

규범을 시행하기 위해 사람들을 독려할 만한 중요한 다른 한 가지 방법은 명성을 이용하는 것이다. 규범을 위반하는 자들에 맞서는 일은 위험이 따른다. 특히 위반자들이 권력을 가진 자들이면 더더욱 그렇다. 규범을 위반하는 자들을 벌하기 위해 사람들이 자발적으로 나서는 일은 드물다. 하지만 명성이라는 요인을 더하면 이렇게 나서는 일이 이득이 되기도 한다. 부정 행위자를 처벌하는 일을 돕는다면 그 사람은 리더십을 가진 사람으로 칭찬받을 것이다. 규칙을 어기는 모습을 그저 지켜보는 사람과 옳은 일을 행하기 위해서 나서는 사람, 이 둘 중 누구와 한편이 되고 싶을까?

모두가 개인의 행동과 부정 행위자의 처벌 측면에서 서로를 감시하고 판단할 때, 규범은 마침내 시행 가능한 것이 된다(상자 4 참조).

상자 4 메타 규범

앞서 살펴본 케빈의 이야기를 통해 규범을 시행하기 어려운 이유를 찾아볼 수 있다. 처벌을 가하고자 하는 사람은 보복의 위험을 떠안아야 하기 때문이다. 대개 그럴 만한 가치는 없어 보인다. 그럼에도 사람들은 다양한 규범을 시행한다. 이 난관을 어떻게 해결할 수 있을까? 이 문제를 공식적으로 파고든 최초의 연구진 중 한 명은 정치학자이자 게임 이론학자인 로버트 액설로드Robert Axelrod이다. 그는 규범과 관련된 행동의 모델을 간단하고 알기 쉽게 개발했다.[12] 액설로드의 연구에 따르면 대부분의 상황에서(처벌하는 것을 돕는 비용을 포함하여 다양한 각기 다른 비용과 이득을 포함하는 상황에서) 부정 행위자를 처벌하여 얻을 수 있는 이익은 전혀 없다.

액설로드의 모델은 엄청난 도움이 되었다. 한 가지 전제만 더하면 착한 사람들을 대변할 수 있다는 것이다. 바로 다른 이들을 벌하지 않는 이들을 벌하는 규범이다. 액설로드는 이것을 '메타 규범meta-norm'이라고 지칭했다.

메타 규범은 한 집단에서 선량한 시민들이 부정 행위자를 처벌하기 위한 동기 부여가 필요하다는 사실을 강조한다. 이 동기 부여가 당근이든 채찍이든 전혀 관계없다. 액설로드는 채찍의 관점에서 부정 행위자에게 맞서지 않는다는 사실 자체가 처벌받아야 하는 행위라고 주장했다. 그렇지만 집단에 따라서는 부정 행위자를 벌하는 일에 나선 사람에게 보수를 주는 당근도 효과가 있을지 모른다.

다른 연구자들은 부정 행위를 저지르거나 서로를 벌하는 다양한 시나리오를 통해 액셀로드 연구 결과를 직접 실험해 보았다. 실제 우리 사회에서도 메타 규범의 다양한 형태를 볼 수 있다. 예를 들어 미국에서는 범죄를 목격하고도 신고하지 않으면 법률 위반 행위로 간주한다.

잘 드러나지 않지만 중요한 규범

앞서 한 이야기처럼 인간은 개인의 행동을 제한하기 위해서 다양한 규범을 만들어 왔다. 살인, 강간, 폭행, 절도 등을 금지하는 규범과 같이 실재하는 규범 중 많은 것들이 당연히 실행되어야 하는 규범이고, 그 규범을 어길 시에는 강력한 대가를 치러야 하기 때문에 이 책에서 다루기에는 적합하지 않다. 우리가 살펴볼 규범은 잘 드러나지 않는 규범이다. 자신이 어기고도 종종 알아차리지 못할 만큼 자각하기 어려운 그런 규범들 말이다.

주로 의도가 더해지는 경우가 많다. 만약에 당신이 다른 누군가의 배우자와 단순히 친하게 지내는 것이라면 별로 문제 될 것이 없다. 하지만 애정이나 성적인 의도를 가지고 친밀하게 지낸다면 부적절한 일이 된다. 행위보다 의도에 집중해 보면 규범을 통해 집단 내 문제가 되는 행동을 보다 정확하게 규제할 수 있다. 하지만 의도를 규제하면 다양한 종류의 속임수가 넘쳐 나게 된다. 이에 대해서는 4장에서 자세히 다뤄 볼 예정이다.

결국 이 책에서 말하고 싶은 바는 인간의 의도를 제한하는 강도가 약한 규범은 알아차리기 더 어렵다는 것이다. 특히 자신이 그 규범을 어기고 있을 때 더 그렇다. 우리는 이 사각지대를 스스로 만들어 냈다. 그리고 이것을 '뇌 속의 코끼리'라고 부른다. 따라서 이런 규범 중 몇 가지를 살펴보는 것은 중요하다. 규범을 따르게 만드는 사회적 압력은 많이 존재하지만 인간이란 들키지만 않으면 마음껏 규범을 어기면서 자신의 이익을 충족시킬 존재라는 사실을 상기하기 위해서라도 말이다.

자랑하기

누구나 가끔은 자화자찬을 즐긴다. 그렇기 때문에 자랑이나 과시는 지나치지만 않는다면 허용되기도 한다. 심지어 어떤 상황에서는 환영받는다. 무하마드 알리Muhammad Ali를 보면 알 수 있다. 하지만 대부분의 상황에서는 다른 누군가의 잘난 척이 너무 심해지면 조금 언짢아지기 시작한다. 자랑하는 것은 집단 내에서 스스로의 영향력과 지배력을 늘릴 만한 방법 중 하나이고, 인간의 조상은 지배를 싫어하는 수렵 채집인이었기 때문이다. 만약 대니얼 카너먼Daniel Kahneman이 자신이 노벨상 수상자라고 떠벌리며 돌아다닌다면 사람들은 분명 그를 경계할 것이다. 왜 그렇게 굳이 그가 남들 앞에서 자신을 드러내야 했을까 궁금해한다. 이러한 이유로 인간은 겸손한 사람을 칭찬하고 교만한 사람의 콧대가 납작해지면 기뻐한다.

하지만 자랑을 하는 행위 뒤에는 강력한 동기가 있다는 사실을 기억해야 한다. 자신의 뛰어난 자질, 기술 그리고 능력을 다른 사람들이 알아봐주길 원하는 것이다. 자랑하지 않으면 어떻게 친구로, 배우자로, 팀원으로 선택받을 수 있겠는가? 인간은 다른 사람들이 자신의 자선 행위를 인정해주고, 자신이 정치적인 인맥을 가지고 있다는 사실을 알아주고, 예술, 스포츠 그리고 학업 측면에서 보이는 우수성을 알아주길 원한다. 만약 법률로 금지되지 않았다면 기부한 내역, 연봉이 올랐다는 사실, 또는 영향력이 큰 사람과 친구가 되었다는 사실을 일일이 페이스북에 올릴지도 모른다. 그렇지만 자랑은 결코 좋게 받아들여지지 않기 때문에 자랑을 하고 싶다면 조금 더 신중해야 한다. 이에 대해서는 다음 장에서 자세히 살펴볼 예정이다.

아첨

지위가 높은 사람이 배우자, 친구 또는 팀원을 선택할 때, 그 관계는 일종의 보증서가 되어 선택받은 사람의 지위도 높아진다. 이것(다른 것 중에서도 특히 이것)은 지위가 높은 사람에게 환심을 사야 할 동기가 된다.

하지만 환심을 살 때도 바람직한 방법과 그렇지 못한 방법이 있다. 예를 들어 '스스로의 모습을 그대로'를 보여 주는 것은 바람직하다. 만약에 타고나게 훌륭하고 호감형인 사람이라면 다른 사람들이 좋아하고 존경하는 것은 당연하다. 바람직하지 않은 방법은 아첨이다. 잘 보이기 위해 알랑거리거나 빌붙거나 굽실대거나 비위를 맞추거나 꼬리를 치는 일들이다. 높은 지위에 올라간 사람과의 관계를 현금 수수, 아첨, 또는 성적 접대로 '사는' 것도 바람직하지 않다. 이런 전략은 못마땅하게 여겨질 뿐만 아니라 때로는 불법 행위로 간주되기도 한다. 유명인이 어떤 상품을 홍보할 때는 그 상품이 좋아서 홍보하는 것이 바람직하다. 대가로 받는 돈 때문에 마음에도 없는 상품을 홍보하는 일은 바람직하지 않다. 회사에서도 상사가 일을 잘하는 직원을 승진시키는 것은 바람직하다. 상사와 성적인 관계를 맺은 직원을 승진시키는 건 바람직하지 않다.

하지만 바람직하지 않은 방법을 사용하고픈 유혹들은 분명히 존재한다.

소규모 집단 내 정치

자랑과 아첨을 못마땅하게 여기는 규범과 비슷하게 소규모 집단 내 정치를 반대하는 규범도 빈번히 침해된다. 현대 사회에는 워싱턴 D.C.처럼 사람들이 적극적이고 공격적으로 정치 성향을 보이는 영역이 많이 존재한다. 하지만 정치를 금기시하는 경향은 특히 소규모 집단 내에서 강한 편이다. 한 집단 내에서 편이 갈라져서 싸우게 되면 전체 집단이 와해될 수도 있다. 완전히 극단적인 상황으로 치닫지 않더라도 집단 자체로서의 그 능력을 온전히 발휘할 수 없게 된다.

물론 개인이 정치적으로 행동해서 얻을 만한 이익도 있다. 그렇기에 규범이 존재한다. 하지만 같은 이유로 특히 일상에서 규범은 몰래 위반되기도 한다.

이기적인 동기

아마 모든 것을 포괄하는 규범—자랑, 아첨 그리고 정치적 행동에 대한 규범을 모두 포함하면서도 친사회적 이유로 인간이라면 반드시 지켜야 하는 규범—은 바로 이기적인 동기에 대한 규범일 것이다. 이기적인 동기는 이 책의 가장 중요한 주제이기도 하다. 어떠한 질문에 대해 이기적인 동기가 드러나는 답변을 듣는다고 상상해 보자. 왜 여자친구와 헤어졌어요? "더 나은 사람을 만나고 싶거든요." 왜 의사가 되려고 하세요? "명예도 있고 연봉도 높은 직업이니까요." 학교 신문에 만화를 연재하는 이유는 뭐예요? "사람들이 날 좋아했으면 좋겠거든요." 거짓말은 없다. 하지만 인간은 이렇게 자신의 이기적인 의도가 드러나는 답변 대신 더 고상하고 순수한 동기를 강조한 답변을 선호한다.

정리

2장에서는 인간이 얼마나, 그리고 어떻게 여느 동물처럼 경쟁적이고 이기적인지 살펴보았다. 인간의 뇌가 이렇게 커진 데에는 경쟁이 중요한 역할을 했다는 점도 알아보았다. 3장에서는 반대로 인간은 동물과는 다르게 규범을 통해서 불필요한 경쟁을 제한할 수 있다는 내용을 다뤘다.

예민한 독자라면 두 가지 특징 사이에 팽팽한 대립 관계가 있다는 사실을 알아차렸을 것이다. 세부적으로 짚어보면, 만약 규범을 통해 경쟁을 제한하는 게 가능하다면 더 나은 경쟁자가 될 수 있는 동기가 줄어든다. 예를 들어 인간의 조상이 성공적으로 '정치 금지'에 대한 규범을 시행해서 정치적인 행위의 기미가 보일 때 싹을 잘라 냈다고 해 보자. 이런 환경에서는 큰 뇌, 정치적으로 발달된 뇌를 굳이 머리에 달고 다녀야 할 이유가 없다. 실제로 커다란 뇌는 극도로 비경제적이다. 인간의 경우 평소 사용하는 에너지의 5분의 1을 뇌에서 소모하기 때문이다. 따라서 '정치 금지' 규범이 철저하게 지켜졌다면 인간의 뇌는 훨씬 작을 것이다.

모두 알다시피 인간의 뇌는 작아지지 않았다. 오히려 커졌다. 하지만 이 것은 규범이 있음에도 일어난 사실이 아니라 규범 때문에 일어난 사실이다. 그 이유에 대해서는 '기만'이라는 주제에서 다뤄 보자.

4장
기만

모두가 속인다.

이 사실부터 인정하고 시작하자. 어차피 부인해도 소용없으니 말이다. 모두가 속이지만 몇몇 사람들은 다른 사람들보다 덜 속이는 것뿐이다. 하지만 그 사실만으로도 충분히 존경할 만하다. 인생을 살아가면서 약간의 속임수를 사용하지 않는 사람은 없다. 살면서 지켜야 할 규칙과 규범은 너무나도 많고 그 모든 걸 다 지킨다는 건 비인간적이다.

대부분의 사람은 강도, 방화, 강간, 살인 금지 등 중대한 규칙을 중요시하며 지키는 편이다. 반면에 작고 어중간한 규칙은 일상적으로 어긴다. 거짓말을 하고, 무단 횡단을 하고, 직장 비품을 몰래 집으로 가져오고, 소득 신고서의 수입 항목을 속이고, 불법 유턴을 하고, 상사에게 아부하고, 불륜을 저지르고, 쾌락을 위해 약물을 사용하기도 한다. 이 책의 저자 두 명도 위 나열한 범죄 중 절반 이상을 저질렀다는 사실을 이 시간을 빌려 고백한다.[1]

왜 속이는 것일까? 답은 간단하다. 비용을 들이지 않고도 이득을 보기 때문이다. "100퍼센트에 가까운 엘리트 수영 선수가 수영장 안에서 소변을 본다."라고 미국 수영 국가 대표인 칼리 게르Carly Geehr가 말한 바 있다. "어떤 사람은 이 사실을 부정하기도 하고, 어떤 사람은 자랑스럽게 인정하기도 한다. 하지만 결국 모두 수영장 안에서 소변을 보긴 한다."[2] 왜 이런 짓을 할까? 연습 중에 화장실을 가는 것은 불편하기 때문이다.

인간의 조상도 많이 속였다. 어떻게 알 수 있을까? 인간의 뇌는 속이는 사람을 파악하기 위한 특수한 목적으로 적응하는 과정을 거쳤다는 사실이 하나의 증거다.[3] 사람들에게 추상적인 논리 퍼즐을 속임수에 관한 시나리오라고 말하면 퍼즐을 훨씬 쉽게 풀기도 한다. 이는 진화심리학에서 널리 인정된 연구 결과로, 부부 연구팀인 레다 코즈미디스Leda Cosmides와 존 투비John Tooby에 의해 알려졌다.[4]

물론, 만약 조상의 뇌가 속이는 사람을 잘 파악하도록 진화했다면 그것은 그만큼 속이려고 하는 사람이 많았기 때문이다. 그 속이려는 사람도 똑같이 인간의 조상이었으며, 따라서 초기의 인간(그리고 원시인)은 진화적 군비 경쟁에 휘말리게 되고, 이 경쟁은 속이는 자와 속임수를 간파하는 자 간의 싸움이었을 것이다.

인간의 뇌는 속이고 규범을 회피할 수 있도록 진화했다. 도둑질이든, 불륜이든 코를 파는 일이든 대가를 치르지 않고 피해 나갈 가장 간단한 방법은 눈에 띄지 않는 것이다. 인간이 규범을 회피하도록 적응한 방법은 타인의 시선에, 특히 그 시선이 자신을 향할 때 민감해지는 것이다. 자신을 똑바로 쳐다보는 다른 사람의 시선은 그 장소에 사람이 몇 명이 있든 간에 쉽게 눈에 띄기 마련이다.[5] 수십 번의 실험 끝에 나온 결론은 타인의 시선을 받는(심지어 만화 속 캐릭터의 시선까지도) 실험 참가자들은 속임수를 쓸 가능성이 훨씬 낮았다.[6] 불빛이 희미할 때와 비교하여 환한 불빛 아래에서[7] 사람들은 속임수를 덜 쓰기도 하며, 모든 것을 알고 있는 전지전능한 신의 개념을 믿을 때도 속임수를 덜 쓴다.[8]

하지만 이보다 더 중요한 요인은 수치심이라는 감정과 그에 따르는 행동일지도 모른다. 수치심은 자신이 모멸감을 느낄 만한 상황에서 다른 사람의 눈에 띌 때 느끼는 감정이다.[9] 어떤 스캔들의 주인공이 된 상황과 같이 수치심을 느낄 때 인간은 얼굴을 가리거나 고개를 숙이거나 전반적으로 다른 사람과의 접촉을 피하려고 한다. 그리고 이런 수치심에 대한 두려움 때문에 인간은 속이는 것을 자제하고, 만약에 속임수를 썼다면 다른 이들에게 들키지 않도록 흔적을 지운다.

하지만 조심해야 할 점이 있다. 속임수를 쓰는 자들이 들키지 않으려고 애쓰는 것에 과도하게 집중하면 더 흥미로운 사실을 제대로 알아차리지 못할 가능성이 생긴다. 바로 대놓고 속이는 것이다.

아래는 매우 상반되는 규범 회피에 관한 시나리오다.

1. 시험에서 부정행위를 저지르는 것. 시험 도중에 몰래 화장실에 가서 핸드폰으로 정답을 찾아본다.
2. 공공장소에서 음주하는 것. 미국 대부분 지역에서 공공장소 음주는 불법이다. 하지만 예전부터 전통같이 내려온 방법이 있다. 바로 갈색 종이봉투에 술병을 넣어서 마시는 것이다.

첫 번째의 경우, 시험에서 부정행위를 저지를 때, 목적은 간단하다. 교수에게 들키지 않는 것이다. 교수는 당연히 모든 것을 공정하게 진행해야 하는 사람이기 때문에 부정행위를 들키지 않으려면 최대한 교수의 눈에 띄지 않아야 한다.

공공장소에서의 음주 동기는 훨씬 더 알아차리기 어렵다. 종이봉투로 술병을 감춘다고 해도 모두들, 적어도 경찰은 쉽게 속지 않는다. 만약 경찰이 공공장소에서의 음주를 이유로 위반 딱지를 끊고 싶다면 당당하게 다가가서 냄새를 맡아 보고 체포하거나 딱지를 끊으면 된다. 그렇지만 대개는 굳이 그런 일을 하지 않는다.

왜일까?

바로 그것이 이번 장에서 들여다볼 수수께끼다. 감추거나 엄청나게 노력하지 않고 적당히 신중하게 행동하면 속였다는 사실을 숨길 수 있는지 말이다. 다시 말하지만 모든 종류의 속임수에 이것이 적용되는 것은 아니다. 시체를 찾고서도 못 본 척하는 사람은 없을 것이다. 하지만 뻔히 보이는 구실이나 변변찮은 변명만으로 정의의 척도가 뒤집히는 예는 많이 존재한다.

경고

이제부터 (책의 마지막 페이지까지) 속이는 행위, 즉 기만에 관한 논의를 본격적으로 시작할 예정이다. 기나긴 여정 가운데 기만이 얼마나 잘못된 것인지 도덕적으로 판단하고 싶은 욕구는 잠시 접어 두길 바란다. 도덕적으로 어떻게 행동해야 할지에 대한 논의는 시의적절하게 이뤄져야 한다. 하지만 인간은 도덕적인 잣대를 들이미는 것을 워낙 좋아해서 시간과 장소를 불문하고 그렇게 한다. 이 책을 읽는 시간만큼만은 판단은 접어 두고, 또 자신이 생각하는 이상적인 모습과는 다른 모습을 받아들이고 자신의 잘못된 의도와 동기를 인정하길 바란다. 자신의 모습을 있는 그대로 바라보길 원한다. 자신이 되고 싶은 모습이 아니라.

자신의 도덕적인 잣대에 따라 이 책에서 다루는 어떤 규범이 '잘못되지 않았다'고 느낄 수도 있다. 쾌락을 얻기 위한 약물 사용이 이와 관련된 사례로 자주 인용되곤 한다. 하지만 마약 복용이 잘못이든 아니든 대부분의 사회에서는 잘못이라 여겨지고, 마약 복용자는 복용 사실을 들키지 않으려 한다. 다시 한번 강조하지만 우리는 도덕성을 판단하지 않을 것이다. 규칙의 옳고 그름을 떠나 사람들이 어떻게 규칙을 위반하고 회피하는지에 집중할 예정이다.

한스 크리스티안 안데르센Hans Christian Andersen의 유명한 동화《벌거벗은 임금님The Emperor's New Clothes》에서는 임금님이 비싼 새 옷을 만들어 주겠다는 두 명의 사기꾼에게 속는다. 사실 사기꾼들이 만든다고 말한 '옷'은 존재하지 않았으나 그들은 어리석고 무능한 사람의 눈에만 보이지 않는 옷이라고 임금님에게 말한다. 어리석고 무능한 사람이 되기 싫었던 임금님은 옷이 보이는 척했고, 그의 신하들도 모두 옷이 보이는 척했다. "정말 아름답고 좋은 옷입니다!"라고 모두들 입을 모았다. 결국 마을을 행차하던 중에 어린아이가 "임금님은 벌거숭이!"라고 말하면서 진실이 온 천하에 드러나게 된다. 순진한 아이에게 옷이 보이지 않는다면 정말 아무것도 없는 것이라고 모두들 동의한다. 모두가 기만당한 것이다.

이 동화 그리고 이 책이 말하고자 하는 바를 이해하려면 '공유 지식common knowledge'이라는 개념을 우선 이해해야 한다.[10] 한 집단 내에서 모두가 어떤 사실을 안다 해서 그 사실이 '공유 지식'은 아니다. 모두들 다른 사람이 그 사실을 안다는 사실을 알아야 하고, 또 그 사람들 역시 다른 사람들이 그 사실을 안다는 사실을 알아야만 '공유 지식'이라고 불릴 수 있다. '열린', '누구나 알고 있는' 지식이라고도 말한다.

정치학자 마이클 최Michael Chwe는 저서 《사람들은 어떻게 광장에 모이는 것일까?Rational Ritual》에서 이메일을 비유 삼아 공유 지식이라는 개념을 설명한다.[11] 다수의 친구를 파티에 초대하고자 이메일을 보낼 때, '수신자To'나 '참조Cc'를 사용해 이메일을 보내면 파티가 열린다는 사실은 공유 지식이 된다. 이메일을 수신한 모든 친구가 누가 그 이메일을 받았는지 확인할 수 있기 때문이다. 하지만 '숨은 참조Bcc'를 이용해 친구를 초대한다면 이메일을 받은 각 개인은 파티가 열린다는 사실은 알겠지만 공유 지식이 될 수는 없다. 이렇게 숨은 참조로 전송되는 정보는 '공유된' 지식이라기보다는 '폐쇄적인' 지식이다.

정보의 공유성과 폐쇄성은 어마어마하게 다른 결과를 불러온다. 《벌거벗은 임금님》에서 마을 전체가 임금님이 사기꾼에게 속았다는 사실을 알았지만 이 사실은 공유 지식이 아니었다. 모두들 벌거벗은 상태의 임금님을 봤지만 동시에 다른 사람들이 사기꾼을 믿을까 봐 두려워했다. 따라서 어른 중에서는 바보처럼 보이는 것을 감수하고 그 누구도 나서서 진실을 말하지 않았다. 모두가 입 밖으로는 차마 내지 못하고 마음속으로만 생각하고 있던 것을 순수한 아이가 내뱉었을 때 침묵의 공모는 깨졌다. 그리고 금이

간 댐에서 물이 쏟아지는 것처럼, 숨겨진 진실이 바깥으로 쏟아져 나왔다.

공유 지식은 누군가에게 비밀스럽게 어떤 이야기를 하는 것과 대대적으로 공언하는 것 정도의 차이라고 볼 수 있다. 커밍아웃을 하지 않은(그렇지만 모두들 그녀의 성적 정체성에 대해 알고 있는) 동성애자와 자신의 성에 대해 완전히 오픈한 동성애자 정도의 차이, 모두가 아무 일도 없었다는 듯 행동하는 어색한 순간과 모두가 인정하는 순간(바라건대 웃음을 터뜨리면서) 정도의 차이가 있다. 공유 지식은 누구에게나 열려 있고 개방적으로 이야기할 수 있으며 완전히 공개되어 기록이 남는 '온 더 레코드' 정보이다.

이렇게도 생각해 볼 수 있다. 우리는 대개 신중함이나 비밀을 지키는 일에 중요한 면이 한 가지밖에 없다고 생각한다. 바로 '그 정보가 얼마나 많이 알려졌는지'다. 하지만 사실은 두 가지 면을 고려해 봐야 한다. 그 정보가 얼마나 많이 알려졌는지와 더불어 얼마나 공개적으로[12] 그리고 일반적으로 알려져 있는지다. 비밀이란 공개적으로 알려지지 않고도 많이 알려질 수도 있다. 커밍아웃을 하지 않은 동성애자의 성적 정체성 또는 임금님이 벌거벗었다는 사실처럼 말이다.

속이는 것은 신중함을 요하는 일이다. 속이고도 잘 빠져나가려면 다른 사람에게 들키지 않는 것이 중요하다. 예를 들어 시험에서 부정행위를 할 때 신경 써야 하는 일은 한 사람, 교수에게만 들키지 않는 것이다. 반대로 길에서 술을 마실 때는 특정 사람에게 들키는 것은 물론이고 아무리 많은 사람에게 들켜도 거의 문제가 되지 않는다. 중요한 것은 얼마나 개방적으로 알려졌는가 하는 점이다. 그래서 갈색 종이봉투가 등장하게 된다.

당당하게 맥주병을 들고 돌아다닌다면 경찰과 껄끄러운 상황에 놓일 가능성이 높다. 공개적으로 음주를 하면 경찰관뿐만 아니라 그 길에서 마주치는 모든 사람, 도덕을 중요시하며 점잔 빼는 사람들, 보고 배우는 아이들 그리고 그들의 근심스러운 부모에게까지 법을 위반하고 있다는 사실이 드러나게 된다. 공공장소에서의 노골적인 음주를 묵인하는 경찰관은 몰래 이루어지는 음주를 무시하는 경찰관보다 비난을 받기 쉽다. 이 경우, 맥주병을 숨기는 갈색 종이봉투는 경찰들의 눈을 속이기 위한 수단이 아니다. 이는 경찰이 공공장소에서의 음주를 묵인해도 시민들의 비난을 피할 수 있게 해 주는 방어막이 되는 것이다.

신중함이 필요할 때

"표 삽니다! 남는 표 없나요? 누가 표 좀 파세요!"

암표를 파는 행위, 주로 콘서트장이나 스포츠 경기장 입구에서 표를 허가 없이 전매하는 행위는 미국의 약 절반의 주에서 위법이다.[13] 그렇기에 반대로 암표상들이 종종 표를 산다고(표를 사는 것은 완벽하게 합법적인 행동) 외치는 모습을 볼 수 있다. 술병을 갈색 종이봉투에 넣어서 숨기는 것처럼 이렇게 표를 산다고 외쳐도 그 행위를 멈춰야 할 의무가 있는 사람들은 속지 않는다. 경찰도 암표 행위가 벌어지는 장소의 관리인도 무슨 일이 일어나는지 아주 정확히 안다. 그럼에도 암표상은 이렇게 뻔한 수법을 사용하는 게 훨씬 이득이라고 생각한다. 이는 아무리 뻔히 보이는 구실이라도 규범이나 법률을 지키게 하는 시도의 맹점을 파고들 수 있음을 알 수 있는 일례이다.

경찰, 교사, 인사팀 직원 등 규정 집행에 의무가 있는 사람들은 규범 집행에 강한 동기를 지닌다. 그게 바로 그들의 직업이기 때문이다. 그럼에도 종종 일이 너무 많거나 그들을 감시하는 사람이 별로 없다는 이유로 엄청나게 큰 위반이 아니면 대충 넘어가고자 하는 유혹에 빠지기도 한다. 때로는 단순히 서류 작업이 귀찮다는 이유로 경찰은 가벼운 위반이라면 그냥 넘어갈 때도 있다.[14]

하지만 3장에서 살펴봤듯이 나머지 사람들, 일반 사람들은 규범을 집행해야 할 동기가 그렇게 강하지 않다. 규범을 집행하기 위해서는 동료 또는 심지어 상사와 대립해야 할지도 모르고 공식적으로 그럴 권한이 없다면 본인이 그렇게 행동함으로써 이득을 보게 될지 반대로 손해를 보게 될지 긴가민가한 상황에 놓이기도 한다. 조금만 잘못하면 이득보다는 손해 쪽으로 넘어갈 가능성도 훨씬 크다.

규범 집행은 단순히 규범 위반 사실을 파악하는 것보다 훨씬 더 많은 일을 포함한다. 보통은 위반 행위가 일어났다는 사실을 잘 알리는 일도 필요하다. 즉, 집단 내 다른 사람들에게도 범죄가 일어났다는 사실을 이해시키는 일이다. TV 드라마 '소프라노스The Sopranos'를 보면 알 수 있는 것처럼 법정에서 유죄를 증명할 수 있는 충분한 증거가 없었다면 연방 조사관은 토니 소프라노가 마피아의 일원일 뿐이라고 일방적으로 믿었을지 모른다. 이와 비슷하게 회사에서 상사가 자신의 아이디어를 훔쳤다고 확신하는 경우에도 상사의 상사를 설득시킬 수 있을지 없을지는 다른 문제다. 일반적으로 범죄를 직접 발견하는 일은 그 범죄와 직접적으로 관계가 없는 사람들에게 자신이 목격한 범죄를 납득시키는 것보다 훨씬 간단하다.

그렇다면 다른 사람을 속이고자 하는 사람에게는 규범을 준수하는 것(또는 위반 사실을 고발하는 것)을 방해하는 일들이 모두 범죄를 짓고도 들키지 않을 가능성을 높여 준다. 따라서 범죄를 들키지 않을 만큼 신중함이 필요하며, 신중하게 행동하는 방법은 여러 가지가 있다.

- 이미 자신에게 유리하게 만들어 놓은 핑계나 알리바이를 제시
- 사건이 부각되지 않게 비밀스럽게 소통
- 노골적으로 규범을 위반하기보다는 눈에 띄지 않게 위반
- 애매하게 행동. 예의를 중시하는 문화권에서 공개적으로 누군가를 비방하는 행동은 폭력을 유발하기 충분한 행위로 간주되곤 한다. 하지만 알아차리기 어려울 정도로 미묘한 비공식적인 비방은 대개 용서된다.

위의 방법은 모두 동일한 메커니즘으로 작동한다. 규범을 위반하는 것이 완전히 공유 지식이 되는 현상을 막고, 고발하는 일을 더욱더 어렵게 만든다.

위 방법 중 몇 가지를 더 자세히 살펴보자.

구실: 미리 꾸며 둔 핑계

1527년, 영국의 국왕 헨리 8세Henry VIII와 왕비 캐서린Catherine of Aragon 사이에는 왕자가 없었다. 38세의 국왕에게는 선택지가 점점 줄어들었다. 궁정 내 모든 사람은 헨리가 더 젊은 여성—앤 볼린Anne Boleyn—을 왕비로 맞이하고 싶어 한다는 사실을 알았다. 그러나 유감스럽게도 캐서린과의 결혼은 전 교황의 축복을 받았고 새로운 교황이 혼인을 무효화해 줄 리는 없었다.

국왕에게는 그럴듯한 '구실'이 필요했다. 사람들이 믿을 수 있고 정당한 이유가 될 수 있는 구실 말이다. 그래서 왕은 결혼한 지 20년 가까이 지났음에도 불구하고 초야 때 캐서린이 처녀가 아니라는 '발견'을 했고 결혼은 규칙 위반이라고 주장했다.

무척이나 부자연스러운 구실이었지만 국왕인 자에게 구실이 약간 부자연스럽다고 해서 문제될 것은 없었다. 결국 헨리 8세는 로마 가톨릭 교회로부터 이탈하고(또 종교 개혁을 시작함으로써) 영국 국교회로부터 결혼 무효 승인을 받을 수 있었다.[15]

구실이란, 규범을 위반하고도 그에 대한 대가를 치르지 않기 위해 사용할 수 있는 유용한 도구다. 무죄를 증명하기 위해서 이미 준비된 핑계를 대면 처벌이 더욱 어려워지며, 다른 이들이 규범을 위반한 자를 비난하고 고소하기도 어려워진다. 그리고 앞서 봤다시피 모두를 속일 필요는 없다. 그저 사람들에게 다른 사람은 그렇게 생각할지도 모르겠다는 마음이 들게 하는 정도로만 그럴듯하게 지어내면 된다.

사회생활에서 구실을 대야 하는 경우는 넘쳐 난다. 담배를 파는 가게에는 '담배를 피우기'를 위한 도구라는 명목으로 파이프, 물담배, 전자담배 등 약물 복용 도구 일체를 판매한다. 회사의 간부는 '가족과의 시간을 소중히 하기' 위해 '자발적으로' 퇴사한다. 호텔이 숙박객이 사용한 타월을 교체할 때 숙박객에게 '환경을 배려할 것'을 촉구하는 것은 환경 때문이 아니라 주로 수익 때문이다. 그렇지만 숙박객에게 절약을 요구하는 일은 접대에 관련된 규범에 어긋난다. 그렇기 때문에 그럴싸한 구실을 대야 하는 것이다.[16]

은밀한 소통

> **음모를 꾸미다, 공모하다** : 위법 혹은 유해한 행위를 하기 위해 공동으로 비밀리에 계획을 세우는 일.

공모conspire라는 단어의 어원은 무척이나 흥미롭다. 라틴어로 '함께'를 의미하는 'com'과 '호흡하다'라는 의미의 'spirare'에서 유래했다.

국왕을 살해하기 위한 음모를 세운 두 명의 귀족이 있다고 생각해 보자. 이 두 사람은 성안의 외진 복도에서 머리를 맞대고 속삭이는 목소리로 계획을 세우며, 말 그대로 호흡을 맞춰 목소리를 죽인 채 '국왕 살해'와 같은 노골적인 단어를 사용하기보다는 '계획'이라고 음모를 지칭하면서 가능한 한 짧게 이야기를 나누고 각자 다른 방향으로 사라질 것이다.

이 귀족들은 무엇을 위해 이렇게 은밀하게 소통할까? 우선 그들은 전혀 눈에 띄고 싶지 않아 한다. 만약에 속삭이는 모습을 누가 본다면 목소리가 들리지 않았기를 바랐을 테다. 만약에 다른 사람이 목소리를 들었다면 정확히 무슨 말을 했는지 들리지 않았기를 바라고, 만약에 다른 사람이 정확히 어떤 대화가 오갔는지까지 알게 되었다면 그 말이 무엇을 의미하는지 알지 못하길 바랄 것이다. 마지막으로 두 사람이 나눈 대화가 무엇을 의미하는지까지 다른 사람이 알게 되었다면, 그 계획이 공유 지식이 아니라 그들끼리만 공유하는 은밀한 지식이 되길 바랄 것이다.

보초 두 명이 성내를 순찰하다가 두 명의 귀족이 하는 이야기를 우연히 들었다고 가정해 보자. 보초는 어떤 심상치 않은 일이 꾸며진다고 의심할 수도 있지만 남몰래 이를 반겼을 수도 있다. (국왕의 대우가 마음에 들지 않았거나 하는 이유로) 두 명의 보초 중 그 누구도 반역을 지지한다는 사실을 공개적으로 인정할 수는 없지만 귀족들이 속삭였기에 보초는 못 들은 척할 수도 있다. 만약에 귀족들이 목소리를 높여서 공개적으로 대화를 나누었다면 국왕 살해라는 계획은 보초들도 아는 공유 지식이 된다. 그리고 어쩔 수 없이 음모를 꾸미는 사람을 체포해야 했으리라.

일반적으로 소통이 아무도 알아차리지 못할 만큼 미묘하고 비밀스럽거나 애매모호하게 진행될 경우는 전달하고자 하는 메시지가 공유 지식이 되지 않도록 무언가를 숨기려고 한다고 보면 된다. 아래의 예시를 살펴보자.

- **보디랭귀지.** 고개를 끄덕이거나 힐끗 보거나, 뭔가 아는 듯한 미소를 짓거나 재빨리 눈알을 굴리거나 상대의 팔에 손을 살짝 얹거나 하는 행동. 일반적으로 보디랭귀지는 언어와는 다르게 은밀한 면이 있다. 해석하기 더 어렵고 제3자에게 말을 전달하기 어렵기 때문이다. 《사람들은 어떻게 광장에 모이는 것일까?》에서 마이클 최는 "윙크의 의미는 공유 지식이 무엇인가에 따라 달라진다."[17]라고 설명했다. 보디랭귀지에 대해서는 7장에서 자세히 알아보겠다.
- **난해한 소통.** 직접 소통하고 있는 대상은 알아들을 수 있지만 지나가다 우연히 듣는 사람은 알아듣기 힘든 의미가 난해한 단어나 표

현을 사용하는 것. 나쁘고 불법적인 행위를 지칭하기 위해서 수많은 슬랭이 만들어지는 이유이기도 하다. '연결되다hooking up'라는 말은 섹스를 의미하고 '420'은 마리화나, '게임gaming'은 도박이라는 의미로 사용되는데, 이것은 부모, 경찰 또는 판단하기 좋아하는 모범생 같은 친구들보다 한 발짝 먼저 이들이 알아듣지 못하는 방식으로 소통하기 위함이다.[18]

- **미묘하게 숨겨진 의미.** 돌려서 표현하거나, 힌트를 주거나, 암시하는 등의 행동. 이런 행위는 의미를 잘 전달하면서도 나중에 누군가가 그 메시지에 관해 물어본다면 충분히 부인할 만큼의 의미의 여지를 남기는 것을 가능하게 한다. 예를 들어 "그 귀여운 얼굴에 무슨 일이 생기면 유감일 텐데?"와 같은 은근한 위협, 매춘을 제안할 때 사용하는 "즐거운 시간 가지지 않을래?", 약물을 권유하는 "파티 좋아해?" 등이 있다.

- **상징주의.** 이디스 워튼Edith Wharton은 소설 《이선 프롬Ethan Frome》에서 등장인물의 성적 관계를 두 개의 기묘한 음식(피클과 도넛)으로 교묘하게 상징화했다. 조금 더 진지한 예로는 부패한 정권에 반대하여 저항 운동을 호소하는 경우에도 상징이 사용되기도 한다. 반대 운동이 특정한 색깔과 결부되어 있다면 지배 정권의 공격에 노출되는 일 없이 그 색깔의 물건을 몸에 지님으로써 반대 운동을 지지할 수 있다.

- **비격식 언어.** 일반적으로 사용하는 언어가 격식이 있을수록 그 메시지는 인용하기 쉬우며 공식 기록이 되기 쉽다. 그리고 그 반대로 비격식적인 언어는 일반적으로 '오프 더 레코드'로 간주되는 경우가 많다.

이런 방법은 대화 상대가 상대와 자신, 두 명일 때는 유용할 수도 있다.

몇 차례의 데이트를 한 뒤 남성이 여성에게 섹스를 제안하는 경우를 생각해 보자.[19] 만약 노골적으로 "오늘 밤 섹스하지 않을래?" 하고 물었다간 서로 민망하기도 하고 상대가 직접적으로 거절하기 어려운 상황이 만들어진다. 이런 경우 해답은 돌려 말하기다. "괜찮다면 방에 가서 내가 그린 그림 좀 보지 않을래?"라고 물어본다면 두 사람 모두 그 질문이 시사하는 바를 잘 알게 되지만 중요한 것은 그 지식은 아직 공유 지식이 되지 않았다는 것이다. 남성이 여성과 잠자리를 하고 싶어 한다는 사실을 여성이 안다는 사실을 남성은 모른다. 최소한 확신할 수는 없다.

그럼에도 의문은 남는다. 만약에 남성과 여성, 양측 모두 그 제의를 이해했다면, 그것이 공유 지식인지 아닌지는 왜 중요한가? 이런 시나리오를 모델화해 볼 방법 한 가지는 친구 여러 명이 데이트가 어땠는지 너무 궁금한 나머지, 여성을 기다리고 있는 모습을 상상해 보는 것이다. 이 친구들은 일종의 청중이다. 남성과 여성이 서로 성관계를 제의하고 또 그에 대한 대답을 듣기 원하는 일련의 과정이 내포된 메시지를 전달하기 위한 난해한 소통을 이어 가는 가운데 그 장면을 지켜보는 청중 말이다. 단, 남성과 여성은 서로 주고받는 대화가 공유 지식이 되길 바라지 않는다. 두 사람 모두 상상 속의 청중 앞에서 대화를 하고 있다는 사실을 자각할 필요는 없다. 다만 이것은 인간이 자신의 체면을 유지하기 위해 오랜 세월에 걸쳐 터득한 방법일 뿐이다.

몰래 훔쳐 듣는 청중이든 소문으로 듣는 청중이든, 상상 속의 청중은 규범 위반과 관련된 시나리오를 모델화할 수 있는 좋은 방법이다. 범죄의 주모자가 부하에게 "저쪽 친구들 손 좀 봐 줘."라고 말할 때 그는 나중에 자신이나 부하가 법 집행 기관에 심문을 받을 때를 염두에 두고 연기를 하는 것이다. 물론 이런 식으로 이야기하면 부하가 오해를 할 수도 있다는 작은 위험이 존재한다는 사실을 두목은 받아들여야 한다. '살인'에 대한 명령 중 몇몇은 실행되지 않을지도 모르고 그런 뜻이 아닌 명령을 잘못 이해해 살인으로 해석될 수도 있다. 그것이 어둠 속에서 이뤄지는 거래의 비용이다.

규범 회피

실생활에서 존재하는 규범에는 회색 지대도 많이 존재하고 경계선이 애매한 경우도 많다. 모두가 합의할 수 있는 기준을 만드는 것은 불가능하다.

비트겐슈타인Wittgenstein이 '게임'을 구성하는 요인이 무엇인지 확실하게 정의하는 것은 불가능하다고 주장한 사실은 꽤 유명하다. 규범을 포함하여 모든 복잡한 문화적 개념에 이 주장을 동일하게 적용할 수 있다.

회색 지대는 속이고자 하는 자들에게는 한계를 시험하고, 한계를 넘을락 말락 하는 아슬아슬한 행동을 하고 한계에 도전하는 일에 안성맞춤이다. 미국에서는 연방통신위원회가 풍기 문란에 해당하는 행위를 허용하는 TV 방송국에게 벌금을 부과한다. 하지만 어떤 행위가 풍기 문란일까? 제코벨리스Jacobellis와 오하이오주 사이에 벌어진 재판에서 연방 최고 재판소 판사 포터 스튜어트Potter Stewart는 외설에 대해 정의를 내리기를 거부하고 "보면 안다."라고 말했다. 그러나 이렇게 세세하게, 정확하게 정의되지 않는 부분이 많기 때문에 규범을 회피하는 게 가능해진다.

TV 드라마 '사인필드Seinfeld'는 TV 프로그램에서 어떤 주제까지 다룰 수 있는지 그 한계에 도전한 것으로 유명하다. 악명 높은 한 에피소드에서는 등장인물들이 누가 가장 오래 자위를 하지 않고 버틸 수 있는지 내기를 하는 내용이 나온다. 하지만 에피소드 내내 '자위'라는 단어 자체는 한 번도 등장하지 않는다. 이렇게 말이다.

(조지가 천천히 방에 들어온다. 몹시 우울한 표정이다.)

(생략)

제리: 무슨 일이야?

조지: 엄마한테 들켰어.

제리: "들켰다고?' 뭐 하다가?

조지: 그러니까… 혼자였어…(부모님 집에) 차를 놔두려고 잠깐 들렀어. 그리고 집에 잠깐 들어갔거든. 아무도 없었어. 부모님은 일하러 가신 줄 알았거든. 그런데 문득 엄마가 보는 글래머라는 잡지가 보이길래 넘겨봤더니… 그러니까 잡지 책을 보다 보니까…(후략)

이 장면을 외설적이라고 할 수 있을까? "보면 안다"라고 하는 기준을 이 사례에 적용시키기는 어렵다. 무엇보다 위의 대화가 시사하는 행위를 검열하는 사람이 얼마나 생생하게 상상할 수 있는지에 좌우되기 때문이다.

그 외에도 사람들이 잘 회피하는 규범에는 드레스 코드 준수하기, 회사에서 게으름 피우지 않기, 부적절하게 추파 던지지 않기, 그리고 소규모 사회적 집단 내에서 정치적으로 행동하지 않기 등이 있다.

가벼운 죄

사람들이 유명인과 권력자들에게 집착하는 이유는 많다. 많은 이유 중 한 가지는, 유명인들이 나쁜 행동을 해도 처벌받지 않고 교묘히 넘어가는 방법을 알고 싶어 하기 때문이다. 스티브 잡스가 무자비하고 독선적으로 애플사를 운영했다는 사실은 잘 알려졌으며, 존 F. 케네디John F. Kennedy는 역사학자가 공식적으로 확인한 것보다 훨씬 많은 애인이 있었고[20] O. J. 심슨O. J. Simpson은 살인을 저지른 것이 유력함에도 무죄를 선고받았다.

우리는 때로 폭군 같은 CEO나 바람을 피우는 대통령을 보며 자신은 다른 종류의 인간이라고 자화자찬하기도 한다. 하지만 우리 또한 적어도 규범을 회피하긴 한다는 점에서, 정도의 차이만 있을 뿐 다른 종류의 인간이라고는 할 수 없다. 유명인들은 (때로는 심지어 살인과 같은) 중범죄를 저지르고도 빠져나가지만 상대적으로 가벼운 규범이라면 평범한 사람도 처벌을 받지 않고 넘어갈 수 있다.

그렇다. 우리는 자아도취에 빠지고, 할 일을 미루거나 회피하고, 뒷담화를 하고, 남의 욕을 스스럼없이 한다. 힘을 합쳐 한편이 되어야 하는 동료들은 무시하는 대신 상사에게 아부를 하고, 그러지 말아야 할 상대에게 부적절하게 추파를 던지고, 정치적으로 행동하고, 자신의 이익을 위해 다른 이들을 조종한다. 한 마디로 표현하자면 우리는 이기적인 존재다. 구제 불능일 정도로 이기적이지는 않지만 고귀하다고 부를 수준보다는 훨씬 이기적이다.

하지만 물론 우리는 이런 이기적인 모습을 과시하지는 않는다. 완전히 공개적으로 뒷담화를 하거나 바람을 피우진 않는다(케네디조차 아내 재키 몰래 불륜을 저지를 만큼 상대에 대한 최소한의 예의는 지켰다). 뭔가를 자랑할 때는 최대한 티가 나지 않도록 한다. 자신의 IQ나 연봉을 직접적으로 말하는 것은 품위가 없는 행동이지만, 만약에 자랑할 만한 IQ나 연봉을 가졌다면 은근히 똑똑해 보이는 말투를 쓰거나 누가 봐도 명품인 사치품을 사들이면서 티를 낸다. 유명인을 안다는 것을 자랑하기 위해 대화 중에 유명인의 이름을 은근슬쩍 끼워 넣기도 하고 몸매를 자랑하기 위해 몸선이 잘 드러나는 옷을 입기도 한다. 또는 다른 이들이 자신을 대신 자랑하도록 놔두기도 한다.

교회, 회사, 친구들 사이의 모임과 같이 소규모 집단에서 자신의 이익을 위해 정치적으로 행동할 때도 비슷한 신중함이 필요하다. 한편이 되는 동맹을 결성하려고 하고 동맹이 아닌 사람은 적으로 간주한다. 성공한 일은 자기 덕이라고 말하고 실패한 일은 남을 탓한다. 어떤 정책이 집단 전체에게 이득이 되지 않을 것을 알면서도 자신에게 이익이 된다면 그 정책을 위해 로비하고, 사람들이 듣고 싶어하는 말을 한다. 하지만 물론 이 모든 것들을 대놓고 하지는 않는다. 적에게 "나는 당신을 망하게 하려고 한다."라고 말하지는 않는 것처럼. 대신 자신의 행동은 모두의 이익을 위한 것이라고 정당화할 뿐이다.

정리

속이고도 들키지 않으려면 약간의 지혜가 필요하다. 이 지혜가 있다면 3장 마지막에 나온 질문, '만약에 규범이 경쟁을 억제하기 위한 것이라면 인간의 뇌는 왜 이렇게까지 커야 할까?'라는 질문에 대한 해답을 찾을 수 있을 것이다.

완벽하게 규범이 시행되는 일이 없는 만큼 속임수를 사용하려면 큰 뇌가 필요하다는 것은 그럴듯한 답변이 될 수 있다. 사실 규범을 위반하는 사람과 집행하는 사람은 쥐와 고양이의 술래잡기처럼 격렬한 군비 경쟁에 휘말려 서로의 지적 능력을 높이는 중이다.

다음 장에서는 특히 알아차리기 어렵지만 중요한 속임수 중 하나를 중점적으로 살펴볼 예정이다. 바로 자기기만이다. 이 주제를 다루면서 이 책을 관통하는 하나의 중요한 문제점에 대한 해답을 찾아볼 수 있을 것이다. 인간이 자신의 동기를 숨기는 이유 말이다.

5장
자기기만

붉은색 우유뱀은 독이 없는 뱀이지만 맹독을 가진 산호뱀과 꼭 닮은 줄 무늬가 있다. 몇몇 종류의 난과 식물은 꽃가루를 옮겨 주는 꿀벌을 끌어들이기 위해 다른 꽃을 흉내 내지만 대신 꿀은 제공하지 않는다.[1] 그 외에도 많은 생물에게는 다른 동물을 쳐다보는 것처럼 착각하게 만드는 물방울무늬가 있다. 포섬, 도마뱀, 새, 상어 등은 살아 있는 사냥감에게만 흥미를 보이는 적에게 공격당하지 않도록 '죽은 척'을 하기도 하며 기생 박테리아 역시 비슷한 행동을 한다. 예를 들자면 숙주의 세포로 '보이게끔' 세포막에 특정 분자를 '두르는' 것이다. 이렇게 숙주의 면역 시스템을 속이는 사례는 양의 탈을 쓴 늑대의 현미경판 버전이라 할 수 있다.[2]

진화 생물학자 로버트 트리버스는 "기만은 생명과 연관이 깊은 특성이다. 유전자부터 세포, 개체, 집단까지 생명의 모든 수준에서 발생하며 필수적이다.

당연히 인간도 예외는 아니다. 아니, 기만은 인간의 본성이라 해도 좋을 것이다. 경쟁이라고 하는 (자기 본위의) 진화의 이론에 비추어 보면 전혀 이상하지 않다. 기만을 이용하면 비용을 전부 지불하지 않고도 어느 정도의 이익을 얻을 수 있다. 모든 사회에 거짓말해서는 안 된다는 규범은 분명히 존재하지만 거짓말을 들키지 않기 위해서는 약간의 노력만 하면 된다. 너무 어이없는 거짓말을 하는 대신 중간중간 진실을 섞어 넣어서 거짓말을 하는 것처럼 말이다.

여기까지는 어쩌면 당연한 사실이다. 그렇지만 지금부터는 조금 어려운 내용이 등장한다. 우리는 다른 사람만 속이는 것이 아니라 우리 자신 또한 속인다. 우리의 마음은 얼핏 볼 때 역효과처럼 생각되는 방법으로 중요한 정보를 일상적으로 왜곡하거나 무시한다. 우리의 정신 프로세스는 보이는 세계를 고의로 일그러뜨리거나 파괴하는 불성실한 작용을 하는 것이다. 일반적인 말로 표현하자면 '희망적 관측'이나 '현실 회피' 혹은 '맹신'이라고도 할지 모른다.

트리버스는 저서 《우리는 왜 자신을 속이도록 진화했을까The Folly of Fools》에서 자기기만을 인간의 정신적 생활의 중심에 있는 '놀랍기 그지없는 모순'이라고 표현했다. 그에 따르면 우리의 뇌는 '정보를 찾으면서' 동시에 '그것을 파괴하는 행위로 치닫는다'.

> 한편으로 인간의 감각 기관은 상세하고 정확하게 외계를 인식할 수 있도록 훌륭하게 진화해 왔다. (중략) 이는 외계에 대해 정확한 정보를 얻는 쪽이 훨씬 더 잘 살아남을 경우에 일어나는 진화다. 그러나 그 올바른 정보는 뇌에 도달하는 순간 가끔 일그러지고 편향적으로 의식에 전달된다. 우리는 진실을 부정한다. 자기 자신에 대한 사실을 다른 사람에게 투사하고 결국에는 공격까지 한다. 고통스러운 기억을 억압하고, 완전히 사실과 다른 기억을 만들어 내며, 도덕에 반하는 행동에 핑계를 대고, 자기 평가가 오를 만한 행동을 반복하는, 일련의 자아 방어 체제를 보이는 것이다.[3]

인간은 삶의 많은 영역에서 자신을 속인다. 스포츠도 그중 하나다. 권투 선수는 경기 도중 부상을 일부러 무시하고 경기를 이어 나간다. 마라토너는 자신의 진짜 몸 상태보다 실제로 자신이 훨씬 덜 피곤하다고 생각할 수 있다.[4] 경쟁력 있는 수영 선수들을 연구해 본 결과, 자기기만에 능한 선수들이 중요한 시합에서 훨씬 좋은 성적을 냈다.[5]

또 다른 영역은 개인의 건강이다. 건강과 행복(물론 무병장수도)과의 상관 관계를 고려해 봤을 때, 건강이야말로 인지적 '에이게임A-game'을 적용할 수 있는 영역이다. 안타깝게도 수많은 연구 결과에 따르면 인간은 실제보다 건강해 보이기 위해서 종종 자신의 건강에 대한 중요한 정보를 왜곡하거나 무시한다.[6] 예를 들어 한 연구에서는 환자들을 대상으로 콜레스테롤 수치를 확인하는 검사를 시행한 후 몇 달 뒤에 검사 결과를 기억하는지 조사했다. 가장 나쁜 콜레스테롤 수치를 가진 환자들, 콜레스테롤 관련 질병이 발병할 확률이 가장 높은 환자들은 자신의 검사 결과를 잘못 기억했으며 실제 결과보다 더 좋게(자신이 건강하다는 식으로) 기억했다.[7] 흡연자들은 담배를 피우지 않는 사람과 달리 흡연의 위험성에 대해 귀를 기울이지 않으며[8] 사람들은 의도적으로 HIV(인체 면역 결핍 바이러스)의 감염 위험성을 과소평가하고[9] HIV 검사를 받으려고 하지 않는다.[10] 뿐만 아니라 인간은 운전 능력, 사교술, 지도력, 운동 능력에 대해서도 자신을 속인다.[11]

이러한 결과는 명백한 사실이다. 인간의 뇌가 외부로부터 얻은 정보 관리를 잘하지 못한다는 결과는 이미 널리 알려져 있다. 마치 자기 스스로 재앙을 초래하고 자신을 파괴하는 것과 마찬가지다. 만약 마음속에 외부 세계에 대한 지도가 존재한다면 부정확한 지도를 가졌을 때의 이점은 무엇일까?

자기기만이 자기방어라는 낡은 생각

자기기만의 원인을 알아보기 위해서는 일반적으로 두 가지 방식으로 접근해 볼 수 있다. 첫 번째는 자기기만을 방어 기제의 일종이라고 생각하는 것이다. 이러한 생각을 낡은 생각이라고 지칭하겠다. 이 방어 기제라고 하는 개념을 주창한 사람은 잘 알려진 대로 지그문트 프로이트와 그의 딸 안나 프로이트Anna Freud다. 프로이트는 자기기만을 '문제를 원활하게 해결하기 위한 거의 무의식적인 대처 방법'—자아가 딱히 원하지 않는 충동에 대해 자신을 지키는 방법—이라고 생각했다.[12] 예를 들어 인간은 고통스러운 생각이나 기억을 잠재의식으로 밀어내고 억압한다. 혹은 자신이 가진 최악의 성질을 받아들이지 않고 다른 사람에게 투사하거나 추악한 동기를 적합한 동기로 바꾸어 정당화한다(이에 대해서는 6장에서 자세히 살펴볼 예정이다).

프로이트는 마음이 이 방어 기제를 이용하는 것은 불안 등의 정신적인 고통을 경감시키기 위해서라고 했으나 20세기 중반 오토 페니켈Otto Fenichel 이후의 심리학자들은 방어 기제의 목적을 '자존심을 지키기 위해'라고 재해석했다.[13] 즉, 인간은 진실을 통제할 수 없기 때문에 자신을 속인다는 우아하고 상식적인 설명을 했다. 인간의 자아와 자존심은 부서지기 쉽다. 그런 까닭에 '다음 시합에서는 아마 질 거야', 혹은 '몰랐던 암이나 다른 병으로 아플지도 몰라' 등 고통을 주는 정보로부터 자기 자신을 지킬 필요가 있는 것이다.

팟캐스트 '라디오랩Radiolab'의 한 에피소드에서 자기기만과 관련된 실험적 연구를 최초로 수행한 심리학자 해럴드 자카Harold Sackeim임은 자기기만을 다음과 같이 설명했다.

> 자카임: (우울증에 걸린 사람은) 이 세상 모든 고통을, 또 사람들이 얼마나 잔혹한가를 느낍니다. 그리고 자신의 연약함이나 자신이 타인에게 행했던 심한 행동 등 자기 자신에 대해서도 적나라하게 말합니다. 문제는 그들이 옳다는 것입니다. 그러므로 우리가 도울 방법은 그들이 착각하게끔 만드는 것밖에 없을지도 모릅니다.
> 로버트 크룰위치(라디오랩의 진행자): 진실임을 알고 있으면서도 그런 생각을 자기 자신에게 숨기는 게 필요하다는 말씀일까요?
> 자카임: 우리는 상처받는 일에 너무 취약하기 때문에 진실을 왜곡하는 능력을 타고났습니다.[14]

시적인 표현이라고 생각할 수도 있다. 하지만 이런 전통적인 관점은 중요한 점을 간과한다. 왜 자연의 여신은 진화라는 과정을 통해[15] 인간의 뇌를 이렇게 설계한 것일까? 정보는 인간의 뇌에 있어 생명선과도 같다. 그렇기에 이러한 정보를 무시하고 왜곡하는 일은 가볍게 받아들일 일이 아니다. 만약 자기기만의 목적이 자존심을 유지하기 위해서라면 자신을 위협하는 정보에 대해 뇌에 있는 자존심 메커니즘을 강화하고 튼튼하게 만드는 것이 더 효율적이다. 마찬가지로 그 목적이 불안의 경감이라면 일정한 스트레스의 양에 대해 느끼는 불안이 적어지도록 뇌를 설계하는 편이 더 낫다.

자존심을 유지하거나 불안을 경감하기 위해서 자기기만을 이용하는 건 보다시피 비효율적인 대처법이기에 최종적으로는 오히려 문제를 키운다. 이는 마치 겨울에 몸을 따뜻하게 하기 위해 헤어드라이어를 난방기로 사용하는 것과 같다. 온도는 오르겠지만 그래서는 방 안이 적절하게 따뜻해지지도 않고 추위도 가시지 않는다.[16]

자신이 대규모 군대를 지휘하는 장군이라고 생각해 보자. 군대의 규모는 적에 비해 터무니없이 적고 탈출할 길도 없이 포위된 상태다. 거대한 지도를 펼쳐 놓고 다음 동선을 생각할 때 아군의 앞길을 막는 산맥을 지도에서 지울 수 있다면, 혹은 실제로는 어떠한 길도 존재하지 않는 산에 길을 그려 넣을 수 있다면 얼마나 편하겠는가. 탈출할 길이 있으면 안심할 테니 말이다. 하지만 지도는 지도일 뿐이고 진짜 산을 지울 수도 없는 노릇이다. 지도에 무슨 짓을 하든 적이 여전히 자신을 포위한 상황은 변하지 않는다. 그렇게 현실로부터 눈을 돌리면 최악의 결과를 부를지도 모르는 잘못된 판단을 내리는 상황을 스스로 만드는 꼴이 된다.

이처럼 공상에 젖는 일이 습관이 된 장군은 그렇지 않은 장군에게 금방 패배할 것이다. 우리 마음도 이와 비슷하다. 따라서 자기기만에는 단순히 안심하는 것 이상의 이유가 필요하다.

자기기만은 교묘한 조작이라는 새로운 생각

최근 몇 년간 진화론적 논법에 초점을 맞춘 심리학자들은 인간이 자기 자신을 속이는 이유에 대해 보다 만족스러운 설명을 내놓는 중이다. 기존의 개념은 자기기만을 주로 내향적, 방어적 그리고 (지도에 그림을 그리는 장군처럼) 자멸적인 기제로 그려 낸 반면에 새로운 개념은 자기기만을 주로 외향적, 조작적, 결국은 자신을 위한 것이라고 주장한다.

이런 새로운 생각은 트리버스의 《우리는 왜 자신을 속이도록 진화했을까?》와 로버트 커즈번의 《왜 모든 사람은 (나만 빼고) 위선자인가Why Everyone (Else) Is a Hypocrite》와 같은 서적에 잘 그려졌다. 그러나 새로운 개념의 원조는 노벨 경제학상 수상자이자 협력과 갈등을 다룬 게임 이론 연구로 유명한 경제학자 토머스 셸링Thomas Schelling까지 거슬러 올라간다.[17]

1967년, 저서 《갈등의 전략The Strategy of Conflict》에서 셸링은 '혼합 동기 게임mixed-motive games'이라는 개념을 소개한다. 이는 두 명 이상의 사람이 각각 추구하는 이익이 중복되는 동시에 일부분은 대립되는 상황을 가리킨다. 이익 중 일부가 중복되기 때문에 그들에게는 협력할 동기가 생기지만, 이와 동시에 대립되는 부분도 있는 까닭에 서로 싸우기도 한다. 혹시 자주 듣는 이야기라는 생각이 든다면 그 이유는 인간(과 우리 영장류의 조상)이 몇백 년에 걸쳐 서로 혼합 동기 게임을 계속해 왔기 때문이다.

인간은 이런 상황을 오늘날까지도 매일 마주하며, 인간의 마음은 이런 상황에 대응하기 위해 만들어졌다. 그럼에도 셸링이 증명해 보인 것처럼 여전히 혼합 동기 게임은 직감에 반하는 기묘한 행동을 이끌어 낼 때가 있다.

전형적인 예는 치킨 게임game of chicken이다. 치킨 게임은 십 대들이 자동차를 타고 서로를 마주 보는 상황에서 출발했다가 충돌하려고 할 때쯤 먼저 핸들을 꺾는 쪽이 지는 게임에서 유래한 말이다.[18] 단순하기 그지없는 허세 겨루기라고 할 수 있다. 그러나 만약 이 게임에서 이기고 싶다면 셸링의 조언을 귀담아듣기를 바란다. 상대와 마주 보는 위치에서 시동을 건

다음 자신의 차에서 운전대를 뽑아 상대를 향해 흔드는 것이다. 이렇게 하면 핸들을 조작할 수 없기에 결국 물러설 수 없고 충돌할 때까지 상대를 향해 달릴 수밖에 없다는 사실을 상대에게 알릴 수 있다. 상대가 정말 죽음을 원하는 게 아니라면 먼저 핸들을 돌릴 수밖에 없을 테고 결국 자신이 승자가 될 수 있다.

이렇게 핸들을 뽑는 행동이 반직감적인 이유는 대개 스스로 자신의 선택지를 제한하는 행동은 좋은 판단이라고 할 수 없기 때문이다. 그러나 셸링은 혼합 동기 게임의 왜곡된 동기 부여가 선택지 제한과 비이성적인 행동으로 이어질 수 있지만 결국 전략적인 선택이 되리라는 사실을 다양한 상황에 적용하여 상세히 설명했다. 아래 예시를 보자.

- **의사소통을 위한 경로 폐쇄 또는 축소.** 예를 들어 무엇인가 부탁하는 전화를 받을 것 같으면 일부러 전화기 전원을 끄기도 한다. 또는 곤란한 주제의 대화는 직접 만나서 대화로 하기보다는 이메일을 통해 소통하는 방식을 선호한다.
- **미래에 받을 벌에 대한 인식.** 셸링은 "법인의 법적 권한 중에서도 교과서에 적힌 두 가지는 고소할 권리와 고소당할 권리다. 고소당하고 싶은 사람은 아마 없겠지만 고소당할 권리는 계약을 할 수 있는 권리이기도 하다. 즉, 돈을 빌리거나 계약을 하거나 문제가 있는 사람과 거래를 할 수 있는 권한이다. 소송이 벌어진 뒤 나중에 돌이켜 보면 그 '권리'가 좋지만은 않다 생각되겠지만 그것은 사업을 하기 위해 꼭 필요한 조건이다"라고 설명했다.[19]
- **정보의 무시.** 이는 '전략적 무지'라고도 불린다. 예를 들어 우리가 유괴되었다고 가정한다면 유괴범의 얼굴을 보거나 이름을 알고 싶지 않을지도 모른다. 유괴범의 얼굴이나 이름을 알게 되면 경찰에 잡힐 것을 두려워하는 유괴범이 자신을 풀어 줄 가능성이 낮

아지기 때문이다. 경우에 따라 더 많이 알고 있을수록 책잡힐 일이 많다.

- **잘못된 사실을 일부러 믿기.** 설사 가능성이 낮더라도 자신의 군대가 이길 거라 믿는 용맹한 장군이라면 오히려 적이 겁을 먹고 도망갈지 모른다.

즉, 혼합 동기 게임에는 자기기만을 보상하는 인센티브가 포함된다.

위와 같은 상황에는 긴장감이 존재한다. 결정을 내려야 하는 상황에서는 보통 선택지와 지식이 많을수록 유리해진다. 하지만 셸링은 다양한 상황에서 자신을 제한하거나 구속하는 것이 '승리의 열쇠'가 된다고 주장한다. 어떻게 가능할까?

긴장을 완화시키는 것은 생각보다 간단하다. 전통적인 결정 이론이 주장하는 대로 자신을 제한하고 구속하는 것 그 자체로는 별 이득이 되지 않는다. 다만 다른 이들에게 자신이 스스로를 제한하고 구속했다고 설득하는 것으로는 이득을 볼 수 있다. 치킨 게임에서 승리한 건 운전대를 컨트롤할 수 없어서가 아니라 상대가 그렇게 믿었기 때문이다.

이와 비슷하게, 유괴를 당한 피해자는 유괴범의 얼굴을 봐서 고통스러운 것이 아니다. 피해자가 유괴범의 얼굴을 봤다고 유괴범이 생각할까 봐 괴로운 것이다. 유괴범에게 얼굴을 봤다는 사실을 들키지 않고 얼굴을 본다면 아무런 문제가 되지 않고 오히려 유리하게 작용한다.

이런 논리를 적용해 보면 자신의 지식에 '비밀스러운' 공백이 생기거나 혼자만 잘못된 신념을 가지는 것은 결코 도움이 되지 않는다. 전략적 무지와 관련된 현상은 다른 이들이 그 무지함을 믿고 그에 따라 행동할 때만 가치가 있다. 커즈번은 "무지는 그것이 널리 알려질 때 가장 도움이 된다"라고 말했다.[20] 무지하다는 사실이 홍보되고 알려져야 한다는 것이다.

다르게 해석하자면 자기기만은 상대의 정신 상태를 고려할 수 있는 사람과 관련된 상황에서만 유용하다. 예를 들어 인간이 통제할 수 없는 자연의 힘을 상대로 허풍을 떨 수는 없다. 무시무시한 허리케인이 다가오고 있을 때, 그것을 무시하는 것은 아무런 소용이 없다. 허리케인의 입장에서는 당신이 허리케인이 오고 있다는 사실을 알고 있는지 없는지 전혀 중요하지 않기 때문이다. 자신을 기만하는 것은 심리전을 펼치는 사람을 상대할 때만 가능하다. 하지만 이론적으로는 지능이 높은 동물 그리고 미래의 로봇 또는 외계인일 경우에도 가능하다. 기업과 국가 또한 이런 자기기만 전략을 서로에게 또는 국민에게 쓸 수 있다. 이렇게 되면 자기기만은 사회적 상황에서 사회적 동물에게만 적용 가능한 전략이라고 볼 수 있다.

셸링, 트리버스, 커즈번 등의 주장이 미치는 영향은 측정하기 어렵다. 그들은 결론적으로 인간은 스스로를 속여야 한다고 말한다. 이런 심리전을 거부하는 사람은 심리전을 하는 사람에 비해 게임 이론의 관점상 불리하기 마련이다. 그런 까닭에 우리는 때때로 중요한 정보를 무시하고, 쉽게 드러날 거짓말을 믿으며, 또 왜곡된 사고를 보란 듯이 선전한다. 왜냐하면 그것이 '승리의 열쇠'가 되기 때문이다.

트리버스의 말을 빌리자면 우리는 "다른 사람을 잘 속이기 위해 자기 자신을 속이는 것"이다.[21]

자신의 거짓말을 믿는 이유

그렇지만 여전히 중요한 의문이 남는다. 만약에 자기기만의 목적이 다른 사람에게 특정한 인상을 주는 것이라면 왜 자기 자신에게까지 진실을 왜곡할까? 단순하고 의도적인 거짓말 대신 자기 자신을 속여서 얻는 이득은 무엇일까?

이 질문에 대한 답변은 많다. 하지만 모든 답변은 결국 거짓말은 하기 어렵다는 사실로 귀결된다. 일단 거짓말을 하는 것은 인지적으로 무척 부담이 된다. 예를 들어 마크 트웨인Mark Twain의 소설에 등장하는 허클베리 핀은 자신이 한 이야기를 사실처럼 보이게 하려고 수많은 거짓말을 해야 했고 결국은 그 거짓말 때문에 옴짝달싹 못 하는 지경에 이른다. 하물며 누군가 물어보는 즉시 대답해야 하는 상황이라면 거짓말은 더욱 어렵다. 마크 트웨인은 언젠가 이렇게 말했다고 전해진다. "진실을 말하면 아무것도 기억하지 않아도 괜찮다."22

인지적 부담과 별개로 거짓말이 들통날 위험을 극복해야 한다는 점에서도 거짓말은 쉽지 않다. 우리는 누군가가 우리에게 거짓말을 하면 화가 난다. 거짓말을 하는 행동만큼이나 공통적인 반응이다(심지어 말벌도 다른 말벌이 자신에게 거짓말을 하면 보복을 한다고 한다23). 소시오패스 또는 병적으로 거짓말을 하는 사람이 아니라면 대부분의 사람은 뻔뻔하게 거짓말하는 것을 두려워하고, 불안으로 생긴 여러 증상 때문에 결국은 들키고 마는 쓰라린 경험을 한다. 심장 박동이 빨라지고, 몸이 화끈거리고, 식은땀이 나고, 안절부절못하고, 때로는 눈가가 실룩거리고, 얼굴이 경직되고, 부자연스럽게 호흡하고, 목소리가 갈라질 수도 있다.24

이런 것들을 종합해 보면, 때로는 다른 이들로 하여금 무언가를 믿게 하려면 사실로 만드는 것이 최선의 방법일지도 모르겠다. 치킨 게임을 할 때, 상대에게 "이봐, 난 핸들을 뽑았어!"라고 소리만 친들 별 소용이 없다. 상대방은 직접 눈으로 보지 않는 이상 그 말을 쉽게 믿지 않을 것이다. 이와 비슷하게, 때로는 다른 이들에게 자신이 무언가를 믿는다고 설득시키려면 진짜로 믿는 방법밖에는 없다. 상대는 바보가 아니다. 그들도 당연히 다른 사람이 자신에게 거짓말을 할 동기가 있다는 것을 알기 때문에 눈을 부라리고 지켜본다. 다른 사람이 하는 말(며칠, 몇 주 또는 몇 달 전에 했던 말과 동일한지 비교해 가며), 표정을 철저하게 살피고 행동을 관찰하면서 상대의 말이 동기와 일치하는지를 확인한다.

요점은 인간의 마음이 생각만큼 비밀스럽지 않다는 것이다. 우리가 어떤 생각을 하는지 다른 사람들은 어느 정도 꿰뚫어 보는 능력이 있다. 우리의 마음이 다른 이들에게 어느 정도 투명하게 보인다는 사실을 마주하게 되면 다른 이들을 속일 수 있는 가장 강력한 방법은 자기기만이다. 따지고 보면 거짓말하는 것은 아니지만 (의식적으로 또는 고의적으로 행하는 것이 아니기 때문에) 이와 비슷한 효과가 있다. "우리는 자신의 의식에 대한 진실을 숨긴다"라고 트리버스는 말했다. "방관자에게 진실을 효과적으로 숨기기 위해서."[25]

세상을 정확하게 묘사하는 일은 우리 뇌의 궁극적인 목적도, 유일한 목적도 아니다. 인간의 뇌는 몸, 그리고 궁극적으로는 유전자를 통해 돌, 다람쥐, 허리케인만 존재하는 세상이 아니라 다른 인간도 더불어 사는 세상에서 다른 이들과 사이좋게 지내며 다른 이들을 앞서도록 진화했다. 그리고 만약에 우리가 삶의 많은 부분을 타인과 교류하거나 타인을 설득하는데 할애한다면 (실제로도 그렇고) 뇌가 이 세상을 정확하게 묘사하는 일뿐 아니라 사회적으로 유용한 사고방식을 채용하지 않았을 리 없다.

가면을 너무 오래 쓰다 보면 그 가면이 자신의 모습이 되어 버리는 것처럼[26] 너무 오래 다른 모습으로 살면 그 모습이 실제 자신의 모습이 되어 버린다. 어떤 것이 사실인 양 너무 오래 연기하다 보면 정말 사실로 믿게 된다.[27]

그래서 정치인들이 자기기만 연구의 중요한 사례가 되곤 한다. 그들은 자신이 무엇을 믿는지에 따라 받는 사회적 압박이 어마어마하다. 그런 까닭에 심리학적으로 정치가는 '거짓말'이 아닌 자기기만을 반복하는 것이다.[28] 거짓말과 자기기만 모두 다른 사람을 속인다는 점에서는 비슷하지만 자기기만이 훨씬 더 알아차리기 어렵고 고발하기도 어렵다.

실생활 속의 자기기만

혼합 동기 상황에서 자기기만을 통해 유리한 입장을 취하는 방법에는 적어도 네 가지가 존재한다. 이 네 가지 방법을 각각 다르게 의인화해 볼 예정이다. 광인, 충신, 응원단장 그리고 사기꾼으로.

광인

"무슨 일이 있어도 난 할 거야!" 하고 흥분한 남자가 소리쳤다. "그러니까 방해하지 마!"

특정 행동을 고집하는 것이 다른 사람의 동기에 변화를 주는 경우가 많다. 치킨 게임에서 핸들을 뽑아서 이기는 것처럼 말이다. 사업가, 갱단 두목, 스포츠 선수, 그 외 경쟁에 참가하는 사람들이 경쟁 상대를 정신적으로 극복하려고 할 때도 마찬가지다.

릭 라헤이Rick Lahaye는 광인이 될 수 없는 육상 선수는 고생한다고 설명했다.

> 육상 선수는 경기 도중에 경쟁 상대가 조금이라도 피곤해 보이면 그것을 엔진 삼아 자신을 몰아붙이며 전진한다. 예를 들어 마라톤 선수는 '저 녀석 헐떡이는 게 보이지? 거의 한계야. 조금만 더 힘을 내면 저 녀석을 이길 수 있어'라고 생각한다. 그런 까닭에 선수는 '자기 자신과' 관련된 (부정적인) 정보를 경쟁 상대가 알아차리지 못하게끔 노력한다. '약한 티'를 내면 상대는 이를 기회로 여기고 에너지를 계속 투입하려고 하기 때문이다.[29]

이는 베트남 전쟁 당시 리처드 닉슨Richard Nixon이 사용한 전략 중 하나였다. 그는 수석 보좌관인 밥 홀더먼Bob Haldeman에게 이렇게 설명했다.

광인 이론이라네, 밥, 내가 전쟁을 종결시키기 위해서는 무엇이든 할 거라고 북베트남 사람들로 하여금 생각하게 만드는 거지. "맙소사, 닉슨이 공산주의에 집착하는 건 알잖아. 그가 화나면 말릴 수 없다고. 그리고 핵무기 단추에 이미 손을 얹고 있어." 그렇게 말하게끔 만드는 거지. 그렇게만 하면 이틀 뒤에는 호찌민이 직접 파리로 가서 평화를 구걸할 걸세.[30]

물론 닉슨의 계획은 뜻대로 이루어지지 않았지만 그의 추론은 타당하다. 우리는 때때로 광인인 척 행동한다. 그리고 이때 우리의 마음 또한 살짝 제정신이 아닌 것처럼 행동하며 이에 대응한다.

충신

"물론이죠, 전 항상 당신을 따를 겁니다"라고 충신은 말한다. 이런 식으로 충성심을 보이는 대신 상대의 신뢰를 얻길 원한다.

믿는다는 것은 여러모로 정치적인 행동이다. 친구가 연인과 헤어졌을 때, 회사에서 다퉜을 때 상대편의 이야기가 친구의 이야기만큼 설득력이 있을 가능성이 크다 하더라도 친구 쪽의 이야기를 믿는 쪽을 선택하는 것도 이 때문이다. 그리고 종교 단체 혹은 거기까지 가지 않더라도 사회, 직업, 정치 단체에서 맹신이 중요한 미덕인 것도 이 때문이다. 한 집단의 근본이 되는 교리가 위태로울 때, 변함없이 믿음을 이어 나가는 사람이 같은 집단 내 사람들로부터 가장 큰 신뢰를 받는다. 얼마나 해로운지 알고 있어도 자사의 신념에 무비판적으로 따르는 사원은 동료, 특히 관리직 사람들에게 신임을 얻어 빨리 출세한다.

사실 인간관계 내에서 충성심의 척도는 얼마나 비이성적이고 근거 없는 믿음을 가지는지에 달렸다. 예를 들어, 다른 곳보다 두 배쯤 높은 연봉을 주는 회사에 남은 직원을 '충성심 있다'고 말하기는 어려울 것이다. 단순히 자신의 이익을 위해 회사에 남은 것이라고 보기 때문이다. 이와 비슷하게 다른 사람을 만나지 못해 여자친구와 계속 만나는 남성을 '충실'하다고 말할 수는 없을 것이다. 이런 관계에서 상대가 충실한지 아닌지를 판단하는 기준은 그 관계를 끊을 만한 강한 유혹이 있더라도 계속 충성심을 보이는지 여부다.

또한 진실을 믿더라도 충성심을 나타낸다고는 할 수 없다. 어차피 진실을 믿는 동기가 얼마든지 있을 것이기 때문이다. 충실하지 않으면 믿을 이유가 없는 것을 믿을 때만 충성심의 정도를 가늠해 볼 수 있다.

충신의 역할이 잘 나타나 있는 중국의 유명한 사례가 있다.

> 조고(중국 진나라의 환관)는 이미 권력을 손에 쥐고 있으면서도 더 큰 권력에 굶주린 사람이었다. 어느 날 그는 황제와 관료들이 많이 모인 회의에 사슴을 끌고 나와 그것을 '커다란 말'이라고 우겼다. 조고를 스승으로 여기며 신뢰하던 황제는 그의 말에 동의했고 많은 관료들도 마찬가지로 말이라고 동의했다. 그러나 그중에는 침묵을 지키거나 이의를 제기하는 사람도 있었다. 조고는 그렇게 자신의 적을 찾아냈다. 그 직후 그는 사슴을 말이라고 하기를 거부한 관료 전원을 살해했다.[31]

조고의 책략은 그가 사슴을 사슴이라 말했으면 기능하지 않았을 것이다. 진실은 충성도를 측정하는 리트머스 시험지로는 부적합하다.

응원단장

"난 그게 사실인 걸 압니다!"라고 응원단장이 소리쳤다. "그러니까 우리 같이 믿읍시다!" 이런 종류의 자기기만은 일종의 프로파간다(선전 전략)라고 볼 수 있다. 커즈번에 따르면 "가끔 틀린 게 도움이 될 때도 있다. 옳지 않더라도 자신이 믿는 걸 다른 모두가 믿는다면 그 사람은 전략적으로 우위에 설 수 있다"[32]라고 말했다.

그러므로 응원의 목적은 다른 사람의 신념을 바꾸는 것이라 할 수 있다. 그리고 자신이 열렬히 믿으면 믿을수록 다른 사람으로 하여금 그것이 옳다고 생각하게 만들기 용이하다. 무슨 일이 있어도 이긴다는 자신감을 가진 정치가는 자신의 승률을 정직하게 평가하는 정치가보다 지지를 얻기 쉽다. 자신감 넘치는 기업가는 설령 근거 없는 자신감이라 해도 자신의 능력을 정확하게 평가하는 기업가보다 주변에 더 많은 투자자와 직원이 모여든다.

우리는 건강 정보를 완전히 무시하거나 이미 파악한 정보를 왜곡해서 자신을 속이고 눈을 돌리고 싶은 정보로부터 자신을 지킨다. 그렇지만 자아에 방패가 필요한 이유—자아가 위협받을 때 고통을 느끼도록 진화한 이유—는 사회적으로 긍정적인 인상을 유지하기 위해서다. 자신의 현재 건강 상태를 이해함으로써 개인적으로 얻을 만한 건 아무것도 없지만 자신이 건강하다고 다른 사람들이 잘못 믿게끔 하는 것에는 이점이 있다. 그리고 다른 사람을 설득시키려면 우선 자신을 스스로 설득시켜야 한다. 스티브 잡스의 동료였던 빌 앳킨슨Bill Atkinson은 과거 잡스의 자기기만에 대해 이렇게 말했다. "그가 자신의 비전을 믿게끔 사람들을 속일 수 있었던 이유는 자신이 그 비전을 의심의 여지없이 믿으며 완전히 자신의 것으로 만들었기 때문이다."[33]

사기꾼

"무슨 말을 하는지 전혀 모르겠어." 사람들로부터 비난을 받으면 사기꾼은 이렇게 대답한다. "순수한 마음으로 그런 거야."

3장에서 살펴본 것처럼 많은 규범은 규범을 행하는 사람의 의도에 따라 그 결과가 달라진다. 예를 들어 다른 사람에게 친절한 것은 일반적으로 칭찬받을 일이다. 하지만 사람을 속일 목적으로 친절을 베푸는 일은 아첨이며 죄다. 마찬가지로 누군가와 친밀한 것은 일반적으로 좋게 여겨지지만 연애를 목적으로 친밀한 것은 누군가를 유혹하기 위한 것이고 상대에 따라 부적절한 경우도 많다. 그 밖에도 의도에 따라 가벼운 죄로 간주하는 것에는 자만, 과시, 착취, 거짓말, 책략은 물론이고 자기중심적인 행동도 포함된다. 하지만 자신의 동기에 관해 스스로를 속일 때는 이런 작은 죄들로 처벌받기 어렵다. 이에 대해서는 다음 장에서 더 자세히 살펴볼 예정이다.

그밖에 규범을 위반하는지 아닌지를 결정하는 것이 의도가 아니라 지식인 경우도 있다. 누군가 규범을 위반했다는 사실을 알게 되면 그에 따라 무언가를 해야만 하는 도덕 혹은 법률상의 의무가 때로 발생하기도 한다.[34] 친구가 물건을 슬쩍 훔치는 모습을 그냥 지켜만 보면 범죄의 공범자가 된다. 그렇기에 우리는 못 본 것으로 하거나 적당한 이유를 대어 그 장면을 봤다는 사실을 부인하려고 노력한다. 그래야만 나중에 심문받을 때 당당하게 모르는 척할 수 있기 때문이다.

*****

여기서 들었던 모든 사례에서 자기기만이 효과적인 이유는 다른 사람이 우리의 마음을 읽으려 하고 그들이 보는 것(혹은 본다고 생각하는 것)에 따라 행동하려 하기 때문이다. 즉, 우리는 자신을 속임으로써 때때로 다른 사람을 속이고 조종한다. 광인처럼 상대방을 위협하거나 충신처럼 신뢰를 얻거나 응원단장처럼 상대방의 생각을 바꾸거나 사기꾼처럼 다른 이들을 또 자신을 속일 수 없을까 노리는 것이다.

물론 위의 네 가지 자아 중 여러 개가 동시에 발현되기도 한다. 자기기만으로 비롯된 특정한 행동은 동시에 여러 가지 목적을 이루는 경우도 있다. 살인 용의자인 아들이 무고하다고 믿는 어머니는 아들에게는 충신이지만 재판관에게는 응원단장 역을 하게 된다. 자신의 승리를 믿어 의심치 않는 자신만만한 프로 권투 선수는 팬, 팀원, 그리고 다른 지원자들에게는 응원단장이지만 싸우는 상대에게는 광인이다.

모듈성

자기기만이 불러오는 이득은 다른 이들로 하여금 오해하도록 만들 수 있다는 것이다. 하지만 대가는 없을까?

앞에서 말했듯 가장 큰 대가는 최선이 아닌 차선의 의사 결정으로 이어진다는 것이다. 지도에 표시된 산맥을 지우고 자신의 군대를 막다른 골목으로 이끌고 가는 장군처럼, 자기기만을 행하는 자들은 그릇된, 또는 일부 정보를 토대로 행동해 버리는 위험을 감수해야 한다.

하지만 다행히도 자기기만에 따르는 고통을 전부 짊어질 필요는 없다. 적어도 뇌의 일부는 진실을 파악한다. 바꿔 말하자면 자기기만의 장점은 일관성이 없다는 점이다.

사회 심리학자 조너선 하이트Jonathan Haidt는 저서 《조너선 하이트의 바른 행복The Happiness Hypothesis》에서 "심리학에서 가장 중요한 개념을 이해하기 위해서는 마음이 때때로 모순되는 복수의 부분으로 나뉘어 있다는 사실을 이해해야만 한다"라고 했다. 이어서 다음과 같이 말했다.

> 우리는 하나의 몸에 하나의 인간이 존재할 것이라 흔히 생각하지만 여러 의미에서 우리 각자는 의견이 통하지 않는 사람들이 모여서 작업하는 위원회와 같다.[35]

마음이 어떻게 나뉘어 있는지와 관련해서는 여러 가지 가설이 존재한다. 성경은 마음을 머리와 심장, 두 가지로 구별한다. 프로이트는 이드id, 자아 ego, 초자아super-ego로 나누었다. 이언 맥길크리스트Iain McGilchrist는 분석을 행하는 좌뇌와 전체론적 관점을 가지는 우뇌로 마음을 구별했고,[36] 더 글러스 켄릭Douglas Kenrick은 야간 경비원, 강박적인 건강 염려자, 팀 플레이어, 눈독을 들이면 반드시 얻고 마는 민완가, 놀기 좋아하는 독신, 좋은 배우자, 아이를 기르는 부모 등 일곱 가지 '하위자아subselves'를 만들어 구분했다.[37] 한편 우리 아이들은 마음을 다섯 개의 상이한 감정을 관장하는 위원회로 묘사한 픽사의 애니메이션 '인사이드 아웃Inside Out'을 보며 자란다.

위 가설 중 어느 하나도 나머지보다 확실하게 뛰어나거나 정확한 것은 없다. 현실에서는 '위원회'라는 비유가 나타내는 것보다 훨씬 섬세하고 복잡한 동일 시스템을 분할하는 각기 다른 방법일 뿐이다. 심리학자는 이를 '모듈성'이라고 부른다. 단일 프로세스나 소규모 위원회 대신 현대 심리학자는 뇌를 수십만 개나 되는 상이한 부분, 즉 '모듈'의 집합체로 파악하며 각 모듈이 조금씩 다른 정보 처리 작업을 수행한다고 생각한다. 그중 일부 모듈은 시야의 가장자리를 감지하거나 근육을 수축시키는 등 수준 낮은 작업을 처리한다.

또 다른 모듈은 보행이나 동사의 활용 등 중간 수준의 작업을 처리하며 수준이 아주 높은 모듈은 낮은 수준의 모듈의 집합체로서 부정행위자를 간파하거나[38] 사회적인 인상을 관리하는 일 등을 책임진다.

요약하자면 뇌 속에는 수많은 상이한 시스템이 존재하며 각각의 시스템은 다른 시스템에 연결되어 있지만 동시에 부분적으로 떨어져 있다는 것이다. 인공 지능 분야를 개척한 과학자 마빈 민스키Marvin Minsky는 이 배열을 '마음의 사회society of mind'라고 부른 것으로 유명하다.[39] 그리고 사회와 같이 이 배열은 목적에 맞춰 다양하게 분할된다. 마치 미국을 정당(민주당인가, 공화당인가), 지리(도시인가 지방인가, 연안부인가 내륙부인가), 혹은 세대(베이비 붐 세대인가, X세대인가, 밀레니엄 세대인가)의 관점으로 분류할 수 있는 것과 같이 마음 역시 다양하고 상이한 방법으로 분할할 수 있다.

특히 중요한 부분은, 하이트의 주장에 따르면 이렇게 다양하고 상이한 부분들의 의견이 항상 일치되지는 않는다는 점이다. 특정한 사실은 하나의 시스템에는 알려지지만 다른 시스템에는 완전히 감춰져 있거나 차단되는 경우가 발생한다. 어쩌면 각기 다른 시스템이 바라보는 세상의 모습 자체가 다른 것일지도 모른다.

이러한 사실은 맹시blindsight라고 불리는 증상에서 뚜렷하게 나타난다. 맹시는 드물게 발현되는 증상이지만 많이 연구된 바 있으며, 일반적으로 시각피질에 뇌졸중이 일어난 경우와 같이 일종의 뇌 손상에 의해 발현되는 증상이다. 통상적인 시각 장애자와 마찬가지로 맹시 환자는 정말 아무것도 보이지 않는다고 주장한다. 그러나 이들에게 어떤 그림이 그려진 카드를 보여 주고 카드에 그려진 그림을 추측해 보라고 하면 단순히 아무거나 말해서 우연의 일치로 맞히는 것보다 훨씬 좋은 결과를 낸다. 이를 통해 의식을 관장하는 뇌의 일부는 제대로 작동하지 않더라도 시각 정보를 기록하는 뇌의 다른 부분은 작동 중인 것을 알 수 있다.[40]

뇌 안에 복수의 시스템이 존재한다고 하는 관점에서 자기기만을 생각해 보자. 인간의 뇌는 '잠재적 행동 평가'라고 하는 업무를 부여받은 시스템 안에서는 일련의 생각들을 비교적 올바르게 유지한다. 그리고 그 올바른 생각들을 '사회적 인상을 관장하는' ('의식'과 같은) 시스템으로부터 계속 감추는 게 가능하다. 다른 말로 설명하자면 인간은 언어와 의식을 조종하는 자아가 접근하지 못하는 정보에 근거해 행동할 수가 있다는 것이다. 그리고 반대로 행동을 조정하는 업무를 맡은 시스템에 정보를 흘리지 않고서도 의식적인 자아로 무엇인가를 믿을 수 있다.

예를 들어 아무리 확고하게 천국의 존재를 믿는다고 해도 역시나 죽는 건 두렵다. 이는 자기 보존을 맡는 뇌 안쪽의 오래된 부분이 사후의 세계를 전혀 인식하지 않기 때문이다. 그리고 인식하는 것도 잘못이다. 자기 보존 시스템은 추상적인 개념은 취급하지 않으며, 의식하지 않고 자연스럽게 자동으로 작동하기 때문에 자기 보존 시스템을 기반으로 한 행동을 중단하는 것은 매우 어렵다(자살이 생각보다 어려운 것처럼[41]). 정신적 활동을 이런 식으로 분할하는 것은 설계적으로 매우 우수한 일이다. 심리학자 더글러스 켄릭과 블라다스 그리스케비시우스Vladas Griskevicius는 다음과 같이 말했다. "사람들은 자신의 행동과 관련된 표면적인 동기는 일부 자각하지만, 마음 깊숙한 곳에 있는 진화와 관련된 동기에는 잘 접근하지 못한다. 진화와 관련된 동기는 뇌의 오랜 메커니즘에 의한 잠재의식의 작용 안에 숨은 경우가 많기 때문이다."[42]

즉, 인간의 뇌는 특정 사실을 믿으면서도 다른 행동을 하게 하는 위선자 같은 행동을 하도록 설계되었다. 정보가 뇌의 각기 다른 장소에 있는 한, 알면서도 동시에 계속 모르는 것이다.[43]

자기 은폐

어쩌면 '자기 은폐'는 다른 사람을 조종하기 위해 우리가 자신에게 행하는 가장 중요하면서도 눈에 쉽게 띄지 않는 심리전인지도 모른다. 이는 자신에게 불리할지도 모르는 정보를 심리적으로 중시하지 않는 마음의 습성으로, 적극적으로 자신에게 거짓말을 하고 그 거짓말을 믿는 노골적인 자기기만과는 다르다. 또한 위험할 수도 있는 정보를 가능한한 배우지 않으려고 하는 전략적 무지와도 다르다.

마음을 서로 조잘조잘 다른 이야기를 하는 작은 모듈, 시스템, 하위 자아의 집합체라고 생각해 보자. 이 잡담은 인간 내부의 정신 활동, 의식적인 활동 그리고 무의식적인 활동의 대부분을 구성한다. 그렇다면 자기 은폐는 각기 다른 뇌 부위 간의 은폐라고 할 수 있다. 예를 들어 뇌의 일부가 민감한 정보를 처리해야 하고 이런 특정한 상호 작용에서 우위를 차지하고자 할 때, 굳이 의식적으로 큰 소란을 피울 필요는 없다. 대신 우위에 설 때까지 어딘가 모르게 조금 불편할 수는 있지만 우위를 점한 순간 기분 좋게 대화를 마칠 수 있다. '우위에 선다'고 하는 동기와 관련해서 어느 순간에도 의식적인 주목을 끌지는 않지만 그렇게 하지 않아도 같은 결과는 어쨌든 은밀하게 이루어진다.

정보는 우리의 이미지, 그리고 더 나아가서는 사회적인 이미지에 손상을 줄 수 있기 때문에 민감하다. 따라서 뇌의 나머지 부분은 그런 정보가 필요 이상으로 눈에 띄지 않도록 결탁해서 조용조용 이야기한다. 그런 의미에서 의식이기도 한 자아는 보호되지 않으면 안 된다고 한 프로이트는 옳다. 그렇지만 그 이유는 인간이 상처받기 쉬운 나약한 존재라서가 아니라 불리한 정보를 뇌에서 누출시켜 다른 사람의 마음에 들어가는 일이 없도록 하기 위해서이다.

자기 은폐가 그야말로 자연스럽게 이루어지는 경우도 있다. '마음속 깊은 곳까지' 혹은 '마음 한구석으로' 생각을 밀어내는 것은 우리에게 불리하게 작용하는 정보를 은폐하는 것이다. 긍정적이고 우리를 기분 좋게 만드는 정보에 더 많은 시간과 주의를 소비하고 불명예스러운 정보에는 그다지 많은 시간과 주의를 소비하지 않을 때, 이것도 자기 은폐라고 할 수 있다.

학교 신문에 멋진 기사를 연재하거나 결혼식에서 감동적인 축사를 했을 때를 생각해 보자. 너무 자랑스럽고 의기양양해지겠지만 이는 뇌가 "이 정보는 훌륭해! 제일 앞쪽으로 보내서 눈에 띄게 해야지"라고 말하는 것이다. "좋아, 이 생각을 계속해. 또 틈만 나면 이 자랑스러운 기억을 돌이킬 수 있도록 그 신경 경로에 상을 줘야지" 하고 말이다.

반면 소중한 사람에게 못된 짓을 하거나 어렸을 때 물건을 훔쳤다가 붙잡혔다거나 직장에서 중요한 미팅을 하다가 실수를 했을 때를 생각해 보자. 부끄러운 생각이 들 것이다. 이는 뇌가 그 특정 정보를 자주 생각하지 말자고 말하는 것이다. "몸을 움츠리자, 숨자, 없었던 척하자. 그 신경 회로에는 벌을 주고 가능한 한 정보가 눈에 띄지 않게 하자"라고 말이다.[44]

정리

요약하면, 인간의 마음은 사회 경쟁에서 다른 사람보다 우위에 서기 위해 정보를 왜곡하도록 만들어졌다. 사회 규범을 어기려 하는 사실을 우리의 마음 중 대부분이 알지 못하면 다른 사람이 위반 사실을 발견해서 고소하는 일은 더욱 어려워진다. 우리에게 가장 적절한 행동이 무엇인지 계산해 내는 것도 어려워지지만 전체적으로 볼 때 그 정도의 어려움은 감수할 가치가 있다.

우리가 우리 자신을 속이는 건지도 모르는 모든 것 중 특히 중요한 건 '자신의 동기'다. 다음 장에서는 그런 특수한 형태의 자기기만에 눈을 돌려 보자.

6장
거짓된 이유

"이성은 (중략) 정념의 노예이며, 거기에 전력을 다하고, 따르는 것 외에는
어떤 역할도 인정할 수 없다."　　　　　　　　　　－데이비드 흄David Hume[1]

"사람이 무언가를 할 때는 두 가지 이유가 있다. 바람직한 이유와 진짜 이
유다."　　　　　　　　　　　　　　　　　　　－J. P. 모건J. P. Morgan[2]

지금까지 살펴봤던 논점을 간단히 복습해 보자. 2장에서는 얼마나 인간
(부언하자면 다른 종 모두)이 자연 선택의 경쟁에 속박되어 자기중심적으로
행동하는지 배웠다.

3장에서는 사회 규범을 다루면서 그것이 얼마나 이기적인 행동을 억제
하는지, 그렇지만 얼마나 깨지기 쉽고 시행하기 어려운지를 살펴보았다.
4장에서는 그러한 규범 집행의 취약성을 이용해서 사람들이 나쁜 행동을
하고서도 들키지 않으려고 얼마나 다양한 속임수를 자주 사용하는지 다뤘
다. 5장에서는 그렇게 규범을 회피하는 방법 중에서도 가장 알아차리기 어
렵고 또 흥미진진한 방법인 자기기만을 자세하게 살펴보았다. 다시 로버트
트리버스의 말을 빌리자면 "우리가 스스로를 속이는 것은 다른 사람을 잘
속이기 위해서"이다. 특히 다른 사람이 자신의 나쁜 행동을 발견해서 고발
하는 것을 어렵게 하기 위해서이다.

이 모든 것들을 종합하면 이러한 본능이나 경향이 뇌 속의 코끼리를 만
들고 있다. 이는 인정하거나 직접 마주 보고 싶지 않은 우리 자신, 우리의
행동, 우리의 마음과 관련된 진실이다. 인간이 한결같이 혹은 어찌해 볼 도

리가 없을 만큼 자기중심적이거나 자기기만이 심하다는 뜻은 아니다. 단지 이기적인 충동을 바탕으로 행동하면 보상을 받는 일은 많지만, 자신에게 이기적인 충동이 있다는 사실을 인지하는 것만으로는 그닥 보상이 많지 않다는 뜻이며, 우리의 뇌 역시 예측한 대로 그 보상에 반응할 뿐이라는 것이다.

이번 장에서는 여러 종류의 자기기만 중에서 하나의 형태에 초점을 맞춰 보려고 한다. 바로 전략적으로 자신의 '동기'에 무지하다고 하는 사실이다. 우리는 우리가 하는 행동의 이면에 존재하는 '이유'를 항상 안다고 할 수 없다. 그러나 곧 알게 되겠지만 우리는 그저 이유를 아는 척하며 지낸다.

"콜라를 마시고 싶어서요."

1960년대와 1970년대 초반 신경 과학자 로저 스페리Roger Sperry와 마이클 가자니가Michael Gazzaniga는 심리학 역사상 가장 중요한 연구를 행했다. 그 연구는 가자니가를 인지 신경 과학의 '창시자'라고 하는 빛나는 자리에 오르게 했으며[3] 나중에 스페리를 1981년 노벨상 수상자로 만든 일련의 실험이었다.

그림을 보여 주며 질문하는 식으로 진행되었던 이 실험은 방법론적인 면에서는 이전의 실험들과 별반 다를 것이 없었다. 이 실험이 다른 실험들과 달랐던 이유는 바로 피험자 때문이었다. 실험의 대상이 된 사람은 의학적인 이유로 인해 예전에 '뇌량 절제술', 즉 뇌의 좌반구와 우반구를 연결하는 신경을 외과적으로 절단하는 수술을 받은 환자였다. 흔히 말하는 분리뇌 환자다.

스페리와 가자니가가 실험을 하기 전까지 분리뇌 환자는 다른 일반 사람들에 비해 특별히 다른 점이 없다고 생각되어 왔다. 이들도 마음먹은 대로 자신의 신체를 움직였으며 평범하게 사는 것처럼 보였다. 의사와 가족, 그리고 환자 본인도 잘못된 점이 없다고 믿으며 살아왔다.

그러나 실제로 이들에게는 꽤나 특이한 점이 있었고, 스페리와 가자니가는 그것을 발견했다.

스페리와 가자니가의 연구를 이해하려면 우선 뇌와 관련된 두 가지 기본적인 사실을 알아야 한다. 먼저 뇌의 좌우 반구는 각각 몸의 반대쪽에서 보내지는 신호를 처리한다. 따라서 좌반구는 오른팔, 오른 다리, 오른손 등 몸의 오른쪽을 조절하고 우반구는 몸의 왼쪽을 조절한다. 귀를 통해 보내지는 신호 역시 마찬가지다. 좌반구는 오른쪽 귀에서 들어오는 소리를 처리하고 우반구는 그 반대다. 눈은 귀보다 조금 복잡하지만 요약하자면 똑바로 앞을 향하고 있을 때는 오른쪽 전부—시야의 오른쪽 절반—는 좌반구에서 처리되고 왼쪽 전부는 우반구에서 처리된다.[4]

두 번째로 중요한 사실은 뇌량 절제술에 의해 뇌가 분리되면 두 개의 반구가 서로 정보를 공유할 수 없게 된다는 것이다. 하나로 이어진 통상적인 뇌는 두 개의 반구 사이에서 정보가 부드럽게 오가지만 분리뇌는 각각의 반구가 외로운 섬처럼 고립되어 마치 하나의 두개골 안에 두 명의 다른 사람이 존재하는 듯한 상태가 된다.[5]

그리고 스페리와 가자니가는 다양한 실험을 통해 '우반구'에 무엇인가를 하도록 명령하고 '좌반구'에 설명을 시켜 보았다.

그중 한 실험에서는 분리뇌 환자에게 두 개의 다른 그림을 각각의 반구에 하나씩 동시에 보여 주었다. 예를 들어 좌반구에는 닭이 그려진 그림을, 우반구에는 눈이 쌓인 들판이 그려진 그림을 동시에 보여 준 것이다. 그리고 실험자는 환자에게 '왼손으로' 방금 본 그림과 관련이 있는 단어를 가리키도록 했다. 우반구가 본 것은 눈이 쌓인 들판이기 때문에 왼손은 삽을 가리켰다. 삽과 눈은 당연히 매우 밀접한 관계라 할 수 있다.

여기까지는 딱히 놀랄 일이 없다. 그러나 이어서 실험자는 환자에게 왜 삽을 골랐는지를 '설명'하도록 주문했다. 설명이나 말하기는 통상 좌반구의 기능이므로 실험자의 질문은 좌반구를 곤혹스럽게 만들었다. '우반구'만 눈이 쌓인 들판을 본 것이었고 삽을 가리키게 한 판단은 우반구의 일방적인 결정이었다. 반면 좌반구는 그런 과정에서 완전히 배제되어 있었음에도 불구하고 결정의 이유가 무엇인지 알려 주기를 요구당했다.

좌반구의 관점에서 유일하게 할 수 있는 대답은 '모르겠다'였을 것이다. 그러나 좌반구의 대답은 그렇지 않았다. 삽을 고른 것은 삽으로 '닭장을 청소하는 일'에 사용하겠다고 대답한 것이다. 이유를 알지 못하는 좌반구가 즉석으로 이유를 만들어 낸 것이다. 좌반구는 스스로의 판단으로 행동했다. 게다가 좌반구는 이 답변을 상대가 완전히 믿으리라 생각하고 아무렇지 않게 당연한 듯이 답변을 말했다. 왜냐하면 자신이 거짓말을 한다고는 전혀 생각하지 않았기 때문이다. 가자니가에 따르면 좌반구는 "추측하고 있을 때의 어조로 제안한 것이 아니라 사실을 단언하는 듯한 말투로 대답했다"라고 했다.[6]

다른 설정으로 한 실험에서 스페리와 가자니가는 환자에게 일어서서 문 쪽으로 걸을 것을 우반구(즉, 왼쪽 귀)를 통해 요구했다. 환자가 의자에서 일어서자 그들은 환자에게 큰 목소리로 무엇을 하는 거냐고 물었다. 즉, 좌반구의 반응을 요구한 것이다. 이 상황 역시 좌반구를 곤란한 처지에 놓이게 했다.

물론 독자 여러분은 환자가 왜 일어났는지 안다. 실험자가 우반구를 통해 그렇게 시켰기 때문이다. 그러나 환자의 좌반구는 그 사실을 알 방도가 없다. 그럼에도 솔직하게 "왜 일어났는지 모르겠다"라고 대답하는 대신 좌반구는 다른 이유를 지어내서 마치 그것이 사실인 양 대답했다.

"콜라를 마시고 싶어서요"라고.

합리화

이와 같은 연구가 증명하는 것은 뇌가 얼마나 쉽게 자신의 행동에 이유를 붙여 합리화하는가이다. 신경 과학자에게는 '작화증confabulation'으로도 알려진 합리화는 속이려는 의도 없이 만들어진 가공된 이야기의 산물이다. 정확하게는 '거짓말'은 아니지만 진실이라고 할 수도 없다.

인간은 생각, 기억, 외부 세계와 관련된 '사실'에 대한 견해 등 모든 것을 합리화한다. 그러나 자기 자신의 동기만큼 합리화하기 쉬운 것은 별로 없다. 자신의 마음 밖에 있는 무엇인가에 대해 이야기를 지어내면 사실 여부를 확인당할 수 있다. 다른 사람이 "사실은 그렇지 않다" 하고 반론할 가능성이 생기는 것이다. 그렇지만 자신의 동기에 대해서는 말을 지어내도 다른 사람들은—적어도 심리학 실험실 밖에서는—크게 이의를 제기하기 어렵다. 그리고 3장에서 언급했던 것처럼 인간은 자신의 동기를 실제 이상으로 좋게 보이게끔 하고 싶어 하는 강한 충동을 느낀다. 특히 동기가 규범과 관련될 때는 더욱 그렇다.

합리화는 일종의 인식 위조라고 볼 수 있다. 다른 사람이 나의 행동에 대한 이유를 물어볼 때는 진짜 이유, 즉 근저에 있는 동기를 알고 싶어 하는 것이다. 따라서 행동에 대한 이유를 합리화하거나 지어내면, 진짜가 아닌 가짜 이유를 대는 것이다(상자 5 참조). 실제로는 근거가 없는 엉터리 이유를 대면서 그것이 마냥 정직하고 진실된 이유인 양 제시한다.

합리화의 극단적인 예로 우반구 뇌졸중 환자에게 때때로 발생하는 장애를 부정하는 질환을 들 수 있다.[7] 뇌졸중으로 환자의 왼팔이 마비되어도 환자는 자신의 팔에는 아무 문제가 없다고 완강히 부정하며 왼팔이 축 처진 사실에 대해 말도 안 되는 기묘한 가짜 이유를 만들어 내기도 한다. 신경 과학자 V. S. 라마찬드란V. S. Ramachandran은 이때 환자가 만들어 내는 몇 가지 이유를 다음과 같이 소개했다.

'동기'와 '이유'

이 책에서 '동기'라고 하는 단어는 의식의 여부와 상관없이 행동의 근저에 있는 원인을 지칭한다. 반면 '이유'는 행동을 설명할 때 사용하는 언어적 설명이다. 이유는 사실일 때도 있지만 아닐 때도 있으며, (자신에게 유리한) 중간 그 어디쯤일 때도 있다.

"저기, 선생님. 어깨의 관절염 때문에 팔을 움직이고 싶지 않아요."
또 다른 환자는 이렇게 이야기했다. "저 의사 실습생이 하루 종일 주사를 찔러 대서 지금은 팔을 움직이고 싶지 않네요."
두 팔을 들어 보라고 이야기하면 한 남성은 오른손을 높이 들다가 내시선이 움직이지 않는 왼팔에 고정된 것을 알고 이렇게 얘기했다.
"저기, 보면 아시겠지만 오른손을 들기 위해 왼손을 내려 균형을 유지하는 겁니다."[8]

이런 말도 안 되는 주장만 빼놓고 본다면 이 환자들은 모두 정신적으로 건강하고 지능적으로도 아무런 문제가 없는 사람들이다. 그렇지만 아무리 자세히 설명해도 누가 보아도 명백한 진실, 즉 왼팔이 마비되었다는 사실을 그들에게 설득시킬 수 없다. 그들은 계속 말을 지어내며 이유를 갖다 붙이고 거짓 이유를 날조한다.

한편 이런 환자들 외에도 뇌가 하나로 이어진 건강한 사람들 역시 자신의 행동에 대한 이유를 설명하라는 요구를 매일 직면한다. 왜 회의를 하다 말고 뛰어나갔는가? 왜 남자 친구와 헤어졌는가? 왜 설거지를 하지 않았는가? 왜 버락 오바마에게 투표했는가? 왜 기독교 신자가 되었는가? 사람들은 이런 질문에 대한 이유를 듣기 원하고 질문을 받은 사람들은 순순히 답변을 내놓는다. 그렇지만 그런 대답들 중 몇 개나 진실이고 몇 개나 진실이 아닌 것일까? 사람들은 얼마나 자주 자신의 동기를 합리화할까?

'언론 담당관'의 등장

뇌에 손상이 있는 피험자를 대상으로 한 연구를 통해 어떤 결론을 단정할 수 없다. 뇌졸중이나 분리뇌 환자가 이야기를 지어낸다고 해서 뇌가 건강한 사람들도 그러하리라고 단언할 수는 없다. 뇌는 복잡한 장기이기에 뇌졸중이나 외과적 수술로 그 일부가 파괴되면 이상한 행동, 즉 본래의 설계와는 다른 행동을 하기도 한다.

그렇다면 뇌는 원래 무엇을 하도록 설계되었는가?

뇌가 건강한 환자를 포함하여 수년간 다양한 환자들을 연구한 가자니가는 모든 인간의 뇌에 '해설가 모듈interpreter module'이 존재한다는 결론을 내렸다.[9] 이 모듈은 설명을 만들어 냄으로써 경험을 해석하고 의미를 부여한다. 즉, 과거와 현재 그리고 자기 자신과 외부 세계에 대한 정보를 조합하여 이야기를 만들어 낸다. 이 해설가는 입수된 정보에 기초하여 최대한의 힘을 발휘한다. 따라서 뇌가 하나로 이어진 환자이거나 정보가 두 개의 반구 사이를 자유롭게 왕래할 수 있을 때 해설가가 하는 설명은 대체로 이치에 맞다. 그러나 뇌의 손상이나 그 외의 어떤 원인으로 인해 정보의 흐름이 차단되면 해설가는 불명료하거나 상상에 의존하는 설명, 혹은 완전히 가공된 이야기를 만든다.

해설가와 관련해 중요한 질문은 대체 누구를 위해 해설하는가이다. '내부의' 청중, 즉 뇌의 나머지 부분을 위한 것일까? '외부의' 청중, 즉 다른 사람을 위한 것일까? 대답은 둘 다이다. 그러나 외부를 향한 기능은 놀라울 만큼 중요함에도 그다지 주목받지 못했다. 그로 인해 다니엘 데닛Dan Dennett, 조너선 하이트, 로버트 커즈번 등 많은 연구자는 이 해설가 모듈에 적합한 이름을 부여했다. 바로 '언론 담당관Press Secretary'이다(상자 6 참조).

상자 6 **'언론 담당관'**

이 책에서 '언론 담당관'이라고 작은따옴표를 붙인 것은 일반적으로 제3
자에게 자신의 행동을 설명하는 역할을 담당하는 뇌의 모듈을 의미한다.
반면 작은따옴표가 없는 언론 담당관은 말 그대로 대통령이나 총리와 같
은 이들을 보좌하는 직업을 의미한다.

작은따옴표의 유무에 따라 언론 담당관의 의미를 구분한 이유는 해설
가 모듈의 기능이 일반적인 언론 담당관이 대통령이나 총리를 보좌하며
하는 일과 구조적으로 유사하기 때문이다. 하이트는 저서 《바른 마음The
Righteous Mind》에서 다음과 같이 설명했다.

> 어떤 사건에 대한 합리화(즉, 이유 붙이기)가 어떻게 실행되는지 알고
> 싶다면 대통령이나 총리의 언론 담당관이 기자들에게 질문을 받는
> 모습을 보면 된다. 정책이 좋지 않아도 언론 담당관은 그 정책을 칭
> 찬하거나 옹호하는 방법을 반드시 찾아낸다. 그러면 기자는 이의를
> 제기하면서 모순되는 정치가의 발언이나 며칠 전 언론 담당관이 본
> 인 입으로 직접 이야기했던 말까지 인용한다. 이때, 언론 담당관이
> 적절한 말을 찾지 못해 어색한 침묵이 이어지기도 하지만 다음과 같
> 은 말은 결코 들을 수 없다. "아아, 분명 그렇습니다. 정책을 바꾸는
> 편이 좋을지도 모르겠네요."

언론 담당관에게는 정책을 결정하거나 재검토할 권한이 없기 때문에 함
부로 말할 수 없다. 언론 담당관은 단순히 정책이 무엇인지 전달받기만 하
고, 주된 업무는 그 정책을 국민들에게 정당화하기 위한 증거나 주장을 찾
는 것이다.[10]

언론 담당관은 (기업에서 사용하는) 홍보실과 함께 조직과 외부의 경계선에서 그 둘 사이의 빈틈을 메우는 역할을 담당한다. 언론 담당관은 중요한 세부 사항을 알 수 있을 만큼 실제 의사 결정자와 가까우나 큰 그림을 다 알 만큼은 아니다. 실제 언론 담당관 중 다수는 놀랍게도 대통령과 직접 만나지 않아도 자신의 일을 훌륭히 해낸다.[11] 그들은 보도진에 조직을 대변하여 이야기할 때, 언론 담당관은 특정 사람밖에 모르는 정보에 기초한 대답인지 경험에 기초하는 단순한 추측에 의한 대답인지를 구별하지도 않으며 이를 일일이 밝히지도 않는다. 언론 담당관은 "정부가 하는 일은 이러이러한 것이라 생각합니다"라고 하지 않는다. "콜라를 마시고 싶었다"라고 단언했던 분리뇌 환자의 좌반구처럼 마치 당연하다는 듯한 화법을 사용한다. 실제 언론 담당관은 단순한 추측이 사실이라고 받아들여지길 원하며 애매한 화법을 적극적으로 활용한다. 그들의 업무는 때로는 진실하게, 또 때로는 거짓되게 설명하는 것이며 듣는 사람이 그 차이를 모르게끔 하는 것이다.

또한 언론 담당관은 기밀에 속하는 정보나 손해를 발생시킬지도 모르는 정보를 이끌어 내려는 기자와 대통령 사이에서 완충재 역할도 한다. 경우에 따라 지식이 얼마나 위험한지 떠올려 보길 바란다. 대개 모든 정보를 알아야 하는 대통령은 사용할 수 없는 전략적 무지를 언론 담당관은 자신에게 유리하게 사용한다. 무엇보다 언론 담당관 본인이 알지 못하는 정보를 실수로 보도진에게 폭로할 일은 없다. TV 드라마 '웨스트 윙The West Wing'에 등장한 언론 담당관 윌리엄 베일리William Bailey는 "업무를 잘 처리하려면 나는 정보를 최대한 모르는 사람이어야 한다"라고 말했다.

이 말이야말로 언론 담당관의 역할이—인식론적으로뿐만 아니라 도덕적으로도—얼마나 위험한지 보여 준다. 언론 담당관은 자신의 말이 진짜인 것처럼 설명해야 할 의무가 있고, 그것이 진실인지 아닌지는 들키지 않아야 한다. 거짓말은 하지 않되 최대한 거짓말에 가까운 주장을 해야 한다는 말이다.

언론 담당관이나 홍보실이 존재하는 이유는 조직 입장에서 그들이 엄청나게 유용하기 때문이다. 그들의 존재는 광범위한 생태계 내에서 조직이 직면하는 혼합 동기적인 자극에 대한 자연스러운 반응이다. 그리고 커즈번과 데닛은 인간의 뇌가 대통령 언론 담당관과 비슷한 모듈을 통해 동일한 동기에 대응해 왔다고 주장한다.

무엇보다 바람직하지 못한 동기를 인정하지 않도록, 즉 뇌 속의 코끼리를 주의 깊게 피하는 일이 '언론 담당관'의 책무인 것이다. 대통령의 언론 담당관은 대통령이 자신의 재선을 위해 혹은 자금 원조자의 요구를 들어주기 위해 정책을 펼친다고 절대 인정해선 안 된다. 마찬가지로 뇌의 '언론 담당관'은 인간이 그야말로 사리사욕을 채우려고 무엇인가를 행한다고는 인정하지 않는다. 특히 다른 사람을 희생시켜 이익을 얻는 경우 더욱 그렇다. 그런 동기를 지녔다면 '언론 담당관'은 전략적으로 무지한 편이 현명하다.

게다가—이제부터 마음이 조금 불편해질 수도 있다—사실은 '우리 자신'이야말로 마음속의 '언론 담당관'이라고 할 수 있다. 즉, 우리가 자신이라고 생각하는 마음의 부분, '나', '나 자신', '나의 자아' 등 자신의 의식이라 생각하는 부분이 외부의 청중을 위해 전략적으로 진실을 만들어 내는 존재이다.

이 인식은 상식에 어긋난다. 일상생활에서 인간은 자신을 최종적인 의사 결정자로 취급하는 경향이 강하다. 스스로를 철권을 지닌 절대군주, 데닛이 말한 마음의 보스 혹은 중심 집행자로 생각한다.[12] 해리 트루먼Harry Truman이 대통령으로서 "모든 책임은 내가 진다"라고 말했던 것처럼 인간은 대개 자신에 대해서도 같은 말을 하리라. 그러나 지난 40년간 사회 심리학 학자들이 도출해 낸 결론에 따르면 우리 자신은 독재자보다 언론 담당관처럼 행동한다. 많은 점에서 우리의 업무는 의사 결정이 아니라 단순히 그것을 변호하는 것이다. "당신은 두뇌의 왕이 아니다"라고 말했던 스티븐 카스Steven Kaas는 이어서 "당신은 왕의 옆에 서서 '현명한 판단이십니다, 폐하'라고 말하는 기분 나쁜 남자에 가깝다"라고 덧붙였다.

다시 말하자면 우리는 마음속에 있는 정보나 의사 결정 과정에 접근할 특권이 없다는 뜻이다. 스스로 자기 성찰을 잘한다고 생각할지 모르나 그것은 대부분 환상이다. 어떤 의미에서 인간은 자신의 마음에서도 거의 외부인이다.

이러한 결론을 가장 잘 이해하는 사람은 아마도 티모시 윌슨이다. 사회 심리학자인 윌슨은 자기 성찰의 위험에 대해 오랜 시간 연구해 온 인물이다. 1977년 발표된 유명한 논문부터 시작해[13] 2002년 출간된《나는 왜 내가 낯설까Strangers to Ourselves》까지 윌슨은 충격적일 만큼 인간이 자신의 마음을 이해하지 못한다는 사실을 자세히 기록했다.

윌슨의 저서에 등장하는 '적응 무의식adaptive unconscious'이라는 개념은 의식의 범주 밖에 있는 마음의 한 부분으로, 무의식의 영역이다. 이 무의식은 우리의 판단, 감정, 사고, 거기에다 행동까지 유발한다. 윌슨은 "인간의 반응이 적응 무의식에 따라 움직이는 한 인간은 원인에 접근할 특권이 없고, 그 원인을 추측하는 수밖에 없다"라고 말했으며 다음과 같이 계속했다.

> 인간은 막대한 양의 정보를 보유하고 있음에도 자신이 반응한 원인을 설명해 보라고 하면 같은 문화권 내에 사는 생면부지의 사람이 하는 설명보다도 부정확하게 말한다.[14]

그렇다면 이것이야말로 인간의 심리학적 문제 중심에 존재하는 중요하고도 교묘한 속임수이다. 우리는 다른 사람을 비롯해 자기 자신에게까지 모든 것을 다 아는 듯 행동하지만 자신이 생각하는 만큼 모든 것을 알고 있지 않다. 내부 정보에 접근할 권한을 가진 것처럼 행동하지만 사실은 정보에 밝은 외부인과 비슷한 수준의 추측을 하는 정도다. 본인의 마음을 잘 아는 것처럼 이야기하지만 윌슨의 말을 빌리자면 마음은 오히려 '자신 안의 타인stranger to ourselves'과 비슷하다.

결과적으로 인간이 어떠한 행동에 대한 이유를 댈 때는 거의 조작일 가능성이 높다. '왜냐하면'이라는 말을 사용할 때, '왜'에 대해 대답할 때, 동기의 정당화를 말하거나 설명할 때 나오는 답변은 모두 의심해 볼 만하다. 모두 조작된 거짓말이라고 단정할 수 없겠지만 그중 어떤 것이라도 거짓일 가능성이 존재하며 실제로 대부분은 거짓이다.

문지기 옆으로 빠져나가기

마음속이 실제로 어떤 식으로 작동하는지 이해하고 싶은 사람에게 '언론 담당관' 모듈은 문제가 된다. 이 모듈은 문지기나 정보 브로커 역할을 담당하고 외부 세계에 긍정적이고 방어적인 외관을 보여 줌으로써 뇌의 다른 부분이—행정부와 같은 부분이—자신의 비밀을 감추는 일을 돕는다. 우리가 마음속을 엿보고 싶어도 즉, 행정부가 무엇을 꾸미는지 이해하고 싶어도 '언론 담당관'이 너무나도 많은 정보의 흐름을 제어한다. 게다가 그는 전문적으로 정보를 조작하기도 한다.

따라서 이번 장은 물론이고 이 책 전체를 읽는 동안 독자들이 해결해야 할 과제는 그 문지기 옆을 빠져나와[15] '언론 담당관'의 위장 너머 실제 마음속에서 대체 무슨 일이 벌어지는지 훔쳐보는 일이다. 이 과제를 해결하는 데 도움되는 연구를 이미 살펴본 바 있다. 분리뇌와 뇌졸중 환자를 대상으로 한 연구 말이다. 그런 환자들은 '언론 담당관'의 능력 중 일부가 기능하지 않기 때문에 '언론 담당관'은 통상적이라면 손에 들어올 극히 중요한 정보원에서 차단된다. 그 외에도 문지기 옆을 빠져나가기 위한 전통적인 방법이 또 한 가지 존재한다. 그것은 속임수 사용이다.

사회 심리학에서 눈에 띄는 특징 중 하나는 실험이 상당 수준 속임수에 의존한다는 점이다. 사회 심리학이라는 학문이 '언론 담당관'의 합리화를 파헤치기 위해 '언론 담당관'을 방해하는 것을 목적으로 만들어졌다고 보일 정도다.

사회 심리학에서 유명한 연구 중 하나를 살펴보자. 이 연구에서는 피험자들한테 세 개의 '서로 다른' 세탁용 세제 상자를 주고, 민감한 소재의 옷을 세탁하기에 가장 적합한 세제는 어느 것인지를 평가하라는 과제를 주었다.[16] 세 개의 세제는 상자만 다를 뿐 모두 같은 세제였지만 피험자는 이를 알지 못했다. 첫 번째 세제 상자는 노란색, 두 번째 세제 상자는 파란색 그리고 마지막 세 번째 세제 상자는 파란색 바탕에 '노란색 무늬'가 새겨졌을 뿐 세제 자체는 모두 같았다.

평가가 진행되면서 피험자들은 처음 두 개의 세제에는 불만을 드러냈고 압도적으로 세 번째 세제를 선호했다. 피험자들은 노란색 상자에 든 세제는 세정력이 '너무 강해서' 의류가 손상된다고 말했다. 반면 파란색 상자의 세제는 세탁을 해도 의류가 깨끗해지지 않는 것처럼 보인다고 설명했다. 파란색 바탕에 노란색 무늬가 들어간 세 번째 세제는 민감한 소재의 옷을 빠는 데 '적합'하며 '훌륭한' 효과가 있었다고 대답했다.

이 사실을 통해 분리뇌 환자의 실험과 마찬가지로 여러분, 즉 진실된 정보에 접근 가능한 특권을 가진 제3자는 왜 이런 결과가 나왔는지 짐작할 수 있다. 피험자들은 그저 파란색 바탕에 노란색 무늬가 들어간 상자를 선호한 것뿐이다. 그러나 피험자들은 '세제'를 평가하도록 요구받았고 그 세제가 실제로 다르다고 믿었기에 피험자들의 '언론 담당관' 또한 속아 넘어가 가짜 설명을 만들어 낸 것이다.

와인이나 스타킹 등 다른 상품으로 테스트한 연구에서도 비슷한 결과가 나왔다.[17] 연구에서 사용된 실험 방법은 모두 동일했다. 사람들이 포장지, 진열, 브랜드 같은 프레이밍 효과의 영향을 얼마나 받기 쉬운지 평가하기 위해 동일 상품이 '다른' 상품처럼 표시되는 방식으로 실험을 진행했다. 각 실험에서 "음, 이 와인은 무척 달군요" 혹은 "이 스타킹은 느낌이 부드럽네요"라며 '언론 담당관'은 적당한 이유를 만들어 내었다. 그렇지만 실제 상품은 같은 것이었기에 제3자로서는 그런 말들이 단순히 합리화인 것을 알았다.[18]

더욱 대담하게 피험자들을 속인 실험도 있다. 실험자는 남성 피험자들한테 한 번에 두 장의 여성 얼굴 사진을 보여 주며 두 사람 중 어느 쪽이 매력적인지를 물었다. 피험자들이 사진을 고르면 실험자는 피험자들이 눈치채지 못하게 슬쩍 고르지 않은 쪽의 사진을 다시 내밀었다. 그리고 피험자에게 '선택'에 대해 설명해 주기를 요구했다. 그러면 대부분의 피험자들은 사진이 바뀐 것을 몰랐을 뿐 아니라 고르지 않은 사진을 보며 자신이 그 사진을 선택한 이유를 구체적으로 말했다. "왠지 숙모를 닮았기도 하고 다른 사진의 사람보다 성격이 좋아 보이네요.", "이쪽 여성에게 광채가 나는 것 같아요. 바에서 만났으면 이 사람에게 말을 걸었을 것 같아요. 귀고리도 멋있네요." 실제로 처음에 선택했던 여성이 귀고리를 하지 않았음에도 말이다.

심지어는 최적의 조건에서도 비슷한 결과가 나타났다. 선택할 시간을 무제한으로 주고 머리카락의 색깔이나 스타일이 다른 여성 두 명의 사진을 제시했음에도 속았다는 사실을 눈치챈 피험자는 전체의 3분의 1에 불과했다. 대부분의 실험에서 피험자들의 '언론 담당관'은 실제 내리지도 않은 판단을 기꺼이 합리화했다.[19]

이 외에도 거짓된 이유를 '통계학적으로' 발견하는 방법도 존재한다. 사람들을 두 개의 그룹으로 나누고 하나 혹은 두 개의 조건을 바꾸었을 때각 그룹이 자신의 행동에 대해 얼마나 다른 이유를 대는지 관찰하는 방법이다. 리처드 니스벳Richard Nisbett과 티모시 윌슨은 앞에서 언급한 1977년의 연구에서 이 방법을 실제로 성공시킨 바 있다. 그 실험에서 피험자는 두 개의 그룹으로 나뉘어, 외국 억양을 사용하는 교사 영상을 보았다. 그

후 교사의 외모, 습관, 억양 등을 비롯해 전체적인 호감도를 평가했다. 이 실험의 변수는 그 교사가 학생들을 대하는 태도였는데 한쪽 그룹에서 교사는 배려심이 강하고 친절한 태도를 보였고, 다른 그룹에서는 차갑고 퉁명스럽게 피험자를 대했다. 그 외에는 외모도 습관도 억양도 모두 같았다.

호의적인 조건의 피험자는 당연히 교사에게 호의적인 반응을 보였다. 그리고 후광 효과halo effect 때문에 호감도 이외의 특징도 같이 높게 평가되었다. 그러나 교사의 전체적인 호감도가 다른 특징을 판단하는 데 영향을 주었는지를 물어봤을 때 피험자들은 단호하게 부정했다. 실제로 피험자 중 다수는 오히려 반대로 교사의 외모와 습관, 억양이 호감도를 끌어올렸다고 말했다. 결론적으로 피험자들은 자신들의 판단에 영향을 준 것이 교사의 행동이었다는 점을 몰랐다. 그 대신 자신의 의견을 합리화시키기 위해 그럴싸한 엉터리 이유를 지어내었다.[20]

실생활에서의 합리화

지금까지 여러 실험을 통해 사람들이 어떻게 자신의 행동이나 말을 합리화하는지 살펴보았다. 이제 일상생활에서 이런 합리화를 어떻게 구분해낼지를 살펴볼 차례다.

케빈의 조카 랜든의 상황을 살펴보자. 오후 8시, 랜든이 잠들어야 하는 시간이다. 참고로 랜든의 나이는 3세로 배변 훈련 중이다. 랜든의 엄마는 랜든에게 잠자리에 들기 전에 화장실을 가지 않아도 되는지 물었다. 랜든이 안 가도 된다고 대답하자 엄마는 랜든에게 키스를 하고 방의 불을 끄고 문을 닫았다. 5분 뒤 랜든은 큰 소리로 엄마를 불렀다. "엄마, 화장실 가야 해요!" 엄마는 랜든을 화장실로 데리고 갔다가 다시 침대로 돌아왔다. 5분 뒤 다시 랜든은 "엄마, 화장실!" 하고 소리쳤다.

대체 무슨 상황일까? 누가 봐도 랜든은 화장실에 가고 싶은 것이 아니다. 이런 행동을 하는 것은 랜든만이 아니다. 육아 관련 사이트를 보면 기저귀를 뗀 아이들이 세 번 네 번 연속으로 화장실에 가고 싶다는 요구를 거부당하면 자신들이 진짜 화장실에 가고 싶었음을 증명하기 위해 (아주 조금) 이불에 소변을 본다고 말하는 어머니들의 증언이 다수 존재한다. 그러나 건강한 방광을 가지고 있다면 그렇게까지 자주 화장실에 갈 필요가 없으므로 아이들의 거짓말에 아무도 속지 않는다. 사실 아이들은 단순히 자고 싶지 않을 뿐이다. 그것이 진짜 동기다. 잠이 드는 시간을 조금이라도 늦추기 위해 '화장실'을 이용한다. 화장실은 핑계인 동시에 구실이며 거짓된 이유다.

당연히 성인은 거짓 이유라도 그 이유를 만들어 내는 수법이 훨씬 교묘하며 거기에 맞게 현장을 통제하는 일도 어렵지 않게 해낸다. 성인의 '언론담당관'은 잘 훈련된 전문가이며 오랜 시간 다양한 경험을 통해 단련되었기 때문에 그만큼 기술이 발달됐다. 무엇보다 성인은 그럴싸하게 합리화를 하는 방법을 알고 있다. 그런 까닭에 제3자의 입장에서는 의심쩍은 변명을 듣는다 하더라도 그것이 거짓임을 증명하기가 거의 불가능하다. 사람들은 스스로도 진실을 말한다고 생각하는 경우가 대부분이며 때로는 모든 수단을 동원해 자신의 말이 진실임을 증명하려고 한다. 그런 의미에서는 진짜 화장실에 가고 싶다는 사실을 '증명'하기 위해 소변을 보는 아이들과 큰 차이가 없다.

이 책의 저자 두 사람 역시 이런 경험이 있다. 예를 들어 로빈은 자신의 연구 인생에 최종 목표는 지적 진보이며, '외부 세계'에 자신의 생각을 알리는 것이라고 종종 말해 왔다. 그러나 점차 자신의 생각이 '외부 세계'에서 명백하게 자기의 것으로 취급되지 않는다는 사실을 깨달았을 때 복잡한 기분이 들었다. 무척이나 화도 났고 속았다는 느낌도 들었다. 만약 그의 주된 목적이 정말 지식의 진보였다면 자신의 공적이 인정받든 인정받지 못하든 그 생각이 세상에 널리 알려짐을 두 팔 벌려 환영했을 것이다. 결국 로빈은 개인의 명성과는 상관없이 지적인 진보를 원하는 마음과 동일하게, 어쩌면 그 이상으로 개인적인 명성 또한 원한다는 것이 보다 정확할 것이다.

23세 생일을 맞이한 지 얼마 되지 않아 케빈은 크론병을 진단받았다. 한동안 가족과 친한 친구를 제외한 다른 사람에게 케빈은 자신의 병을 말하는 것을 극히 꺼렸다. 자신의 병과 관련된 이야기를 다른 사람에게 말하기를 꺼리는 건 단순히 '시시콜콜한 자기 이야기를 하는 것이 싫기 때문'이라고 스스로 되뇌면서 케빈은 자신의 소극성을 변명했다. 그러던 중 케빈은 병을 치료하기 위해 가공 식품과 정제된 탄수화물을 전혀 섭취하지 않는 철저한 식이 요법을 시작했다. 건강한 식습관은 금세 케빈의 긍지가 되었고 어느 사이엔가 그는 자신의 병에 대해 말하는 일이 전혀 괴롭지 않았다. 왜냐하면 그것이 자신의 좋은 식습관을 자랑할 기회였기 때문이다. 병과 관련해 '시시콜콜한 자기 이야기를 하는 것을 싫어했다'는 사실을 완전히 잊어버릴 정도였다. 지금 보는 바와 같이 케빈은 이 책을 통해 전혀 모르는 사람에게 자신의 질병(과 식습관)에 대해서 이야기한다.

이 두 가지 예를 통해 우리는 가장 효과적으로 합리화하는 방법을 알 수 있다. 바로 진실을 절반만 말하는 것이다. 다른 말로 표현하자면 추악한 동기는 감추면서 세상 사람들이 받아들이기 쉬운 친사회적인 이유만 골라 내보이는 것이다. 로빈은 실제로 자신의 생각을 외부에 내보이고 싶어 한다. 케빈은 실제로 겸손한 성격이다. 그렇지만 그것만이 전부는 아니다.

다른 사례를 살펴보기 위해서는 증명의 기준을 다소 완화할 필요가 있다. 특정 이유를 거짓되었다고 비난하는 일은 쉽지 않다. 바로 이 점이 중요하다. 절대적으로 확실한 것은 없기 때문이다. 그러나 지금은 독자의 상식과 실제 경험에 의존하기로 한다. 다음에 소개하려는 일이 자주 발생한다는 사실을 모두가 안다. 그리고 설사 완벽한 예가 아니더라도 인간이 왜 그리고 어떻게 이유를 지어내고 만들어 내는지 대략은 알 수 있을 것이다.

- 부모들은 가끔 '아이들을 위해' 취침 시간을 지키게 하지만 그것은 자신을 위해서이기도 하다. 한두 시간 정도 아이가 없는 조용한 시간을 보내고 싶은 것이다. 물론 많은 부모는 정해진 시간에 아이를 재우는 것이 아이를 위한 일이라고 믿지만 어른에게도 충분히 이득이 되는 일이기 때문에 정말 그것만이 유일한 이유인지는 의심해 볼 만하다.

- 자신이 바라지 않는 사회적 접촉을 피하려고 사소한 이유를 과장하는 일이 자주 있다. 예를 들어 "오늘은 몸 상태가 좋지 않다"는 말은 일하기 싫을 때, 종종 쓰는 핑계이고 "너무 바쁘다"라는 말은 만나기 싫다는 뜻으로 많이 쓰인다. 물론 종종 아주 약간의 진실이 포함되지만 대개 과장되어 사용되며, "단순히 하고 싶지 않다"는 이유는 쉽게 생략된다.

- 음악, 영화, 책 등 저작권이 있는 작품을 불법으로 다운로드하는 사람은 "어차피 얼굴도 모르는 기업이 아티스트로부터 대부분의 이익을 빼앗을 테니까"라고 말하며 자신의 행동을 합리화하는 경우가 많다. 그런 사람들이 똑같이 얼굴도 모르는 가전제품 가게에서 CD나 DVD를 훔칠 생각은 전혀 하지 않는다는 사실은 그들의 행동과 설명이 다르다는 걸 증명한다. 즉, 온라인에서는 익명성 덕분에 붙잡힐 위험이 별로 없는 것뿐이다.

쉽게 말해 인간은 자신의 행동에 많은 이유를 가져다 붙이지만 통상적으로 듣기 좋은 친사회적 동기는 강조하거나 과장하고, 추악하다고 느껴지는 이기적인 동기는 최대한 적게 말할 뿐이다.[21]

정리

지금까지 주로 이론에 초점을 맞추어 인간이 왜 자기 자신에게까지 동기를 숨기는지 살펴봤다. 그렇지만 단순히 숨겨진 동기가 존재한다는 사실을 아는 것만으로는 이런 경향이 얼마나 만연한지 또는 숨겨진 동기가 얼마나 큰 영향을 미치는지 알 수 없다. 이런 것들을 알기 위해서는 외부로, 즉 우리의 실제 행동과 제도로 시선을 돌려봐야 한다.

다음 장부터는 일상생활에서의 다양한 영역을 검토해 볼 예정이다. 각 영역에서 눈에 보이는 동기—자신이 주장하는—가 행동을 설명하기에 부족하고, 오히려 꽤나 다른 동기가 행동의 이유로 알맞은 경우를 살펴보도록 하자.

이 책의 2부를 구성하는 각 장을 읽을 때는 굳이 저자들이 정한 순서대로 읽을 필요는 없다. 마음에 드는 장을 선택해서 그 부분부터 읽어도 상관없다. 각 장은 다른 장과 별개의 내용으로 구성되기 때문에 각자 재미있다고 생각되는 부분부터 시작해도 좋고 재미가 없어 보이는 부분은 넘겨도 괜찮다. 참고로 해당 부분의 목차는 다음과 같다.

(마지막 총정리 부분인 17장은 잊지 말고 꼭 읽어 주길 바란다.)

좋든 싫든 이 책의 내용은 무척이나 광범위하다. 논하는 대부분의 영역에서 저자 두 사람은 굳이 따지자면 아마추어다. 관련된 문헌을 조사하는데 최대한의 노력은 기울였지만 읽을 수 있는 분량은 한정된 탓에 중요한 정보를 누락했을 가능성도 있다. 그래서 우리가 하는 주장의 대부분, 특히 논란의 여지가 생길 만한 부분은 각 분야의 전문가들로부터 인용했다. 당연한 말이겠지만 몇몇 전문가의 의견이 모든 전문가의 일치된 의견을 반영하기는 어렵다. 마찬가지로 일치된 의견이 반드시 진실이라고도 할 수 없다. 이 책의 자료나 증거가 편향된 것처럼 보인다면 제대로 읽고 있는 것이다. 즉, 우리 두 사람은 세세한 부분은 물론이고 경우에 따라서는 정리된 결론까지 많은 부분에서 틀렸을지도 모른다.

이 책의 주된 목적은 동기를 숨기는 일이 사실 흔한 일이며 또 중요한 일임을 증명하는 것이다. 이는 사람들은 대부분 자신이 생각하는 이유에 따라 행동한다고 주장하는 이론과 상당히 반대되는 내용이다. 이런 목적을 위해서는 모든 것에 대해 정확할 필요는 없다고 생각한다. 실제로 독자의 대부분은 우리 주장의 70퍼센트 정도밖에 납득하지 않을 거라 예상한다. 그리고 그거면 충분하다. 전체적으로 봤을 때 부족한 부분에 대해서는 다른 누군가가 틀림없이 우리의 시야를 더욱 넓혀 주고 오류를 지적해 줄 것이다. 이 책의 전반적인 테마가 그렇게 많이 정정되기를 기원한다.

그런 의미에서 특정 행동과 제도에 대한 조사를 본격적으로 시작해 보자. 가장 먼저 보디랭귀지부터다.

2부

일상생활 속의 숨겨진 동기

7장
보디랭귀지

유치원 첫날부터 고등학교 졸업까지 아이들은 언어를 통한 의사소통 능력 학습에 막대한 시간을 소비한다. 자신의 생각을 표현하고 다른 사람의 표현을 이해하기 위해 듣기, 말하기, 읽기, 쓰기를 배우는 데 어마어마한 시간을 들이지만, 보디랭귀지로 의사를 표현하는 방법에 대해서는 단 한 시간도 배우지 않는다.

많은 사람이 (반복적으로) 주장하는 "의사소통의 90퍼센트 이상이 비언어"라는 말은 틀린 말이다.[1] 그렇지만 아직까지 많은 사람이 이렇게 믿는 이유는 어느 정도 사실인 면도 있기 때문이다. 인간과 같은 사회적 동물에게 보디랭귀지는 무척 중요하다. 우리의 몸은 평정과 불안, 흥분과 지루함, 긍지와 부끄러움 등의 감정을 비롯해, 신용과 불신, 자기 확신과 자기 의심, 친근함과 어색함, 충성심과 반항심 등 사회적 태도에 대해서도 중요한 정보를 전달한다. 또한 우리는 친구를 사귀거나 사랑을 하거나 사회적 지위를 획득하는 등 어떤 의미가 담긴 활동을 할 때 보디랭귀지를 이용하기도 한다(상자 7 참조).

비언어적 기술이 얼마나 중요한지는 어린아이들에게서도 볼 수 있다. 60명의 유치원생을 대상으로 한 어느 조사에서는 성인과 어린이의 사진을 보고 사진 속 대상의 감정을 잘 읽어 내는 아이일수록 동급생 사이에서 인기가 높은 것으로 나타났다. 그런 능력이 뛰어날수록 다른 아이들로부터 짝꿍으로 선택되는 일이 많았다.[3] 이는 상관관계에 불과하지만 보디랭귀지를 읽는 일이 얼마나 도움이 되는지는 개인의 경험을 통해서도 알 수 있다.

이 책에서 '보디랭귀지'라고 표현하는 것은 팔이나 몸의 움직임뿐 아니라 일반적으로 사용되는 '비언어 의사소통' 전부를 가리킨다. 실제로 이 책에서는 '보디랭귀지'와 '비언어 의사소통' 둘을 거의 같은 뜻으로 취급한다. 이 개념에는 표정, 눈의 움직임, 접촉, 공간의 이용 그리고 언어 이외의 목소리, 즉 억양, 음색, 크기, 어조 등이 포함된다.[2]

그렇다면 어째서 보디랭귀지는 교과 과정에 포함되지 않을까?

이 질문에 대한 해답은 뒤로하고 이와 관련된 의문점 하나를 먼저 살펴보자. 우리는 자신의 몸으로 보내는 메시지를 거의 자각하지 못한다.[4] 물론 알아차리는 때도 있지만 말로 전하는 메시지와는 비교할 수 없다. 게다가 비언어 의사소통의 중요성을 생각하면 지나치게 의식해야 정상이다. 그럼에도 실제로는 완전히 반대다.

우리는 필요에 따라 무의식적으로 팔다리나 몸통을 요령 좋게 움직이고 의미심장한 표정을 짓는다. 또, 적절하게 웃고 적당한 거리를 두며 목소리의 톤을 바꾸고 상대와 시선을 맞추고는 한다. 뿐만 아니라 다른 사람의 움직임을 모두 해석하고 때때로 알맞게 반응한다. 물리학자에서 심리학자로 전향한 레오나르드 플로디노프Leonard Mlodinow는 저서 《새로운 무의식 Subliminal》에서 "많은 비언어 시그널링과 시그널의 해석은 자동으로 이루어지며 의식과 제어가 듣지 않는 곳에서 실행된다"[5]라고 말했다.

인간이 자신의 보디랭귀지의 일부를 의식하지 못하는 것은 의도적인 행동이 아니다. 다양한 의미에서 오히려 그렇게 인식하지 못하는 걸 선호하는 듯 보인다. 사람들은 자연스럽고 즉흥적으로 행동하는 쪽이 낫다고 느끼는 것이다. 보디랭귀지가 의도적인 행위가 되면 오히려 꾸민 것처럼 느껴지고 심지어 소름 돋는 일이 될 수도 있다.

무척이나 붙임성이 좋은 판매원이 친밀감이나 애정을 표시하기 위해 어깨를 두드리며 인사하는 장면을 떠올려 보자(어쩌면 그는 보디랭귀지의 중요성을 설명하는 책을 읽었을지도 모른다). 다행히도 판매원의 이런 행동은 규칙이라기보다는 예외에 가깝다. 대부분의 보디랭귀지는 자신도 모르는 사이에 이루어진다.

자기 자신의 보디랭귀지를 자각하고 있지 않다는 사실에 더해 정도의 차이는 있지만 인간은 다른 사람의 보디랭귀지 역시 알아차리지 못한다. "샐리가 나를 싫어하는 것 같다"라고 남편에게 말해도 왜 그렇게 생각하는지 물으면 아무 이유도 떠올리지 못한다. "그냥 그런 느낌이 들어. 확실하게 무엇 때문인지는 모르겠지만"이라는 왠지 모르게 약간 부족한 대답밖에 내놓을 수 없다.

찰스 다윈조차 이를 알았다. 비언어적 의사소통과 관련해 선구적인 연구였던 《인간과 동물의 감정 표현The Expression of the Emotions in Man and Animals》에서 그는 다음과 같이 표현했다. "전달받는 쪽에서 의식적인 분석 프로세스가 일어나지 않는데도 이렇게나 많은 표정이 담고 있는 세세한 뉘앙스를 순식간에 이해한다는 사실은 때때로 흥미진진하게 느껴진다."[6] 인간은 일반적으로 다른 사람이 하는 보디랭귀지의 대략적인 의미는 알아차리지만 자신이 인상 깊게 느꼈던 행동을 특정하지 못하는 경우가 많다(상자 8 참조).

이번에도 그렇다면 '왜?'라고 물어볼 수 있다. 우리는 왜 이런 시그널을 거의 알아채지 못할까?

한 가지 가능한 대답은 엄청난 스피드로 연이어 이루어지는 보디랭귀지의 교환을 의식적으로 관리하면 이해가 너무 늦어진다는 점이다. 적이 우리에게 달려들 때 몸이 동시에 반응하지 않으면 안 된다. 수백 밀리초만 늦어도 목숨을 잃을지 모르기 때문이다.[7] 또한 의식은 너무 협소하다. 우리는 한 번에 손으로 꼽을 정도로 적은 일밖에 집중하지 못한다. 그러나 수많은 인파를 헤치고 지나가려면 우리의 뇌는, 수백 아니 수천 명이나 되는 사람들을 감시해야 한다. 그리고 그런 일을 할 수 있는 것은 무의식뿐이다.

이런 이론은 '왜?'라는 질문에 대한 완전한 대답이 아니다. 의식이 실시간으로 보디랭귀지를 관리하지 못한다는 건 인정하더라도 왜 의식은 계속 어둠 속에만 머무는지 이해할 수 없다. 인간의 자아, 즉 '언론 담당관'은 왜 어떤 일이 일어나고 있는지, 설령 그것이 그 일이 일어난 후라 할지라도, 이 사실에 대한 정보를 정확히 전달받을 능력이 있다. 실제로 직업으로 보디랭귀지를 연구하는 배우나 경찰 조사관이 그 훌륭한 예이다. 그렇다면 왜 마음속에 존재하는 의식은 몸이 하고자 하는 일을 무시하는 것처럼 보이는지를 설명하기 위해서는 더욱 포괄적인 대답이 필요하다.

1부에서 살펴본 사실들을 고려하면 이번 장에서 밝혀지는 것에 그다지 놀라울 게 없다. 인간이 전략적으로 보디랭귀지에 눈을 감는 것은 그 일이 때로는 추악하고 이기적이며 다른 사람에게 지고 싶지 않다는 동기를 노출시키기 때문이다. 몸에서 발신되는 시그널을 인식하면 "사람에 따라서는 위협을 느낀다"라고 알렉스 펜틀런드Alex Pentland와 트레이시 하이벡 Tracy Heibeck은 말한 바 있다. "그것은 마치 자신이 동물의 비열한 본능에 지배받는 상태라 인정하는 것 같기 때문이다"[8]라는 게 바로 그 이유이다. 실제로 그렇다. 우리는 어쩔 수 없는 동물이다. 따라서 동물의 본능에 의해 지배당하고 있다.

상자 8 시그널Signal과 큐Cue

생물학에서 '시그널'이란 '보내는 쪽'의 동물이 '받는 쪽'의 동물의 행동을 바꾸기 위해 사용하는 행동 혹은 특징이다.[9] 시그널에 따라서는 받는 쪽을 혼란스럽게 만들어 조종하려는 목적으로 사용되는 것도 있지만 대부분은 보내는 쪽과 받는 쪽 모두에 이익을 주는 정직한 시그널이다.[10]

공작의 화려한 꼬리는 보내는 쪽인 수컷의 건강과 적합성에 관련된 정보를 한 마리 혹은 복수의 암컷에게 전달하며 그 시그널을 교미 상대를 찾는 것에 이용함으로써 쌍방이 이익을 얻게 된다.

반면 '큐'는 정보를 전달한다는 의미에서는 시그널과 비슷하지만 받는 쪽만이 이익을 얻는다는 점에서 다르다.[11] 표현을 달리하자면 큐는 보내는 쪽이 숨기고 싶다고 생각하는 정보를 전달하는 것이다. 인간의 세계에서는 단서가 될 만한 거동이나 기색이라 불리기도 한다. 영화 '라운더스Rounders'를 보면 등장인물 중 한 명이 포커 게임에서 중요한 선택을 할 때마다 무의식적으로 오레오를 둘로 쪼개어 소리를 듣는데 이것이 그에 해당한다. 그 외에도 큐에는 긴장도를 알려 주는 손바닥에 난 땀, 체력을 소모하고 헐떡일 때의 숨결, 불안이나 불쾌감을 드러낼 때 흔히 하는 목을 만지는 행위를 비롯해 감정을 진정시키려고 하는 행동 등이 있다.[12]

보디랭귀지를 읽어야 하는 사람, 특히 포커 선수나 경찰 조사관 등 상대의 마음을 읽고 속임수를 찾아내려는 사람에게 큐는 중요하다. 그렇지만 이번 장에서는 (정직한) 시그널, 즉 보내는 쪽과 받는 쪽이 행동을 조정하기 위해 이용하는 특징이나 행동을 검토해 볼 예정이다.

정직한 시그널: 말보다 행동이 더 효과적인 이유

> "아니요, 춤을 설명하는 건 불가능해요. 만약 말로 표현할 수 있다면 춤을 추지 않아도 되었겠죠." ―이사도라 덩컨Isadora Duncan[13]

보디랭귀지는 음성 언어, 즉 단어와는 적어도 한 가지 점에서 다르다. 음성 언어는 단어와 의미 사이의 대응이 일정하지 않다. 단어는 공상적이고 비현실적인 요소를 가지며 어떤 근거에 뿌리를 내리고 있지도 않다. 영어권에서 merci나 arigatou나 ouggawuggawugga가 아닌 thank you를 사용해 감사의 뜻을 표하는 이유는 단순히 영미권 사람들이 옛날부터 계속 그렇게 해 왔기 때문이다.

반면 보디랭귀지는 대부분 자의적이지 않다.[14] 비언어적 행동은 의미에서나 기능에서나 행동이 전달하는 메시지와 관련이 있다. 예를 들어 우리는 큰 소리를 내거나 팔을 휘두르거나 폴짝폴짝 뛰는 행동을 통해 몸으로 감정의 흥분 상태를 표현한다.[15] 혹은 무언가 흥미로울 때에는 눈을 크게 뜨거나 그 대상을 쳐다봐서 보다 많은 시각 정보를 얻으려고 한다. 언어에 따라 달라지는 단어와 달리, 이런 시그널은 많은 문화에서 동일한 의미로 공유된다.[16] 관심이 있다는 사실을 전달하기 위해 눈을 감는 사회는 없다. 왜냐하면 관심은 주의를 기울여 많은 것을 알려고 하는 욕구를 의미하기 때문이다.[17] 같은 원리로 눈을 감거나 등을 돌리는 행동은 지루함이나 혐오감 등 일종의 도망가고 싶은 마음을 전달한다.

쉽게 말해 '보디랭귀지'는 단순한 의사소통 방법이 아니다. 엄연한 기능을 가지며 실질적인 결과를 만들어 낸다. 예를 들어 다른 사람에게 공격적으로 몸을 날려 달려들 생각이라면 싸울 각오를 하는 편이 바람직하다. 그리고 실질적인 결과를 만들어 낸다는 의미에서 보디랭귀지는 언어보다 본질적으로 정직하다. 말을 번지르르하게 잘하는 건 쉽지만 어떤 일을 실제 행동으로 옮기는 일은 어렵다.

이것이 2장에 봤던 정직한 시그널링의 원리다.[18] 시그널은 꾸며 내기 어렵기 때문에 비싼 비용이 든다. 더 정확하게는 꾸며 내기 어렵다기보다는 정직한 방법을 통해 만들어 내기 어렵기 때문에 '차별적으로 비싼 비용'이 드는 것이다.[19]

수컷 코알라가 암컷 코알라를 유혹할 때 사용하는 울음소리를 생각해 보자. 체격이 크고 건강한 수컷은 굵고 큰 울음소리로 자주 울 수 있다. 덩치가 큰 수컷은 체강이 크기 때문이기도 하지만 작고 힘이 약한 수컷과 비교해 라이벌이나 포식 동물을 무서워하지 않아도 되기 때문이다. 따라서 큰 소리로 자주 들리는 구애의 울음소리에는 '차별적으로 비싼 비용'이 든다. 예를 들어 크고 건강한 수컷이라도 잡아먹힐 위험이 도사리므로 그 행동을 하는 것만으로 비용이 꽤나 큰 편이지만 작고 약한 수컷의 경우는 비용이 더욱 많이 든다. 그 때문에 구애를 위한 울음소리는 분명 정직한 행동이며 암컷은 그 행동을 교미 상대를 고르는 데에 신뢰할 수 있는 시그널로 안심하고 믿을 수 있다.

동물에 비해 인간의 정직한 시그널은 수많은 보디랭귀지에 숨겨져 있다. 예를 들어 팔을 벌려 가슴을 보이는 자세는 공격에 무방비하기에 긴박한 상황에서는 위험성이 높아진다(즉, 비용이 비싸다). 그런 만큼 가슴을 보이는 자세는 안심을 나타내는 정직한 시그널이다. 마찬가지로 상대로부터 위협을 느꼈을 때 붙잡히면 위험하므로 포옹은 분명 신뢰와 우정의 정직한 시그널이다.

즉, 정직이라고 하는 특성 덕분에 보디랭귀지는 중요한 활동을 조정하는 데 가장 적절한 수단이 된다. 말로 거짓말을 하는 건 너무 쉬운 일이기 때문에 거짓말하고 싶은 유혹에 빠지기 쉽다. 생과 사의 문제, 배우자를 찾는 문제에 우리는 종종 아무 말 없이 몸으로 이야기를 한다.

이제 인간의 사회생활이라는 영역에서 우리가 어떤 식으로 (정직한) 보디랭귀지를 이용하는지 눈을 돌려 보도록 하자. 물론 사람에 따라 서로 다른 분야에서는 각기 다른 인식 수준을 가진다는 사실을 염두에 두어야 한다. 어떤 사람에게는 당연한 일이 다른 사람에게는 새로운 발견이 될 수도 있고 혹은 그 반대의 상황일 수도 있다. '보디랭귀지를 해석하는' 책이 인기를 끄는 건 모든 사람이 보디랭귀지를 직감으로 100퍼센트 이해하지 못하기 때문이다.

성

우리 조상들이 언어를 획득하기 몇백만 년 전부터 성적 행위를 했다는 사실을 생각하면 이 중요한 행위를 해결하기 위해 보디랭귀지를 사용했다는 사실은 딱히 놀랄 일도 아니다. 성교 그 과정 자체에는 거의 말이 필요하지 않지만 서로 시시덕거리거나 도발하거나 부끄러움을 표현하거나 유혹하거나 하는 등 최종 목적지에 도달하기까지의 과정에 보디랭귀지가 사용되는 것은 의심의 여지가 없다(상자 9 참조).

모든 문화에는 성적인 의도를 너무 내보이지 말라는 규범이 존재한다. 남성이든 여성이든 너무 눈에 띄게 성적인 의도를 내보이지 않도록, 또 성 행위는 사람들이 보지 않는 곳에서 하도록 요구된다.[20] 이런 규범은 평화를 유지하는 데 반드시 필요하다. 특히 자신의 배우자를 지키려는 남편 혹은 아내, 새로운 애인을 질투하는 옛 애인, 10대 자녀의 성 행동을 제한하려는 부모 등 사람들이 다른 사람의 성 행동에 강한 관심을 가진다는 사실을 감안하면 더욱 그러하다. 그럼에도 사람들은 자신이 원하는 만큼 사적이지 않은 곳에서 성을 협상하며 절제하라는 규범을 어떻게든 우회하는 방법을 찾으려 한다. 눈에 띄지 않는 곳에서 이성에게 작업을 걸거나, 선정적인 복장을 하거나, 만나기로 약속한다.[21]

전형적인 원 나잇 스탠드의 상황을 한번 생각해 보자. 앨리슨과 벤은 바에서 처음 만나 하룻밤을 보내게 되었다. 벤이 앨리슨의 어떤 모습에 끌렸는지, 혹은 앨리슨이 벤의 어떤 모습에 끌렸는지는 일단 차치해 두자. 여기서 관심을 가져야 하는 문제는 이런 것이다. 두 사람이 서로 매력을 느꼈을 때 어떻게 그 관심을 상대방에게 전하고 함께 잠자리를 할 것까지 정할 수 있었을까? 어떻게 두 사람은 겨우 몇 시간 만에 전혀 모르는 타인에서 사랑을 나누는 사이로 변화했을까?

두 사람이 어느 정도 명백한 형태의 메시지를 서로에게 전했을 가능성도 있다. "아름다우시군요.", "남자친구 있나요?", "집에 들렀다 갈래요?"

등등. 하지만 이 모든 과정이 비언어적으로 한마디의 말 없이 이루어졌을 가능성도 존재한다. 조용하고 신중한 협의에 이 둘 간의 친밀도가 점차 올라간 것이다.[22]

먼저 눈 맞춤이다. 빤히 쳐다보는 도발적인 눈빛만큼 '당신에게 반했다'라는 메시지를 효과적으로 전하는 행동은 거의 존재하지 않는다. 강하게, 또 오래 시선을 맞추면 맞출수록 상대에게 관심이 있는 것이며 상대가 눈을 피하지 않는 이상 그 관심을 표시해도 된다는 허락을 의미한다(눈을 이용하는 행동은 특히 제3자에게 들키기 어려워 다른 사람의 눈을 피해 시그널로 사용하기 좋다는 사실을 알아 두기 바란다). 시선은 "계속 진도를 나가도 괜찮아요"라고 하는 보디랭귀지로 해석될 수 있다. 예를 들자면 앨리슨은 꼈던 팔짱을 풀고 유혹하듯 웃으며 몸을 벤 쪽으로 돌렸을지도 모른다.[23]

대화에서 앨리슨과 벤 두 사람이 주고받았던 많은 말들은 두 사람이 나눴던 신체적인 교류에 비하면 중요한 부분이 아닐 수도 있다. 유대감이 강해질수록 두 사람은 거울처럼 서로의 자세를 비추게 되며, 서로의 몸을 밀착시키고 다른 사람이 접근하는 일을 망설일 만큼 개인적인 공간의 경계를 허물어 간다.[24] 아마도 등, 어깨, 팔꿈치를 가볍게 만지는 일부터 시작해 손, 다리, 목 등 깊은 관계에 놓인 사람만이 건드릴 만한 부위까지 서로 어루만졌을 것이다. 어느 사이엔가 두 사람은 무대로 이동해 몸의 접촉을 더하고 몸이 (뇌를 통해) 같은 리듬을 탈 수 있는지 어떤지를 시험해 보았을 것이다.[25] 함께 춤을 잘 추었다면 나중에 생길지 모르는 행위 역시 잘 맞을 터이다.

그런데 이런 상황이 로맨틱 코미디라면—특히 코미디 쪽이라면—벤은 앨리슨의 유혹을 전혀 알아차리지 못했을 테고 인내심이 다한 앨리슨이 "빨리 침대로 데려가 줘!" 하고 소리쳤을 것이다. 이 모습을 보고 웃음을 터트리는 이유는 대부분 사람이 이런 메시지를 알아듣기 위해 언어가 필요하지 않기 때문이다.

이런 모든 것으로부터 실제로 두 사람은 하룻밤을 함께 지내고 싶어 한다는 것을 추측할 수 있다. 일반적으로 한쪽 혹은 양쪽 모두 자신의 의도를 모르는 경우가 많다. 그리고 연애 관계에서 스릴과 드라마의 대부분은 상대방의 복잡한 시그널을 읽어 내려고 애쓰는 것에 존재한다. 예를 들어 여성은 가끔 자신의 관심을 감추거나 소극적으로 내보이는 등 본능적으로 '부끄러운 시늉'을 하는 까닭에 남성은 구애에 더 많은 노력을 기울여야 한다.[26]

성적인 질투 역시 모든 문화에 자리 잡은 인간의 보편적 특성이며[27] 파트너를 지키려고 하는 현상으로 이어진다.[28] 데이트 중인 커플은 손을 잡거나 어깨를 감싸는 시그널을 통해 상대에게 로맨틱하게 연결됐다는 사실을 나타낸다. 이런 시그널은 서로를 위해서만이 아니라 제3자 즉, 잠재적인 라이벌을 향한 것이기도 하다. 한 연구에 따르면 영화표를 사기 위해 줄을 선 커플에게 다가가 질문했을 때, 질문하는 쪽이 관계에 위협을 가하는 듯한 자세를 취하면, 즉 질문자가 여성이 아닌 남성일 경우 혹은 일반적인 질문이 아니라 개인적인 질문을 하면 커플 중 남성은 로맨틱한 시그널을 여성에게 더욱 많이 내보인다고 한다.[29]

상자 9 **사랑의 기운?**

페로몬은 하나의 동물이 다른 동물의 행동에 (많은 경우에 후각을 통해) 영향을 주기 위해 분비하는 화학적 시그널이다. 이는 개미, 꿀벌을 비롯해 돼지와 개 등 많은 종에 있어 중요한 의사소통 방법 중 하나이며 성적 매력의 역할을 담당하는 경우가 많다. 예를 들어 농부는 암컷 돼지를 교미 가능한 상태로 만들기 위해 페로몬을 이용한다. 그렇다면 인간이 다른 인간에게 성적 매력을 발산하는 데는 페로몬이 어떤 역할을 할까?[30]

여성에게 각기 다른 남성이 걸쳤던 여러 개의 티셔츠에서 나는 냄새를 맡아 보라고 하면 여성은 태어날 아이에게 도움이 될 만하고 자신에게 보완적인 면역 체계를 가진 남성의 냄새에 이끌린다고 한다.[31] 반면 동성애자 남성은 이성애자 남성보다 동성애자 남성이 흘린 땀 냄새를 좋아한다.[32] 과학자들 사이에서 이런 효과가 특정 페로몬에 의한 것인지 아닌지는 여전히 논란이 계속되고 있지만 인간의 매력 역시 최소한 어떠한 화학적 근거가 있으며 그 효과는 대부분 무의식적으로 이루어진다는 것은 명백하다.[33]

정치

보디랭귀지가 놀라울 만큼 중추적인 역할을 하는 또 다른 영역은 '정치'다. 신뢰, 충성, 리더십, 지지는 물론이고 불신, 배신, 저항을 전함으로써 비언어 의사소통은 인간의 연합을 형성하는 도구 역할을 한다. 물론 우리는 대부분 그런 도구가 어떤 식으로 이용되는지는 아직 알지 못한다.

성과 관련된 비언어 의사소통과 마찬가지로 정치와 관련된 비언어 의사소통은 오래전 우리 조상 시대로 거슬러 올라간다. 1장에서 다루었던 것처럼 영장류의 사회적 그루밍은 단순히 위생을 위한 활동만이 아니라 정치적인 기능도 한다. 서로의 털에서 오물이나 기생충을 골라 줌으로써 영장류는 집단 내의 다른 구성원과의 충돌을 비롯해 다른 상황에서 도움이 되는 동맹을 구축한다.

인간은 비교적 털이 적은 종이므로 서로의 오물이나 기생충을 제거하는 일에 막대한 시간을 소비할 필요는 없다.[34] 하지만 우정 등 사회적 유대를 쌓기 위해 인간 역시 서로 밀접하게 접촉하기도 한다.[35] 어쩌면 사회적 그루밍에 가장 가까운 인간의 행동은 머리를 빗거나 땋는 것 혹은 어깨를 주물러 주는 일일지도 모른다. 로빈 던바에 따르면 전통적인 문화권, 예를 들어 아프리카 남부에 사는 수렵 채집인인 쿵 산Kung San족의 여성들은 서로의 머리카락을 쓰다듬어 주는 그룹을 형성하고 그 그룹에 속한 여성끼리만 머리를 쓰다듬어 주는 행위를 한다고 말했다.[36]

오늘날 우리는 가볍게 두드리거나 쓰다듬거나 포옹하거나 악수하거나 어깨를 잡거나 친밀감을 담아 서로의 뺨에 키스를 하기도 한다. 남자아이들은 실없이 맞붙어 싸우기도 하고 여자아이들은 노래를 하며 짝짜꿍 놀이를 한다. 이러한 행동은 다른 영장류의 사회적 그루밍과 비슷한 기능을 한다. 주위에 있는 다른 사람의 존재를 기분 좋게 받아들이는 경우 상대를 만지고 또 상대가 자신을 만지는 것 또한 허용한다. 그러나 적의를 느끼면 자신의 공간에 침입하는 일에 대해 훨씬 더 조심스럽게 행동한다.

물론 정치적인 의미를 띤 보디랭귀지는 접근과 접촉보다 훨씬 더 광범위하다.

지구상에서 정치를 가장 열심히 하는 종인 만큼 당연한 일일지도 모른다. 예를 들어 위협을 감지하면 우리는 자연스럽게 주위를 경계하며 몸을 지킬 자세를 취한다. 등을 구부리고 팔로 몸을 보호하듯 감싸기도 하고 사태가 악화되면 바로 일어설 수 있도록 엉거주춤하게 엉덩이를 들고 지면에 닿은 발에 힘을 준다. 이와는 대조적으로 마음을 터놓은 친구와 함께할 때는 경계를 풀고 손바닥을 보이기도 하고 어깨에 힘을 빼 목을 훤히 노출시키는 등 무방비한 자세를 취한다. 미국 연방 수사국 수사관이자 보디랭귀지 전문가인 조 내버로Joe Navarro는 "대통령이 종종 폴로 셔츠를 입고 캠프 데이비드에 가는 것은 약 64킬로미터 떨어진 백악관에서 정장을 입고서는 할 수 없는 일을 하기 위해서다. (상의를 벗고) 전면을 노출시킴으로써 대통령은 '나는 당신들을 신뢰한다'라는 메시지를 보낸다"라고 말했다.[37]

우리는 눈을 사용해 정치적인 메시지를 보내기도 한다. 예를 들어 위협을 느끼게 되면 눈을 가늘게 뜨고, 친구나 처음 보는 우호적인 사람을 발견하면 가볍게 탄성을 지르며 눈썹을 치켜올리기도 한다.[38] 반면 긴장 상태에서는 말 그대로 리더를 바라보며 지시를 기다린다. 반응을 보고 지시에 따르기 위해서다.

보다 일반적으로는 댄스 파티에서 추는 춤부터 종교 의식에 자주 사용되는 각종 의식에 이르기까지, 다른 사람의 행동을 따라 하는 행위는 전부 리더의 지도력을 나타낸다. 예를 들어 직장이라면 회의의 종료는 거의 상사의 지시에 결정되며 가장 먼저 퇴근하는 사람도 상사인 경우가 많다. 상사가 해산하라는 시그널을 내리기 전에 부하가 자리에서 일어나 나가는 것은 무례하다고 여긴다.

비유적 언어에도 많은 비언어 정치적 시그널이 내포되어 있다.[39] 누군가를 배신할 때는 '등을 돌리다', 비밀을 말할 때는 '마음을 연다', 친구나 가족은 '따뜻하고', '가깝게' 느껴지지만 자신이 싫어하는 사람에게는 '차갑게' 대한다. 또 다른 사람과 대립할 때는 '힘껏 버티거나' 혹은 '무릎을 꿇기'도 한다. 보디랭귀지는 추상적인 의미를 지닌 많은 단어의 어원이기도 하다. '대립Confrontation'이라는 단어는 라틴어의 '이마와 이마를 맞대다'에서 유래됐다.[40]

손을 잡아 흔드는 악수와 손에 하는 키스, 이 두 가지 인사 방법을 비교하면 더욱 이해가 쉽다. '악수'는 현재 서구권 나라에서 흔히 이루어지는 인사 방식이며 '손에 하는 키스'는 18~19세기 유럽의 귀족들 사이에서 유행한(지금은 그렇지 않지만) 것이다.[41] 두 행위 모두 신뢰와 친목을 전달하기 위한 인사 방법이지만 그 안에 담긴 정치적인 의미는 전혀 다르다. 악수는 대칭적이며 기본적으로 평등주의를 상징한다. 대등한 관계라고 생각되는 사람끼리 하는 의식이다. 반면 손에 하는 키스는 본질적으로 비대칭이며 키스를 하는 사람은 키스를 받는 사람보다 낮은 지위에 있다. 키스를 하는 사람은 다른 인간의 (어쩌면 세균투성이인) 손에 입술을 대고 동시에 머리를 숙여야 하며 경우에 따라서는 무릎까지 꿇어야 한다. 이 동작은 복종을 나타내며 자발적으로 행하는 경우 절대적인 복종의 증거가 된다. 설사 이 의식이 강제적으로 이루어졌다 해도 거기에는 강력한 정치적 메시지가 담긴다. 예를 들면 국왕이나 교황은 때때로 반지에 키스를 하는 공식적인 자리에 국민이나 신자를 불러 모아서 백성들의 충성과 복종을 과시함으로써 지배자로서의 우위성을 내보인다.

마지막으로 또 한 가지의 예를 살펴보자. 친한 친구와 저녁을 함께하다 보면 어느 사이엔가 이야기는 험담으로 바뀌고 그 자리에 없는 사람의 행동을 논하거나 평가하기도 한다. 이렇게 누군가에 대해 친구가 부정적인 의견을 말할 때면 보통 고개를 돌려 뒤를 살핀 뒤 몸을 앞으로 숙이고 작은 목소리로 속삭인다. 이런 일련의 동작은 친구가 하는 말이 비밀이라는 비언어 신호이다. 친구는 자신의 발언이 알려지면 좋지 않은 상황에 처할 수 있음에도 그런 이야기를 할 만큼 나를 신뢰한다고 전하는 것이다.

사회적 지위

"갑작스럽지만 모든 억양과 움직임이 지위를 나타내며 어떤 행동도 우연이 아닐뿐더러 실제로 '동기가 없는' 일은 없다는 사실을 알게 되었다. 이는 무척이나 웃기는 일이지만 동시에 많은 불안을 안겨 주었다. 우리의 은밀한 계획이 모두 드러나게 된 것이다."

—키스 존스턴Keith Johnstone[42]

우리의 몸이 송수신하는 모든 시그널 중 가장 알아차리기 어려운 것은 사회적 지위와 관련된 것이다. 우리는 모두 철저하게 지위에 집착하면서 그것을 손에 넣고 평가하고 지키고 뽐내기 위해 막대한 노력을 소비한다. 이것이 인간 생활의 극적 아이러니—등장인물은 모르지만 관객은 알아서 생기는 아이러니—이다.

혜택받은 입장인 지위가 높은 사람은 걱정할 일이 많지 않다.[43] 그들은 공격당할 가능성이 적고, 설사 공격받는다고 해도 다른 누군가가 도와줄 것이다. 그런 까닭에 다소 느긋한 보디랭귀지를 유지하며, 명확히 이야기하고 부드럽게 움직이며 무방비한 자세를 취한다.

반면에 사회적 지위가 낮은 사람은 위협은 없을지 항상 상황을 감시해야 하고 자신보다 지위가 높은 사람의 결정에 언제든 따를 준비를 해야 한다. 그 결과 그들은 주위를 살피고 주저하는 말투로 이야기하며 조심스럽게 움직이고 방어 자세를 유지한다.

지위가 높은 사람은 자신이 주목받을 상황을 만들기 위해 노력한다. 보통 우울하거나 힘이 없을 때는 다른 사람 눈에 띄고 싶지 않다. 그러나 자신감이 넘쳐 날 때는 전 세계의 주목을 받고 싶다. 동물의 왕국에서 이런 "날 좀 봐!" 하는 전략은 '경계색', 즉 적을 경계하도록 만드는 것으로 알려져 있다.[44] 이런 경계색이야말로 정직한 시그널의 진수이다. 주목을 받으면 받을수록 공격받기 쉬워진다.

따라서 자신의 몸을 지킬 수 있을 만큼 강하지 않다면, 이런 전략은 불가능하다. 초원에서 가장 큰 수컷 사자라면 있는 힘껏 포효해도 괜찮다. 같은 원리로 산호뱀이나 독개구리 등 독이 있는 동물이 밝은 경계색을 가진 이유도 설명이 가능하다. 그들은 강해 보이지 않지만 위험한 무기를 가졌기 때문이다.

인간의 세계에서는 다양한 행동의 근원에 경계색이 존재한다. 예를 들어 화려한 색상의 옷, 반짝반짝 빛나는 보석, 또각또각 소리가 나는 하이힐을 신은 경우 등이 그렇다. 또 성직자 가운에 달린 특이한 옷깃이라든지, 머리에 쓰는 두건, 화려한 올림머리, 음악을 크게 틀고 으스대며 길을 가는 것은 모두 '나는 강하니까 주목을 받는다 해도 무섭지 않아'라는 의미를 포함한다.

그럼에도 지위는 단순한 개인의 성질이나 태도가 아니라 기본적으로 다른 사람과의 관계에 맞춰 조율하는 것이다. 두 사람의 지위가 다를 경우 양쪽 모두 자신의 행동을 조율해야만 한다.[45] 일반적으로 지위가 높은 사람은 공간을 많이 차지하며 긴 시간 상대의 눈을 쳐다보고(이에 대해서는 잠시 후에 다시 언급하겠다), 망설이지 않고 이야기하면서 종종 남의 이야기를 끊으며, 대화의 속도와 방향을 결정한다.[46] 이에 비해 지위가 낮은 사람은 대체로 각 방면에서 지위가 높은 사람의 의견에 따르며 물리적으로든 사회적으로든 상대에게 맞춘다. 예를 들어 같이 걸을 때, 지위가 낮은 사람은 높은 사람의 보폭에 맞춰 걸어야 한다.

대부분 자신의 지위에 대한 포지셔닝은 무의식적으로 순조롭게 진행된다. 하지만 상대적인 지위에 대한 의견이 서로 맞지 않으면, 비언어적 조율이 일어나지 않고 그 결과 사회적으로(또 때로는 물리적으로도) 부자연스러운 상황이 발생한다. 대부분의 사람은 라이벌인 동료와 마주 보고 앉을 때, 손발을 어디에 두면 좋을지, 자신이 말을 할 차례인지 아닌지 언제 어떤 식으로 대화를 끝내면 좋을지 등을 열심히 생각해야 했던 경험이 있을 것이다.

그중에서도 특히 무의식적으로 일어나는 행동은 대화 상대의 지위에 맞춰 목소리의 톤을 바꾸는 것이다. 어느 연구에서 시그널 처리 기술을 이용해, TV 토크 프로그램 '래리 킹 라이브Larry King Live'에서 방영된 인터뷰 25회를 분석했다. 조사 결과, 지위가 높은 게스트가 나왔을 때는 래리 킹이 게스트에 맞춰 목소리 톤을 바꾸었고, 지위가 낮은 게스트가 나왔을 때는 게스트가 래리 킹에 맞추었다는 사실이 드러났다.[47] 이와 비슷한 분석을 통해 미국 대통령 선거의 결과를 성공적으로 예측할 수 있었다. 토론 중 목소리 톤에서 측정된 두 후보자의 상대적인 사회적 지위를 이용해 (선거인단의 표까지는 아니었지만) 투표에서 어느 쪽이 이길지 정확하게 예측했다.[48]

1장에 등장했던 아라비안 노래꼬리치레와 마찬가지로 인간의 지위도 두 개의 상이한 형태, 즉 지배와 위신이라는 형태를 띤다. '지배'는 다른 사람을 위압할 수 있는 지위다. 블라디미르 푸틴Vladimir Putin이나 김정은 같은 사람을 생각하면 이해가 빠르다. 지배는 공격이나 처벌 등을 이용해 힘으로 쟁취하는 것이다. 지배적인 인물을 대할 때, 우리의 행동은 두려움, 복종, 양보 등 '회피'하려는 본능의 영향을 받는다.[49] 한편 '위신'은 인상에 남는 행동을 하거나 인상적인 특징을 가짐으로써 얻는 지위다. 배우 메릴 스트립이나 알버트 아인슈타인Albert Einstein을 떠올려 보길 바란다. 위신이 있는 사람을 대할 때, 우리의 행동은 '접근'하려는 본능의 영향을 받는다. 그들에게 매혹당해 그들 주위에 머물고 싶어 하는 것이다.[50]

대화에 참여하는 사람들의 지위에 따라, 즉 지배인지 위신인지에 따라 같은 보디랭귀지라 하더라도 다른 패턴으로 나타난다. 특히 눈을 맞추는 행동에서 두드러진다.

지배의 영향을 받는 상황에서 눈 맞춤은 공격적인 행위로 간주된다. 마음대로 다른 사람을 응시하는 행동은 지배자의 특권이며 복종하는 쪽은 지배자를 직접 응시하는 일을 삼가야 한다. 지배자와 복종자의 눈이 마주쳤을 때는 복종자가 먼저 시선을 피해야 한다. 계속 눈을 맞추는 건 그에게 정면으로 도전한다는 의미가 되기 때문이다. 그렇다고 해서 복종자가 지배자를 쳐다보지 않을 수는 없다. 예를 들어 길을 비켜 주려고 할 때 등 지배자가 무슨 일을 하려고 하는지 자세히 볼 필요가 있기 때문이다. 그래서 복종자는 재빠르고 은밀하게 '훔쳐'보는 방법에 의존한다.[51] 개인과 관련된 정보는 중요한 자원인 만큼 지배자는 그것을 독점하려고 한다. 그런 까닭에 그들은 다른 사람의 개인 정보를 눈으로 흡수하지만 동시에 자신에 대해서는 알리려고 하지 않는다.

위신의 영향을 받는 상황에서 눈 맞춤은 반대로 축복이다. 위신의 대상과 눈을 맞춘 사람은 감정이 고양된다. 위신과 관련된 상황에서 지위가 낮은 사람은 상대적으로 무시받고 지위가 높은 사람이 각광을 받는다.[52] 이런 경우에는 개인과 관련된 정보보다는 주목이 중요한 자원이므로 지위가 낮은 사람은 지위가 높은 유명인을 마음껏 주목해도 된다.

물론 대화에는 지배와 위신의 관계 모두 존재하는 경우가 많으며, 지위는 인간의 사회생활 중 가장 어려운 영역 중 하나다. 예를 들어 CEO인 조안이 회의를 소집했다고 하자. 대개 CEO는 그 자리에서 가장 지위가 높은 지배자인 동시에 가장 위신이 높은 인물이다. 그렇기에 조안의 직원들은 분위기에 따라 어떤 식으로 눈을 맞추는 것이 적합할지 판단해야 한다. 조안이 이야기할 때, 그녀는 알게 모르게 자신에게 주목해 달라고 요구하기 때문에(위신), 그녀의 직원들은 그녀를 똑바로 쳐다봐야 한다. 하지만 조안이 말을 마치면 직원들은 다시 그녀를 지배적인 존재로 인식하고 그녀의 프라이버시를 침해하는 것을 주저하는 복종자의 특징에 따라 그녀를 힐끗힐끗 훔쳐보면서 회의 중에 일어나는 일에 대한 그녀의 반응을 살펴야 한다.

사회적 지위는 이야기를 들을 때뿐 아니라 이야기를 할 때도 영향을 끼친다. 실제로 지배를 예측하는 가장 적절한 방법 중 하나는 '들을 때 눈 맞춤'과 '말할 때 눈 맞춤'의 비율을 살피는 것이다. 심리학자들은 이를 '시각 지배율visual dominance ratio'이라 부른다.

동료와 점심을 먹는다고 가정해 보자. 자신이 이야기할 때만 일정 시간 동료와 눈을 맞추고 그 나머지 시간은 시선을 피하는 게 보통이다. 또 자신이 듣는 입장일 때 역시 일정 시간 동안만 동료와 시선을 맞춘다. 이야기할 때도, 들을 때도 동일한 시간 동안 시선을 맞추는 경우, 시각 지배율은 1.0이며 상대에 비해 우위에 있음을 나타낸다. 그러나 이야기할 때 눈을 맞추는 시간이 짧다면 비율은 1.0 이하가 되고(전형적인 사례에서는 0.6 정도) 우위에 서지 못한다는 뜻이다. [53]

믈로디노프는 저서 《새로운 무의식》에서 다음과 같이 결과를 정리했다. [54]

이 데이터의 놀라운 점은 우리가 무의식적으로 계층 내 자신의 지위에 적합하게 주시 행동을 조절할 뿐 아니라 일관적으로, 그리고 수치적으로도 정확하게 행동을 조절한다는 것이다. 몇 가지 샘플 데이터를 살펴보자. ROTC 과정에 있는 장교들이 서로 이야기를 나눌 때는 시각 지배율이 1.06이었고, 훈련생이 장교에게 이야기할 때는 0.61이었다.[55] 또한 심리학 입문 강좌를 듣는 대학생의 경우 고등학교 선배지만 대학에는 진학하지 않았다고 추정되는 인물과 이야기할 때는 0.93이었지만 유명한 의과대학에 합격한 화학과 우등생으로 추정되는 인물과 이야기할 때는 0.59였다.[56] 전문 지식이 있는 남성이 자신의 전문 분야에 대해 여성과 이야기할 때는 0.98이었지만 남성이 전문 지식이 있는 여성의 전문 분야에 대해 이야기할 때는 0.61이었다. 전문 지식이 있는 여성이 전문 지식이 없는 남성과 이야기할 때는 1.04였지만 전문 지식이 없는 여성이 전문 지식이 있는 남성과 이야기할 때는 0.54였다.[57] 이러한 조사는 모두 미국 국내에서 이루어졌다. 문화에 따라 아마 숫자는 달라지겠지만 현상은 대체로 동일할 것이다.

인간의 뇌는 이런 모든 행동을 거의 무의식적으로 해낸다. '팔의 위치는 어떻게 할까, 눈은 맞출까 피할까, 어떤 억양을 사용할까?' 하고 의식하고 자신에게 물어야 하는 경우는 드물다. 모두 자연스럽게 이루어진다. 왜냐하면 이런 일에 숙달했던 우리 조상이 이런 기술을 보유하지 않았던 조상보다 훨씬 더 쉽게 살아남았기 때문이다.

보디랭귀지를 인식하지 못하는 이유

처음 던졌던 질문으로 돌아가 보자. 이렇게 많은 비언어 시그널링이 의식 외부에서 발생하는 것은 무슨 이유 때문일까?

이번 장에서 검토했던 사회의 세 가지 영역, 즉 성, 정치, 지위는 우리 행동을 제어하는 규범으로 가득하다.[58] 각각의 영역에서 우리가 이루고 싶어 하는 일은 다른 사람의 이익과 일치하지 않는 경우가 많은 까닭에 다툼이 쉽게 일어난다. 따라서 그런 영역에서는 행동을 통제하는 많은 규범이 존재하며, 사회 내 각 개인은 시간과 노력을 들여 자신의 행동이 눈에 띄지 않도록 한다.

의사소통 수단으로써 보디랭귀지는 꼭 필요한 보호막을 제공한다. 음성언어와 비교하면 보디랭귀지는 상당히 애매하다. 보디랭귀지 전체의 '패턴'은 동일할지도 모르지만 각각의 움직임은 다양한 해석이 가능하다.[59] 지금까지 각 장에서 살펴본 것처럼 이러한 애매함은 특히 자신의 의도를 다른 사람에게 숨길 때 단점보다는 오히려 장점이 될 수 있다.

입으로 분명히 말하면 귀찮은 일이 생길 만한 많은 일을 우리가 어떻게 몸을 사용해 '말하는지' 살펴보자. "이 방에서 가장 중요한 사람은 나다"라고 선언한다면 기가 막히게 품위 없는 행동이지만 소파에 차분히 앉아 말하는 동안 상대방을 뚫어지게 응시하는 단순한 행동은 동일한 메시지를 눈에 띄지 않게 전달한다. 마찬가지로 처음 만난 사람에게 "당신에게 반했다"라고 말로 이야기하는 것은 너무 직접적이지만 미소, 오랜 시선, 혹은 손목에 가벼운 접촉을 하는 것은 상대가 거부하면 그럴싸하게 자신의 행동을 부정할 여지를 두면서도 같은 메시지를 전달한다.

간단히 말해 음성 언어에 비하면 비언어 메시지는 명확하게 전달하는 게 훨씬 어렵기에 비난받는 일을 쉽게 피할 수 있다. 예를 들어 직장 회의에서 피터는 라이벌인 짐을 일부러 골탕 먹이기 위해 그가 이야기를 할 때 무시하는 등 비언어 수단을 사용하기도 한다. 만약 정치적인 행동을 한다 비난을 받더라도 피터는 상대가 상황을 잘못 해석했다고 주장함으로써 간단히 무마시킬 수 있다. 그 뒤 파티에서 피터는 아내가 아닌 다른 여성을 유혹하기 위한 보디랭귀지를 사용할지도 모른다. 그러나 아내가 그 사실을 비난하면 그는 아마 친하게 지내려고 그런 거라며 변명할 것이다.

피터 본인도 자신이 무엇을 하는지 정확히 알지 못할 가능성도 있다. 직장에서는 단순히 '짐은 항상 일을 망친다'라고 생각할 뿐 자신의 행동이 '정치적'이라고는 생각 못 하고, 파티에서도 피터 본인은 그저 우호적으로 접했을 뿐 불륜을 저지르고자 하는 의도는 없었을지도 모른다. 그렇지만 그의 행동은 충분히 의심을 살 만하다. 자신이 인식하고 있는지 아닌지는 차치하더라도 피터의 마음속에는 짐의 해고와 다른 여성에 대한 호감과 그녀와 계속 친하게 지내면 어떨까 하는 기대가 존재한다.

만약 피터가 자신의 마음속 깊은 곳을 주의 깊게 들여다본다면 아마 한 구석에 숨은 동기를 알아차릴 수 있을 것이다. 하지만 굳이 그래야 할 이유가 있을까? '언론 담당관'이 그런 동기를 모르면 모를수록 자신 있게 부정하는 일이 쉬워진다. 그리고 그러는 동안 뇌의 다른 부분이 자신의 사리사욕을 적절하게 조정해 준다.

보디랭귀지는 음성 언어와 달리 제3자에게 전달하기 어렵다는 점에서 음성 언어보다 눈에 띄지 않는다. 만약 피터가 노골적으로 동료에게 "짐이 해고되었으면 좋겠다"라고 말한다면 동료가 직장의 다른 사람에게 피터의 마음을 누설할 가능성이 생긴다. 마찬가지로 피터가 누군가에게 술집에 가자고 직접 말한다면 그 말은 돌고 돌아 아내의 귀에 들어갈지도 모르고 그렇게 되면 피터에게는 결코 좋지 않은 일이 벌어진다.

이런 것들이 바로 비언어 의사소통의 마법이다. 다른 사람과 공모해야 하는 상황을 포함하여 부정한 목적을 추구할 수 있고, 그와 동시에 규범을 위반한다고 공격당하고 고발당하고 뒷담화당하고 비난당할 위험을 최소화할 수 있다. 이것은 우리가 전략적으로 우리 자신의 보디랭귀지를 인식하지 못하는 이유 중 하나이며, 왜 우리가 그것을 아이들에게 가르치는 것을 꺼리는지를 설명하는 데 도움이 된다.[60]

당연한 말이지만 모든 비언어 메시지가 이처럼 금기시되는 것은 아니다. 눈꺼풀이 처지는 것은 피곤함, 두 팔을 들고 손을 꽉 움켜쥐는 것은 성취감, 미소는 기쁨을 의미한다는 사실은 모두 잘 안다. 그 의미를 인정하거나 대화에 이용해도 낭패를 볼 일은 없다. 그러나 누군가가 성, 정치, 지위에 관련된 보디랭귀지를 지적하는 순간, 우리는 다른 사람들의 시선을 신경 쓰고 말을 삼가기 시작한다. 마치 살인 용의자가 조사를 받게 되면 안절부절못하는 것처럼 냉정함을 유지하지 못한다. 왜? 무언가를 숨기기 때문이다.

8장
웃음

인간은 특이하다. 그리고 인간의 행동에서 가장 특이한 것은 갑자기 짧고 빠른 리듬으로 헐떡이면서 그르렁거리는 것이다. 표정이 일그러지고, 옆구리를 잡고, 마치 고통스러운 듯 몸이 뒤로 넘어가기도 한다. 보이는 것과 달리 이 행동은 고통으로부터 촉발되는 행동이 아니다. 오히려 기쁨이라는 감정이 절정일 때 나오는 행동이다. 우리는 모두 이 행동을 적극적으로 하길 원하고, 모두와 함께 경험하길 원한다. 심지어 우리의 친구, 애인 그리고 리더가 이 행동을 우리에게서 얼마나 잘 이끌어 낼 수 있는지를 바탕으로 그들을 판단하기도 한다.

웃음[1]은 싱긋 웃는 것, 깔깔거리는 것, 킥킥거리는 것, 요란하게 껄껄거리는 것을 모두 포함한다. 이런 웃음은 선천적이고 보편적인 행동이다. 인간은 어머니의 자궁에서 나오는 순간부터 웃기 시작한다. 말이나 노래를 배우기 훨씬 전부터 웃는다.[2] 심지어 듣지 못하거나 보지 못해서 부모나 형제, 자매의 행동을 모방할 수 없는 아이들도 웃는 건 본능적으로 할 줄 안다.[3] 문화마다 언어나 노래하는 방법은 다르더라도 웃음소리는 외딴 시골 마을이나 인구가 넘쳐 나는 도시나 거의 비슷하다. 이런 말도 있지 않은가. 웃음은 만국 공통의 언어라는 말.

웃음은 자신도 모르게 하는 행동이다. 그렇게 하기로 마음을 먹고 하는 행동이 아니라 단순히 뇌가 시키는 것이다. 자연스럽고 즉흥적으로. 이렇게 보면 웃음은 숨쉬기, 눈 깜빡거리기, 움찔거리기, 몸 떨기 그리고 딸꾹질, 구토와 같은 비자발적인 행위와 비슷하다. 하지만 이런 행위는 단순히 생리학적 행위라고 보는 반면 웃음은 사회적인 행동이다.[4] 인간은 다른 누군가에게 잘 보이기 위해서, 친구와 더 친해지기 위해서, 사이가 나쁜 누군가를 놀리기 위해서, 사회적 규범을 들여다보기 위해서, 사회적 집단에서 경계선을 정의하기 위해서 웃는다. 웃음은 대인 관계 측면에서 굉장히 중요한 사회적 신호이지만 '우리', 즉 마음의 의식적이고 의도적인 부분은 언제 그 행동을 할지 결정내릴 권한이 없다.[5]

게다가 더 신기한 점은 인간은 웃음의 의미와 이유에 대해서 놀라울 정도로 모른다는 사실이다. 추측만 넘쳐 날 뿐이다. 안타깝게도 그 추측 중 대부분은 틀렸다. 일반인만 이에 대해 무지한 것이 아니라 서구 사회에서 가장 박학다식하다고 알려진 플라톤, 아리스토텔레스, 홉스, 데카르트, 프로이트와 다윈까지 인간이 웃는 이유에 대해서 단단히 착각하고 있었다 (상자 10 참조).

상자 10 간단히 보는 웃음의 역사

철학자 존 모리얼John Morreall에 의하면 1930년도 이전까지는 웃음과 유머에 관해 세 가지 이론이 있었다.[6]

플라톤, 아리스토텔레스, 토머스 홉스, 데카르트[7]가 주장한 우월성 이론 superiority theory에 따르면 웃음은 기본적으로 나쁜 의도에서 비롯하며, 조롱, 비웃음, 경멸의 표현이다. 그리고 우리가 다른 사람을 보고 웃는 주된 이유는 우월성을 느끼기 때문이라고 한다. 이 이론의 가장 큰 맹점은 다른 사람이 간지럼을 태울 때 왜 웃음이 나는지, 길에서 구걸하는 사람을 보고서는 왜 웃지 않는지에 대한 이유를 제시하지 못하는 것이다.

프로이트, 허버트 스펜서Herbert Spencer가 주장한 완화 이론relief theory은 우월성 이론과는 달리 웃음은 생리학적인 현상이라고 설명한다. 인간은 뇌로 하여금 위험 또는 부정적인 감정에 대처하기 위해 '긴장 에너지'를 소환하고, 이 에너지가 더 이상 필요가 없게 될 때 웃음이 나온다고 한다. 사용되지 않은 불필요한 에너지는 어떻게든 해소되어야 하는데, 이때 발작성 웃음이 이런 역할을 한다. 즉, 웃음은 긴장과 완화에 의해 발생되는 것이다. 이 이론의 가장 큰 문제점은 인간의 뇌에는 '긴장 에너지'라는 게 존재하지 않는다는 사실이다. 우리의 뇌는 유압식으로 작동하지 않으며, 화학 전기적 신호 체계로 작동한다. 그리고 에피네프린과 코티솔과 같이 '긴장 에너지'라고 불리기도 하는 호르몬은 웃음을 통해 소멸될 필요가 없다.

마지막으로 칸트와 아르투르 쇼펜하우어Arthur Schopenhauer가 주장한 부조화 이론incongruity theory이 있다. 이 이론에 따르면 인간은 기대와 반대되는 상황이 전개되었을 때, 특히 좋은 쪽으로 전개되었을 때 웃는다고 한다. 부조화 이론에 따르면 사람들이 나누는 많은 농담과 코미디가 긴장을 잔뜩 고조시킨 다음 긴장감을 해소시키는 강력한 말 한마디 또는 행동으로 웃음을 자아낸다고 설명한다. 이것만 보면 부조화 이론은 어느 정도 합리적으로 보인다. 긴장을 고조시켜 사람들의 기대감을 한껏 올린 다음 대사 또는 행동으로 그 기대감을 무너뜨리는 식이다. 하지만 이 이론도 왜 이렇게 부조화적인 상황이 웃음소리[8]를 자아내는지 이런 웃음소리가 사회적으로 어떤 의미를 가지는지는 설명하지 못한다.

앞으로 더 자세히 살펴보겠지만 이 세 가지 이론 중 완전히 틀린 이론은 없다. 하지만 어느 이론도 웃음이 진화된 사회적 행동이라는 본질을 잘 나타내지는 못한다.

매일, 그리고 매우 자주 하는 행동이지만 웃음은 인간 마음 중 의식적인 부분과는 놀라울 정도로 거리가 멀다. 하지만 우리의 뇌는 웃는 이유를 잘 알고 웃음을 제어할 수도 있다. 언제 웃어야 할지, 어떤 자극을 받았을 때 웃어야 할지 잘 알 뿐 아니라 대부분 정확하게 맞힌다. 물론 때로는 그러지 않아야 할 상황에서 부적절하게 웃음을 터뜨리는 경우도 있긴 하다. 우리의 뇌는 답례로 웃어 주거나 또는 달리 적절하게 반응하는 방식으로 본능적으로 다른 사람들의 웃음을 어떻게 해석해야 할지 안다. 마음의 의식적 부분에만 웃음이 미지의 영역이다.

표면상으로는 웃음이 그저 즐거움과 기쁨의 표현이라고 생각된다. 아빠와 까꿍 놀이를 하면서 깔깔 웃는 아이의 모습을 생각해 보자. 이보다 건전하고 순수한 그림이 어디 있을까? 하지만 이전에 살펴봤듯이 무지는 종종 속이기 위한 목적으로 사용된다. 인간의 뇌는 다른 이들에게 어떠한 사실을 숨기려고 자기 자신에게도 사실을 숨기기도 한다. 이를 보면 웃음은 단순히 건전하고 순수한 면만 가지는 건 아니다. 인종, 성, 정치, 종교와 같이 민감한 주제를 다룰 때 유머를 자주 사용한다는 사실을 떠올려 보면 이해가 쉽다. 또는 우리와 다른 사람을 보고 웃는다든지 같은 공간에 있는 사람에 대해 이야기하며 웃는 경우를 생각해 보면 알 수 있다. 웃음기를 싹 빼고 말할 엄두를 낼 수 없는 주제에 대해서 오히려 유머스럽게 풀어 나가는 경우도 있다. 이처럼 웃음이 역설적인 이유는 사회적인 상황에서 편안함을 주는 반면 웃음의 의미와 목적은 여전히 마음 저 깊고 어두운 한구석에 존재하기 때문이다.

이번 장에서는 웃음의 미스터리를 파헤쳐 볼 예정이다. 웃음에 숨겨진 암호를 해독하고 최대한 명료하게 웃음에 대한 설명을 제시하겠다(알고 보니 매우 간단하고 단박에 이해가 되는 정답이 있었다). 그리고 나서 웃음의 어두운 면모를 살펴볼 예정이다. 우리의 뇌가 우리에게 무엇을 숨기는지 알아보기 위해서 말이다.

웃음의 생물학

인간은 왜 웃을까?

예를 들어 누군가 들려주는 농담에 웃는데 이런 질문을 받는다면 다음과 같이 대답할지도 모른다. "웃기니까 웃죠." 즉, 무언가가 재미있다고 판단될 때 웃는다. 인간의 많은 행동, 특히 비자발적인 행동의 근원에 있는 자극−반응 패턴stimulus-response pattern에 들어맞는 대답이다. 행복할 때 미소를 짓고, 슬플 때 우는 것처럼 유머로 촉발된 심리학적 상태에 대응하기 위해서는 웃어야 한다.

그렇다면 유머의 심리학에 대해 궁금해질지도 모른다. 유머를 심도있게 다루는 책은 많지만 웃음을 연구하기 위해 유머를 자세히 살펴보는 것은 부질없는 일에 가깝다. 유머를 아무리 잘 안다고 하더라도 왜 유머러스한 상황에서 낄낄 웃음이 나오는지는 알 수 없기 때문이다. 또 유머러스하지 않은 자극에 웃는 경우 웃음이 왜 나오는지 설명할 수 없기 때문이다. 예를 들어 누군가 간지럽힐 때, 친구들과 베개 싸움을 할 때, 놀이공원에서 롤러코스터를 탈 때에도 웃음이 나오기 마련이다. 어린 시절을 생각해 보자. 눈이 올 때, 바다에서 수영할 때, 가을 낙엽을 던지고 놀 때처럼 새로운 물리적 환경을 마주할 때도 웃음이 나온다.

웃음이 왜 나오는지 그 이유를 찾기 위해서는 유머의 심리학 그 이상을 들여다봐야 한다. 메릴랜드대학교에서 신경 생물학 교수로 재직 중인 로버트 프로바인Robert Provine이 등장할 차례다. 프로바인 외에도 웃음의 비밀을 파헤친 사람은 많다. 예를 들어 미국 작가 맥스 이스트먼Max Eastman 또한 무려 반세기 이전에 웃음에 대한 해답을 찾아냈다. 하지만 프로바인의 연구를 기점으로 프로바인 이전의 수많은 탁상이론가 무리가 내놓은 웃음에 관한 주장보다 훨씬 더 공고한 이론이 등장하게 되었다.

1990년대에 프로바인은 웃음에 관한 연구는 실제 데이터에 기반하지 않고 주로 추측에 가까운 이론으로 넘쳐 난다는 사실을 깨닫게 되었다. 이를 해결하기 위해 그는 연구실과 쇼핑몰, 공원 그리고 공원과 같은 '야생에서' 웃음을 실증적으로 연구하기로 결심했다. 그는 개가 짖는 것 또는 새가 지저귀는 것과 동일하게 웃음 또한 동물의 행동 중 하나로 간주하고자 했다. "침팬지를 연구하기 위해 곰베 국립공원으로 찾아든 제인 구달Jane Goodall의 정신으로, 나와 세 명의 대학생 조교들은 인간의 자연 서식지에서 그들의 행동을 연구하기 위해 도시의 사파리로 나섰다"고 말했다.[9]

프로바인의 실증적이고 생물학적인 웃음에 관한 연구를 통해 몇 가지 중요한 사실이 밝혀졌다. 그중 가장 중요한 사실은 인간은 혼자 있을 때보다 사회적인 환경에서 훨씬 더 많이 웃는다는 것이다. 프로바인이 예상하기로는 약 30배 정도 더 자주 웃었다.[10] 그렇다고 혼자 있을 때 아예 웃지 않는 것은 아니다. 하지만 웃음은 사회적인 상황에 맞게 설계되었고 아니면 적어도 최적화되어 있다. TV 또는 라디오 진행 시 '웃음 트랙laugh track', 즉 관객의 웃음소리를 담은 사운드 트랙을 사용하는 이유도 이 때문이다. 만들어진 웃음이라도 다른 사람들의 웃음소리를 듣게 되면 우리의 뇌는 (실제로는 그렇지 않지만) 사회적 환경에 놓였다고 생각하게 된다. 따라서 우리도 따라 웃을 가능성이 현저히 높아진다.[11]

웃음과 관련된 다른 중요한 사실은 발성, 즉 웃음소리에 있다. 그리고 동물 세계에서 소리를 통해 적극적인 의사소통이라는 목적을 달성할 수 있다. 코브라는 적에게 겁을 주기 위해 '쉬익' 소리를 내고, 개는 경고의 의미로 짖고, 수컷 새는 암컷에게 구애하기 위해 노래하며, 아기 새들은 배고프다는 것을 알리기 위해 짹짹거린다. 동물들은 들려지기 위해서 소리를 낸다. 자신이 예상하는 방식으로 소리를 듣는 대상이 행동해 주길 바라며 말이다. 웃음소리도 이와 비슷하다. 프로바인은 공공장소에서 들리는 웃음과 관련한 에피소드 1,200개를 연구했고, 그 결과 가장 놀라웠던 점은 대화에서 말하는 사람이 듣는 사람보다 약 50퍼센트쯤 더 많이 웃는다는 것이었다. 웃음이 수동적인 반응이라는 점을 감안하면 이 상황이 선뜻

이해가 가지 않는다. 하지만 웃음이 적극적인 의사소통을 달성하기 위한 목적이라고 생각하면 타당한 현상이 된다. 심지어 유아들도 자신의 감정 상태를 공유하기 위해 의도적으로 웃는다. 프로바인은 엄마와 아기 사이에서 일어나는 일련의 과정을 '듀엣'이라고 표현하며, 이 과정에서 엄마는 아기를 만지거나 간지럽히는 등 먼저 어떠한 자극을 제공하고 아기는 이에 대한 반응으로 그 자극을 더 원할 시에는 웃고 자극을 멈추라고 말하고 싶을 때는 울거나 짜증을 낸다.[12] 예일대학교에서 진행된 비슷한 연구에서도 아기들은 낯선 사람이 간지럽힐 때보다 엄마가 간지럽힐 때 훨씬 더 잘 웃는다는 결과가 나왔다.[13] 이런 점을 미루어 보았을 때 웃음은 단순히 자동적으로 나오는 생리학적 반응이 아니라 사회적 교류를 위한 수단에 가깝다.

웃음과 관련된 마지막 사실은, 웃음은 인간이 아닌 다른 종에서도 찾아볼 수 있다는 점이다. 유인원으로 불리는 다섯 가지 종, 오랑우탄, 고릴라, 난쟁이 침팬지, 침팬지 그리고 인간에게서 웃음을 관찰할 수 있었다. 이 다섯 가지 종을 제외한 다른 영장류에서는 웃음을 찾아볼 수 없다는 사실은 최초 공통 조상을 유추해 볼 수 있는 대목이다. 웃음의 청각적 특성 또한 이런 진화적 기원을 뒷받침하는 증거가 된다. 유인원의 각 종에서 들을 수 있는 웃음소리의 녹화본을 분석한 결과, 유전학적으로 증명된 것과 동일한 '가계도'를 만들어 낼 수 있었다. 즉, 두 개의 종이 유전학적으로 가까울수록 그 종의 웃음소리는 비슷하게 들렸다.[14]

유인원은 인간과 비슷한 상황에서 웃는다. 예를 들어 친밀한 관계인 사람이 간지럽힐 때, 또는 장난스럽게 몸싸움을 벌일 때와 같은 상황 말이다.[15] 인간에 의해 길러진 침팬지 루시가 술을 마시고 취했을 때나 거울을 보면서 웃긴 표정을 지을 때 웃는 모습이 포착된 적이 있다.[16] 그리고 인간과 동일하게 침팬지는 혼자일 때보다 다른 침팬지와 함께일 때 더 많이 웃는다.[17]

이 모든 것을 종합해 보면 웃음은 의사소통을 기반으로 한 생물학적 기능을 한다는 사실을 알 수 있다. 그렇다면 웃음이 전달하는 메시지는 도대체 무엇일까? 얼마나 중요한 메시지이길래 인간의 조상인 유인원에도 그 메시지를 전달하기 위해서 웃음이라는 선천적인 시그널이 발달되었을까?

웃음, 놀이 시그널

"인간과 그의 영장류 친척에서 웃음은 진지함의 경계를 짓는 일이다."

—알렉산드르 코진세브Aleksandr Kozintsev[18]

"웃음과 희극에 관한 논문을 써낸 뛰어난 철학자 중 대부분이 아기를 거의 보지 못했으리라 확신한다." —맥스 이스트먼Max Eastman[19]

전설에 따르면 아르키메데스Archimedes는 그의 '유레카!' 순간을 대중목욕탕에서 맞이했다고 한다. 뉴턴Newton은 중요한 깨달음을 사과나무 아래에서 맞이했다. 미국인 기자이자 방랑자적 기질을 지닌 지성인인 이스트먼은 아기와 노는 도중에 웃음에 관한 통찰이 번쩍하고 뇌리를 스쳤다고 한다. 1936년에 출판된 그의 저서 《웃음의 즐거움The Enjoyment of Laughter》에서 그 순간을 다음과 같이 묘사했다.

혹시 나중에 아기와 놀아 줘야 할 일이 있다면 어떻게 해야 할지 말해 주겠다. 웃어라. 그러고선 누가 봐도 무서운 표정을 지어라. 만약에 아기가 상대방의 얼굴 표정을 인지할 수 있는 나이라면… 아기 또한 웃을 것이다. 하지만 웃지 않고 갑자기 엄청나게 무서운 표정을 짓는다면 아기는 두려움에 소리를 지르고 말 것이다. 무서운 것

을 보고도 웃을 수 있으려면 아기가 즐겁게 놀 수 있는 분위기가 형성되어야 한다.[20]

여기서 핵심은 웃음은 필연적으로 놀이와 연관된다는 것이다. 만약에 심각한 분위기라면 무서운 표정을 지었을 때 아기는 소리 지를 것이다. 하지만 분위기가 가볍고 즐겁다면 같은 자극을 주어도 아기는 웃음을 보일 것이다. 이스트먼은 이렇게 말했다. "어떠한 유머의 정의도, 재치와 관련된 이론도, 코믹한 웃음에 관한 설명도 장난스러움과 진지함을 구분하지 않고서는 유효한 결론을 도출할 수 없다."[21]

동물학자에 의하면 놀이는 동물들 중에서도 특히 어린 동물들이 세상을 탐험하고 살아가는 데 필수적인 기술을 연습할 수 있는 기회다. 놀이는 안전하고 편안한 환경에서 특별한 기능 없이(즉, 비실용적인[22]) 자발적으로 이뤄지는 활동이다.[23] 놀이는 동물들이 사는 세계에서 굉장히 쉽게 목격할 수 있다. 모든 포유동물이 놀이를 한다. 장난스럽게 몸싸움을 하기도 하고 상대를 깨물기도 한다. 포유동물뿐만 아니라 새, 파충류 그리고 양서류까지 놀이를 한다.

인간은 종종 혼자 놀기도 하지만(레고 놀이처럼), 주로 다른 사람과 같이 있을 때 웃는다. 그렇다면 놀이라는 맥락에서 웃음은 어떤 소통의 의미를 가지고 있을까?

영국의 인류학자인 그레고리 베이트슨Gregory Bateson은 동물원에서 위 질문에 대한 해답을 발견했다. 그는 싸우는 것 같아 보이는 원숭이 두 마리를 동물원에서 목격했다. 이 원숭이들은 싸우는 것처럼 보였지만 실제로 심각하게 싸우는 것은 아니었다. 서로 장난을 치고 있을 뿐이었다. 이 장면을 보고 베이트슨은 장난스럽게 싸우기 위해서는 일단 행동의 의도가 장난이라는 사실을 전달할 방법이 필요하다는 것을 깨달았다. "우리는 장난치면서 노는 것뿐이에요"라는 메시지를 전달할 수 있는 방법 말이다. 이런

'놀이 시그널play signal'이 존재하지 않으면 두 마리 원숭이 중 한 마리는 상대의 의도를 오해할 수 있고 그렇게 되면 장난으로 시작했던 싸움이 진짜 싸움으로 번져 갈 수 있다.[24]

그 당시에 베이트슨은 원숭이들이 서로 그저 장난이라는 것을 어떻게 전달하는지 정확하게 알지 못했다. 다만 어떤 방식으로 그렇게 하겠거니 추측만 했을 뿐이다. 그 이후로 생물학자들은 이런 놀이 시그널을 자세히 들여다보았고, 영장류만 이런 시그널을 사용하는 것이 아니라는 사실을 알게 되었다.

"우리는 그냥 노는 거예요"는 생각보다 훨씬 더 중요한 의미를 담고 있는 메시지였고, 많은 동물들이 이 메시지를 전달하기 위해서 자신만의 용어를 개발했다는 사실을 발견했다.[25] 예를 들어 개들은 '플레이 바우play bow' 자세를 취한다. 앞다리를 쭉 길게 펴고 머리는 숙이고 엉덩이 부근을 치켜든다. 그들은 놀고 싶다는 것을 환기시키기 위해 이 자세를 취한다.[26] 침팬지는 입을 벌려 인간의 미소와 비슷한 '놀이 표정play face'[27]을 짓거나 몸을 숙여서 두 다리 사이로 얼굴을 내밀어 상대를 쳐다본다.[28] 특정한 제스처를 취하는 것 외에도 많은 동물은 몸을 천천히 혹은 과장되게 움직인다. 또는 불필요한 행동을 취하기도 한다. 심각한 상황이라면 시간과 에너지를 낭비하지 않기 위해 필요한 동작만 하겠지만 놀고 싶다는 시그널을 전달할 때는 굳이 그러지 않아도 되는 것이다. 이런 시그널들을 통해 상대방에게 자신의 기분, 특히 즐거운 기분과 놀고 싶다는 바람을 전하는 것이다.

동일한 목적을 달성하기 위해 인간은 웃는다. 소리 내서 웃기도 하고 미소를 짓기도 하고 동작을 과장되게 하기도 하고, 윙크와 같이 평소와는 다른 표정을 짓기도 한다. 때로는 목소리 톤을 높여서 소리를 지르기도 한다. 이런 시그널들은 결국 한 가지 의미를 지닌다. '우리는 노는 것뿐이에요'라는 메시지 말이다. 이 메시지를 전달함으로써 우리는 다른 이들과 안전하게 사회적 놀이를 진행할 수 있다. 이런 시그널은 특히 무척 위험한 일을 시사하거나 위험의 경계에 있는 놀이를 진행할 때 더더욱 중요해진다.

인간은 맥락에 따라 웃음이 가지는 두 가지 다른 의미를 구분할 수 있다. 우리가 자신의 행동을 보고 웃을 때 우리의 의도는 놀이 상대에게 (비록 공격적으로 보일지라도) 이 행동은 그저 장난이라는 걸 전달하는 것이다. 어린 아이가 어른이나 다른 또래의 아이를 장난스럽게 때리고 나서 보이는 웃음,[29] 또는 어른들이 누군가를 장난스럽게 놀릴 때 보이는 웃음과 같다. 마치 "농담이야!"라고 말하는 것, 문자를 보낼 때 윙크하는 이모티콘을 보내는 것과 같다. 이와 달리 다른 사람의 행동을 보고 웃는 것은 의도가 아니라 인식과 관련된 것이다. "나는 네 행동이 장난스럽다고 생각해, 나는 네가 그냥 장난치고 있다는 것을 알아"라는 메시지를 전달하는 것이다. 이것을 반응성 웃음reactive laughter(외부 자극에 대한 반응으로 나오는 웃음)이라고 한다. 여기서 외부 자극이란 농담이나 다른 종류의 유머러스한 말 또는 행동을 의미하지만 누군가로부터 간지럽힘을 당하는 것, 누군가에게 쫓기는 것, 까꿍 놀이에서 놀라는 것 모두 같은 방식으로 반응성 웃음을 유도한다.[30]

두 가지 종류의 웃음 모두 확신의 기능을 한다. '심각하거나 위험한 것처럼 보이지만 나는 여전히 장난을 치고 싶다'라는 메시지를 전달한다. 여기서 '~처럼 보이지만'이라는 말이 중요하다. 우리가 놀이를 하는 내내 웃는 것은 아니다. 불쾌할 수도 있는 무언가에 반응하기 위해 그때만 웃을 뿐이다. 소통과 관련된 모든 행동과 마찬가지로 웃는 일 또한 적절하게 이루어져야 한다.[31] 예를 들어 모노폴리 게임을 하는 동안 모두가 평화롭고 행복하게 게임을 하고 있다면 그 상황을 굳이 웃음으로 망칠 필요는 없다. '우리는 노는 것뿐이에요'라는 메시지는 누군가 웃지 않으면 자칫 상황이 심각하거나 위험하게 흘러가리라 오해받을 만한 순간에만 전달되어야 적절하다[32](상자 11 참조).

웃음과 관련된 상황에서 위험이 왜 그렇게 중요한지 알 수 있다. 굳이 따지자면 위험 요소가 필수는 아니다. 우리는 위험 요소라고는 전혀 찾아볼 수 없는 말장난에 웃기도 하기 때문이다.[33] 하지만 위험 요소가 있으면 확실히 웃음을 쉽게 자아낼 수 있다. 위험 요소가 충분하지 않으면 웃기려고 하는 시도가 실패로 돌아갈 수 있다. 예를 들어 위험 요소라고는 전혀 찾아볼 수 없는 만화 '마마듀크Marmaduke'와 '가족 서커스The Family Circus'는 지루하다고 느껴질 정도이다.

상자 11 케빈이 엽총을 처음으로 쏜 날

내가 처음으로 엽총을 쏘고 총의 반동을 느낀 날 나는 웃었다. 누가 보면 정신이 나갔다고 할 정도로 웃어 댔다. 실제로 그 모습을 본 누군가는 내가 미쳤다고 생각했을지도 모른다. 하지만 내가 생각하기에 내가 웃은 이유는 이렇다. 총기는 내가 살고 있는 문화에서 금기시된다. 나는 자라면서 총을 본 적도 만져 본 적도 없다. 어른이 되어서 사격장에서 총을 처음 쏘게 되었을 때 나는 심리적으로 안전과 위험의 경계 위에 서 있었다. 방아쇠를 당기자마자 나는 어마어마한 소리와 예상보다 훨씬 큰 반동 때문에 아주 잠깐 공포에 빠졌다. 마치 스카이다이버가 처음으로 하늘에서 땅으로 다이빙을 한 느낌이었다. 그러나 나는 곧 안전하다는 사실을 깨달았고 그것에 내 뇌는 웃음으로 반응했다. 친구들에게 내가 이 상황에 두려움을 느끼지 않고 충분히 안전하다는 것을 알리고 기꺼이 또 방아쇠를 당겨 보고 싶다는 뜻을 전하기 위해서 말이다.

놀이 시그널 이론을 통해 반대로 웃음이 나오지 않는 많은 경우에 대한 설명도 가능하다. 광대가 무대 위에서 발을 헛디뎌서 계단에서 넘어지면 그가 장난을 치고 있다는 사실을 눈치채고는 한다. 실제로는 괜찮다는 것을 알기 때문에 웃을지도 모른다. 하지만 나이 든 할머니가 발을 헛디뎌서

넘어지면 그렇지 않다. 놀이가 아니라 사고라고 인식한다. 할머니가 위험에 빠졌다는 것을 알기 때문이다. 넘어진 할머니에게 다가가 그녀가 완전히 괜찮다는 것을 눈으로 직접 확인한 후에는 안심하고 웃을 수도 있다. 특히 할머니가 먼저 웃기 시작하면 더더욱 그렇다. 실제로 웃음의 논리는 이런 식이다. 할머니의 웃음이 나의 웃음을 유발하는 식이다. 내가 먼저 웃어서 할머니가 웃는 것이 아니라. 할머니가 먼저 웃는다는 것은 그녀가 스스로 괜찮다고 느끼는 것이고 그제야 상대방도 똑같이 느낄 수 있다. 하지만 내가 먼저 웃어 버리면 할머니가 자칫 기분 나빠할 수도 있다. 그녀가 '완전히 괜찮다'는 신호를 주지도 않았는데 어떻게 안전하다고 느끼고 웃을 수 있겠는가? 정말 무감각한 사람이 아니고서야 그럴 수는 없다. 만약 그렇게 한다면 할머니가 어떤 일을 당했는지 별로 신경 쓰지 않는다는 것을 의미한다.

이 모든 것을 종합해 보면 웃음과 유머의 관계에 대해서 어느 정도 파악이 가능하다. 웃긴 상황 가운데서 유머가 선행되고 그다음에 웃음이 등장한다. 하지만 한 걸음 뒤로 물러서서 조금 더 넓은 관점에서 바라본다면 그 순서가 반대인 경우도 존재한다는 걸 알 수 있다. 웃는 게 먼저고 유머러스한 상황이 목적을 이루기 위해 따라온다.[34] 따라서 유머는 특정 상황의 제약에 따라 웃음을 유발하는 수단인 예술의 한 형태로도 볼 수 있다.

일반적으로 코미디 작가나 배우들은 언어와 이미지를 사용한 추상적인 예술을 추구한다. 관중을 간지럽힌다든가 하는 물리적인 수단을 사용해 다른 이들의 웃음을 유발하게 되면 그들은 인정받지 못한다. 그리고 자신들이 먼저 웃음으로써 웃음을 전염시키는 것 또한 이들이 흔히 사용하는 방법이 아니다.

어떻게 보면 유머는 금고를 여는 과정과도 같다. 모든 단계를 올바른 순서로 실행해야 하고, 모든 단계를 정확하게 수행해야 한다. 가장 먼저 두 명 이상의 사람을 모아야 한다.[35] 그리고 나선 '놀이'의 분위기를 형성해야 한다. 다음으론 아주 신중하게 상황을 조율해서 '놀이'의 분위기가 '심각한' 분위기로 전환되었다가 재빨리 다시 '놀이'의 분위기로 돌아올 수 있도록 해야 한다. 이 과정을 모두 거쳐야만 금고의 문이 열리고 안에 갇힌 웃음이 나올 수 있다.[36]

문화에 따라 금고를 열 때 마주하는 제약이나 금고의 '비밀번호'는 다를 수 있다. 문화마다 '장난스러움'과 '진지함'의 정의가 달라 한 문화권에서 금고를 열기 위해 통했던 방법이 다른 문화권에서는 통하지 않을 수 있다.

웃음의 어두운 면

"우리가 웃긴다고 인지하는 모든 것에는 만약 우리가 충분히 진지하고, 민감하고, 공감한다면 불쾌하게 느낄 만한 요소가 존재한다."

—막스 이스트먼[37]

이전에 언급한 것처럼 인간은 놀라울 정도로 웃음의 의미와 목적에 대해 무지하다(적어도 이 문제에 대해 과학적으로 접근해 보기 이전에는). 이런 무지함은 어디에서 비롯되는 것일까? 왜 이 영역에서 자기 성찰은 제 힘을 발휘하지 못할까?

단순히 웃음이 우리의 의식적인 영역 밖에 있는 비자발적인 행동이라서가 아니다. 움찔하는 것도 비자발적이다. 그럼에도 왜 움찔거리는지에 대해서는 완벽하게 알고 있다. 누군가가 때리거나 때리는 시늉을 할 때 움찔거리는 것은 자신을 보호하기 위해서다. 그렇다면 웃음에 관해서는 왜 이렇게 무지한지 조금 더 살펴봐야 할 것이다.

이미 한 차례 힌트를 주었다. 이런 무지함은 전략적인 것일지도 모른다. 인간의 뇌는 무언가를 숨기려고 하는 것이다. 그렇지만 웃음의 의미, '우리는 놀고 있을 뿐이에요!'라는 메시지는 이와 달리 순수하고 정당하기 그지없다.

어쩌면 웃음 그 자체는 불편한 주제가 아닐 수도 있다. 다만 언제 어떻게 웃음이 나오는지가 문제를 만들기도 한다. 이런 면에서 웃음은 돈과 같다. 돈이 단순히 교환의 수단이라고 '인정'하는 것에는 전혀 문제가 없다.[38] 하지만 신용카드 명세서를 공개하면 조금 부끄러울 수 있다. 뉴욕 타임스가 미국 대형 마트인 타겟Target이 여성의 임신 여부를 최근 구매한 상품을 통해 예측할 수 있다고 보도하자 사생활 침해와 관련하여 큰 파장이 일어났다.[39] 이와 비슷하게 만약 인간의 뇌가 자신이 웃게 된 모든 상황을 세세하게 기록해 두었다면 온 세상에 이 기록을 알리는 것은 꺼려질지도 모른다. 프로바인이 말한 것처럼 "웃음은… 사회적 관계를 파악할 수 있는 강력한 장치다."[40] 하지만 우리는 누군가가 우리를 유심히 들여다보는 것을 언짢아할 때가 많다. 사생활을 존중받고 어떤 사실을 당연히 부인할 수 있어야 한다. 이처럼 웃음에 대한 무지는 우리가 원하고 필요로 하는 보호막일지도 모른다.

그렇다면 웃음이 우리 자신에 대해서 무엇을 드러내는지(그리고 그토록 숨기고 싶은 것이 무엇인지) 알기 위해서는 두 가지 중요한 요인, 규범과 심리적 거리를 살펴봐야 한다.

규범

우리가 어렸을 때 하는 놀이의 대부분은 물리적인 세계와 관련 있다. 아이들이 웃는 것도 이와 비슷하게 물리적이거나 심리적인 것과 관계를 맺는다. 흔히 영아 및 유아들의 웃음을 유발하는 것에는 간지럽히거나 쫓는 것과 같은 가짜 공격mock aggression, 보호자가 아이를 안고 공중으로 높이 들어 올리는 것과 같은 가짜 위험mock danger, 그리고 까꿍 놀이와 같이 놀라게 만드는 자극이 있다.

하지만 나이가 들어가면서 우리는 점점 더 세상에 관심을 두고 그 세상에 존재할지도 모르는 위험에 집중한다. 그 위험 중 많은 것들이 규범과 연관된다. 3장에서 규범을 위반하는 것이 얼마나 심각한 일인지 살펴보았다. 규범을 위반하면 누군가에게 들키진 않을까, 벌받진 않을까 겁을 먹는다. 다른 사람이 규범을 위반하는 것을 볼 때에는 자신에게 물어본다. '이것을 위협으로 인식해야 할까? 내가 나서서 이 상황을 통제해야 할까?' 이런 상황에서 우리의 행동은 실제로 위험을 수반한다. 만약 행동을 잘못하면 친구들의 반감을 살 수 있고 권위자로부터 비난받을 수도 있다. 또는 더 심각한 일이 발생할 수도 있다. 공짜 음식을 너무 많이 얻어먹으려다 살해당한 마오리 주민처럼 말이다.

하지만 위험이 있는 곳에는 놀이의 기회도 존재한다. 롤러코스터를 타는 건 물리적으로 위험하지만 생리학적 또는 심리학적으로는 스릴을 느끼는 것처럼, 규범과 관련된 위험과 장난 또한 비슷한 스릴을 불러일으킨다.[41]

화장실과 관련된 이야기를 너무나도 재미있어하는 다섯 살짜리 여자아이가 있다. 이 아이는 다른 사람 앞에서 특정한 신체적 기능을 보이거나 그에 대해 이야기하는 것은 무례하다는 사실을 잘 알고 있다. 그리고 그렇게 하면 벌을 받을 수 있다는 사실도 잘 알고 있다.

하지만 동시에 모든 규칙을 곧이곧대로 받아들이기는 어렵다. 규칙의 경계가 어디인지 살펴볼 필요도 있다. '이런 규범은 얼마나 엄격하게 지켜야 하는 것일까?'의 문제 말이다. 물론 아이가 바지에 실수를 하면 스스로 굉장히 부끄러울 테고 웃을 상황 또한 아닐 것이다. 하지만 방귀를 뀌는 것에 멈춘다면 아이도 그 행동에 따르는 위험이 그다지 크지 않다는 것을 알게 된다. 부모님으로부터 못마땅한 눈초리를 받을지는 몰라도 "어서 방으로 들어가!"라는 소리를 듣는 상황까지는 가지 않을 것이다. 그리고 이런 경험을 통해 아이는 다른 사람 앞에서 방귀를 뀌는 것은 공식적으로는 하지 말아야 할 행동이지만 비교적 안전한 행동이라는 것을 알게 된다. 심지어 웃음을 자아낼 수 있는 행동이라는 것을 깨닫는다. 앉으면 방귀 소리가 나는 쿠션은 이 여자아이에게는 특별히 더 재미있는 것이 될 수도 있다. 방귀 소리도 가짜고 이것은 누구에게도 해를 끼치지 않기 때문이다.

하지만 이 아이가 자라면서 신체 기능과 관련된 규범을 배울 만한 기회는 점점 사라지고 이런 규범으로 장난치는 것 또한 더 이상 재밌지 않은 순간이 올 것이다. 더욱이 이 아이는 곧 신체적 기능보다는 사회적, 성적, 도덕적 규범이 넘쳐 나는 어른의 세상에 발을 들이게 될 것이다. 규범은 넘쳐 나기 때문에 각 규범의 경계와 경계 조건을 모두 알 수 없다. 규범이란 상황과 분위기에 따라 늘 바뀌기 마련이기에 더욱 더 어렵다. 몇 년마다 예의범절에 대한 정의가 조금씩 달라지는 것처럼 유머 또한 변하는 규범에 따라야 한다. 한때 웃고 넘어갔던 상황이 나중에는 건드리면 안 되는 약점이 될 수도 있고, 더 나아가 문화적으로 금기시될 수도 있다. 끊임없이 변화하는 정치적 환경에 따라 지금은 입 밖으로 꺼내지 말아야 할 단어도 나중에는 장난스러운 공격으로 사용될 수 있다. 휴대전화와 같은 기술의 혁신도 구식적인 규범을 완전히 뒤집어 놓고 새로운 규범을 도입하는 계기가 된다. 규범 중 반드시 지켜야 하는 법이나 규칙으로 기록되는 것은 거의 없다. 설사 있다 하더라도 잉크가 마르기 전에 무의미해지기 마련이다.

규범은 사회와 맥락에 따라 달리 적용된다. 때로 성적인 규범과 관련하여서는 구체적이거나 심각한 상황에서 다루기에는 다소 불편한 면이 있다. 이 모든 요소들이 더해져서 이런 규범들은 장난스럽게 거론되고, 따라서 웃음을 유도하기 위해 사용된다.

넓게 보면 규범 위반에 수반되는 위험을 희극적인 요소로 만드는 방법에는 적어도 두 가지가 있다. 첫 번째, 규범의 경계를 넘는 척하는 것이다. 실제로 규범을 위반하지 않고 바로 안전한 지대로 돌아오는 것이다. 두 번째는 경계를 넘어서 실제로 규범을 위반하는 것이다. 그러고서는 마치 눈을 처음 밟아 보는 아기처럼 "여기 안전해요! 신난다!"라고 외치는 것이다.

규범을 실제로 위반하지는 않지만 경계선에서 위태롭게 줄타기를 하는 듯한 농담을 한번 살펴보자.

메리: 비행기를 조종하는 흑인을 뭐라고 부를까?

존: 음, 글쎄…….

메리: 비행기 조종사지. 뭐라고 생각한 거야? 이 인종 차별주의자 같으니라고!

이 대화에서 유머는 인종 차별을 반대하는 규범과 관련되어 있다. 메리가 질문을 던지자 존은 불편한 기색을 내비친다. 자신의 친구가 모욕적인 농담을 할까 속으로 두려워하면서 말이다. 하지만 메리가 "비행기 조종사지"라고 말하자 그때서야 존은 안도한다. 메리는 인종 차별주의적인 농담을 하려던 것이 아니고 그저 장난을 치는 것이었다. 이때야 비로소 존은 웃을 수 있다.[42]

이 농담은 인종 차별주의와 관련된 규범을 이용해 위험의 기미를 만들어 낸 후 결국 위반하지 않는 것으로 안전함과 웃음을 자아낸다. 결론적으로 이 농담은 인종 차별을 반대하는 규범을 강조하게 된다. 하지만 결국 규범 위반을 지지하는 농담들도 있으며, 이런 경우에는 다른 방법으로 안전함을 만들어 내야 한다. 그리고 이때 종종 다루고 있는 규범을 완전히 뒤엎기도 한다.

2012년 9월 프랑스 좌익성향 풍자 신문인 샤를리 에브도Charlie Hebdo는 이슬람 예언자 무함마드Muhammad를 나체로 묘사하는 만평을 게재한 적 있다. 많은 진보주의자들은 이 만평을 유머러스하게 받아들였지만 몇몇 이슬람 근본주의자들은 그러지 않았다. 동일한 만평에 대해 이렇게 달리 반응했다는 것을 통해 종교와 관련된 규범(일반적인 의미에서) 또는 무함마드

(특정하자면)와 관련된 규범이 얼마나 심각하게 받아들여지는지 알 수 있다. 세속주의자들은 이런 규범은 대중에 크게 영향을 미치지 않아야 한다고 믿는 반면 근본주의자들은 이런 규범을 법으로 모시길 바란다.

우리의 뇌가 보고 웃는 대상을 살펴보면 도덕적 판단이 필요한 상황에 대해 우리가 어떤 생각을 가지는지 파악할 수 있다. 우리의 뇌는 "뭔가 '잘못되었다'고 느껴야 하는 건 알겠지만 심각하게 받아들이지 않아."라고 말한다. 만약에 우리가 무함마드 만평을 보고 웃는다면 관련된 규범을 준수하는 수준이 약하다는 것을 알 수 있다. 단순히 만평처럼 보이지만 이를 통해 우리 스스로가 훨씬 더 심오한 문제를 어떻게 받아들이는지 이해하게 된다.

웃음이 진짜 위험한 이유는 같은 규범이라도 모두가 같은 수준으로 심각하게 생각하거나 준수하지 않는다는 것이다. 누군가 신성시하는 무언가가 다른 이에게는 그저 놀림감이 될 수도 있다. 따라서 규범 위반과 관련된 사항에 대해 웃게 되면 다른 이들이 지지하거나 반드시 지켜야 한다고 생각하는 규범을 약화시킬 수 있다. 이런 이유로 여교사, 종교 리더, 플라톤의 《국가론Republic》에 등장하는 수호자들, 2014년에 대규모 감시를 시행했던 중국 고위관계자[43]와 같이 예의범절과 규범 준수를 그 무엇보다 중요시하는 사람들은 웃음과 유머를 억압하길 원한다.

같은 이유로 두 명의 사람이 같은 농담을 듣고 웃는다면 두 사람은 더 돈독한 유대 관계를 만들어 나간다. 하지만 누군가 신성시하는 대상을 보고 웃는다면 재미와 즐거움은 날아갔다고 생각하면 된다.

심리적 거리

웃음을 통해 우리의 뇌가 '흘리는' 중요한 정보는 '웃음과 농담 대상이 되는 대상에 대해 어떤 감정을 가지고 있는가'이다. 어떤 사람에 대한 관심과 애정이 적을수록 그 사람에게 나쁜 일이 일어날 때 웃기 쉽다.

여기서 두 가지 변수가 중요하다. 첫 번째는 단순히 얼마나 많은 고통이 수반되어 있는지다. 누군가 뼈가 부러졌을 때보다 바늘에 살짝 찔렸을 때, 그리고 누군가 잔인하게 살해당했을 때보다 뼈가 부러졌을 때 웃기 쉽다.

두 번째 변수는 '심리적 거리psychological distance'다.[44] 심리적으로 '멀리 떨어져 있는' 사람일수록 공감하기 어려우며 따라서 그 사람의 고통에 웃기 쉽다. 미국 영화감독이자 배우인 멜 브룩스Mel Brooks는 "내 손이 칼에 베이면 비극, 모르는 사람이 길을 가다 뚜껑이 열린 하수구에 빠져 죽으면 코미디"라고 말했다.[45]

이렇게 보면 친구는 지인보다는 가까운 사이다. 그리고 지인은 적보다는 가까운 사이다. 하지만 우리가 인식하는 심리적 거리는 다른 많은 요소들에 의해 결정된다. 예를 들어 가상의 공간에서 일어나는 일들은 실제 생활에서 일어나는 일보다 심리적 거리가 멀다. 만화는 실제 액션 드라마보다 심리적 거리가 멀고 이와 비슷하게 고대 역사는 근대 역사보다 심리적 거리가 멀다. 미국 코미디 애니메이션 사우스 파크South Park의 한 에피소드에서 등장인물들은 이제 AIDS를 농담거리로 삼아도 괜찮을 만큼 시간이 지났는지에 대해 이야기한다.[46] 미국 배우 캐럴 버넷Carol Burnett이 말한 것처럼 "희극은 비극에 시간을 더한 것"이다.[47]

이 두 가지 변수가 합쳐져서 우리가 다른 사람의 불행에 대해 느끼는 고통과 공감의 크기가 결정된다. 우리와 가까운 사람이 심하게 고통을 받고 있을 때에는 뼛속 깊이 공감하며 마음 아파한다. 하지만 전혀 모르는 낯선 사람이 아주 약간의 고통을 받고 있을 때는 거의 신경 쓰지 않는다. 물론 이런 극단적인 예시 사이에는 수많은 경계 조건들이 존재한다. 무릎에 와인을 쏟은 친한 친구, 멍청한 짓을 하다가 팔이 부러진 육촌과 같이 말이다. 이런 사람들을 보고 웃는지 아니면 얼마나 많이 웃는지를 통해 고통을 받는 사람과의 관계를 엿볼 수 있다.

인기가 많은 여학생 세 명이 학교 복도에 모여 있는 모습을 떠올려 보자. 그때 학교에서 별로 존재감이 없는 친구 매기가 복도를 걷다가 발이 걸려 넘어진다. 넘어지면서 매기가 들고 있던 책과 소지품들이 사방으로 흩어진다. 그 세 명은 매기를 보며 웃기 시작한다.

당연히 이렇게 웃는 것은 무례하다. 공격적이라고도 말할 수 있다. 누군가 다치면 인간으로서 당연한 반응은 다친 사람이 괜찮은지 확인하기 위해 장난스러운 분위기에서 진지한 분위기로 전환하는 것이다. 인기 많은 여학생들의 웃음은 매기의 고통을 진지하게 받아들이지 않는다는 것을 의미한다. 이들은 매기의 고통을 단지 장난의 대상으로 보는 것이다.

이런 종류의 웃음은 이전에 살펴본 웃음과 별반 다를 바가 없다. "어떤 일이 방금 일어났든지 나는 안전해" 또는 "무언가 '잘못되었다'고 느껴야 하는 것 같은데 나는 신경 안 써"라는 메시지를 전달한다. '맥락'에 따라 이런 웃음은 무례하고 옹졸해 보인다.

이제 이 여학생들에게 이들의 행동이 왜 도덕적으로 잘못되었는지 잘 설명해야 한다.

단순히 다른 사람의 불행을 보고 웃는다고 비난하기는 쉽다. 하지만 그것이 이 문제의 본질은 아니다. 우리 모두 그러기 때문이다. 인류에게 해악이 되는 유전자를 스스로 지구상에서 제거해 준 공로로 받는 상인 다윈 어워드Darwin Awards를 생각해 보자.

다윈 어워드는 어이없는 죽음, 주로 아이러니하거나 멍청하거나 혹은 둘 다에 해당하는 죽음들을 모아 놓은 웹사이트로 온전히 웃음을 주기 위해 만들어졌다. 다윈 어워드에 게재된 사고들은 매기의 넘어짐보다는 훨씬 더 심각하지만 우리는 이 웹사이트를 보고 웃는다. 그것이 죽음에 관한 글일지라도.

왜냐하면 죽음의 당사자들이 우리에게는 생판 모르는 남이기에 그들의 고통은 우리에게 심각하게 다가오지 않기 때문이다. 마음에 들든 들지 않든, 인간은 이런 식이다.

더 불편한 예시를 하나 들어 보자. 우리는 때로 감옥에서 일어나는 강간 사건에 대해 농담을 하고 웃기도 한다. "비누를 떨어뜨리지 마!"라고 말이다. 냉정하게 생각하면 이런 농담은 도덕적으로 혐오스러운 정도까지는 아니더라도 불쾌감을 주므로 삼가야 한다. 강간은 어떤 경우든지 그리고 상대가 누구든지 비난받아 마땅하다.

하지만 강간의 피해자가 범죄자인 순간 우리의 뇌는 피해자가 결백한 일반 시민이라고 들을 때와는 달리 "위험!" 시그널을 보내지 않는다. 수감 중인 범죄자들은 심리적으로, 또 사회적으로 우리와 거리가 멀고 우리가 친구나 이웃의 아픔에 공감하는 수준으로 그들의 아픔에 공감하지 않기 때문이다.

인기 많은 여학생들이 매기를 보고 웃을 때 그들의 뇌에서는 무슨 일이 일어나는지 아는가? 우리가 감옥에서 일어나는 강간 사건 또는 다윈 어워드를 보고 웃을 때 우리의 뇌에서 일어나는 알고리즘이 동일하게 구현되는 것이다.[48]

그래도 이 여학생들의 행동에 대해 한마디하고 싶다면 그들이 웃는 행위가 더 큰 고통을 불러일으킬 수 있다는 점을 강조해야 할 것이다. 우리 중 대부분은 우리의 웃음이 무해한 경우 그리고 때로는 도움이 될 때에만 웃으려고 노력한다. 친구가 셔츠에 와인을 쏟을 때 우리는 웃고 싶지만, 친구가 먼저 웃으며 "완전히 괜찮다"라는 시그널을 준 후에야 웃는다. 아니면 위험을 감수하고 먼저 웃어 버릴 수도 있다. 웃음으로 상황이 그렇게 심각하지 않다는 것을 친구에게 알리기 위해서 말이다. 하지만 이런 경우 매우 신중해야 하며, 만약 친구가 우리의 웃음에 기분이 상한 낌새를 보인다면 웃음을 당장 멈춰야 할 것이다. 우리의 웃음이 더 큰 고통을 야기하지 않도록 말이다.

괴롭힘 또한 이와 비슷한 역학으로 흘러간다. 괴롭힌다는 것은 때로 웃음이 수반되고 장난스럽게 진행되긴 하지만 약간의 고통을 야기하는 것이다. 흥미로운 것은 관계를 강화하는 '선의의 괴롭힘'이 있고 반대로 관계를 악화하는 '악의의 괴롭힘'이 있다는 것이다. 선의의 괴롭힘이란 아주 약한 수준의 고통을 유발하고, 놀리는 사람의 따뜻한 마음과 애정이 놀림을 당하는 사람에게 전달되어 놀림을 당하는 사람이 실제로 놀림보다는 사랑을 받는다고 느끼는 것이다. 낯선 사람을 놀리는 것은 어려운 일이다. 왜냐하면 낯선 사람과는 공격을 완화할 수 있는 따뜻함이나 애정이 없기 때문이다. 따라서 우리가 누군가를 놀린다고 하는 것은 그 사람과 어느 정도 가깝다는 것을 의미한다. 이 사실을 알고 인지하기 때문에 누군가를 놀리는 행위를 통해서 그 사람과 더욱 친밀해질 수 있다.

하지만 악의로 누군가를 놀릴 수도 있다. 악의를 가지고 놀릴 때 상대방은 놀림으로 심하게 고통받고 그 고통은 따뜻한 감정으로도 도저히 상쇄가 불가능해진다. 놀리는 사람과 놀림을 당하는 사람 간에 어떠한 애정이 없다면 놀리는 것은 괴롭히는 것에서 더 나아가 폭력으로까지 변질될 수 있다. 이렇게 누군가를 놀리는 것은 놀리는 사람에게는 특히 더 유리할 수 있고 당하는 사람에게는 특히 더 고통스러울 수 있다. 왜냐하면 놀리는 사람은 "그냥 장난치는 건데 왜 장난으로 받아들이지 못해?"라고 괴롭힘을 정당화할 수 있기 때문이다(이에 대해서는 추후 더 살펴보자).

다시 한번 강조하지만 인간의 뇌는 이 모든 것을 자기도 모르게 행한다. 관계의 높고 낮음 또는 권력 여부에 대해, 혹은 상대방이 받을 고통의 크기에 대해 의식적으로 계산하는 일은 거의 없다. 우리의 뇌는 이 모든 계산을 자동적으로, 무의식적으로 할 뿐이다. 프로바인이 말한 대로 웃음은 비자발적인 행위이기 때문에 사회관계를 파악할 수 있는 강력한 장치다.

따라서 우리는 웃음을 통해 행동적 경계(규범) 그리고 소속의 경계(누가 나의 공감을 받을 자격이 있는지) 두 가지 측면을 포함한 사회적 경계를 판단하고 조율한다. 하지만 이런 경계를 조율하는 것은 매우 섬세한 행위이기 때문에 거부권이 필요하다.

부인할 수 있는 가능성

"웃음은 결코 언어로 표현되거나 설명되어야 할 필요가 없다. 오히려 언어로 표현되거나 설명되는 것을 기필코 피해야 한다."

−알렉산드르 코진세브[49]

"윙크는 공유된 지식이 아닐 때 의미를 가질 수 있다."

−마이클 최[50]

성에 대해 배우고 싶어 이 주제에 온 촉각이 곤두서 있는 14세 청소년이 있다고 해 보자. 아니면 이 무렵의 자신을 떠올려 보자. 학교 성교육 시간에 배웠던 기본적인 내용 외에는 이 주제에 대해 거의 아는 것이 없다. 하지만 궁금한 것은 너무나도 많다. 성에 대해서는 언제 이야기해도 될까? 친구, 조부모, 어린아이 등 다양한 사람들 앞에서 성에 대해 얼마나 자유롭게 이야기할 수 있을까? 성과 관련된 이야기를 할 때 금기시되는 것은 무엇이며 특히 주의를 기울여야 하는 건 무엇일까? 행위 측면에서 바라볼 때 적절한 건 무엇이고 이상하게 여겨지는 건 무엇일까? 완전히 용납될 수 없는 건 무엇인가?

너무나도 불확실한 것들로 이루어져 있지만 어른들은 모든 것을 솔직하게 말해 주지 않는다. 그렇다면 어떻게 해야 할까?

한 가지 깨달은 것이 있다면 어른들은 공개적으로 성에 대해 이야기하지는 않지만, 그들은 자발적으로 성을 주제로 한 농담을 하기도 하고 심지어 농담하는 것에 열과 성을 다한다는 것이다. 따라서 귀를 열고 주의를 조금만 기울인다면 이런 농담들을 힌트 삼아 퍼즐을 맞추어 성에 대한 합리적

이면서도 정확한 그림을 완성할 수 있을 것이다.

미국 시트콤 사인펠드Seinfeld의 한 에피소드 "콘테스트"에서는 주인공들끼리 자위를 하지 않고 누가 가장 오래 버틸 수 있는지 내기를 한다. 이들의 대화에 '자위'라는 단어는 단 한 번도 등장하지 않지만 모두가 이에 대해 이야기한다는 것을 이미 잘 알고 있다. 자위를 주제로 하지만 이런 식으로 시청자의 웃음을 자아냄으로써 이 주제가 금기시된다는 것을 알려 준다. 할머니 앞에서 편하게 이야기할 만한 주제는 아니라는 것이다. 그리고 이것이 다소 흔한 주제이며, 적어도 당시 TV 프로그램 시청자들 사이에서는 어느 정도 받아들여지는 주제라는 걸 알 수 있다. 사회적으로 완전히 용인받는 주제가 아니더라도 이 주제를 꺼낸 사람은 완전히 비정상적인 사람으로 간주되지는 않을 것이다. 분명한 규범 위반이지만 그렇다고 해서 누구에게 해를 끼치는 건 아니니까.

웃음은 노골적인 언어로 표현하기에 조금은 민망한 경계가 어디쯤인지 알려 준다. 이런 식으로 유머는 사회 경계를 탐험하는 데 무척 유용하다. 웃음을 통해 안전한 것과 위험한 것, 적절한 것과 부적절한 것, 우리의 공감을 살 만한 사람과 그렇지 못한 사람 등 정확하게 정의하기 어렵고 불분명한 것을 새로이 조명할 수 있다. 실제로 웃음을 통해서 인간의 규범과 다른 사회 경계가 흑백 논리로 나눠져 있지도 않고 만고불변이 아니라 맥락에 따라 회색의 여러 음영을 넘나든다는 것을 깨닫게 된다.

이런 의미에서 언어는 충분하지 않다. 언어는 너무 정확하고, 인용하기도 쉬울 뿐 아니라 너무 "온 더 레코드"이다. 따라서 규범이 너무 엄격하면 답답하고 억압적일 수 있다. 이런 환경에서 소통하려면 우리(똑똑한 영장류)는 어느 정도 '해석의 여지'를 줄 만한 방법이 필요하다. 이를 통해 혐의에서 벗어나고 우리를 탓하려는 까다로운 사람들에게 저항할 수 있다.

언어와 비교해 웃음이 표현할 수 있는 바는 그리 많지 않을 수도 있다. 하지만 두 가지 측면에서 웃음은 민감한 주제를 다룰 때 더욱 적합하다.

첫 번째, 웃음은 비교적 정직하다. 우리가 무언가를 언어로 표현할 때, 실제로는 신경 쓰지 않는 규칙이나 진정으로 믿지 않는 가치를 신경 쓰는 척 또는 믿는 척할 수 있다. 하지만 웃음은 비자발적이기 때문에 적어도 언어보다는 진실하다. 아일랜드 작가 제임스 조이스James Joyce는 "웃음에는 진실이 있다"[51]라고 말했다. 두 번째, 무언가를 부인하는 게 가능하다. 이런 의미에서 웃음은 우리에게 피난처나 탈출구가 될 수 있다. 누군가가 우리에게 우리의 웃음이 부적절하다 비난한다면 이렇게 말하며 무시해 버릴 수 있다. "그녀가 뭐라고 했는지 정확하게 이해하지 못했어요." 아니면 이렇게 반박할 수도 있다. "왜 이래요. 기분 풀어요! 그냥 농담한 거잖아요!" 왜냐하면 우리 스스로조차 웃음이 정확히 무엇을 의미했는지, 또는 웃음의 대상이 왜 웃겼는지 알지 못하기 때문이다. 우리의 뇌가 '우리'에게 어떤 부담을 주지도 않고 그냥 웃을 뿐이다.

미국 스탠드업 코미디언 빌 버Bill Burr는 여러 번 "기분 풀어요" 방법을 사용했다. 코미디언인 자신이 한 농담으로 사람들에게 비난받는 것에 대해서 그는 이렇게 말했다.

"코미디언이 사과하는 것을 볼 때마다 걱정스럽습니다. (코미디언의 농담을 비난한 가상의 사람에게) 내가 말한 것을 당신이 진지하게 받아들였다고 해서 내가 진심이었다는 것은 아닙니다. 당신이 내 머리에 들어와 있다고 단정할 수도 없고 내 의도를 완전히 알고 있다고 단정할 수도 없습니다. 내가 농담이라고 말하면 농담인 거니까요."[52]

그는 다른 인터뷰에서 이렇게 말했다. "코미디언에게 불쾌감을 느끼는 것은 공정하지 않은 것 같습니다."[53] 팬들이 빌 버를 좋아하는 이유는 그가 정직하기 때문이죠.—그것도 아주 "신선하게", "악랄하게", "파괴적으로" 정직하기 때문입니다.

진실이 뭘까? 그냥 농담을 던지는 건가? 진실을 말하는 것일까?

웃음의 미학에 따르면 둘 다 가능하다. 그럴듯하게 무언가를 부인할 수 있다는 안도감 덕분에 버와 다른 코미디언들은 사회적으로 금기시되는 주제를 정직하게 논할 수 있다. 오스카 와일드Oscar Wilde[54]는 이렇게 말했다. "만약에 누군가에게 진실을 말하고 싶다면 그들을 웃게 만들어라. 아니면 그들이 당신을 죽이려고 할 것이다."

9장
대화

언어학자와 진화심리학자에게 인간 언어의 기원은 놀라운 미스터리다. 너무나도 매력적인 주제라 파리 언어 학회Paris Linguistic Society는 1866년에 추측에 근거한 논쟁을 미연에 방지하기 위해 이 주제로 토론하는 것을 금지했다.[1] 하지만 이번 장에서는 인간의 언어 능력은 당연한 것으로 간주하고 조금 다른 (그러나 충분히 관련 있는) 질문에 대한 해답을 찾아보려고 한다. 우리가 우리의 언어 능력을 실제로 사용하는 동기는 무엇인가? 예를 들어 일상생활에서 누군가와 나누는 평범한 대화에서 말이다. 우선 개인 간의 대화를 살펴보고 대중매체와 학계에서의 대화를 살펴보도록 하자.

정보 공유

인간은 깨어 있는 시간 중 약 20퍼센트를 대화에 소비한다.[2] 그리고 대화 중에 엄청나게 많은 것들을 한다. 질문하고 지시를 내리고 약속을 하며 규칙을 정하고 욕을 하기도 한다. 때로는 별 의미 없는 시시콜콜한 대화를 이어 나가거나 이야기를 들려주기도 하고 시를 읊기도 한다. 논쟁하고 자랑하고 입에 발린 말을 늘어놓거나 협박을 하기도 하고 농담을 던지기도 한다(속이기 위해 언어를 사용하는 경우는 제외했다[3]). 인간의 대화를 면밀히 들여다보면 대화의 수많은 기능 중 한 가지가 유난히 두드러진다. 바로 정보를 공유하는 것이다. 언어의 주된 기능이 정보 공유라는 사실을 반박하기는 어렵다.[4] 우리가 사실을 말하고 이론을 설명하고 소식을 전달하는 행위 모두 결국 정보를 공유하는 것이다. 또한 저작 활동 대부분이 정보 공유를 목적으로 한다. 책, 블로그 게시물, 설명서, 뉴스 기사 그리고 학술 논문까지 말이다. 심지어 뒷담화도 특정한 정보, 즉 사회적 정보를 공유하는 방법이라고 볼 수 있다.

발화의 정보 공유 기능을 비언어적으로 비유해 보자면 무언가를 가리키는 것이 될 수 있다. "저기 보세요"라고 검지로 무언가를 가리키면서 '말'을 하는 것은 "무척 흥미롭지 않아요?"라는 메시지를 전달하는 것이다. 또는 손을 사용해서 상대방에게 어떤 사물을 물리적으로 보여 줄 수 있다. 이런 행동은 9~12개월 된 영아들에게서 흔히 볼 수 있다.[5] 이런 행동을 할 때 아이들은 도움을 바라는 것이 아니다. 자신이 흥미롭게 생각하는 사물을 다른 누군가가 봐 주길 바랄 뿐이며 실제로 어른들이 그것에 관심을 보일 때 매우 만족한다. 우리의 발화 행위도 이와 비슷하다.

발화에 관해 논의할 때 우리는 어쩌면 지나칠 정도로 정보 공유의 가치에 집중하곤 한다. 발화의 많은 기능 중 정보 공유라는 기능에 과도하게 집중하는 이유는 이 기능이 인간이 이룬 위대한 성과의 근본이기 때문이다. 특히 대규모 농업 사회, 또는 산업화 문명에서 살아가는 현대인들에게 말이다. 인간이 문화를 만들어 내고 지혜를 얻고 수학과 과학, 역사의 토대를 쌓으며 상업 활동과 정치 활동을 할 수 있었던 이유는 바로 언어의 존재 때문이다. 아이작 뉴턴의 말을 빌리자면 "거인의 어깨 위에 서 있는" 것이 가능했던 이유도, 과거를 바탕으로 발전할 수 있었던 이유도 언어 덕이다.

하지만 이러한 현대의 기적들로 인해 우리의 사고가 흐려지지 않도록 조심해야 한다.[6] 왜냐하면 언어 사용과 관련된 인간의 본능은 과학을 발전시키거나 제국을 만들기 위해서 진화하지 않았기 때문이다. 언어는 인간이 이 지구에서 최고의 권력자가 되기[7] 훨씬 전인 약 5만 년 전(아마 이전일 수도 있다), 우리의 수렵 채집인 선조들 사이에서 발전하기 시작했다. 우리의 조상은 대화 이면에 숨겨진 동기를 파헤치기 전에 생존과 번식을 위한 경쟁에 필연적으로 참여해야 했던 동물이라는 점을 잊어선 안 된다. 이들에게 언어란 생물학적인 목적을 달성하기 위한 것이었고, 옆에 있는 사람보다 이 목적을 훨씬 더 효과적으로 달성하기 위한 수단이었다.

비용과 이익

어떤 행동을 이해하기 위해서는 비용과 이익의 구조를 이해하는 게 먼저다. 대화는 쌍방으로 이루어지기에 '말하기'와 '듣기' 두 가지 행위의 비용과 이익을 살펴봐야 한다.

이 책 초반부에서 잠깐 언급했던 미국 진화심리학자 제프리 밀러Geoffrey Miller와 장 루이 데살Jean-Louis Dessalles의 연구를 더 깊이 들여다보자. 제프리 밀러의 《연애The Mating Mind》와 장 루이 데살의 《말하는 이유Why We Talk》는 대화를 화자와 청자 간의 거래라는 관점으로 바라본다. 그리고 이 거래는 경제학과 게임 이론의 규칙에 따라 통제된다고 한다.[8]

듣기부터 시작해 보자. 듣기는 말하기보다 비교적 단순한 행위처럼 보인다. 듣는 것에는 비용이 거의 들지 않는다.[9] 반면에 간접적으로 다른 이들의 지식과 경험을 배울 수 있다는 점에서 얻을 수 있는 이득은 매우 크다(이외에도 다른 이득이 많지만 이것이 가장 중요한 이득이다). 청자로서 우리는 다른 사람들의 눈을 통해 보고 귀를 통해 듣고 뇌를 통해 생각할 수 있다. 만약에 친구가 먼저 호랑이를 발견한다면, 친구는 "조심해!"라고 외칠 것이고 우리는 호랑이의 무시무시한 이빨에 갈기갈기 물어뜯기는 것을 피할 수 있다. 또한, 할머니가 우리가 태어나기 훨씬 전인 60년 전에 일어난 일을 기억하고 말씀해 주신다면 우리는 할머니의 이야기를 통해 역사적 실수를 반복하는 것을 피할 수 있다.

그러나 우리가 듣기의 이득에 과도하게 집중하면 우리는 언어의 진화가 실질적으로 불가피했다고 생각하게 될지도 모른다. 사실이 아닌데도 말이다. 실제로 복합적인 언어는 단 하나의 종에서만 진화했다.[10] 이제 발화 쪽에 집중해 보자. 먼저 비용부터 살펴보겠다.

대화라는 거래를 순진하게 바라본다면 말하기에는 비용이 거의 필요하지 않은 것처럼 보인다. 말을 실제로 내뱉기 위해 성대가 진동하고 머릿속에 있는 생각을 문장으로 변환하기 위해 신경 세포를 사용하는 데 드는 에너지를 제외하면 말이다. 하지만 이건 빙산의 일각일 뿐이다. 대화라는 거래를 면밀히 들여다보면 훨씬 더 큰 비용이 든다는 것을 알 수 있다. 그것도 무려 두 가지의 비용이 든다.

1. **정보를 독점하는 기회 비용.** 데살은 "만약 누군가가 새로운 사실을 알 때마다 그에 대해 다른 이들과 소통한다면, 그는 그 새로운 사실을 최초로 알았다는 이득을 잃게 된다"라고 했다.[11] 만약에 사람들에게 새로운 산딸기 밭이 있다고 알려 준다면 그 사실을 들은 사람들이 먼저 그 밭에 가서 산딸기를 모두 따 버릴 수 있다. 만약에 새로운 도구를 만드는 방법을 다른 사람들에게 알려 준다면 머지않아 모두 그 도구를 만들어 낼 테고 그러면 그 도구는 더 이상 특별한 것이 아니게 된다.

2. **최초로 정보를 습득하는 비용.** 대화를 흥미로운 주제로 이끌어 가기 위해서는 대화하기 전에 정보를 찾는 데 많은 시간과 에너지를 투자해야 한다.[12] 때로는 이 작업에 큰 위험이 수반된다. 다른 사람들보다 훨씬 더 멀리, 더 자주 탐험에 나서는 모험가가 있다고 생각해 보자. 길고 긴 탐험 끝에 어렵게 고생해서 얻은 정보를 혼자만 알지 않고 다른 사람에게도 알리기 위해 집으로 달려간다면 그 고생이 헛될 것 같지 않은가.

이런 비용을 고려해 봤을 때, 최선의 전략은 먼저 나서서 새로운 정보를 캐내려고 노력하는 것보다는 안전하게 힘들이지 않고 다른 사람들이 정보를 캐도록 놔두는 일일 것이다. 어차피 다른 사람들이 이타심으로 정보를 공유한다면 굳이 스스로 먼저 해야 할 필요가 없지 않은가.

하지만 인간은 그렇지 않다. 인간은 게으르고 손해를 보고 싶어 하지 않는 청자가 아니다. 반대로 매우 호기심이 많고 이 호기심의 결과물을 다른 이들과 기꺼이 공유하길 좋아한다. 우리가 말을 하는 이유를 설명하기 위해서는 정보를 얻는 데 드는 비용과 얻은 정보를 다른 이들과 공유함으로써 발생하는 정보의 가치 하락을 상쇄할 수 있는 이득이 무엇인지 살펴봐야 한다. 대화를 할 때마다 화자는 정보라는 '선물'을 무료로 나누어 주는 셈인데, 그렇다면 이들은 무엇을 대가로 받을까?

발화의 이득: 상호 교환

화자는 정보를 제공하는 대가로 보상을 받음으로써 이득을 본다. 하지만 이 단순한 이유는 진정으로 발화의 이유를 설명하기에는 충분하지 않다. "보상을 해 주면 어떤 정보를 공유할게."[13]

이것을 상호 교환 이론reciprocal-exchange theory이라고 지칭해 보자. 이 이론을 적용해 보면 화자와 청자는 역할을 서로 바꿔 가며 대화에 임한다. 마치 길에서 만나 서로 물건을 교환하는 두 명의 상인처럼 말이다. 초반에는 이런 식의 합의를 통해 화자의 비용이 충분히 보상되기 때문에 공평해 보인다. 하지만 조금 더 면밀히 들여다보면 상호 교환 이론으로 미처 설명할 수 없는 현상이 여러 가지 존재한다는 사실을 알 수 있다.

현상 1. 사람들은 대화에서 발생하는 빚을 기억하지 않는다.

만약에 말을 하는 행위가 호의에서 비롯된 것이라면 화자는 어떤 청자들이 정보를 빚졌는지 일일이 기억하고 있어야 한다.[14] 음식을 나누는 것과 같은 호의를 베푼 후에는 누구에게 호의를 베풀었는지 기억하고 보상을 바랄 수도 있다. 하지만 상황이 조금 복잡하고 모호할 때는 상대로부터 보상을 바라기 애매해지기도 한다. 대화도 그렇다. 누군가에게 재미있는 뒷담화를 한 가지 말해 줬다고 해서 그 사람에게서 열 개의 시시콜콜한 이야기를 바라는 것이 맞을까? 아니면 백 개? 그 누구도 알 수 없다.

요점으로 돌아가 보면 우리는 대화에서 발생하는 빚을 일일이 기억하지 않는다. 우리는 친구가 다른 사람들보다 말수가 적다고 해서 그 친구를 미워하지 않는다. 이와 비슷하게 우리는 수없이 많은 사람에게 말을 하고 수십만명이 읽는 글을 쓰기도 한다. 그렇다고 해서 청자나 독자에게 어떠한 보상을 바라지 않는다.[15]

현상 2. 사람들은 듣는 것보다 말하는 것을 훨씬 좋아한다.

만약에 정보 교환이 대화의 유일하고도 궁극적인 목적이라면 듣는 사람은 최대한 많이 들으려고 욕심을 부리고 말하는 사람은 최대한 말을 아끼려고 할 것이다.[16] 하지만 실제로는 이와 반대인 경우가 많다. 우리는 말할 기회를 놓치지 않으려 한다.[17] 다른 사람이 말하고 있으면 말을 끊거나 목소리를 더욱 높이는 등 어떻게든 자신의 말을 내뱉고 싶어 한다. 심지어 듣고 있어야 할 때에도 머릿속으로는 상대방의 말이 끝나면 무슨 말을 해야 할지 생각하느라 바쁘다.

인간은 말하는 것을 너무 좋아해서 대화 예절과 관련된 규범을 통해 말하고자 하는 충동을 자제시켜야 할 정도이다. 만약에 말하는 것이 단순히 주는 행위라면 대화에서 '이타적으로' 말하는 역할을 독차지하는 사람을 예의 바르다고 여길 것이다. 하지만 실제로는 이와 반대다. 말을 지나치게 많이 하는 것, 다른 말로 '마이크를 내려놓지 않는 것'은 무례하다고 여겨지며, 이와 반대되는 행동 즉 누군가에게 말할 기회를 넘겨주거나 저녁 식사에 초대한 손님에게 취미를 묻는 것은 최상의 매너라고 간주된다.

서로 반대되는 화자와 청자의 역할은 행동뿐 아니라 몸의 구조에도 여실히 드러난다. 밀러의 말을 다시 빌려 보자.

> 만약에 말하는 것에 비용이 들고 듣는 것이 이득이었다면, 인간의 발화를 담당하는 기관이자 정보 공유라는 이타주의를 실현하는 기관은 일차원적이고 보수적인 상태에 머물렀을 것이다. 이 기관의 기능은 불평스러운 수군거림이나 알아듣기 어려운 중얼거림 정도에 그쳤어야 한다. 반면 정보 습득이라는 이득을 보는 귀는 입이 마지못해 내뱉는 소중한 정보를 빠짐없이 흡수하기 위해서 모든 방향으로 회전 가능하고, 거대하게 발달했어야 한다. 그러나 실제로는 그렇지 않다. 인간의 귀는 진화적 관점에서 보수적인 상태에 머물러 있다. 다른 유인원의 귀와 인간의 귀는 매우 흡사하다. 반면에 인간의 입은 엄청난 수준으로 발달했다. 이를 통해 적응 과정에서의 부담은 듣는 것이 아니라 말하는 쪽에 더욱 많이 실린다는 것을 알 수 있다.[18]

이 모든 것을 종합하면 인간이라는 좋은 듣기보다는 말하기에서 더 큰 이득을 본다.

현상 3. 관련성의 기준

상호 교환 이론에 따르면 대화 주제는 이리저리 왔다 갔다 한다. 대화에 참여하는 사람들은 서로 돌아가며 새로운 사실을 공유한다. 하지만 대화에서 공유되는 모든 사실이 서로 연관된 것은 아니다. 아래는 우리 주위에서 흔히 들을 수 있는 대화다.

A: 알렉스랑 제니퍼가 드디어 약혼했대.
B: 알려 줘서 고마워. 근데 대통령이 새로운 의료 법안을 통과시키려

고 한다는 소식은 들었어?

A: 응, 이미 알고 있어.

B: 아……. 그리고 유니버시티 애비뉴에 새로운 그리스식 식당이 오픈했대.

A: 그건 몰랐네. 고마워.

물론 대화하면서 얻은 정보에 대해 추가로 질문을 던질 수 있다. 보통 궁금증이 해결되고 나면 듣는 사람은 바로 말하는 사람의 역할을 맡아 본인이 가진 새로운 정보를 공유한다. 그 정보가 이전 주제와 관련이 있든 없든 말이다.

하지만 우리가 나누는 대화는 이와 많이 다르다. 실제로 말하는 사람은 관련성의 기준을 엄격히 따르는 것으로 나타났다.[19] 일반적으로 말하는 사람은 방금 전에 다루었던 주제와 연관된 이야기를 하는 경우가 많다. 물론 여러 주제를 다양하게 어우르는 경우도 있다. 하나 이상적인 대화는 주제에서 벗어나더라도 '우아하게' 벗어나는 것이다. 대화를 하면서 주제를 너무 자주 또는 갑자기 바꾸는 사람은 무례하다고 여겨진다. 심지어 여러 가지 유용한 주제를 제공한다 해도 말이다.

현상 4. 차선의 교환

상호 교환 이론의 또 다른 문제점은 대화할 때 가장 이득이 되는 정보를 교환하지 않는다는 것이다. 두 명의 사람이 처음 만나 각자 알고 있는 정보 중에 가장 중요한 정보를 나누는 경우는 거의 없다. 정보 교환 관점에서 중요한 정보를 나누는 것이 가장 득이 되지만 말이다. 친구와 가족에게 "살면서 얻은 교훈 중 가장 큰 교훈이 뭐예요?"라고 물어보는 경우도 거의 없다. 이런 정보를 자발적으로 제공하지도 않는다. 대화 도중 자연스럽게 이런 주제에 대해 이야기하는 경우는 있지만 그보다는 얼마 전에 들었던 뉴스 기사 또는 가장 최신 TV 프로그램에 대한 정보를 교환하거나 그저 친구들과 나눌 법한 일상적인 수다를 떨 뿐이다.

해답: 성과 정치

위와 같은 현상을 설명하기 위해서 밀러와 데살은 정보 교환을 대화의 유일한 목적으로 바라보는 것을 멈춰야 한다고 이야기한다. 말하기의 이득을 단순히 더 많은 정보 획득이 아닌 다른 측면에서 바라봐야 한다고 말한다.[20]

밀러와 데살 모두 말하기는 일정 부분 자랑하기와 같은 기능을 한다고 주장한다. 화자는 끊임없이 인상적인 말을 함으로써 청중에게 잘 보이고 싶어 한다. 이를 통해 화자가 말하는 것에 따르는 비용을 기꺼이 부담하는 이유를 알 수 있다. 화자와 청자 간의 보상은 상호 정보 교환으로 이루어지는 것이 아니라 청자의 입장에서 화자의 사회적 가치를 높이는 것으로 이루어진다.

밀러의 이론에 따르면 화자가 말을 하는 주된 이유는 잠재적인 배우자에게 좋은 인상을 남기기 위해서이다. 데살은 화자의 주된 청자는 잠재적인 동맹이라고 한다. 어떻게 보면 상반되는 이야기처럼 보이지만 밀러와 데살의 주장은 양립 가능하다. 밀러의 배우자 이론을 데살의 동맹 이론의 특별한 예라고 보면 된다. 즉, 배우자는 동맹의 한 종류인 것이다. 어떤 사회적, 정치적 이득을 위해 맺는 동맹이 아니라 아이를 만들고 키우기 위해 협력하는 동맹 말이다.[21]

이것을 이해하는 데 도움이 될 만한 상상 실험을 해 보자. 모든 인간이 도구가 가득한 마법 책가방을 메고 다닌다고 상상해 보자. 언제든 원할 때면 책가방에서 도구를 꺼낼 수 있다. 그리고 (이 부분이 바로 마법이다) 도구를 꺼낼 때마다 도구는 복제되어 도구를 가방에서 꺼낸다 하더라도 원래 도구는 책가방에 그대로 있다. 책가방 안에 손을 넣을 때마다 복제본이 생긴다. 하지만 가방 안에 있는 도구에 한해 복제본을 얻을 수 있다. 이런 식으로 책가방 간의 도구 공유는 뇌와 뇌 사이의 정보 공유와 동일한 방식으로 작동한다. 당신은 자신을 위해 무언가를 잃지 않고도 다른 이에게 줄 수 있다는 의미다.

학창 시절의 오래된 지인을 만났다고 생각해 보자. 지인의 이름은 헨리다. 헨리와 당신은 만나서 서로의 도구를 공유하기 시작한다. 헨리를 향해 취할 수 있는 입장은 두 가지로, 거래 파트너 또는 잠재적인 동맹(배우자도 가능)이다. 거래를 하고 싶다면 교환할 때 헨리가 줄 수 있는 도구가 주된 관심사일 것이다. 더 자세히 말하면 당신이 가지고 있지 않은 도구 말이다. 하지만 동맹을 원한다면 헨리로부터 받을 수 있는 도구보다는 그의 도구 세트에 관심을 가질 것이다. 헨리와 힘을 합치면 헨리가 가지고 있는 모든 도구를 손에 넣을 수 있기 때문이다. 각 거래에서 헨리가 당신에게 주는 도구는 유용할지 모르겠지만 실제로 당신의 관심은 그의 책가방에 있다. 헨리의 책가방 안에 어떤 도구가 있는지 직접 볼 수는 없어도 헨리가 책가방에서 꺼내는 도구를 바탕으로 헨리의 책가방 안에 있는 도구를 가늠해 볼 수 있다. 헨리가 만들어 내는 도구가 많을수록 가방 안에 든 도구 또한 많을 것이다. 또한 같은 말이지만 당신은 당신에게 없는 유용한 도구로 채워진 책가방을 찾고 있다. 만약에 헨리가 계속해서 새롭고 유용한 도구를 제공해 줄 수 있다면 그의 책가방 속에 담긴 도구의 품질과 동맹으로서의 헨리의 가치가 증명되는 것이다.

대화도 이와 마찬가지다. 대화의 참가자들은 서로를 그저 거래 상대가 아닌 잠재적인 동맹으로서 평가한다. 말하는 사람은 새롭고 유용한 사실을 전달함으로써 듣는 사람에게 좋은 인상을 남기길 원한다. 전달하는 사실은 부차적인 것이다. 중요한 것은 말하는 사람이 동맹으로서 매력적인 능력을 보유하고 있는가이다. 즉, 말하는 사람은 자신의 책가방을 자랑하고 싶어 한다.

말하는 사람의 능력은 다양한 방면으로 드러날 수 있다. 백과사전처럼 다양한 주제에 대해 박학한 지식을 가졌을 수도 있고 지능이 뛰어나서 대화하는 도중에 즉흥적으로 새로운 사실과 주장을 제시할 수도 있다. 아니면 다른 사람보다 민감한 눈과 귀로 다른 이들이 놓치는 것을 재빠르게 캐치할 수도 있다. 또는 정보의 출처가 많아서 항상 최신 뉴스, 뒷담화, 유행을 그 누구보다 먼저 알 수도 있다. 하지만 청취자들은 말하는 사람이 어떻게 감동을 줄 수 있는지는 특별히 신경쓰지 않을 것이다. 중요한 점은 지속적으로 그 능력을 펼치는 것이다. 만약에 새로운 정보를 신뢰할 만한 출처를 통해 제공할 수 있다면 앞으로 계속 함께 할 사람으로 선택받을 수 있다. 특히 미래에 불확실한 상황을 맞이할 가능성이 존재한다면 더욱 그렇다. 즉, 듣는 사람들은 공유받는 도구에는 그다지 관심이 없다. 그들의 눈과 귀는 책가방을 향해 있다.

다음과 같이 볼 수도 있다. 화자로부터 나오는 말은 청자에게 두 가지 메시지를 전달한다. 텍스트text와 서브텍스트subtext이다. 텍스트는 "여기 새로운 정보가 있어"라고 말하는 것이고 서브텍스트는 "그런데 참고로 나는 이런 정보를 알고 있는 사람이야"라는 메시지를 전달한다. 때로는 텍스트가 서브텍스트보다 더욱 중요할 때가 있다. 친구가 좋은 주식 팁을 주는 상황이 이에 해당한다.[22] 하지만 대부분은 주로 그 반대다. 채용을 위한 면접은 지원자에 대한 새로운 정보를 알기 위해서 진행되는 것이 아니다. 함께 일하는 데 문제없는 동료인지 평가하기 위해 지원자와 이야기를 나누는 것이다. 지원자가 예리한지 둔한지, 유행에 민감한지 완전히 뒤떨어지는지 평가한다. 책가방 비유로 돌아가자면 지원자가 메고 있는 책가방의 크기와 유용성을 알고 싶은 것이다.[23]

일상적인 대화에서 청자의 동기는 이 두 가지가 혼합된다. 어느 정도는 텍스트, 즉 그 정보 자체를 알고 싶어 한다. 하지만 서브텍스트, 즉 화자가 과연 동맹으로서 적합한지도 중요하다. 모든 대화는 친구, 애인 또는 리더의 역할에 적합한지 알아보는 (상호적인) 면접과도 같다.

따라서 대화는 표면상으로는 정보 공유를 위한 행위처럼 보이지만 그 수면 아래를 들여다보면 사실 화자에게는 자신의 재치, 관점, 지위, 지적 능력을 자랑하기 위한 활동이고, 청자에게는 동맹을 찾기 위한 활동이다. 이 것이 인간의 대화에서 드러나지 않는 가장 큰 두 가지 동기다.

상자 12 **애인과 리더**

밀러는 애인에 대해 이렇게 말한다. "대부분의 연애는 언어로 이뤄진 다."[24] 밀러가 추측하기로 아이를 가지기 전(아기를 안 가지는 경우도 있겠지만) 대다수 커플 사이에 오가는 단어의 수는 백만 개에 달한다.[25] 엄청 나게 많은 대화가 오고 가는 것이다. 배우자를 선택하는 것만큼 중대한 사안의 경우 상대에 대해 최대한 많이 알아야 한다. 그리고 상대에 대한 지식 중 일부는 언어라는 매개체를 통해 직접적으로 얻어지는 정보다. "당신의 어린 시절에 대해 말해 주세요." 하지만 더 많은 부분은 상대가 하는 말이 무엇인지, 그리고 어떻게 말을 하는지를 듣고 추론하는 정보 일 것이다. 윌리엄 셰익스피어는 "온 세상이 무대이다"라고 말했다. 여 기서 우리는 세상이 무대가 될 수 있다는 그 사실뿐만 아니라 아니라 셰 익스피어에 대해서도 알 수 있다. 그의 뛰어난 언어 기교 그리고 더 나아 가 그의 유전적 탁월함까지도 말이다.

대화와 연설의 기술은 전 세계 모든 리더에게 중요한 자질이다. 물론 용 기, 친절, 육체적 힘 그리고 정치적 커넥션 또한 리더에게 필수적인 자질 이다. 하지만 말하는 능력은 그 무엇보다도 중요하게 여겨진다. 회의 때 CEO가 입을 꾹 다물고 있다면 그 회사에서 일하고 싶은 마음이 들까? 말을 웅얼거리고, 더듬거리고, 산만해 보이는 정치인을 뽑고 싶을까? 우리 모두 예리하고 무언가 증명해 낼 만한 사람이 리더가 되기를 원한다.[26] 현대 언어학자인 로빈스 벌링Robbin Burling은 "대부분, 아니 모든 사회에서 리더의 자리에 오르는 사람은 뛰어난 언어적 능력을 가지고 있다"[27]라고 말했다.

애인 또는 리더로서 자신의 능력을 과시하고자 하는 경쟁으로 인해 때로는 필요 이상으로 언어를 화려하게 구사하곤 한다. 언어학자 존 로크John Locke는 이를 '언어적 깃털verbal plumage'[28]이라고 했다. 평범한 단어는 고상한 어휘만큼 상대에게 깊은 인상을 남길 수 없다.

현상 다시 살펴보기

말하기를 자신의 '책가방'을 자랑하는 행위로 바라보는 것은 상호 교환 이론과는 달리 이전에 살펴보았던 몇 가지 현상에 대한 설명을 가능케 한다. 예를 들어 사람들이 그저 편안하게 앉아 '이기적으로' 들으려고 하기보다는 왜 그토록 말을 하고 싶어 안달을 내는지 알 수 있다. 왜냐하면 대화의 성과는 주고받는 정보에 달려 있지 않고 좋은 동맹을 찾고 자신을 좋은 동맹이라고 홍보하려는 서브텍스트의 의미에 있기 때문이다. 이 게임에서 주도권을 잡으려면 목소리를 내야 하고 자신이 어떤 '도구'를 가졌는지 적극적으로 보여 줘야 한다.

그리고 사람들이 왜 대화로 인해 발생하는 빚을 일일이 기억하지 않고 이에 대한 보상을 바라지 않는지도 설명 가능하다. 애초에 빚은 존재하지 않기 때문이다. 말을 하는 행위는 그 자체로서 이미 보상이다. 물론 그 내용이 상대방에게 좋게 받아들여져야 하겠지만. 동시에 열 명 또는 백 명의 사람과 정보를 공유할 수 있으며 말을 잘할 자신이 있다면, 청자가 몇 명이 되었든 서브텍스트 차원에서 보상을 받게 될 것이다.

하지만 대화에서 관련성이 중요한 이유는 무엇일까? 화자가 전달하는 정보가 유용하고 좋은 정보라면 그 정보가 대화 주제와 관련되어 있는지 신경 써야 할까? 이렇게 생각해 볼 수 있다. 화자가 자신이 암기한 소소한 정보를 줄줄 말하는 것은 너무 쉽다. 백과사전에서 암기한 사실을 기진맥진할 때까지 말할 수 있겠지만 이것이 정보와 관련된 화자의 역량을 나타내지는 않는다. 이와 비슷하게, 누군가를 처음 만나면 각자 살아오면서 열심히 모아 온 정보 중 가장 좋은 정보를 공유하기보다는 상대에게 이런 역량이 있는지 떠보는 경향이 있다. 즉, 청자는 자신이 이미 잘 알고 있는 주제로 대화를 이끌어 가는 화자보다는 대화가 어떻게 흘러가든 청자 자신을 감동시킬 수 있는 화자를 선호한다.

책가방 비유로 돌아가 보자. 대화에서 연관성이 왜 중요한지 이제 알고 있다. 주요 관심사가 단순히 정보 교환이라면 "당신의 책가방에 든 도구 중에 나에게 유용하게 사용될 만한 것이 있을까요?"라고 상대에게 직접 물어볼 것이다. 그리고 자신이 처음 보는 도구를 상대가 제공한다면 무척이나 감사해한다(나아가 새로운 도구를 제공한 호의를 갚으려고 할 것이다). 누구든지 상대가 궁금해할 만한 도구 한두 개는 있을 것이다. 진정한 관문은 지속성이다. 동맹을 맺은 상대가 지속적으로 변화하는 상황에 따라 필요한 새로운 도구를 제공할 수 있는지이다. 당신이 "나는 새 집을 짓고 있어요"라고 말하면, 상대는 "좋네요. 여기 나무를 자를 수 있는 톱이 있어요"라고 말하며 매우 바람직한 답변과 도구를 제공할 것이다. "그럼 나무는 어떻게 붙여야 할까요?"라고 당신이 물으면, 상대는 "걱정 말아요. 나에게 목공 풀도 있으니까요"라고 말하며 더 바람직한 답변과 도구를 제공할 것이다. "이제 새 모이를 담을 뭔가가 필요해요"라고 희망찬 목소리로 말하면 상대는 잠시 고민에 빠졌다가 자신의 책가방을 뒤져 볼 것이다. 그리고 책가방에서 새 모이를 담기에 완벽한 플라스틱 먹이통을 꺼낼 것이다. 더 바랄 게 있겠는가. 상대는 당신에게 필요한 모든 것을 가진 듯하다. 그것도 딱 필요한 타이밍에 말이다. 당신이 예상하기에 상대의 책가방은 엄청나게 유용한 것으로 가득 차 있다. 당신은 계속해서 그와 이런 식으로 교환을 할 수도 있겠지만 그것보다는 그와 한편이 되어 정말 좋은 도구가 가득한 그의 책가방을 계속해서 공유할 수 있는 기회를 얻는 게 나을 것이다.[29] 우리는 책가방 안에 마트 수준으로 수많은 도구를 가지고 다니는 동맹을 원하지 그저 몇 가지 소소한 도구를 넣어 다니는 사람을 원하지 않는다.[30]

　이를 통해 청자가 왜 화자가 제공하는 정보를 일부러 나쁘다고 말하거나 이미 알고 있는 정보라고 화자를 속이지 않는지도 알 수 있다. 만약에 대화의 주된 목적이 정보의 상호 교환이었다면 상대가 제공하는 정보를 습관적으로 폄하하고 싶은 유혹에 빠질 것이다. 제공받는 정보에 대한 '빚'을 더 적게 지기 위해서이다. 아니면 사실이 아니라 하더라도 "이미 알고 있던 사실이야"라고 말할 수도 있다. 마치 오래된 반지를 두고 '가치 없다'고 말하며, 반지의 진가를 알아보지 못하는 전당포 주인처럼 말이다. 이런 경우, 화자가 청자의 뇌를 들여다볼 수는 없기 때문에 청자가 하는 말을 믿을 수밖에 없다. 하지만 실제로는 청자가 이런 식으로 화자 또는 화자가 제공하는 정보를 폄하하는 일은 거의 없다. 청자는 화자가 제공하는 통찰력 있는 발언에 대해서 합당한 칭찬이나 보상을 아끼지 않는다. 여기서 보상이란 청자 또한 다른 정보를 제공한다는 의미라기보다는 존경을 뜻한다. 그리고 좋은 발언에 대해서는 화자에게 최대한의 존경심을 표현한다. 왜냐하면 상대를 정보 교환 상대가 아니라 잠재적인 동맹으로 바라보고 평가하기 때문이다.[31]

위신

　지금까지 정치적인 관점에서 인간의 대화와 관련된 행동과 동기를 알아보았다. 다시 복습해 보자면 화자는 좋은 동맹으로서 자신의 가치를 홍보하길 원하고 청자는 화자를 잠재적 동맹으로 평가한다. 2장 내 위신을 다룬 부분에서 살펴봤던 위신의 일반적인 개념의 연장선으로 볼 수 있다. 위신을 정의할 방법에는 여러 가지가 있겠지만 여기서는 '동맹으로서의 가치'라고 정의한다.

따라서 말을 잘하는 것은 위신을 높이기 위한 한 가지 방법이다. 물론 다른 방법도 많다. 실제로 가장 중요한 방법은 다른 사람의 존경과 지지를 얻는 것이다. 말을 잘하는 것과 같이 훌륭한 자질을 직접적으로 보여 줌으로써 위신을 쌓을 수도 있겠지만 훌륭한 사람들이 나를 동맹으로 선택했다는 것을 보여 줌으로써 위신을 쌓을 수도 있다. 이렇게 다른 사람으로부터 '반영된' 또는 이차적인 위신second-order prestige은 훌륭한 사람이 당신과 이야기할 의향을 보일 때 또는 다른 사람보다 당신에게 먼저 중요한 사실을 드러낼 때 얻을 수 있다. 심지어 청자도 위신 높은 화자와 어울리는 것을 통해 자신의 위신을 쌓길 원한다.

인간의 먼 조상에게 이런 정치적인 행위는 상대와 얼굴을 맞댄 상황에서 일어났다. 예를 들어 대화 중에 상대가 말한 내용이 좋았다면 그 자리에서 바로 화자와 인간적인 관계를 형성하거나 관계를 향상시키려고 노력한다. 반대로 들었던 내용이 마음에 들지 않는다면 화자와 멀어지려고 할 것이다.

현대 사회에서는 인쇄 기술, TV 그리고 인터넷 덕분에 말하고, 듣고, 다른 사람과 관계를 형성할 수 있는 방법이 훨씬 많아졌다. 그에 따라 새로운 종류의 대화와 더불어 이차적인 위신을 형성하고 쌓을 수 있는 방법 또한 많이 늘어났다. 이제 보다 넓은 의미에서의 대화 두 가지, 뉴스와 학술연구를 살펴보자. 이 두 가지와 관련된 동기는 일상적인 대화의 동기와 공통점이 매우 많다.

뉴스

"아무것도 읽지 않는 사람이 신문만 읽는 사람보다 훨씬 학식이 깊을 것
이다."
　　　　　　　　　　　　　　　　　　　　　　　　－토마스 제퍼슨Thomas Jefferson[32]

오늘날 사람들은 뉴스에 심각하게 중독된 듯하다. 아침에 신문이 배달될
때까지 기다리고 저녁 6시 뉴스 시간에 맞춰 TV 앞으로 모였던 예전과 달
리 지금은 24시간 내내 최신 뉴스를 언제 어디서든지 접할 수 있다. 주머니
나 가방에서 핸드폰을 꺼내 '새로고침'만 누르면 너무나도 쉽게 뉴스를 볼
수 있다. 비록 뉴스를 소비하는 방법은 달라졌지만 뉴스에 대한 집착은 예
전이나 지금이나 같다. 미국 언론학자 미첼 스티븐스Mitchell Stephens는 그의
저서 《뉴스의 역사A History of News》에서 다음과 같이 말했다.

> 275년 전만 해도 영국인들은 자신들이 뉴스에 집착하고 있다고 생각
> 했다. 그 당시에는 라디오, TV, 위성, 컴퓨터 등이 전혀 없어서 사람
> 들은 커피숍에서 대부분의 뉴스를 전해 듣곤 했는데도 말이다…… 그
> 리고 뉴스에 목말라 있었던 사람들은 비단 영국인뿐만이 아니었다.
> 예를 들어 기원전 4세기 중반, 데모스테네스는 그의 동료 아테네인
> 들을 뉴스 교환에 몰두하는 인간들로 묘사했다…… 다른 이들도 글
> 을 읽지 못하는 문맹 또는 반문맹인들조차 심각하게 뉴스에 몰두한
> 다고 말한 바 있다.[33]

인간은 왜 이렇게 오랜 기간 뉴스에 집착해 왔을까? 뉴스에 대한 집착을
정당화해 보라고 하면 우리는 그날 일어난 가장 중요한 사안에 대해 꼭 알
고 있어야 한다고 말한다. 1945년 미국 뉴욕에서 신문사 파업이 일어났을
때 사회학자 버나드 베럴슨Bernard Berelson은 시민들에게 물었다. "사람들이

꼭 신문을 읽어야 합니까?" 질문을 받은 대부분의 사람이 강력하게 "네"라고 대답했다. 그리고 다수가 "사회 문제의 '심각성'"을 그 이유로 댔다.[34] 베럴슨은 다음과 같은 사실을 깨달았다.

> 독자들은 신문을 읽는 것에 대해 조금 덜 고귀한 이유를 대기도 한다. 영화, 주식, 날씨와 같은 실용적인 용도로 신문을 읽기도 하고 뉴스에 나오는 사람들이나 칼럼의 저자와 뉴스를 통해 '알게 된' 사람들의 근황을 확인하기 위해서 신문을 읽기도 한다. 또한 시간을 때우기 위해 신문을 읽기도 하며 대화의 주젯거리를 마련하기 위해서 신문을 읽는다.[35]

예전에 사람들이 뉴스에 집착했던 이유는 뉴스가 새로 출시된 영화, 주식 그리고 날씨와 같은 실용적인 정보를 얻을 수 있는 거의 유일한 창구였기 때문이다. 그때는 지금의 우리처럼 구글에 접속해서 검색할 수 없었다. 하지만 구글이 생겨나고 여러 통로로 검색이 가능해졌다고 해서 오늘날 우리가 뉴스에 덜 집착하는 것은 아니다. 오히려 지금은 소셜 미디어를 통해 예전보다 더 많은 뉴스를 접한다. 비록 현재 우리가 소비하는 뉴스에서 실용적인 정보는 거의 찾아볼 수 없음에도 말이다.

좋은 시민이 되기 위해서 뉴스를 사용하는 것이 아니라는 단서는 다른 곳에서도 찾아볼 수 있다. 예를 들어 특정 정책에 관한 세부 사항, 현재 정책에 대한 정치인의 입장 등 유권자들은 투표에 도움될 만한 정보에는 거의 관심을 가지지 않는 경향이 있다(이에 대해서는 16장에서 더 자세히 살펴보자). 대신 유권자들은 선거를 경마처럼 간주하곤 한다. 누가 선출되어야 좋을지 고민하는 데는 거의 신경을 쓰지 않고 특정 정치인을 응원하거나 반대하는 데만 열심이다.

또한 사람들은 뉴스 출처의 정확성에 놀라울 정도로 관심이 없다. 금융 및 베팅 시장 내 가격을 통해 시의적절할 뿐만 아니라 정확하고 공정한 정보를 얻을 수 있음에도 불구하고 우리는 여전히 이에 대해서는 눈을 감고 있다.[36] 몇 년 전, 저자 중 한 명(로빈)에게 신뢰할 만한 정보원이 워싱턴 D.C.에 있는 주요 언론사에서 몇몇 사람들이 몇 달 동안 저명한 전문가들의 예측이 실제로 맞았는지에 대해 그들을 평가하는 프로젝트를 진행했다고 알려 줬다. 하지만 대다수 전문가들의 예측이 너무나도 심각한 수준으로 부정확했다는 실망스러운 결과를 보고 프로젝트는 결국 취소되었다고 한다. 만약에 소비자들이 전문가 예측 정확성을 신경 썼다면, 이런 '폭로성' 프로젝트는 더 많아질 것이다. 그리고 정확하게 예측을 해낸 몇 안 되는 전문가를 찾아내고 이들의 말에 집중하는 편이 나을 것이다. 하지만 실제로 우리는 전문가들이 겉으로 보여 주는 자신감과 전문성만으로 만족한다. 우리가 믿는 전문가가 우리의 관심사에 들어맞고 그럴듯한 말을 하는데다 유서 깊은 가문이나 학교 출신이라면 그걸로 충분하다.

인간의 이러한 행동은 본래 뉴스가 유용한 정보의 출처라는 점을 감안하면 다소 이해되지 않는다. 하지만 뉴스를 일상적인 대화 습관을 만들어 내는 큰 '대화'로 바라본다면 이해가 가기 시작한다. 누군가와 얼굴을 마주하고 대화할 때 가장 최신 주제에 대해 이야기하는 경우가 많다. 이와 비슷하게 뉴스라는 대화 또한 '핫한' 주제 몇 개를 다룬다. 단 몇 개의 주제에만 너무 편협하게 집중되어 정책 관계자들은 최근 2주 내에 뉴스에 나오지 않은 주제에 관해서는 정책 보고서를 발표할 필요가 없다고 말할 정도이다(여기서 앞서 다룬 연관성의 기준을 다시 볼 수 있다). 그리고 뉴스를 소비하는 우리는 다른 사람보다 먼저 이런 핫한 주제에 대한 정보를 얻기 위해 경쟁한다. 다른 사람과 대화하면서 정보를 알고 있다는 사실을 자랑하고 대화 상대에게 좋은 인상을 주기 위해서다. 우리는 또한 위신이 높은 사람이 작성한 뉴스 또는 위신이 높은 사람에 관한 뉴스를 선호한다. 이차적인 위신 효과를 누리기 위해서다.

전문 저널리즘을 점점 찾아보기 어려워지는 이유는 아마추어 저널리스트들이 대거 등장했기 때문이다(질적으로는 모르겠으나 우선 양적으로 아마추어 저널리스트들이 작성하는 글이 엄청나게 많아지고 있다). 사람들이 블로그에 글을 올리고 트위터와 페이스북에 링크를 공유하면서 소비하는 시간을 생각해 보자. 그중에서 그것을 통해 재정적인 보상을 받는 사람은 매우 적다. 하지만 어쨌든 모두 다른 방식으로는 보상을 받고 있다.

학술적 연구

"사람들이 종종 중요한 주제를 뒤로하고 중요하지 않은 주제를 파고드는 모습을 볼 때마다 매우 놀라곤 한다." ―로버트 트리버스[37]

대학 내 연구자, 싱크 탱크 그리고 기업 연구소는 연구를 위한 모금 활동을 적극적으로 진행한다. 연구를 통해 세상에서 일어나고 있는 중요한 주제에 대한 통찰력을 얻고 이를 바탕으로 혁신과 경제적 성장을 이루어 낼 수 있다고 말한다. 사실이다. 연구는 분명 세상에 도움이 되는 활동이다. 하지만 연구로부터 얻을 수 있는 이득은 과장된 면이 없지 않다.[38] 학계를 나아가게 하는 주된 동기가 과연 정말 이런 것인지에 대해서는 한 번쯤 의심을 품어 볼 만하다.

뉴스와 개인 간의 일상적 대화와 같이 학계의 '대화'에도 다른 이들에게 잘 보이기 위해 자랑하는 사람들로 넘쳐 난다.[39] 일부는 그렇지 않다고 주장하지만 연구자들은 학문적 위신을 쌓기 위해 과도하게 노력하는 듯 보인다. 훌륭한 멘토와 함께 연구를 수행하고 유서 깊은 기관으로부터 학위를 받으며, 일류 학술지에 논문을 투고하고 신망 있는 후원자로부터 자금을 받아 결국 명성 있는 기관에서 근무하길 원한다. 밀러는 다음과 같이 말했다. "과학자들은 콘퍼런스에서 강연할 기회를 두고 경쟁하지, 참석해서 들으려고 하지는 않는다."[40]

이런 것들은 모두 공급의 측면에서 학계의 연구에 대한 동기를 설명하기 위한 것이다. 그렇다면 연구의 수요는 어떨까? 여기서도 온전히 연구의 기본적인 가치에 집중하려는 경향보다는 위신과 관련된 측면을 선호하는 경향을 볼 수 있다. 연구의 후원자와 소비자 대부분에게 연구의 '텍스트(연구가 현실과 어떻게 연관되어 있는지 그리고 그 정보가 얼마나 중요하고 유용한지)'는 '서브텍스트(연구에 연구자의 위신이 어떻게 드러나는지 그리고 그것이 연구의 후원자 또는 소비자에게 어떻게 돌아오게 되는지)'보다 중요하지 않은 듯 보인다.

예를 들어 대학생들은 유명한 연구자가 교수로 재직하는 학교에 다니기 위해 더 많은 학비를 지불한다(그리고 졸업생으로서 이런 학교에 더 많은 기부금을 내기도 한다). 그러나 그중에 실제로 교수의 연구 논문을 읽어 보거나 깊게 파고드는 학생은 많지 않다(그리고 연구의 질을 보고 대학을 선택하는 학생은 더더욱 적다). 많이들 알다시피 교수의 위신은 교수 능력과는 큰 관계가 없다.

반면에 실제로 연구를 수행하고 다른 연구를 인용하는 연구자들도 많다. 뉴스와 일상적인 대화와 마찬가지로 학계의 '대화'도 그 당시 가장 관심받는 주제에 집중된다. 하지만 이상하게도 연구의 신뢰도는 연구 분야의 인기가 높을수록 하락한다.[41] 연구 주제와 관련된 유행은 수십 년 지속되기도 하고 주목받지 못하는 주제의 연구는 간과되는 경우도 많다. 그렇다고 이런 연구들이 덜 중요하다는 것도 아니다. 오히려 주목받지 않는 주제에서 얻을 것이 더 많을 수도 있다. 다만 현재 대화와 관련성이 없을 뿐이다.[42] 따라서 저 외딴 들판에 동떨어진 연구자들은 인용 횟수가 평균적으로 적다(비록 일부 연구는 매우 훌륭할지 몰라도). 연구 후원자들의 입장에서는 선불로 지급하는 연구 보조금보다 x프라이즈) 또는 DARPA 그랜드 챌린지DARPA Grand Challenge[43]와 같은 대회를 통해 더 낮은 비용으로 동일한 연구 통찰력을 얻어 갈 수 있다.[44] 하지만 후원자의 입장에서 이런 상이나 대회를 통해 수상자에게 상금을 주는 것은 후원자 자신의 재량권을 마음껏 행사할 수 없다는 것을 의미하기도 한다. 수상자가 누구든 상금을 줘야 하기 때문이다. 따라서 후원자와 연구자 간 관계(후원자와 예술가 사이의 관계 같이)를 형성할 수 있는 기회는 적어지며, 이는 후원자가 연구자의 위신을 빌려 자신의 위신을 높일 기회도 적어진다는 것을 의미한다.

우선 출판과 모금을 위해 연구를 평가하는 추천인을 생각해 보자. 추천인은 학계에서 위신을 쌓기 위해 통과해야 하는 가장 중요한 문지기다. 우리는 이렇게 중요한 역할을 맡고 있는 추천인에게 훌륭한, 즉 '텍스트'가 가장 뛰어난 논문과 제안서만 그 관문에서 통과되길 기대한다. 안타깝게도 여기서 인간이라는 정치적 종이 가지는 편견을 볼 수 있다. 추천인은 자신이 평가해야 하는 연구의 본질과 사회적 가치보다는 위신과 관련된 측면, 그 연구가 자신과 자신의 기관을 어떻게 빛낼지에만 관심을 보일 뿐이다.

추천인이 여러 명일 때는 어떤 연구가 좋은지 합의하기가 어렵다. 이들이 판단을 내리는 과정은 매우 특이하다.[45] 하지만 이들이 공통적으로 '좋다'고 생각하는 판단 기준에는 위신 있는 사람의 참여가 포함된다(알려진 이름을 이용하거나 블라인드 평가의 경우에도 누가 연구에 참여했는지 다양한 방법을 동원하여 어느 정도 파악할 수 있다). 어떤 학술지에 이미 투고된 논문을 얼마 뒤 이름과 소속 기관을 변경하여 다른 학술지에 투고했을 때, 단 10퍼센트의 학술지만 해당 논문이 이미 출판된 적이 있음을 파악했고 나머지 90퍼센트 중 10퍼센트는 변경된 이름과 소속 기관으로 재출판되었다.[46]

물론 동료 평가를 통해 신진 연구자나 외부 연구자가 보상받는 경우도 있다. 하지만 저자 중 한 명(로빈)이 오랜 기간 학계에 종사해 본 결과, 이런 경우에도 추천인은 그 연구가 얼마나 화려한지에만 집중한다. 논문의 저자들이 어렵고 난해한 방법론을 선호하는 등 멋 내기에 열과 성을 다했는지를 보는 것이다. 그 연구가 추후 가져올 사회적 이득, 즉 연구의 장기적 잠재력을 평가하는 일은 거의 없다.

연구 결과를 블라인드 처리하여 평가하는 방법 등 학술지가 자신의 출판물에 대해서 정확도와 신뢰도를 높일 방법은 많다.[47] 하지만 새로운 방법을 도입하게 되면 학술지가 위신을 쌓는 데 도움이 되는 연구를 선택할 가능성이 제한되기 때문에 그 누구도 연구 평가 방법을 쇄신하려는 노력에 관심을 두지 않는다.

책 속의 코끼리

지금쯤이면 독자 여러분도 저자들이 무슨 말을 하려는지 눈치챘을 것이다. 이번 장을 통해 두 저자는 이 책을 집필하고 출판하는 동기를 설명했다. 단도직입적으로 말하자면, 독자에게 잘 보이고 싶었다. 위신을 추구한 것이다. 지금까지 여러분에게 전달한 여러 가지 사실을 통해 저자들의 '책가방' 크기와 질이 잘 증명되었길 바란다.

로빈은 연구자로서 출판된 논문의 개수와 영향력으로 평가받을 것이다. 그리고 이 책 또한 로빈의 이력서에 한 줄로 남길 바란다. 반면에 학계에 종사하지 않는 케빈이 집필에 참여한 주된 이유는 허영심이다. 엔지니어인 케빈에게 이 책이 그의 경력에 큰 도움이 되지는 않을 것이다. 오히려 책을 집필하는 시간에 소프트웨어를 개발하는 편이 엔지니어로서 훨씬 큰 영향력을 발휘하는 데 도움이 될 테지만 케빈은 책 표지에 자신의 이름이 저자로 명시된 모습을 늘 머릿속에 그려 왔다. 이 책을 집필하는 과정은 재미있었다. 다양한 주제를 마음껏 읽고 토론할 수 있는 합당한 이유도 제공했다. 그리고 독자들이 저자들의 이런 노력에 동참하여 많은 것을 얻어 가길 바란다. 하지만 이 책을 통해 개인의 위신을 쌓을 수 있다는 기대 없이는 이 모든 일을 해낼 수 없었을 것이다.[48]

이런 진짜 동기와 독자에게 최대한의 가치를 전달하고자 하는 친사회적 동기 사이에서 균형을 이루고자 많은 노력을 기울였다. 예를 들어 이 책은 양적으로 너무나 방대할 수 있다. 저자들은 말하는 것을 좋아한다. 독자들이 쉽게 읽어 내려갈 수 있도록 여러 페이지에서 조금 더 쉬운 단어들을 사용했을 수도 있다. 하지만 그렇게 하면 이 책은 지금처럼 학술적으로 보이지 않았을 것이다. 또한 이 책을 무료로 (또는 값싸게) 전자책의 형태로 출판했을 수도 있다. 하지만 저자들은 이름 있는 출판사에서 종이책을 출판하길 원했다. 저자들을 비롯한 다른 사람들의 이기적인 동기를 나무라지 않으려고 (최대한) 노력했다는 점을 염두에 두고 두 저자의 동기를 용서해 주길 바란다.

10장
소비

경제학자 존 메이너드 케인스John Maynard Keynes는 1930년에 출간된 에세이 《손자 세대의 경제적 가능성Economic Possibilities for our Grandchildren》을 통해 오늘날까지 회자되는 유명한 예측을 발표했다. 19세기와 20세기 초반 매서운 속도로 일어나는 혁신과 경제 성장을 목격한 케인스는 향후 백년 내에 과도하게 많은 것들이 너무나도 값싸고 쉽게 생산되어 인간의 모든 물질적 욕구는 충족될 것이라고 예측했다. 21세기 노동자의 근무 시간은 주당 15시간 미만일 것이고 나머지 시간은 예술, 놀이, 친구, 가족을 위해 자유롭게 쓰게 되리라고 말했다. 편한 삶이 눈앞에 펼쳐지는 것이다.[1]

2030년이 코앞이다. 하지만 케인스가 예측한 대로 우리 사회는 여유롭지 않다. 오늘날 여전히 많은 사람이 백 년 전 우리의 증조할아버지만큼 긴 시간을 일터에서 보낸다.[2] 그럼에도 대다수의 사람들이 지적한 대로 세상에서 가장 가난한 사람도 먼 옛날의 왕과 왕비보다 잘 산다.

그렇다면 우리는 왜 이렇게까지 열심히 일하는 것일까?

많은 이들이 이미 알고 있는 것처럼 우리는 극도로 치열한 생존 경쟁에 내몰린 상태라는 사실이 하나의 답이 될 수 있겠다. 아니면 이 책에서 지금까지 사용해 왔던 용어로 설명해 보자면 경쟁적 시그널링이라는 게임에 갇혀 있기 때문이다. 경제의 성장 속도와는 무관하게 성과 지위의 공급은 여전히 제한되어 있으며, 돈을 버는 것과 소비하는 것은 경쟁에 도움이 된다.[3]

소비라는 행위를 통해 자신의 부를 과시하는 것을 '과시적 소비conspicuous consumption'라고 한다. 순전히 개인의 즐거움 때문에 소비하는 것이 아니라 자랑하기 위해서 소비한다는 뜻이다. 이 개념은 적어도 1899년까지 거슬러 올라간다. 미국 경제학자 소스타인 베블런Thorstein Veblen의 유명한 저서 《유한계급론The Theory of the Leisure Class》4에서 최초로 이 개념이 등장한다. '과시적 소비'라는 개념은 생각보다 소비자 행동에 대해 많은 것을 알려 주지만 여전히 저평가되고 있다.

자신보다 사회적 사다리에서 두세 단계 위에 있는 사람들을 상상해 보자. 특히 갑자기 어떤 이유로 부자가 되어 사다리를 급하게 올라간 졸부들을 생각해 보자. 이들이 대놓고 과시하기 위해 하는 소비를 보면 그 유용성에 대한 의문이 들 때가 많다. 정말 살아가기 위해서 1만 제곱 피트에 달하는 집이 필요할까? 3만 달러짜리 파텍 필립 손목시계는 어떤가? 50만 달러 포르쉐 카레라 GT는? 물론 아니다. 하지만 우리 모두 자신만의 '럭셔리한' 라이프스타일을 생각해 보면 동일한 결론에 도달할 것이다. 다만 본인은 인지하기 어려울 뿐이다.5

인도 콜카타Kolkata 빈민촌에서 여섯 명의 아이를 키우고 있는 여성의 관점에서 생각해 보자. 그녀에게는 당신의 소비 습관이 사우디아라비아 왕자의 소비 습관만큼이나 과시적이고 터무니없게 느껴질 것이다. 식당에서 무려 20달러나 들여서 요리사와 서빙하는 사람, 계산해 주는 직원, 설거지하는 직원을 부려야 할까? 콜카타의 여성에게 20달러는 일주일치 식비에 해당한다. 물론 당신에게는 그 돈을 한 끼 식사에 소비하는 것이 전혀 과시적이라고 느껴지지 않을 것이다. 친구가 같이 저녁 식사를 하자고 할 때, 흔쾌히 그러자고 할 수 있는 여유가 있다는 건 좋은 일이다(만약에 돈이 없어서 친구의 제안을 거절해야 한다면 약간 부끄러울 수도 있을 것이다). 식사가 끝날 때쯤, 테이블 위에 두 개의 브레드스틱이 남아 있다고 해도 당신은 그것을 과시적 낭비라고 느끼지 않을 것이다. 그저 "뭐 어때?"라고 생각하고 식당을 떠날지도 모른다. 어쩌면 남은 브레드스틱을 포장해 달라고 웨이터에게 부탁하는 것이 더 부적절해 보일지도 모른다. 고작 빵 두 조각인데 말이다.

어쨌든 우리 모두는 우리 나름대로의 방식으로 과시적 소비자들이다. 하지만 알고 있어야 할 것은 소비를 통해 우리가 과시하고자 하는 것은 부와 계급 그 이상이라는 점이다.

부, 그 이상

사람들이 환경친화적이고 자연친화적인 상품을 구매하는 이유를 생각해 보자. 전기차는 일반적인 휘발유 차보다 비싸다. 감자 전분으로 만들어진 일회용 식기는 플라스틱으로 만들어진 일회용 식기보다 비싸고 심지어 쉽게 구부러지고 부러지는 등 내구성 측면에서도 별로다.

그럼에도 소비자들이 더 값싸고, 더 기능적이며 더 사치스러운 상품을 선택하기보다 친환경 상품을 구매하는 이유는 '환경에 도움이 되기 위해서'이다. 물론 우리는 이렇게 이타적인 동기가 전부가 아니라는 사실을 알고 있다.

2010년, 블라다스 그리스케비시우스Vladas Griskevicius의 심리학 연구팀은 숨겨진 동기를 파악하기 위해서 몇 가지 실험을 진행했다.[6] 연구자들은 피험자들에게 가격이 동일한 두 가지 제품을 놓고 선택하도록 했다. 두 가지 제품 중 하나는 사치스러워 보이는 제품으로 친환경 상품이 아니었고, 다른 하나는 다른 상품에 비해서는 덜 사치스러워 보이지만 친환경 상품이었다. (예를 들자면 두 상품 모두 3만 달러짜리 혼다 어코드이지만 하나는 V자형 6기통 엔진과 GPS 내비게이션이 탑재되고 좌석 시트는 모두 가죽으로 된 최고급 사양의 자동차였고, 다른 하나는 이런 최고급 사양은 전혀 찾아볼 수 없지만 환경친화적인 하이브리드 엔진이 탑재된 자동차였다.) 실제 실험에 사용된 두 개의 제품은 가정용 세제와 식기세척기였다. 세척제 중 하나는 고성능이었고 다른 하나는 자연 분해되는 제품이었다. 그리고 식기세척기 중 하나는 최고급 사양의 제품이었고 다른 하나는 절수 기능이 탑재된 제품이었다.

실험자들은 대조군 피험자들에게 두 개의 상품 중 어떤 상품을 구매할지 질문했고, 이들은 단박에 사치스러워 보이는 상품을 선택했다. 하지만 실험 군들에게는 지위라는 동기에 대한 정보를 전달한 뒤 같은 질문을 했다.[7] 그 결과 실험군의 피험자들은 친환경적인 상품에 훨씬 더 큰 관심을 보였다.

또 다른 실험에서 그리스케비시우스의 연구팀은 피험자들에게 두 개의 서로 다른 쇼핑 계획을 제시하고 각 계획안에 적합한 상품을 선택하라고 요구했다. 하나의 집단에게는 각자 집에서 온라인으로 구매하는 계획안을, 다른 집단에게는 사람이 많은 가게에 직접 가서 구매를 하는 계획안을 주고 그들이 각각 어떤 상품을 구매할지 선택하도록 했다.

지위에 대한 동기를 전달받은 피험자들은 직접 가게에 가서 구매를 할 때에는 친환경 제품을 더 선호했고, 혼자 집에서 온라인으로 상품을 구매할 때에는 친환경 상품을 덜 선호했다. 이 결과는 친환경 상품을 구매하는 동기는 단순히 환경 때문이 아니라는 것을 보여 준다. 그저 환경에 도움이 되는 사람처럼 보이고 싶은 것이다.[8]

도요타Toyota는 하이브리드 자동차인 프리우스Prius의 제조 회사로 잘 알려져 있다. 도요타의 마케팅 전문가들은 프리우스의 몸체를 디자인할 때 위의 실험 결과에서 드러난 사람들의 심리를 잘 이용했다. 미국 시장에서 프리우스를 출시할 때, 도요타는 프리우스를 세단보다는 해치백 형태로 생산했다. 세단이 훨씬 더 인기가 많았음에도 불구하고 말이다.[9] 굳이 왜 엔진과 몸체 디자인을 모두 변경했을까? 해치백 형태의 디자인이 눈에 더 잘 띄기 때문일 것이다.[10] 도로에서 달리거나 주차장에 주차되어 있을 때, 누구든지 프리우스를 알아볼 수 있게 말이다. 만약에 프리우스가 캠리Camry 와 동일한 디자인이었다면 지금처럼 사람들 눈에 띄기 어려웠을 것이다.

과시적 소비와 관련된 담론은 종종 사람들이 부와 사회적 지위를 나타내기 위해서 상품을 어떻게 사용하는지에 중점을 둔다. 하지만 실제로 과시적 소비가 나타내는 바는 이보다 더 광범위하다. 예를 들어, 사람들은 부를 과시하기 위해 하이브리드 자동차를 모는 것이 아니다. 프리우스는 일반 휘발유 자동차보다 조금 더 비싸긴 해도 가격 면에서 차이가 그렇게 크지 않으며, BMW나 렉서스와 같은 고급 승용차와는 확실히 구별된다. 다만 프리우스를 소유하는 사람들이 나타내고 싶어 하는 바는 친사회적 태도이다. 즉, 자신이 좋은 이웃이며 책임감 있는 시민이라는 것이다. "나는 지구에 도움이 되기 위해 비싸고 사치스러운 자동차를 기꺼이 포기할 의향이 있어"라는 메시지를 전달하는 것이다. 과시적 소비라기보다는 과시적 이타심에 근거한 소비다. 이에 대해서는 11장 '자선'에서 더 자세히 다룰 예정이다.

이 외에도 소비자들이 전달하고자 하는 메시지는 다음과 같다.

- **특정 하위문화에 대한 충성심.** 아이스하키팀 보스턴 브루인스 Boston Bruins 모자에는 다음과 같은 글귀가 있다. "나는 지역 하키팀을 지지할 뿐만 아니라 더 나아가 다른 팬과 지지자들의 공동체 전체를 지지한다." 록 밴드 AC/DC 티셔츠에는 "나는 하드 록의 팬들(그리고 하드 록이 상징하는 반문화적 가치)과 한마음 한뜻이다." 이런 제품들은 특정 사회 집단 내 소속감을 상징한다.
- **유행에 민감하고 정보에 밝다는 이미지.** 최신 패션 유행을 선보이거나 최신 기기를 소유하고 있다는 것은 시대정신을 잘 읽어 낸다는 것을 의미한다. 그 누구보다 빠르게 어떤 것이 인기가 많아질지 안다는 사실을 나타낸다.
- **지적 능력.** 루빅큐브는 단순히 값싼 플라스틱 장난감이 아니다. 루빅큐브를 가진다는 것은 가지고 있는 사람이 큐브를 맞추는 방법을 안다는 것을 의미한다. 그리고 이것을 알고 있다는 것은 상당한 수준의 분석 능력을 지니고 수없이 많은 연습을 했다는 것을 의미한다.

이것들은 소비가 전달하는 메시지의 일부에 불과하다.[11] 구매는 운동 능력, 야망, 건강 관심도, 순응도, 진정성, 젊음, 성숙도, 성 개방성, 얌전함, 심지어 정치적 태도를 전달하기도 한다. 예를 들어 청바지는 평등주의를 상징한다. 청바지는 저렴한 가격에 비해 관리도 수월하고 내구성도 좋을뿐더러 입은 사람의 부와 사회적 계급을 파악하기 쉽지 않은 면이 있다.[12]

구매한 제품 그 자체로도 메시지를 전달할 수 있지만 어떻게, 그리고, 왜 그 제품을 구매하게 되었는지에 대한 스토리를 통해서도 메시지를 전달할 수 있다. 구매 스토리에 따라 같은 제품이라도 구매자에 대한 인상은 달라질 수 있다. 앨리스, 밥, 캐롤 세 명의 사람이 똑같은 운동화를 구매했다고 생각해 보자. 앨리스는 러너스 월드Runner's World 잡지에서 좋은 리뷰를 보고 그 운동화를 구매했다고 한다. 리뷰를 정직하게 믿는 양심과 운동화의 퍼포먼스를 중요시한다는 것을 알 수 있다. 밥은 어린아이들의 노동 착취 없이 운동화가 생산되었다는 점이 마음에 들어 그 운동화를 구매했다고 한다. 타인의 복지를 중요시한다는 것을 알 수 있다. 반면에 캐롤은 그 운동화를 살 때 할인을 받은 덕에 얼마나 저렴하게 구매했는지 자랑한다. 절약 정신과 좋은 할인을 찾아내는 능력이 탁월하다는 것을 알 수 있다.

우리는 어떤 제품을 구매한 후 그 제품을 구매한 이유에 대해서 이야기한다. 이를 통해 우리가 제품에 대한 서비스와 경험을 우리의 자질을 자랑하는 수단으로 어떻게 사용하는지 알 수 있다.[13] 우리가 갈라파고스로 여행을 갔다 왔다는 사실은 핸드백을 구매했다는 사실처럼 다른 이들에게 쉽게 보여 줄 수 있는 것이 아니다. 하지만 여행과 관련된 이야기를 자주 하고, 기념품을 사 오고, 페이스북에 여행 사진을 올림으로써 같은 효과를 누릴 수 있다(물론 여행을 통해 개인적으로 느끼는 즐거움도 매우 크지만 여행의 가치는 가족과 친구에게 경험을 나누는 것에 있기도 하다). 경험적인 측면에 소비를 함 물질적인 제품 구매를 통해서는 전달하기 어려운 메시지를 전달할 수 있다. 예를 들어 모험심이 있다거나 새로운 경험에 열려 있는 사람임을 알리는 것이다. 스물두 살의 여성이 장장 6개월간 아시아 대륙으로 배낭여행을 떠났다는 사실은 그 여성이 호기심이 많고 열린 마음과 용기를 갖춘 사람이라는 것을 의미한다. 특이한 음식을 먹고 외국 영화를 보거나 다독을 함으로써 시간과 돈을 그만큼 들이지 않고도(물론 조금 더 약한 수준이겠지만) 이 여성이 전달하는 것과 비슷한 메시지를 전달할 수도 있다.

소비자로서 우리는 이런 메시지에 이미 익숙해져 있다. 다른 사람이 무엇을 구매하는지에 따라 그 사람을 평가하고 우리 자신의 구매가 다른 사람에게 어떤 인상을 줄지도 이미 알고 있다. 하지만 우리가 아직 잘 모르는 것은 우리의 구매 결정이 이런 메시지에 의한 동기로 이루어진다는 점이다.

옷이 잘 맞을 때는 옷이 주는 느낌을 거의 알아차리지 못한다. 하지만 무언가가 잘못되었다고 느끼면 그때부터 갑자기 옷이 불편해지기 시작한다. 자신의 사회적 이미지나 자아상과 무언가 맞거나 맞지 않을 때도 그렇다. 적정선에서 조금이라도 벗어나면 언짢아지기 시작하고, 여기에 합당한 이유가 없다면 더더욱 기분이 상한다. 고위직 이사가 고등학생이 멜법한 책가방을 회사에 메고 간다고 생각해 보자. 자유로운 영혼의 예술가가 경제 신문을 가지고 다닌다고 생각해 보자. 노동조합원이 두부가 토핑된 케일 샐러드를 주문하는 모습을 떠올려 보자. 왠지 불편한 느낌이 들지 않는가? 이를 통해 우리가 자신의 라이프스타일을 사회적 지위나 정체성에 적합하도록 자신의 라이프스타일을 얼마나 신중하게 만들어 내는지 엿볼 수 있다.[14]

비과시적 소비

인간의 소비가 얼마나 시그널링에 의한 동기(과시적 소비)로 이뤄지는지 알아보기 위해서 소비가 온전히 비과시적인 세상에 살고 있다고 상상해 보자.

굉장한 힘을 가진 외계인이 지구를 방문해서 그저 재미로 인간을 상대로 장난을 친다고 해 보자. 외계인은 인간이라는 종 전체를 재프로그래밍 할 수 있는 기기를 가지고 있다. 작은 빨간색 버튼 하나만 누르면 충격파가 지구 전체에 퍼지고, 이 충격파에 의해 모든 인간이 변모된다. 인간의 뇌뿐만 아니라 유전자까지 바꿔 버릴 수 있는 강력한 충격파다. 그리고 이 변화는 그 세대에 그치는 것이 아니라 후대까지 계속해서 영향을 미친다.

외계인이 불러온 변화는 특이하다. 이 강력한 충격파 때문에 인간은 서로가 어떤 물건을 가지고 있는지 망각하게 된다. 그 외에는 변한 게 없다. 자신이 가진 물건을 인지하는 데는 전혀 문제가 없다. 하지만 충격파를 맞은 뒤에는 다른 사람이 소유한 물건, 이를테면 옷이나 자동차, 집, IT 기기 등을 바탕으로 그 사람에 대한 의미있는 판단을 하지 못하게 된다. 그렇다고 다른 사람의 물건들이 눈에 보이지 않는 것은 아니다. 여전히 그 물건들을 볼 수 있고 다른 이들과 교류할 수 있다. 다만 신경을 쓰지 않을 뿐이다. 더 정확하게 말하자면 다른 사람이 가지고 있는 물건으로 그 사람을 판단하지 않을뿐더러 상대도 우리를 우리가 가지고 있는 물건으로 판단하지 않는다. 그 누구도 우리가 입은 옷을 보고 뭐라고 하지 않고 그 누구도 자동차를 세차하지 않는다고 해서 지적하지 않는다.[15] 이런 상황이 펼쳐지면 우리의 모든 구매는 완전히 비과시적으로 변할 것이다.

이것을 '망각'이라고 해 보자. '망각'으로 인해 소비자로서 우리의 행동은 어떻게 변할까?

단 하루만에 소비 패턴이 변하진 않을 것이다. 이 습관은 외계인이 충격파를 쏘기 훨씬 오래 전부터 형성된 것이므로 충격파 이후에 더 이상 합리적이지 않더라도 이 습관은 꽤 오래 우리에게 머무를 수 있다. 하지만 몇 년 후, 그리고 한두 세대가 지난 다음에는 우리의 소비 생활은 매우 달라져 있을 것이다.

충격파로 인해 나타난 중요한 변화 중 하나는 수요가 사라지면서 하나의 제품군이 통째로 사라지게 된다는 것이다. 제프리 밀러는 《스펜트Spent》에서 인간이 개인적인 용도로 구매하는 가위, 빗자루, 베개 같은 제품과 과시 용도로 구매하는 보석, 브랜드 의류와 같은 제품을 구분한다[16](표1 참조). 망각이 일어난 세상에서는 '과시' 분류에 속하는 제품들은 쓸모가 없어진다.[17]

하지만 대부분의 제품에는 개인적인 용도와 과시 용도가 혼합되어 있다. 예를 들어 자동차는 하나의 교통수단임과 동시에 지위를 상징하는 제품이기도 하다(그냥 대중적인 차량이라 하더라도 새로운 차를 살 때 친구와 가족의 눈빛을 보면 알 수 있다). 망각이 일어난 후에는 교통수단으로서 차를 사긴 하겠지만 순전히 기능, 신뢰도, 안전 그리고 가격만을 고려해서 자동차를 고를 것이다. 비싼 데다가 헛웃음이 나올 정도로 비실용적인 자동차 허머Hummer는 매력이 완전히 사라질 것이다. 렉서스, BMW 그리고 다른 고급 자동차는 여전히 가치있는 것으로 여겨지겠지만 오늘날의 소비자들처럼 프리미엄을 주면서 구매하지는 않을 것이다.

의류 또한 기능과 패션 두 가지 목적으로 사용하는 제품군이다. 망각이 일어난 후에 패션의 가치는 완전히 사라질 것이고 이에 따라 의류 중 대부분의 상품군 또한 사라질 것이다. 혼자 집에 있을 때 어떤 옷을 입고 지내는지 생각해 보자. 타이트한 청바지나 하늘하늘한 실크 셔츠를 입는 사람은 없을 것이다. 티셔츠, 추리닝 바지, 슬리퍼와 같이 편하고 저렴한 옷을 주로 입는다. 저녁 파티나 회사에 추리닝을 입고 가는 것은 부적절하다고 간주된다. 하지만 그 누구도 옷으로 사람을 판단하지 않는 세상에서는 파티나 회사에 추리닝을 입고 가지 못할 이유가 없다.

주택 구매 또한 엄청난 변화를 겪을 것이다. 오늘날 우리는 우리의 집이 친구와 가족에게 얼마나 큰 인상을 남기는지 아주 잘 알고 있다.[18] 집을 새로 구할 때, 우리는 자신에게 조용히 물어본다. '내 친구들은 여기를 어떻게 생각할까? 괜찮을까? 동네는 괜찮은 걸까?' 이와 비슷하게 새로운 카펫, 액자, 가구를 살 때에도 그것들이 친구나 가족의 마음에 들길 바란다. 물론 무언가를 구매할 때 온전히 다른 사람의 눈에 들기 위해서만 결정을 내리진 않는다. 집이라는 공간은 우선 집에 거주하는 당사자 본인의 만족이 가장 중요하기 때문이다. 하지만 망각이 일어난 세상, 즉 남들이 어떻게 생각할지에 대해서는 전혀 신경 쓰지 않아도 되는 세상에서는 선택의 기준이 크게 달라질 것이다. 집을 선택할 때는 작고, 유지 비용이 적게 드는 집을 고르고, 청소도 이전보다 덜 하고 인테리어에도 관심을 줄일 것이다. 집의 가구도 편안함과 가성비를 기준으로 선택하리라. 집에 오는 손님을 맞이하는 공간인 거실의 경우 예전에는 화려하게 꾸미는 데 치중했다면 이제는 거의 사용되는 일이 없기 때문에 공간 전체가 사라지거나 다른 용도로 사용될 것이다. 순전히 기능과 유지 측면에서 유리하도록 마당을 관리할 테고 심지어 앞마당도 보는 사람과 판단하는 사람이 없기 때문에 관리가 필요 없어지지 않을까.

개인 용도	과시 용도
가위, 빗자루, 담요, 매트리스, 청소용품, 속옷, 가스, 보험	보석, 브랜드 의류, 손목시계, 신발, 자동차, 핸드폰, 식당, 거실 가구

표 1. 개인 용도로 사용되는 제품과 과시하기 위한 제품

제품의 다양성

망각의 세상에서 겪을 가장 큰 변화는 아마도 제품의 다양성이 줄어들게 되리라는 점이다.

무엇을 입을지 생각해 보자. 망각이 일어난 세상에서 우리는 가장 기능적이고 편안한 옷을 선택할 테고 결국에는 매일 밤낮으로 똑같은 옷을 입게 되지 않을까. 친구, 가족 그리고 동료와 같은 옷을 입고 마주친다 하더라도 어차피 아무도 알아채지 못하기 때문에 그 누구도 신경 쓰지 않을 것이다.[19] 오늘날 사람들은 유니폼 착용을 기피한다. 개성을 발휘하기 어렵기 때문이다. 하지만 '개성'은 '시그널링'의 다른 명칭이기도 하다.[20] 사람들이 특이한 옷을 좋아하는 이유는 자신과 다른 사람들을 차별화하고 싶은 마음에서 비롯된다. 우리가 옷을 통해 보내는 가장 기본적인 메시지는 '나는 나이고, 내가 입는 옷을 직접 선택할 수 있어'이지만 망각이 일어난 세상에서는 이런 메시지가 무의미해진다.

이와 비슷한 평준화는 자동차나 집과 같은 다른 제품군에서도 볼 수 있다. 오늘날 많은 사람들은 틀에 찍어 낸 듯 똑같이 생긴 집에 사는 것을 기피한다. 다른 집과 똑같이 생긴 집에 사는 것과 다른 사람들이 타는 자동차와 똑같은 자동차를 타는 것을 부끄럽게 생각한다. 모든 사람들이 동일한 '선택'에 순응해야만 하는 전체주의 사회가 연상되기 때문이다. 하지만 망각이 일어난 세상에서는 억압적인 정부로 인해 우리의 선택이 제한되는 것이 아니라 우리의 무관심 때문에 모두 동일한 선택을 하게 된다.

모든 제품이 평준화되리라 예측하는 이유는 평준화된 제품의 가격이 현저히 낮기 때문일 것이다. 공산품의 가격은 고정 비용과 한계 비용(또는 단가)으로 이루어진다. 고정 비용은 제품을 디자인하고 공장을 설립하는 데 들어가는 비용을 의미한다. 한계 비용은 원가와 공장을 운영하는 데 소요되는 에너지와 노동력에 들어가는 비용을 의미한다. 틈새시장을 공략하기 위해 공장에서 10,000개의 제품이 생산될 때, 완제품의 가격은 고정된 선불 비용에 의해 좌우된다. 하지만 같은 공장에서 복사품 천만 개를 생산해 낸다면 고정 비용이 줄어들고 최종 가격은 확 떨어지게 된다.

예를 들어 아마존Amazon에서 4달러에 판매되는 기본 검정색 티셔츠[21]와 커스텀잉크CustomInk에서 20달러에 판매되는 특이한 디자인의 주문제작 프린트 티셔츠를 비교해 보자. 가격 측면에서 거의 다섯 배가 차이 난다. 만약에 모두 같은 검정색 티셔츠를 입길 원한다면 제조업체는 같은 장비를 통해 아주 적은 비용으로 같은 티셔츠를 계속해서 만들어 내기만 하면 된다.

유통 비용까지 고려하면 다양성의 비용은 더 올라간다. 가게에서 옷을 구매할 때 우리는 옷의 직물값 그 이상을 지불한다. 현재 유행하는 패션 중에서 선택할 수 있는 기회에 대해서도 지불하는 것이다. 소매업자는 특정 시즌에 판매되지 않는 상품은 모두 처분하거나 엄청나게 싼 가격에 팔아 치워야 한다. 대부분의 도시에는 수십 개, 수백 개, 수천 개의 옷 가게들이 각기 다른 틈새 고객을 겨냥하고 있다. 이 모든 것들이 더해져서 다양성을 만든다. 반면에 코스트코Costco Wholesale와 이케아IKEA 같은 창고형 매장은 규모의 경제와 중앙 집중화된 유통 시스템을 통해 큰 할인율을 제공한다. 만약 우리가 패션 의류를 우리의 사회적 이미지나 자아상과 일치하도록 신중하게 선택하는 과시적 소비자가 아니라면 규모의 경제를 더 많은 제품 구매에 적용할 수 있을 것이다.

망각이 일어난 후에도 다양성은 어느 정도 찾아볼 수 있다. 심지어 가장 사회적인 제품 분류에서도 말이다. 여전히 옷의 형태나 사이즈는 다양한 체형에 맞도록 만들어져야 하며, 계절에 맞는 여러 소재의 옷들도 나와야 한다. 물론 부유한 사람들은 그중에서도 조금 더 비싸고 질 좋은 상품을 선택할 것이다(캐시미어를 입는다고 해서 스타일 측면에서 더 나은 것은 아니지만 피부에 닿는 촉감은 훨씬 좋으니까 말이다). 빗자루와 베개 같이 순전히 개인적인 용도로 사용되는 제품군에서도 여전히 오늘날과 같은 다양성이 요구될 것이다. 하지만 많은 제품군에서 다양성이 사라지고 대부분 몇 개의 평준화된 제품으로 축소될 것이다.

평준화된 상품을 더 적게, 그리고 더 저렴하게 사게 되면 당연히 이전보다 돈을 더 많이 모을 수 있다. 사람들이 이렇게 모은 돈을 어떻게 사용할지 생각해 보자. 혹시나 주머니 사정이 안 좋아질 언젠가를 대비해서 은행에 모두 저금해 둘까? 외계인의 충격파로 인해 서로가 소지한 물품에 대해서만 망각이 일어난다는 사실을 기억하자. 다시 말하면 서로를 아예 판단하지 않을 것이란 말이 아니다. 망각이 일어난 후에도 우리는 여전히 다른 사람에게 잘 보이고 싶어 할 테다. 단지 물질적인 면에서만 그렇지 않을 뿐이다. 여전히 운동을 하고 체육관 멤버십을 위해 돈을 지불할 것이다. 토론을 위해 책을 사고, 자선 단체에 기부하는 일 또한 여전하다(12장 참조). 일류 대학에서 학위를 받기 위해 기꺼이 학비를 지불하는 것도 변하지 않는다(13장 참조). 인간이라는 존재는 어쩔 수 없이 끊임없이 다른 이들에게 잘 보이고 싶어 한다. 물질적인 소유물에 소비하지 않는 돈은 우리에게 남지 않는다. 사용처만 바뀌는 것이다.

광고

이제 망각의 세상은 뒤로하고 현실 세계로 돌아와 마지막 질문에 대한 해답을 찾아보자. 제품을 통해 자신의 좋은 면을 전달하는 과시적 소비자에게 광고는 어떤 영향을 미칠까?

실제로 광고에는 소비자들로 하여금 제품을 사도록 만드는 메커니즘이 여러 개 존재한다. 모든 메커니즘이 인간의 시그널링 본능에 부합하는 것은 아니다. 하지만 많은 메커니즘의 대상은 온전히 개인적인 즐거움을 위해 소비 활동을 하는 합리적인 소비자인 '우리'라는 사실이다.

간단한 메커니즘인 정보 제공부터 시작해 보자. 정보를 전혀 알지 못하는 제품보다 기능, 구매 장소 그리고 가격 등 다양한 정보를 알고 있는 제품을 살 가능성이 더 높다. 인터넷에 '온라인 신발 쇼핑'이라고 검색하면 자포스Zappos 광고가 뜬다. 단순히 자포스가 '온라인 신발 쇼핑'을 하기 좋은 곳이라는 사실을 알려 주고 상기시키는 것이다. 이런 광고에 영향을 받기 위해서 꼭 과시적 소비자일 필요는 없다.

또 다른 중요한 메커니즘은 '약속하는 것'이다. 때때로 이 약속은 매우 직접적이고 단정적이다. 품질 보증서처럼 말이다. 반대로 간접적이고 잘 드러나지 않는 약속도 있다. 이 약속은 브랜드 페르소나persona의 일부분으로 자리하며, 브랜드 약속brand promises으로 불린다. 디즈니Disney는 특유의 가족친화적인 이미지로 성장했기 때문에 소비자들은 디즈니에게 이와 관련된 이미지를 기대한다. 만약에 디즈니가 영화에 욕설을 넣는 등 소비자의 신뢰를 깨뜨린다면 소비자들은 공분하여 디즈니 제품을 더 이상 소비하지 않을 것이다. 직접적이든 간접적이든 브랜드는 이 약속을 지키기 위해 최선을 다한다. 그리고 소비자는 이 약속을 이행하는 브랜드 제품을 더 구매하는 식으로 꽤 합리적으로 반응한다.

하지만 이렇게 간단한 메커니즘으로 작동하지 않는 광고가 적어도 한 가지 있다. 코로나 맥주 광고를 한번 보자. 석양으로 물든 해변가 근처에서 휴식을 취하는 매력적인 남녀가 있다. 가벼운 바닷바람에 그들의 머리칼이 흩날리고 그들의 손에는 코로나 맥주가 있다. 세상에 어떠한 걱정도 없는 사람들처럼 보인다. 그때 자막이 흘러나온다. '당신만의 해변가를 찾으세요.'

무언가 이상하다. 이 광고는 맛, 가격, 알코올 함량 등 다른 맥주와 차별화될 만한 코로나 맥주만의 어떠한 특징도 말해 주지 않는다. 게다가 어떠한 약속도 하지 않는다. 코로나 맥주와 해변가에서 여유로운 시간을 보내는 이미지만 연관지을 뿐이다. 맥주와는 거의 상관이 없는 이미지라고도 볼 수 있다.[22] 코로나 맥주를 마신다고 해서 다른 맥주를 마셨을 때와 비교해 훨씬 더 여유로운 시간을 보낼 수 있다는 보장은 없다. 심지어 이 광고에서 코로나 맥주를 버드와이저Budweiser나 하이네켄Heineken으로 대체해도 별문제 없어 보인다.

이런 종류의 광고를 라이프스타일 광고lifestyle ad(또는 '이미지 광고')라고 부른다. 브랜드나 제품과 특정 문화 이미지를 연관시키는 방법이다. 이러한 광고 기법은 주류, 탄산음료, 자동차, 신발, 화장품, 핸드폰, 패션 의류 등 다양한 제품 광고에 사용된다. 담배 광고 규제가 시작되기 전에는 담배 광고는 주로 라이프스타일 광고 기법을 사용했다. 강인한 이미지의 카우보이 말보로Marlboro맨을 떠올려 보자. 운명이 조금만 달라졌다면 카멜Camel이나 럭키 스트라이크Lucky Strike 담배를 판매하기 위해 말보로맨이 고용되었을지도 모른다. 코로나 맥주의 해변가와 같이 말보로맨은 해당 제품을 판매하기 위해 만들어진, 어떻게 보면 제품과는 크게 상관없는 가상의 인물에 불과하다.

이런 광고 기법은 개인의 감정을 자극한다는 점에서 효과적이다.[23] 이반 파블로프Ivan Pavlov가 종이 울리면 음식을 주겠다는 약속을 주입시킨 후 이 자극에 반사적으로 반응하도록 개를 훈련시킨 것처럼 라이프스타일 광고는 코로나 맥주의 여유로운 해변가나 말보로 담배의 강인한 카우보이와 같이 긍정적인 감정을 특정 브랜드나 제품과 연관시키도록 소비자를 훈련시킨다. 약간만 반복해도 소비자들은 무의식적으로 이미지와 제품 또는 브랜드를 자연스럽게 연관된다. 나중에 이 소비자들은 쇼핑을 할 때 이러한 무의식적인 연관성에 따라 해당 제품을 살 가능성이 높아진다. 이런 광고는 어떤 측면에서 소비자 개개인들을 세뇌시키는 것이다.

라이프스타일 광고가 효과적인 이유는 파블로프의 개 훈련을 통해 입증되었다. 하지만 이 책에서 지금까지 배운 모든 것들을 종합해 보면 그 이면에 더 '사회적'이고 눈에 잘 띄지 않는 어떤 것이 있다는 것을 알아챘을 것이다.

라이프스타일 광고의 사회적 요소를 이해하기 위해서는 사회학자 W. 필립스 데이비슨W.Phillips Davison이 1983년에 출간한 논문을 살펴봐야 한다. 데이비슨은 설득력을 지닌 다양한 대중매체에 의해 인간의 인식과 행동이 조작될 수 있다는 점에 관심을 가졌다. 여기서 대중매체란 단순히 광고뿐만 아니라 선전, 정치적 수사 그리고 뉴스 취재 등을 모두 포함한다. 데이비슨은 사람들이 자신은 특정한 미디어에 영향을 받지 않는다고 주장하지만 다른 사람들은 영향을 받을 것이라고 믿는다는 점을 발견했다. 예를 들어 한 주지사 후보가 다른 후보를 공격한다는 뉴스를 뉴욕 시민들이 들었을 때, 그들은 자신의 투표에 그 소식이 미칠 영향은 매우 적을 것으로 단정하고 다른 뉴욕 시민들에게는 큰 영향을 줄 것이라고 예측했다.[24]

데이비슨은 이를 '제3자 효과the third-person effect'라고 불렀다. 제3자 효과는 라이프스타일 광고가 소비자에게 어떤 영향을 미치는지 잘 설명해 주는 이론이다. 코로나 맥주가 '당신만의 해변가를 찾으세요'라는 광고를 선보일 때, 당신 한 사람만을 직접적으로 타기팅하는 것은 아니다. 왜냐하면 당신은 이런 종류의 광고에 영향을 받기에는 너무나도 현명한 소비자이기 때문이다. 다만 당신의 주변 사람을 타기팅함으로써 당신에게 간접적인 영향을 미친다.[25] 코로나 맥주 광고가 코로나 맥주에 대한 다른 사람의 인식을 변화시킬 것이라고 생각한다면 코로나 맥주를 사는 것이 어쩌면 합리적일지도 모른다. 비록 당신은 코로나 맥주가 특정한 라이프스타일을 대변하지 않고 다른 맥주와 별다를 바 없다는 것을 알면서도 말이다. 친구들이 주말 저녁 열리는 바비큐 파티에 당신을 초대했다면, 당신은 그 파티에 참석할 때, 남들이 좋아할 만한 이미지의 브랜드 맥주를 선물로 들고 갈 것이다. '진탕 마시고 취하자!'라는 메시지를 전달하는 맥주보다 '여유로운 시간을 보내자!'라는 메시지가 담긴 맥주를 선물하는 게 더 합리적이기 때문이다.

찾으려고 노력하지 않는 이상 제3자 효과는 알아차리기 어렵다. 우리는 광고가 소비자 개개인을 타기팅한다고 믿기 때문이다. 그리고 간접적인 영향력은 눈으로 보기에도 체감하기에도 훨씬 어렵다. 약한 버전의 뇌 속 코끼리라고 볼 수도 있다. 스스로 인정하기는 어렵겠지만. 모든 조건이 동일하다는 가정하에 우리는 스스로가 원하기 때문에 그 상품을 구매한다고 생각하고 싶어한다. 우리 자신의 이미지를 위해서나 친구들에게 좋은 인상을 남기기 위해서라고 인정하지 않는다. 쿨해 보이고 싶지만 억지로 노력해서 쿨하게 보이는 것은 진정으로 쿨하지 않다는 것을 알고 있다.

소비자인 우리는 알아채지 못하더라도 제3자 효과는 광고 전반에 만연하다. 인기가 많은 제품의 광고를 볼 때 스스로에게 한번 물어보길 바란다. 그 광고가 당신의 시그널링 본능을 어떻게 노리는지 말이다.

다시 말하지만 쉽게 알아차릴 수 없을 것이다. 2009년, 뉴욕 지하철에 게재된 공중 보건 광고를 한번 살펴보자. 광고에는 콜라병에 담긴 당분이 가득한 콜라를 컵에 따르는 그림이 등장하는데, 그림에는 콜라를 컵에 따르는 사이 갈색의 액체가 지방덩어리로 변화하는 모습이 담겼다. 지나가는 사람들의 눈길을 단박에 사로잡을 만큼 강렬한 광고였다. 약간 속이 메슥거릴 만큼 강렬했다. 몸속에 저 많은 지방덩어리를 넣고 싶은 사람이 어디 있겠는가? 광고는 이런 슬로건으로 마침표를 찍는다. '몸무게를 들이붓고 있나요?'[26]

겉으로 보기에는 이 광고가 광고를 보는 개개인을 타기팅하며 논리적으로 당신에게 이런 메시지를 전달하는 듯 보인다. "당분이 많은 음료를 마시면 뚱뚱해질 거예요." 먹고 마시는 것을 바탕으로 서로를 판단하는 사회적 생물체에게 이 광고가 어떤 영향을 미칠지 한번 생각해 보자. 이 광고는 3개월간 게재되었고 수백만의 뉴요커에게 노출되었다. 당신이 이 광고를 봤다면 친구, 동료, 가족 또한 이 광고를 봤을 가능성이 높다. 그렇다면 친구의 생일 파티에 콜라를 가져갈 수 있겠는가? 회사에서 많은 사람이 참여하는 회의에서 당당하게 콜라를 마실 수 있겠는가? 모두의 뇌리에 지방덩어리 이미지가 깊게 박혔는데도 말이다. 생수나 다이어트 소다를 마시는 편이 안전할 것이다. 동료 집단으로부터 받는 압박은 강력하다. 그리고 광고주들은 이것을 잘 이용한다.

독자 중 일부는 자신이 이런 라이프스타일 광고에 전혀 영향을 받지 않는다고 자신할지도 모른다. 케빈도 몇 년 동안 그랬다. 어느 날, 케빈은 남성용 데오도런트 액스Axe 바디 스프레이 광고를 보게 되었다.[27] 일반적인 액스 스프레이 광고와 같이 케빈이 본 광고에도 젊은 남자가 등장한다. 바디 스프레이를 사용한 후 이 남자는 아름다운 여성 여러 명에게 둘러싸인 자신을 발견하게 된다. 분명히 이 광고의 목적은 많은 사람에게 액스 바디 스프레이에 대한 긍정적인 이미지를 심어 주는 것이다. 하지만 케빈의 경우 오히려 역효과가 발생했다. 제품 그 자체에는 아무런 문제가 없었다. 좋은 향이 나고 효과적으로 체취를 제거하는 좋은 제품이었다. 하지만 제품의 광고가 보여 준 문화적 연관성으로 인해 케빈은 이 제품을 사용하지 않기로 마음먹었다. 이것은 임의적인 제품 이미지가 어떤 경우에는 고객을 등 돌리게 할 수 있다는 것을 보여 주는 예시다. 하지만 이와 비슷하게 다른 라이프스타일 광고는 정반대의 긍정적인 효과를 지니고 있다. 다만 이런 긍정적인 효과는 아주 미약하게 드러나서 알아차리기 어려울 뿐이다. 특히나 전략적으로 자기기만에 능한 자들에게는 말이다. 하지만 같은 방식으로 모든 소비자에게 영향을 미치고 있다. 이 책이 말하고자 하는 이론은, 라이프스타일 광고나 이미지 기반의 광고는 파블로프의 개 훈련 방법이 아니라 제3자 효과를 통해 소비자들에 영향을 미친다는 것이다. 그렇다면 이것이 실제로 일어난다는 증거는 어디에 있을까?

이 이론으로부터 몇 가지를 예측해보자. 그리고 이 예측들이 실생활에서 실제로 일어나는지 확인해 보자.

예측 1. 라이프스타일 광고는 개인적 용도로 사용되는 제품보다 사회적 용도로 사용되는 제품을 판매하기 위해 이용된다.

만약에 라이프스타일 광고가 파블로프의 개 훈련과 동일한 방식으로 사람들에게 영향을 미친다면, 모든 제품 광고에 라이프스타일 광고가 적용될 것이다. 심지어 빗자루, 땅콩버터, 가스와 같이 완전히 개인적인 용도로만 사용되는 제품까지 말이다. 라이솔Lysol과 같은 가정용 세제는 럭셔리 제품으로 홍보될 것이다. 연예인들과 상류층 사람들이 집을 최상의 컨디션으로 유지하기 위해 사용하는 제품으로 말이다. 그리고 소비자들은 라이솔을 럭셔리한 생활 방식과 연관 짓고 라이솔을 구매하기 위해 높은 비용을 기꺼이 지불할 것이다.

하지만 개인적인 용도로 사용되는 제품이 이런 식으로 광고되는 경우는 거의 없다. 제품을 통해 사용자를 판단하기 쉬울수록 그 제품은 문화적 이미지나 라이프스타일과의 연관성을 바탕으로 광고될 가능성이 높다.[28] 눈으로 보이지 않고 형태가 없는 제품 또한 구매자를 판단하는 데에 이용될 수 있다. 향수를 뿌리면 누가 어떤 향수를 쓰는지 물어볼 수 있다. 휴가를 떠나면 누군가가 휴가에 대한 이야기를 해 달라고 할 수 있다. 디지털 음악 라이브러리는 '보이지'는 않지만 '당신이 가장 좋아하는 밴드가 뭐예요?'라는 질문을 받을 수도 있다. 그리고 이에 대한 대답과 관련된 정보를 바탕으로 상대를 판단하는 게 가능하다.

예측 2. 라이프스타일 광고는 보는 사람이 많을수록 효과적이다.

만약에 라이프스타일 광고가 파블로프의 개 훈련 방식으로 사람들에게 영향을 미친다면 광고주가 가장 신경 써야 할 것은 광고를 본 사람의 숫자다. 광고를 본 사람들은 다른 사람들도 동일한 광고를 봤는지에 대해서는 전혀 관심이 없다. 만약에 광고가 파블로프의 개 훈련 방식으로 영향을 미친다면 '당신만의 해변가를 찾으세요'라고 말하는 코로나 맥주 광고를 본 사람이 단 한 명일지라도 그 사람은 광고에 설득되어 코로나 맥주를 구매할 것이다.

하지만 제3자 효과를 적용한다면 다른 사람이 광고를 봤는지 안 봤는지가 중요해진다. 따라서 많은 대중에게 노출되는 광고가 더욱 효과적이다. 자신뿐만 아니라 다른 사람도 동일한 광고를 봤다는 확신이 있어야 하기 때문이다.

한번 방송될 때마다 약 5천만 가구가 동시에 보는 슈퍼볼Super Bowl 광고[29]와 5천만 가구에 따로따로 메일을 전송하는 광고(메일을 받는 사람들은 서로를 알지 못한다)[30]를 비교해 보자. 슈퍼볼 광고 시청자들에게 개별적으로 광고하는 것보다 전체에게 광고하는 것이 훨씬 더 효과적이기에 라이프스타일 광고주는 기꺼이 프리미엄을 지불하고 슈퍼볼 광고를 방영한다.

마이클 최는 다양한 TV 프로그램과 상품 분류의 광고 가격 책정을 연구하며 이러한 사실을 발견했다. 인기가 없는 TV 프로그램과 비교했을 때 인기가 많은 프로그램에 광고를 방영하려면 광고주는 사람당 광고 비용을 더 많이 지불해야 한다. 그리고 사회적 이미지 관련 제품을 판매하는 광고주는 더 많은 시청자를 확보하기 위해 프리미엄 비용을 기꺼이 지불한다. 슈퍼볼과 같은 이례적인 TV 행사에서 방영되는 광고의 경우 대부분이 사회적 이미지 제품과 관련된 것이었다.[31]

예측 3. 일부 라이프스타일 광고는 잠재적 구매자가 아닌 제3자를 타기팅한다.

만약에 라이프스타일 광고가 파블로프의 개 훈련 방식으로 영향을 미친다면 제품을 살 수 없거나 살 가능성이 없는 사람들에게 광고를 하는 것은 말이 되지 않는다. 브랜드는 주 구매층에게만 광고하도록 광고 타기팅을 최대한 좁게 잡을 것이다. 만약에 단 만 명만이 제품을 살 여력이 된다면 굳이 백만 명을 대상으로 광고를 게재할 필요가 없다. 하지만 만약에 라이프스타일 광고가 제3자 효과 방식으로 영향을 미친다면 제품을 살 사람과 사지 않을 사람 모두를 포함하는 더 넓은 고객층을 대상으로 광고를 하는 것이 비즈니스 측면에서 더 의미있는 제품도 존재할 것이다.[32]

구매하지 않을 사람도 타기팅하는 이유 중 하나는 질투심을 유발하기 위해서다. 밀러의 주장에 따르면 대부분의 사치품 광고가 여기에 해당된다. "대부분의 BMW 광고는 잠재적 BMW 구매자를 타기팅한다기보다 BMW를 흠모하는 사람을 타기팅하는 것이다."[33] BMW가 자사의 자동차 광고를 인기가 많은 TV 프로그램 사이에 내보내거나 발행 부수가 많은 잡지책에 게재한다 해도 그 광고를 보고 실제로 BMW를 살 사람은 많지 않다. 하지만 목표는 구매하지 않는 사람들에게도 BMW가 럭셔리 브랜드라는 생각을 주입시키는 것이다. 이 목표를 달성하기 위해서 BMW는 부유한 사람과 가난한 사람 모두를 대상으로 하는 매체에 광고를 해야 한다. 부유한 사람의 입장에서 가난한 사람에게 BMW가 지위를 상징하는 제품으로 인식된다는 효과도 있다.

이런 광고는 다소 교묘하고 소비자들을 농락하는 듯 보인다. 실제로도 그렇다. 하지만 이것이 꼭 나쁜 것만은 아니다. 이런 전략이 명예로운 목적을 위해 사용될 수도 있기 때문이다. 예를 들어 미국 해병대는 신체적 강인함과 정신적 탁월함을 기를 수 있는 곳으로 광고된다. 해병대에 입대할 지원자를 대상으로 광고하는 것이기도 하지만 일반 시민들에게 해병대 군인은 신체적 강인함과 정신적 탁월함을 지닌 자들이라고 홍보하는 것이기도 하다. 해병대 제대 후 사회로 복귀했을 때 이들이 사회에서 좋은 대접을 받도록 하는 것이 또 다른 목표이다.

결론적으로 인간은 스스로 인지하는 것보다 훨씬 더 다양하고 눈에 보이지 않는 방식을 이용해 과시적으로 소비한다. 광고주는 인간의 이러한 본성을 알고 이용한다. 그렇다고 해서 모든 광고가 인간의 비이성적인 감정을 토대로 만들어지고 쓸모도 없는 제품을 사도록 세뇌시키는 것은 아니다. 다만 넓은 연대 문화를 바탕으로—우리 자신의 머릿속에는 없지만 제 3자의 머릿속에는 있는—하는 광고를 통해, 제품은 자신을 표현하고 좋은 면을 드러내는 수단이 된다.

11장
예술

인간은 동물이다. 이 책에서 지금까지 끊임없이 주장해 온 바이다. 그럼에도 우리가 일상생활에서 자주 잊어버리는 사실이기도 하다. 우리는 언어, 사고, 음악, 기술, 종교 등 인간이 다른 동물과 다른 점에 과도하게 집중하곤 한다. 인간이 분명 다른 동물과는 다른 점이 많은 존재이긴 하지만 인간 또한 모든 동물의 행동에 적용되는 동일한 과정에 의해 행동한다. 생존하고 번식하기 위해 필수적인 과정인 자연 선택 및 자웅 선택이다.

이번 장에서는 인간의 행동 중 가장 특이하고 별난 행동인 예술을 살펴볼 예정이다. 인간은 오랜 시간 예술 활동을 해 왔다. 유럽에서는 동굴 벽화가 발견되었고 1만 5천 년에서 3만 5천년 전 사이에는 비너스상이 발견되었다.[1] 지구 반대편에 있는 인도네시아에서는 4만 년 전에 만들어진 암각화가 발견되었다.[2] 그리고 훨씬 이전의 예술을 살펴보자면, 남아프리카에서는 10만 년 전 만들어진 석간주 판화가 발견되었고, 석간주가 보디 페인트로 사용되기 시작한 것은 심지어 훨씬 그 이전이다.[3] 예술은 인류 보편적인 활동이다.[4] 지구상에서 지금까지 존재했던 모든 문화는 그림 그리기든, 머리 장식이든, 보디 페인트이든, 거주지 꾸미기든, 나무로 조각상 만들기든, 음악 또는 시 만들기든, 다양한 형태의 예술 활동으로 영위해 왔다.

하지만 한 가지 의문은 예술이 시간과 에너지 소비 면에서 비용이 들어가는 행동이라는 것이다.[5] 그리고 동시에 비실용적인 행동이라는 것이다[6] (상자 13 참조). 예술 활동을 한다고 해서 돈을 벌 수 있는 것도 아니고 아이들이 잘 자라는 것도 아니고, 우리를 춥지 않게 해 주는 것도 아니다. 적어도 직접적으로는 말이다. 표면적으로 예술은 시간과 에너지 낭비처럼 보인다. 자연 선택 측면에서 낭비란 허용되지 않는다. 그렇다면 인간의 예술 본능은 어떻게 진화할 수 있었을까?

상자 13 예술이란

예술이란 무엇인가? 이 질문은 '예술'을 주제로 하는 이번 장에서 중요한 질문이다. 하지만 솔직히 예술의 정의에 대한 논쟁은 최대한 피하고 싶다. 스코틀랜드 철학자 월터 브라이스 갈리Walter Bryce Gallie는 예술을 '본질적으로 경합하는 개념'이라고 정의했다. 즉, 사람들은 예술이 무엇인지에 대해 결코 합의를 이룰 수 없으리라는 말이다.[7] 이번 장에서 저자의 목표는 단순하다. 사람들이 왜 예술을 만들고 향유하는지 살펴보는 것이다. 여기선 예술이 무엇인지 정의하지 않고 예술이 무엇이어야 하는지는 더더욱 다루지 않고자 한다.

그럼에도 예술이라고 부를 수 있는 행동의 범위는 짚고 넘어가 보자. 다소 너그러운 태도로 예술을 바라보고 '예술'이라는 개념 아래에는 다양한 형태가 존재한다는 것을 인정하고자 한다. 이 책에서 예술이라고 정의하는 영역은 다음과 같다.

- **시각 예술**: 동굴 벽화, 캔버스 위 물감, 돌 조각, 그래픽 디자인
- **공연 예술**: 음악, 춤, 연극, 영화, 코미디
- **언어 예술**: 시, 소설
- **신체적 예술**: 패션, 문신, 피어싱, 화장, 보석
- **가내 예술**: 인테리어 디자인, 원예, 요리, 장식용 공예

감히 예술을 정의해 보자면 미국의 미학자 엘렌 디사나야케Ellen Dissanayake가 정의한 것처럼 '특별하게 만들어진' 모든 것이라고 할 수 있

겠다. 어떤 기능적이고 실용적인 용도로 만들어진 것이 아니라 순전히 인간의 즐거움과 볼거리를 위해 만들어진 것 말이다.[8] 예를 들어 점토로 만들어진 항아리는 기능적인 요소가 강하다. 따라서 '예술'이라고 할 수 없다. 하지만 그 항아리가 어떻게 칠해지고 조각되었는지, 얼마나 특이한 형태를 띠고 있는지, 또는 얼마나 비기능적인 요소들로 꾸며져 있는지에 따라 '예술'로 간주할 수도 있다.

진화심리학자 제프리 밀러는 그의 저서 《연애THE MATING MIND》에서 희망찬 해답을 내놓았다. 밀러는 생태학적 선택(생존하기 위한 압박)은 낭비를 혐오하는 반면 자웅 선택은 낭비를 선호한다고 말했다. 2장에서 다룬 내용의 연장선에서 볼 때, 인간은 시간, 에너지 그리고 다른 자원을 낭비할 여력이 있는 상대를 선호한다(상자 14 참조). 하지만 이때 중요한 것은 낭비 그 자체가 아니라, 낭비가 잠재적 배우자의 건강, 부, 에너지와 같은 생존에 비필수적인 나머지 요소들에 대한 중요한 정보를 전달한다는 점이다.

이 주장의 진위를 따져 보기 위해 비인간의 세계를 들여다보자.

상자 14 예술은 환경에 적응한 결과일까? 아니면 진화의 부산물일까?

이족보행은 인간이 환경에 적응하면서 나타난 현상이다. 자연 선택으로 인해 진화되었거나 유지된 기능적인 특징이다. 반면에 인간의 독해력은 그렇지 않다. 자연 선택으로 인해 인간의 독해력이 발전하지는 않았다. 시각, 언어, 도구 사용과 같은 다른 적응의 부산물일 뿐이다.[9]

그렇다면 예술은 어떨까? 적응의 결과일까, 진화의 부산물일까? 많은 진화심리학자들은 예술을 환경에 대한 적응으로 본다. 즉, 자연 선택(자웅 선택도 포함)을 통해 생물학적 적합성 향상을 위해 진화 및 유지되었다는 것이다.[10] 모두가 동의하는 주장은 아니다. 캐나다 언어학자이자 심리학자인 스티븐 핑커Steven Pinker는 음악을 '귀로 듣는 치즈케이크'라고 말했다. 즐길 만하지만 특별히 유용하지 않다는 것이다.[11] 하지만 대부분의 진화론자들은 인간이 예술을 만들고 향유하는 행위를 적응의 산물로 본다.

이와 관련된 주장을 살펴보자. 우선 예술은 인류 보편적인 활동이다. 예술 활동을 향유하지 않는 문화는 없다.[12] 그리고 예술 활동에는 비용이 들어간다. 창작은 시간과 에너지가 소비되는 활동이다.[13] 하지만 생존이나 번식에 도움은 되지 않으면서 비용만 들어가는 행동은 모두 자연스럽게 소멸된다. 즉, 비용이 드는 활동이 인류 보편적이라면 그것이 긍정적인 도태 압박으로 작용한다는 뜻이다.[14] 마지막으로, 진화론적인 관점에서 예술은 충분히 오래되었다. 자연 선택이 작용할 시간이 충분했다는 것이다.[15]

그렇다고 예술에 적합한 유전자가 따로 존재한다는 것은 아니다. 예술은 인간이 환경에 적응하는 과정에서 부산물로 생겨났을지도 모른다. 하지만 예술이 어떻게 생겨났는지는, 많은 비용이 소모되는 활동임에도 불구하고 예술이 여러 세대를 걸쳐 살아남았다는 사실만큼 중요하지는 않다. 이런 점에서 예술이 환경에 대한 적응으로 생겨난 활동이라는 것을 알 수 있다.

바우어새 이야기

바우어새는 인간과 너무나도 비슷한 행동을 하는 놀라운 새다. 인간을 제외하고 가장 놀라운 생명체 중 하나라고 할 수 있을 정도로 말이다.

바우어새는 호주, 뉴기니의 숲과 관목지에 서식하며 총 20종의 바우어새가 있다.[16] 바우어새가 특이하다고 여겨지는 이유는 바로 그들이 짓는 정자bower 때문이다. 수컷 바우어새는 암컷을 유혹하기 위해 둥지를 정자처럼 멋지게 꾸민다. 종마다 정자를 다른 모양과 크기로 짓는다. 막대기를 세로로 놓아 벽처럼 만든 후 긴 통로 형태를 만들기도 하고, 다양한 색깔의 긴 막대기들을 텐트 모양처럼 배치하기도 한다. 하지만 그중에서도 가장 인상적인 정자는 몸길이 10인치밖에 되지 않는 보겔콥바우어새가 만든 정자일 것이다. 이 정자는 지면으로부터의 높이가 약 9피트에 달하고 입구는 밀러의 말을 빌리자면 "데이비드 애튼버러David Attenborough가 기어 들어갈 수 있을 만큼" 크다.[17] 이 정자를 처음 본 동물학자들은 정말 너무나도 작은 새가 이렇게 큰 정자를 만들었으리라고는 상상도 못 했다고 한다. 새가 아니라 그 지역의 주민들이 아이들 놀이 공간으로 만든 곳인 줄 알았다고 했을 정도이다.[18]

수컷 바우어새는 한 단계 더 나아가 정자를 꾸미는 일에도 열정을 다한다. 여기서 인간의 예술 활동과 비슷한 면모를 엿볼 수 있다. 몇몇 종은 정자 벽을 파란빛이 나는 '페인트'로 칠한다. 또 다른 종은 둥근 조약돌, 달팽이집, 꽃잎, 반짝이는 딱정벌레와 같이 희귀하고 보기 좋은 다양한 물건들을 모은 후 정자 주변에 이것들을 아주 정성스럽게 배치하는 데 많은 시간과 노력을 들인다. 새틴 바어우새는 파란색 물건만 골라 모으는 특이한 취향이 있다. 깃털, 열매, 꽃, 그리고 심지어 병뚜껑과 볼펜 같은 인간의 물건조차 파란색만 골라서 모은다.

이렇게 정성스럽게 정자를 만드는 목적은 단 한 가지다. 암컷 새들을 유혹하는 것이다. 더욱 놀라운 사실은 이렇게 수컷이 정성을 들여 만든 정자는 암컷이 알을 낳거나 새끼를 키우기 위해서 사용되지 않는다는 것이다. 수컷 새와 짝짓기를 한 후 암컷 새는 나무 위에 자신만의 (훨씬 작은) 컵 모양 둥지를 만들기 위해 떠난다. 그리고 그곳에 알을 낳은 후 새끼들을 온전히 홀로 키운다.

암컷 새 입장에서 수컷 새는 새끼의 유전자 절반만 제공하기 위해서 존재한다. 낭비처럼 보일 수도 있다. 왜 다른 종처럼 수컷 새에게 같이 새끼를 키우자고 도움을 요청하지 않을까? 하지만 알고 보면 수컷 새는 자기 몫만큼의 유전자보다 많은 것을 제공한다. 시험을 통과한 정자sperm, 즉 자연으로부터 선택받은 정자를 제공하는 것이다. 수컷 새가 제공하는 정자는 대자연으로부터 신체적으로 그리고 유전적으로 건강하다는 인증을 받은 셈이다. 둥지를 짓고 꾸미기 위해서 수컷 새는 대부분의 시간을 숲을 샅샅이 뒤지며 물건을 모으고, 모은 물건을 신중하게 둥지 주변으로 배치하고 장식하는 데 사용해야 한다. 장식품이 오래되면 새로운 장식품을 찾아 나서야 한다. 그리고 둥지를 탐내고 장식품에 눈독을 들이는 라이벌로부터 자신의 둥지를 지키기도 해야 한다.[19] 밀러는 "짝짓기 철이 되면 수컷 새는 거의 매일 그리고 하루종일 둥지를 짓고 유지하는 데 시간을 쓴다"고 말했다. 이 모든 노력에 대한 보상은 더 많은 짝짓기 기회를 얻는 것이다. 성공한 수컷 바우어새는 한 철 동안 최대 서른 마리의 암컷 새와 짝짓기를 한다.[20] 반면 조금 덜 화려하거나 눈에 띄지 않는 둥지를 지은 수컷 새들은 단 한 마리의 암컷도 유혹하지 못한다. 결국 이렇게 짝짓기에 실패한 수컷 새들의 열성 유전자는 다음 세대로 전달되지 못하는 것이다.

바우어새의 행동을 수컷과 암컷 입장에서 생각해 보자. 수컷 새에게서는 핸디캡 원리의 덕목을 찾아볼 수 있다.[21] 둥지를 만드는 것은 어렵다. 그리고 바로 어렵다는 이 사실에 주목해야 한다. 만약에 둥지를 만드는 일이 쉬웠다면 모든 수컷 새가 할 수 있을 것이다. 건강한 수컷은 자신의 적합성을 건강하지 않은 수컷이 할 수 없는 일을 해냄으로써 증명해 보인다. 새틴 바우어새를 살펴보자. 자연에서 엄청나게 찾기 어려운 파란색 장식품을 모으는 것은 다른 색깔의 장식품을 모으는 것보다 수컷 새의 유전적 적합성을 훨씬 효과적으로 나타낼 수 있다. 병약한 수컷도 자신의 정자를 자연에 넘쳐 나는 초록색이나 갈색 장식품으로 꾸밀 수 있다. 하지만 원기 왕성한 수컷만이 잠재적인 짝짓기 상대를 감동시키기 위해서 희귀한 파란색 장식품을 모을 수 있다. 어려움에도 불구하고 파란색 장식품을 모으는 것이 아니라, 어렵기 때문에 모으는 것이다.

암컷 바우어새를 통해, 수컷 구혼자의 자질을 평가하는 데 안목이 얼마나 중요한지 알 수 있다.[22] 암컷 바우어새는 최종 짝짓기 상대를 선택하기 전에 최소 여덟 마리의 수컷 바우어새를 만나 본다.[23] 만약에 이렇게 많은 수컷 새를 만나 보지 않으면 실수로 덜 적합한 수컷과 짝짓기를 할 수도 있기 때문이다. 이 점은 바우어새가 서식하는 환경이 다양하다는 점에서 특히나 중요하다. 만약에 새틴 바우어새가 파란색 물건이 넘쳐 나는 숲에서 산다면 상대적으로 덜 적합한 수컷 새도 암컷 새를 감동시킬 수 있을 만큼 파란색 물건을 많이 모을 수 있다. 많은 수컷 새를 만나 보고 이들이 만든 정자를 방문해 봄으로써 암컷 새는 가장 적합한 수컷을 짝짓기 상대로 선택할 수 있다.

예술과 인간

바우어새의 행동과 인간의 예술 활동 간에는 흥미로운 유사점이 존재한다. 하지만 그 전에 차이점부터 짚어 보도록 하자.

우선, 인간 남성은 예술 창작 활동을 독점하지 않는다. 여성도 마찬가지다. 두 가지 성 모두 얼마든지 열렬히 창작하고 누릴 수 있다. 구애를 위해 예술을 활용하는 경우 양방향으로 영향을 미친다. 남성이 예술을 통해 여성에게 좋은 인상을 남길 수도 있고 그 반대가 될 수도 있다.[24] 여성뿐만 아니라 남성도 자손 번식을 위해 많은 것을 투자하고 배우자를 선택하는 데 있어서 까다로울 필요가 있다.

하지만 이보다 더 큰 차이는 인간의 예술 활동은 구애 활동 그 이상의 목적을 지니고 있다는 것이다. 바로 예술가 자신을 잠재적인 배우자로서 홍보하는 것이다. 예술은 예술가 자신의 건강, 에너지, 활력, 신체 조절력 등 전반적인 적합성을 나타내는 수단이 된다.[25] 물론 적합성은 잠재적 배우자를 상대로 구애를 벌이기 위한 수단이기도 하지만 동맹을 결성하거나 라이벌을 위협하는 수단이 되기도 한다.[26] 《천일야화One Thousand and One Nights》에서 세헤라자데는 유명한 이야기꾼이다. 그녀는 다채로운 이야기를 들려줌으로써 처형을 피하고 왕의 사랑을 얻는다. 반면에 미국 시인이자 작가인 마야 안젤루Maya Angelou는 자신의 시를 유혹의 수단이 아닌 감동의 통로로 사용했다. 1993년, 그녀의 시에 너무나도 큰 감동을 받은 빌 클린턴은 그녀를 자신의 취임식에 초대했다. 예술이 라이벌을 위협하기 위해 사용되는 건 흔하지 않다. 그래피티(갱단이 자신의 영역을 표시하기 위해 벽을 장악하는 경우)와 스탠드업 코미디(코미디언이 관중 중 야유하는 사람에게 창피를 주기 위해 유머를 사용하는 경우)에서는 종종 볼 수 있다. 요점은 예술 활동의 목적이 무엇이든 예술은 단순히 자신을 표현하고 과시하는 수단이라는 것이다. 그리고 인간은 수도 없이 많은 이유로 다른 사람에게 잘 보이고 싶어 한다.

중요한 것은 예술가들은 이런 동기를 의식할 필요가 없다는 사실이다.[27] 지금까지 이 책에서 다뤄 왔지만 인간은 무의식적인 동기에 따라 행동하는 것에 능하다. 특히 그 동기가 반사회적이고 규범을 위반하는 것이라면 더더욱 그렇다. 인간이 자신의 적합성을 나타내기 위해 예술을 이용한다는 사실을 인지하는 건 중요하지 않다. 예술이 인간의 적합성을 자랑하기 위해서 사용된다는 사실만이 중요할 뿐이다. 예술가, 그리고 소비자에게도 예술은 유용하고 중요한 수단이다. 우리는 우리에게 예술 작품을 만들고 누리길 원하는 본능이 존재한다는 사실에 그리 놀랄 필요 없다.

예술이 무엇인지 그리고 무엇이어야 하는지에 대해서는 일반적인 통념뿐만 아니라 오래된 철학이 담긴 문헌도 존재한다. 예술의 목적은 미를 나타내고 즐거움을 전달하는 것이다. 또는 자기표현이나 관중과 소통하는 것, 즉 소비자가 직접 생각하지 못하고 느끼지 못하고 경험하지 못하는 생각, 감정, 경험을 전달하는 것이기도 하다. 예술은 도전을 제시하고, 한계를 초월하고, 정치적 변화를 유도해야 한다. 예술의 이런 역할들은 상호 배타적이지 않으며 적합성 과시 이론과도 양립 가능하다. 예술 감상을 통해 우리는 경이로움과 같은 감정을 느끼기도 하며, 창작 활동을 통해 성취감과 보람 등 고도의 경험을 하기도 한다.

이번 장에서 말하려는 바는 단순히 '자기 자랑'이 예술 활동 이면에 있는 중요한 동기 중 하나라는 점이다. 그리고 인간의 예술적 본능 중 많은 면이 이 동기에 의해 엄청난 영향을 받는다는 것이다. 예술 작품을 만들어 내는 예술가만 자랑하길 원하는 것이 아니다. 예술 작품의 소비자도 예술가를 판단하기 위해 예술을 사용한다. 이것이 많은 사람들이 예술을 감상하는 주된 이유 중 하나다. 예술을 자신의 적합성을 자랑하기 위한 수단으로 보지 않는 이상 이런 현상의 전체적 그림을 완전히 이해할 수 없을 것이다.

기억해야 할 것은 예술가와 소비자가 예술 창작과 향유 활동을 통해 어떻게, 그리고 어떤 이득을 얻는지에 대한 해답을 찾아야 한다는 것이다. 예술 창작과 향유 활동 모두 엄청난 노력과 주의가 요구되는 일이기 때문이다. 예술도 결국 동물의 행동 중 하나이다. 그리고 예술이 적합성을 자랑하기 위한 수단이라는 이론을 통해 예술이 생존과 번식의 가능성을 높이는 행위라는 것을 설명할 수 있다. 특히 수렵 채집인이었던 우리 조상들의 원시 미술의 경우 더더욱 그랬다.

적합성 과시 이론을 통해서만 이해할 수 있는 몇 가지 현상을 살펴보기 전에 예술 작품의 '내적' 그리고 '외적' 특징에는 어떤 것이 있는지 알아보자.

● 내적 요소란 예술 작품 그 자체에 존재하는 요소로 소비자가 예술

작품을 감상할 때 직접적으로 느낄 수 있는 것을 의미한다. 지각과 관련된 요소라고 할 수도 있다. 예를 들어 그림의 지각적 요소는 색, 질감, 붓질과 같은 캔버스 위에서 볼 수 있는 모든 것을 의미한다.[28]

- 반면에 외적 요소란 예술 작품 외부에 존재하는 요소로 소비자가 예술 작품을 감상할 때 직접적으로 느낄 수 없는 것을 의미한다. 작품을 만든 예술가가 누구인지, 어떤 기술이 사용되었는지, 작품을 완성하는 데 시간이 얼마나 소요되었는지, 작품이 얼마나 '오리지널'한지, 작품에 사용된 재료가 얼마나 비싼지와 같은 것들이다. 예를 들어 그림을 감상할 때, 소비자는 화가가 사진을 보고 따라 그렸는지 궁금해하기도 한다. 그림 감상의 지각적 경험을 방해하지 않는 한 이 궁금증도 예술의 외적 요소라고 볼 수 있다.

이제 예술의 의미와 목적을 바라보는 두 가지 관점, 미학 감상과 소통 등의 전통적인 관점과 적합성 과시 이론의 차이점을 살펴보자. 전통적인 관점은 대부분 예술의 내적 요소에서, 그리고 그러한 내적 요소를 감상함으로써 얻게 되는 경험에서 예술의 가치를 찾는다. 예를 들어 미beauty는 예술 작품 그 자체로부터 오는 경험으로 이해된다. 전통적인 관점에 따르면 예술가는 예술적 기교와 표현력을 통해 물질적인 결과물을 만들어 내고 소비자는 이 물질을 감상하고 누린다. 반면, 외적인 요소는 대부분 부차적인 것이거나 감상 이후 고려되는 요소이다. 전통적인 관점에서 외적인 요소는 예술가와 소비자의 거래에서 그다지 중요하지 않다.

반면에 적합성 과시 이론에서는 외적인 요소가 예술 감상에서 중요한 부분을 차지한다. 적합성을 과시하기 위한 수단으로서 예술은 예술가의 기교 등 예술가 자체에 대해서 많은 것을 알려 준다. 사람들에게 감동을 주는 작품, 즉 예술가와 소비자 모두가 성공작이라 인정하는 작품과 그렇지 않은 작품의 차이는 외적인 요소에 달렸다. 예술 작품이 보기에(내적으로) 아름답지만 너무 쉽게 만들어졌다면(사진을 보고 베낀 그림처럼) 그 작품은 그와 비슷한 작품이지만 만드는 데 훨씬 더 대단하고 많은 기술이 요구되는 작품에 비해 가치가 떨어진다고 여겨진다. 한 연구 결과, 소비자들은 여러 명의 작가가 참여한 작품은 한 명의 작가가 만든 작품보다 가치가 떨어진다고 보았다. 작품의 가치를 단순히 완성품 그 자체로 판단하는 것이 아니라 작품을 만드는 데 얼마나 많은 노력이 들어갔는지를 바탕으로 판단하기 때문이다.[29]

외적 요소의 중요성은 가상의 '복제품 박물관'을 생각해 보면 더욱 극명해진다. 여기서 복제품 박물관이란 전 세계 명작들의 복제품을 전시해 둔 곳이다. 만약에 복제품이 완벽하게 복제되었다면 원본인 명작과 구분이 어렵다. 그렇다면 예술가와 예술을 공부하는 학생은 원본을 찾아다니겠지만 (전통적인 관점에 따르면) 나머지 일반 사람들은 복제 박물관에서 작품을 감상하는 것을 개의치 않을 것이다. 복제품은 원본에 비해 훨씬 저렴하기 때문에 낮은 가격에 훨씬 많은 작품을 감상할 수 있기 때문이다. 파리, 런던, 베니스, 뉴욕 등 전 세계 여기저기 흩어진 원본을 보러 돌아다닐 필요가 없게 된다. 물론 이런 복제 박물관은 존재하지 않는다. 이런 상상만으로도 스스로가 약간 한심하게 느껴질 정도다.[30] 하지만 그것이 여기서 말하고자 하는 바다. 복제품에 대해 우리가 어떻게 느끼는지 생각해 보면 예술이 단순히 감각적이고 지적인 경험을 위해서만 존재하는 것은 아니라는 점을 알 수 있다.

아름다운 디테일, 비현실적인 배경 그리고 그 유명한 오묘한 미소로 세계적인 명작으로 꼽히는 레오나르도 다 빈치Leonardo da Vinci의 모나리자를 생각해 보자. 지구에서 가장 인기 있는 그림으로 꼽히는 모나리자를 보기 위해 많은 사람이 직접 루브르 박물관을 방문한다. 미국 철학자 제시 프린츠Jesse Printz와 안젤리카 사이델Angelika Seidel이 한 연구에서 피험자들에게 모나리자가 불에 타 완전히 재가 된 가상의 시나리오를 떠올려 보라고 하자 피험자의 80퍼센트는 원본과 똑같은 완벽한 복제품이 존재한다 해도 재가 되어 버린 원본을 보겠다고 말했다.[31] 어떤 생각이 드는가?

외적 요소의 중요성

예술가인 친구가 있다고 생각해 보자. 친구가 최근에 작업한 작품을 보여 주겠다며 당신을 작업실에 초대한다. 친구는 이렇게 말한다. "조각상 같은 거야. 매끈한 소용돌이 모양에 뾰족한 징이 달렸지. 분홍색과 오렌지색이고. 꽤 추상적인 작품이지만 네가 좋아할 것 같아." 작품에 관심이 생긴 당신은 작업실에 들른다. 방 한가운데 있는 받침대 위에 놓인 작품은 친구가 말한 대로 조각상이다. 그것은 조개껍데기같이 생겼고 섬세해 보인다. 친구 말이 맞다. 아름다운 작품이다. 자세히 보려고 작품에 다가갈수록 진짜 조개껍데기인 것 같다는 생각이 밀려들기 시작한다. 방금 해변가에서 주워 온 걸까? 아니면 친구가 스스로 만든 걸까? 이 '조각상'을 감상하려고 하지만 질문이 머릿속을 떠나지 않는다. 지각적 경험은 이미 고정되어 있다. 그 '작품'이 어디서 왔든 받침대 위에 놓인 것은 누가 봐도 보기에 아름답다. 하지만 예술 작품으로서 가치는 온전히 작가의 기술에 달렸다. 친구가 정말 해변가에서 그 '조각상'을 주워 왔다면 예술적 가치는 없는 것이고, 3D 프린터를 사용해 만들었다면 조금은 그 가치를 인정할지 모른다. 만약에 직접 대리석을 깎고 조각했다면 그것의 예술적 가치를 완전히 인정할 것이다.

이렇게 예술가의 노력과 기술을 평가하기 위해 사물의 내적 요소 그 너머를 보는 게 예술 경험의 본질이다. '예술'이라고 부를 수 있는 모든 것에서 우리는 그것이 제공하는 단순한 지각적 경험 그 이상을 모색한다. 특히 그 작품이 어떻게 만들어졌는지, 작품의 구성이 예술가의 기교를 어떻게 나타내는지 궁금해한다.

우리가 예술 작품을 평가할 때 독창성을 얼마나 강조하는지 생각해 보자. 우리는 독창성 있는 작품을 높이 사고, 아무리 감각적이고 지적이라도 다른 것을 따라 한 것처럼 보이는 작품을 거부한다. 예술이 감각적 경험에 지나지 않는다면 작가가 다른 작품을 모방했는지는 전혀 중요하지 않을 것이다. 하지만 작가의 기술, 노력, 창의력을 평가하는 일이라면 이야기가 완전히 달라진다.

"우리는 매력적인 사람을 찾는다." 밀러가 말했다. "건강하고 에너지 넘치고 또 참을성이 있는 데다 눈과 손의 협응 능력이 뛰어나고, 훌륭한 운동 제어력을 지니고, 지성과 창의력을 가지고 희귀한 재료를 다루고, 어려운 기술을 습득할 능력이 있으며 여유 시간이 많은, 즉 우리가 느끼기에 체력이 좋고 매력적인 사람이 만든 것에 마음이 끌린다."[32]

예술가 또한 이런 점에 반응한다. 더 어렵고 더 많은 노력과 시간이 요구되지만 딱히 최종물의 내적 요소를 드러내지는 않는 기술을 사용한다. 밀러는 또 다음과 같이 말했다. "진화론적 관점에서 예술가가 직면한 근본적인 어려움은, 경쟁자들이 만들 수 없는 무언가를 제작함으로써 자신의 적합성을 드러내고 이를 통해 자신의 사회적 및 성적 매력을 증명하는 것이다."[33] 예술가는 적합성을 과시할 만큼 '인상적인' 것을 만들어 내기 위해 일상적으로 자신의 표현력과 정밀성을 희생한다.

특히 공연 예술에서 예술가의 희생을 엿볼 수 있다. 기술적인 제어 측면에서 보면 영화가 연극 무대보다 훨씬 낫다. 영화감독은 조명, 세트 디자인, 카메라 앵글 등 여러 장치를 끝없이 조율할 수 있고, 감독 기준에 모든 배우들이 완벽하다고 느껴질 때까지 계속 다시 촬영할 수도 있다. 또한, 찰나의 움직임과 표정을 포착하기 위해 카메라를 줌 인zoom in할 수 있고, 실수가 있다 하더라도 촬영 후에 편집이 가능하다. 이런 과정을 통해 만들어지는 결과물은 놀라울 때가 많다. 이런 이유로 영화는 이 시대의 가장 인기 많은 종합예술이 되었다. 그럼에도 관객은 계속해서 연극 무대를 찾는다. 심지어 배우의 얼굴이 보일 듯 말 듯한 극장의 가장 맨 뒷자리 표가 영화표보다 몇 배나 비싼데도 말이다. 왜일까? 실시간으로 관객 앞에서 연극하는 것은 일종의 핸디캡이기 때문이다. 실수가 거의 허용되지 않기 때문에 결과는 훨씬 더 큰 감동을 준다. 우리가 립싱크 가수보다 라이브 가수를 높이 평가하는 것, 미리 각본이 짜인 코미디보다 즉흥적인 코미디를 선호하는 것도 이런 이유이다. 연극 또는 즉흥적으로 선보이는 연기는 사전 녹화된 공연보다 기술적으로는 떨어질 수 있지만 예술가의 재능을 고스란히 과시할 수 있다는 점에서 높이 평가된다.

핸디캡 원리를 다른 곳에도 적용해 보자. 예술에 스스로 제한을 두는 것이다. 운율과 각운을 엄격히 지키는 시인은 규칙에 맞지 않는 단어 사용을 지양한다. 대리석으로 작업하는 조각가는 접착제나 풀로 실수한 곳을 덮지 않는다. 그리고 소비자는 이런 점을 높이 산다. 예술가가 스스로 부여한 제한 때문에 예술을 높이 평가하는 것이 아니라 이런 제한이 예술가의 재능을 더욱 빛나게 만든 점을 높이 사는 것이다.

외적 요소의 변화

'자연적 실험'을 통해서도 예술이 적합성을 과시하기 위한 수단임을 알수 있다. 외적(생산적) 요소 외 나머지 것들은 동일한 상태에서 외적 요소만 변화한 역사 속 시나리오 몇 가지를 살펴보자. 전통적인 관점에서 인간이 예술을 감상할 때 중요한 것은 내적 요소뿐이다. 만약에 내적 요소를 동일한 상태로 둔다면 외적 요소가 변화하더라도 인간의 예술 감상은 크게 변하지 않으리라고 생각할 수도 있다. 하지만 정반대로 예술 경험은 극적인 변화를 겪는다.

바닷가재 이야기로 시작해 보자. 미국 소설가 데이비드 포스터 월리스David Foster Wallace는《재밌다고들 하지만 나는 두 번 다시 하지 않을 일 Consider the Lobster》이라는 책에서 이렇게 말했다.

1800년대까지만 해도 바닷가재는 하위층의 음식으로 여겨졌다. 가난한 사람과 보호 시설에 사는 사람만 먹는 음식이었다. 초기 미국의 가혹한 형벌 환경 가운데서도 몇몇 식민지에서는 너무 잔혹하다는 이유로 수감자에게 일주일에 한 번 이상 바닷가재를 제공하는 것이 불법화되었다. 마치 사람들에게 쥐를 먹이는 것과 같이 여겨졌다. 이처럼 바닷가재가 하위층이 먹는 음식으로 여겨졌던 이유 중 하나는, 그 당시 뉴잉글랜드에 바닷가재가 넘쳐 났기 때문이다. 바닷가재가 얼마나 많았는지에 대해서 "믿을 수 없을 정도로 넘쳐 난다."라고 기록되어 있을 정도이다.[34]

오늘날 바닷가재는 흔한 음식이 아니다. 그에 따라 가격이 올랐고 별미가 되었다. "캐비어보다 겨우 한두 단계 낮은" 음식으로 여겨지는 것이다.

이와 비슷한 상황을 유럽에서도 볼 수 있다. 많은 사람이 야외에서 일했을 당시, 햇볕에 그을린 피부는 사회적 지위가 낮은 노동자를 나타냈다. 반면에 창백한 피부는 부의 상징이었다. 부유한 사람은 밖에서 일하지 않고 실내에서 시간을 보내거나 야외에서 시간을 보낸다 하더라도 햇볕을 막아 줄 파라솔을 소유할 여유가 있었기 때문이다. 이후에 공장과 사무실 등 직업 환경이 실내로 변하면서 창백한 피부를 가진 사람이 많아졌다. 이제는 일반 사람들이 실내에서 일할 때 부유한 사람들은 바깥에서 햇볕을 마음껏 쬐며 여유를 즐긴다.[35]

바닷가재와 선탠을 정확히 '예술'이라고 할 수는 없다. 하지만 우리는 분명히 바닷가재와 선탠을 미학적으로 즐기고 있으며, 이 둘은 외부 요소의 변화에 의해 우리의 취향이 얼마나 극적으로 변하는지 단적으로 보여 준다. 한때는 저렴하고 접하기 쉬웠던 것들이 귀해지고 접하기 어려워짐에 따라 그 가치가 높아지는 것이다. 외적 요소는 보통 이러한 것들을 접하기 쉽게 만드는 방식으로 변화된다.

산업 혁명 이전에는 대부분의 제품이 수공예 방식으로 제작되었다. 이 당시 소비자들은 기술적으로 완벽한 예술 작품을 가치 있다고 여겼다. 예를 들어 사물의 모습을 그대로 재현한 현실주의적 그림과 조각상이 높이 평가되었다. 작품을 감상하는 관중은 현실주의 작품을 통해 쉽게 찾아볼 수 없는 감각적인 경험(내적 요소)을 얻었고 작품은 예술가의 기교(외적 요소)를 나타냈다. 이 두 가지 요소 사이에 갈등이라고는 존재하지 않았다. 다양한 형태의 예술 작품과 기교 전반에 적용되는 사실이었다. 완벽한 대칭, 완만한 선과 표면, 기하학적 형태의 반복 등은 훌륭한 예술가만이 만들어 낼 수 있는 기교라 생각했다.[36]

18세기 중반, 산업 혁명이 시작되면서 새로운 제조 기술이 대거 등장했다. 상당한 노동과 기술이 요구되는 수공예 제품들을 기계로 제작할 수 있게 되었다. 예술가와 장인들도 예술을 만드는 방식에 기술을 도입하기 시작했다. 1920년대와 1930년대 독일 문화 비평론가 발터 벤야민Walter Benjamin은 이 시대를 '기술복제 시대Age of Mechanical Reproduction'라고 지칭했다. 이 시대에 접어들며 미적 경험은 엄청난 변화를 겪게 되었다.[37] 완벽 그 자체만으로는 그 어떤 가치도 인정받을 수 없게 된 것이다. 예를 들어 꽃병은 그 어느 때보다 대칭적으로 완벽하게 만들어졌지만 이 완벽함은 곧 값싸고 대량생산된 제품의 상징이 되었다. 이에 따라 수공예품을 손에 넣을 만한 여유를 가진 소비자들은 수공예품이 지닌 불완전함을 선호하게 되었다.

소스타인 베블런은 《유한계급론》에서 두 개의 숟가락 예시를 든다. 하나는 수공예로 만들어진 비싼 은수저고 다른 하나는 공장에서 제작된 값싼 알루미늄 수저이다.[38] 이 두 수저는 모두 식기로 사용 가능하며, 사용자의 입으로 음식을 전달하는 데 전혀 문제가 없다. 하지만 소비자들은 알루미늄 숟가락보다 은 숟가락을 훨씬 선호한다. 은이 알루미늄보다 아름답기 때문일까? 대부분 소비자는 그렇다고 대답할 것이다. 하지만 아마존 밀림에 거주하는 수렵 채집인에게 이 두 개의 숟가락을 보여 준다고 생각해 보자. 이 사람은 각기 다른 금속의 가치를 모를뿐더러 현대 제조 방식에 대해서도 전혀 모른다. 윤이 반짝반짝 나는 두 개의 숟가락 모두 수렵 채집인에게는 좋아 보일 것이다. 물론 입자나 색깔이 살짝 다르긴 하겠지만, 이는 별로 중요치 않다. 그리고 은 숟가락이 조금 더 무거울 수도 있지만, 이 또한 수렵 채집인에게는 그냥 사용성이 좋은 가벼운 숟가락을 선택하면 될 일일 테다. 아마 가장 두드러지는 차이점은 알루미늄 숟가락의 표면은 흠집 하나 찾아볼 수 없을 정도로 완벽하게 세공된 반면, 은수저의 표면에는 세공인의 망치질로 인해 눈에 거의 보이진 않지만 약간의 흠집이 남아 있다는 점일 터다. 두 개의 숟가락을 면밀히 관찰한 다음 수렵 채집인은 별 고민 없이 알루미늄 숟가락을 선택할 것이다.

수렵 채집인이 두 개의 숟가락을 살펴보면서 '놓친' 것은 숟가락이란 물리적 사물 그 자체에는 전혀 없다. 숟가락에 대한 중요한 사실은 순전히 숟가락의 외적 요소에만 존재한다. 우리는 알루미늄은 흔하고 값싼 금속인 반면 은은 희귀하고 귀중한 금속이라는 것을 알고 있다. 그리고 공장에서 대량으로 생산된 제품은 누구나 소유할 수 있지만 장인의 손길이 닿은 이 세상에 하나밖에 없는 수공예품은 부유한 사람만이 소유할 수 있다는 것도 알고 있다. 세련된 취향을 가진 소비자들이 이런 사실을 알게 되면, 흔하디흔한 알루미늄 숟가락과 차별화되는 은 숟가락의 모든 면을 가치 있다고 느끼게 된다. 은 숟가락이 가진 흠에도 불구하고 말이다.

사진술의 등장 또한 이와 비슷한 대혼란을 불러일으켰다. 현실주의 화가들은 아무리 최대한 정확하게 그림의 대상을 묘사한다 하더라도 사진을 따라잡을 수는 없기에 관중에게 큰 인상을 남기기 어려웠다. 밀러는 이에 대해 "화가들은 인상주의, 큐비즘, 표현주의, 초현실주의, 추상주의 등 새로운 비재현적 미적 장르를 개척했다. 단순히 사물을 있는 그대로 표현하는 것보다 진정성 있는 미학적 가치가 훨씬 더 중요해졌다. 붓질은 그 자체로서 목적이 되었다"고 말했다.[39]

이러한 기술과 미학의 트렌드는 오늘날까지 이어진다. 매년 새로운 기술의 등장으로 인해 예술가와 소비자는 어려운 '옛날 방식의' 기술과 쉽지만 더 정확한 새로운 기술 사이의 기로에 놓이게 된다. 사진사는 디지털 카메라와 사진 편집 소프트웨어를 사용할지 고민해야 한다. 음악가는 전자 신시사이저와 피치 변경 장치를 사용할지 고민해야 한다. 결혼을 앞둔 커플은 다이아몬드, 합성 다이아몬드, 모아사나이트, 큐빅 지르코니아 중 어떤 보석 반지를 구매할지 고민해야 한다.[40]

예술가와 소비자로서 우리는 종종 새로운 수단과 제조 기법이 등장할 때마다 그것의 표현력과 미학적 가능성을 살펴보길 원한다. 하지만 그만큼 또 새로운 것에 대해 저항하고 싶은 마음도 크다. 인쇄된 것보다 손으로 쓴 것, 가게에서 산 것보다 집에서 만든 것, 사전 녹화된 것보다 라이브 등 '옛날 방식'으로 만들어진 제품이나 서비스에의 선호는 기계적으로 만들어진 제품의 내적 완성도나 완벽성보다는 장인의 기술과 노력을 훨씬 높게 산다는 것을 의미한다.

예술에 대한 우리의 기준은 그 작품의 외적 요소에 대해 얼마나 아는지에 달렸다. 디지털 스토리텔러로 불리는 로만 마스Roman Mars는 디자인 팟캐스트 '99% 인비저블99% Invisible'에서 이 주제를 깊게 파고든다. 한 에피소드에서 그는 콘크리트나 철제 블록을 사용한 건축 양식인 브루탈리즘brutalism을 다룬다. 1950년대와 1960년대 유행했던 브루탈리즘에 영향을 받은 건축 양식은 오늘날 외관과 관련해서 가장 혹평을 받는 건물에서 찾아볼 수 있다. 일반 대중에게 브루탈리즘 건축 양식은 차갑고, 비인간적이고 심지어 추하다고 여겨진다. 그럼에도 마스는 이렇게 말한다. "오페라든 그림이든 문학이든 여느 예술 양식처럼 알면 알수록 더욱 그 가치를 알 수 있게 된다." 건축가와 건축학도 사이에서 브루탈리즘을 동경하는 사람도 많다. "콘크리트를 다루는 데 얼마나 많은 기술과 섬세함이 요구되는지 아는 사람도 많다. 가장 작은 디테일까지도 사전에 계산이 필요하다. 콘크리트를 붓고 나서는 수정할 수 있는 방법이 없기 때문이다."[41]

*****

지금쯤이면 예술은 내적인 미와 경험의 표현 그 이상을 지니기에 가치를 인정받는다는 것을 모두 이해했길 바란다. 예술은 근본적으로 예술가 그 자신을 표현하는 것이다. 즉, 예술가의 적합성을 과시하는 수단인 것이다.

이제부터는 예술이 예술가의 적합성을 과시하는 수단이라는 주장과 그에 따른 결과를 간단히 살펴보도록 하자.

예술의 비실용성

적합성 과시 이론을 통해 예술이 '예술로서' 성공하기 위해 왜 비실용적이어야만 하는지 이해할 수 있다.

잘 만들어진 부엌칼을 떠올려 보자. 견고하고 튼튼하고 날카로운 칼이다. 이토록 목적에 완벽하게 부합하도록 만들어진 제품은 보기에도 좋고 심지어 아름답게 느껴지기까지 한다. 하지만 칼이 얼마나 정교하게 잘 만들어졌든 얼마나 아름답게 느껴지든 어떠한 비기능적인 장식 요소 없이는 '예술'로 간주되지 않는다.

여기서 적합성 과시 이론이 등장한다. 원래 예술은 인간이 생존 이외의 다른 것에도 시간을 투자하고 누릴 만한 여유가 있다는 사실을 드러내기 위해 진화했고, 소비자의 관점에서는 다른 이들의 여유를 평가하기 위해서 진화했다. 별 기능이 없는 무언가에 많은 시간과 노력을 들이는 행동으로 예술가는 이런 메시지를 효과적으로 전달한다. "나는 생존할 것이라는 자신감이 넘치기 때문에 시간과 에너지를 낭비할 여력이 있다."

여기서 낭비라는 단어가 중요하다. 생존의 목적이 아닌 무언가를 함으로써 예술가는 자신을 예술가로서 홍보할 수 있다. 음식, 총, 탄약으로 가득 찬 지하 벙커를 짓기는 매우 비싸고 어렵다(특히 일일이 손수 만들어야 한다면). 그 벙커가 만들어지면 그것을 지은 사람의 기술과 자원을 파악할 수 있을 것이다. 그렇다고 해서 지하 벙커와 예술이 대등한 위치에 있다고 보기는 어렵다. 지하 벙커의 경우, 필요한 것보다 훨씬 많은 자원을 가진 동물의 여유보다는 생존에 급급한 동물의 절박한 생존 본능을 여실히 드러내기 때문이다.

따라서 비실용성은 모든 예술의 특징이라고 할 수 있다. 비슷한 기능과 목적을 가지고 있는 듯 보이지만 가까이서 보면 실용성을 추구하는 것을 구별할 수 있다. 인간의 필수품인 옷과 사치품인 패션의 차이를 생각해 보자. 패션을 단순한 의류라고 볼 수는 없다. 누가 봐도 비실용적이고 의류로서 제대로 기능을 하지 못한다. 심지어 불편하기도 하다. 미국 소설가 앨리슨 루리Alison Lurie는 "유럽 의상의 역사를 살펴보면 유용한 기능을 하기에 완전히 부적합하고 심지어 불가능하기까지 한 옷이 넘쳐 난다. 바닥까지 닿는 소매, 크기, 색상, 감촉까지 큰 흰색 푸들과 꼭 닮은 가발, 허리를 굽히는 것은 당연히 불가능하고 제대로 숨 쉬기도 어려울 만큼 꽉 조이는 코르셋까지 말이다."[42] 오늘날 우리는 여전히 스타일이라는 목적으로 자신을 속박한다. 하이힐은 걷기 불편하고 발에 혹독하다. 그리고 바로 이런 점을 통해 "나는 패션에 신경 쓰는 사람이다."라는 메시지를 전달한다. 목을 졸라매는 넥타이는 정말 불필요하고, 달랑거리는 귀걸이나 화려한 머리 올림도 그렇다. 하지만 면과 데님과 같이 내구성이 좋고 관리가 편한 천을 입었을 때 전달하는 메시지와 실크, 레이스, 울과 같이 섬세하고 관리가 어려운 패브릭을 입었을 때 전달하는 메시지는 완전히 차원이 다르다. 폴리에스터는 말할 것도 없다.[43]

최고급 요리 또한 미각적 즐거움을 추구한다는 점에서 일반적인 음식과는 차이가 있다. 예를 들어 케이크는 만들기 쉽고 맛없기가 어려울 정도다. 하지만 아무리 맛있다 하더라도 아무도 결혼식 케이크에 1천 달러를 투자하지는 않을 것이다. 엄청 화려하게 장식된 케이크가 아니라면 말이다. 최고급 요리는 신선한 로즈마리가 흩뿌려진 예술적인 장식, 음식이 서빙되기 전에 테이블 옆에서 셰프가 음식을 다시 한번 불에 가열하는 화려한 요리 기법, 그저 아무 레몬이 아니라 메이어 레몬같이 특별한 재료로 만들어진 음식이라는 점에서 흔히 보는 테이크아웃 음식과는 다르다. 맛을 특별히 더 향상시키는 건 아니라 해도 우리는 이런 요리에 찬탄한다.

안목이란

적합성 과시 이론은 예술적 안목, 즉 예술에 정통한 소비자나 비평가만이 지닌 기술이 왜 중요한 적응 기술인지 이해하는 데 도움을 준다.

우리는 살아가면서 종종 스스로에게 질문을 던진다. '높은 지위에 오르려면 어느 길로 가야 할까?' 해답은 예술적 안목을 통해 찾을 수 있다. 암컷 바우어새처럼 인간은 배우자와 동료를 선택하는 기준 중 하나로 예술을 사용한다. 하지만 '좋은' 예술과 '나쁜' 예술을 구별할 능력을 갖추지 못했다면 배우자나 동료를 고르는 데 있어 덜 적합하고 지위가 낮은 상대를 선택할 위험이 존재한다. 암컷 바우어새가 안목을 기르기 위해 모든 둥지를 돌아보는 것처럼 인간 또한 판단 능력을 기르기 위해 최대한 많이 예술을 소비해야 한다.

최대한 많이 둘러보고 다양한 종류의 예술을 소비해 봐야지만 인간은 어떤 기술이 흔하고 쉬운 기술인지(두 개의 돌을 서로 부딪치는 것), 어떤 기술이 연마하기 어렵고 고급 기술인지(정교한 리듬을 만들어 내는 것) 파악할 수 있다. 입이 고급이 아닌 사람은 미쉐린 별을 받은 식당에 가서도 음식을 제대로 음미하지 못할 것이다. 귀가 고급이 아닌 사람은 바흐의 음악을 제대로 감상하지 못할 것이다. 왕실에서 사용되는 최고급 물품에 익숙한 공주는 20개의 매트리스와 20개의 깃털 침대 아래에 완두콩 하나만 숨겨 놓아도 알아차릴 수 있다. 이런 식으로 안목은 단순히 고급 제품과 저급 제품의 차이를 인식하는 데 그치지 않고, 적합성을 과시하는 수단이 된다. 공주가 매트리스 아래에 놓인 완두콩마저 감지한다는 사실은 그 자체로 놀라운 동시에 공주의 고귀한 출신을 보여 주는 셈이다.

우리는 이렇게 우리의 안목을 길들이고 높이는 데 엄청나게 많은 시간을 투자한다. 예술을 그저 편안한 마음으로 수동적으로 감상하고 즐기는 법은 거의 없다. 우리는 적극적으로, 그리고 주도적으로 예술을 경험한다. 예술을 평가하고, 성찰하고, 비판하고, 비판한 뒤에는 다른 사람의 비판을 또 비판하거나 수용하는 등 안목을 기르기 위해 최선을 다한다. 그리고 심지어 직접 할 마음이 전혀 없는 종류의 예술에도 최선을 다한다. 하나의 소설을 열정적으로 읽는 사람이 백 명이라고 하면, 그중 직접 소설을 쓸 마음을 가진 사람은 단 한 명도 없을 것이다.

따라서 예술적인 안목이든 다른 종류의 안목이든 안목은 중요한 기술이다. 하지만 많은 이들이 안목이 그저 주어진 것이라고 생각한다. 왜냐하면 별 노력 없이 얻어지기도 하기 때문이다. 우리가 전혀 인상적이지 않은 사람에게 감동을 받는 일은 거의 없다. 혹여 그런 일이 생긴다 하더라도 마치 사기를 당한 느낌을 받는다. 또한 예술적 판단이 좋지 않다고 여겨지면 부끄러워지기도 한다. 다른 사람에게 자신이 좋은 예술과 나쁜 예술도 구별할 줄 모르는 사람이라는 것을, 좋은 작가와 아마추어 작가를 구별할 줄 모르는 사람이라는 것을 들키고 싶어 하지 않는다. 이를 통해 인간은 상대가 가진 기술로 상대를 평가하기도 하지만 다른 이들의 기술을 평가하는 기술 그 자체로도 상대를 평가한다는 것을 알 수 있다.

인간의 사회적 생활은 진실로 복잡하다.

12장
자선

뉴욕타임스가 "세상에서 가장 논란이 많은 윤리학자"[1]라고 부른 피터 싱어Peter Singer는 1972년 《기근, 풍요, 그리고 윤리Famine, Affluence, and Morality》라는 에세이를 출간하며 전 세계 윤리학자들을 충격에 빠뜨렸다. 피터 싱어의 주장은 간단한 전제로부터 출발한다. 우리가 바로 눈앞에 있는 얕은 연못에 한 소년이 빠진 것을 본다면 우리에게는 그 소년을 구조할 도덕적 의무가 있다. 물에 빠진 소년을 그저 바라보기만 하는 것은 부도덕한 일이다.

여기까지는 그다지 논란이 예상되지 않는다. 하지만 싱어는 더 나아가 우리에게 기근으로 죽는 개발도상국 아이들을 구조해야 할 도덕적 의무가 있다고 주장했다. 기아로 죽어 가는 아이들이 우리 근처에 없다고 그들의 고난과 고통을 무시하는 건 정당한 이유가 될 수 없다고 말이다.[2]

싱어가 내린 결론은 불편하다. 특히 우리 대부분은 근처 연못에 빠진 소년을 구하는 것만큼 지구 반대편에서 굶고 있는 아이들을 돕는 일을 급하게 생각하지 않는다(저자도 그렇다). 싱어의 주장에 따르면 우리가 휴가를 가는 것, 비싼 자동차를 사는 것, 집을 수리하는 것은 모두 코앞에서 죽어 가는 사람을 무시하는 것과 도덕적으로 동일하다. 미국에서 아이 한 명을 대학에 보내는 비용으로 (사하라 이남 아프리카에 살고 있는) 50명 넘는 아이들의 목숨을 구할 수 있다고 한다.[3] 그렇다. 많은 이들이 극한 상황에 처한 사람들을 도우려고 하지만, 자신의 즐거움을 위해서도 그만큼 많은 시간을 보낸다.

싱어가 강조하고 싶었던 바는 매우 간단하다. 매일 드러나는 인간의 위선을 지적한 것이다. 바로 우리가 생각하는 이상적인 모습(도움이 가장 필요한 사람을 돕는 것)과 실제 행동(자신에게 소비하는 것)의 차이를 지적한 것이다. 싱어는 '윤리적' 행동이 무엇인지를 다시금 돌아보게 한다. 즉, 싱어의 목적은 훈계이다.

반면에 이 책의 목적은 인간이 이렇게 행동하는 이유를 밝히는 것이다. 하지만 싱어의 주장대로 인간의 이런 위선적인 면을 다뤄 보는 것도 의미 있다. 이 책의 논점인 코끼리를 살펴보기 위해서이다. 특히 이번 장에서 보고자 하는 것은 인간은 너그러운 마음으로 도움을 베푸는 순간에도 더 추하고 덜 이타적인 동기를 외면한다는 사실이다.

효율적 이타주의

이상과 실제 행동 사이의 간극을 자세히 알아보기 위해서는 이상적인 자선 행동을 먼저 살펴보는 것이 도움이 된다. 다행히도 이에 관해 먼저 연구한 사람들이 있다.

2006년, 홀든 카르노프스키Holden Karnofsky와 엘리 하센펠트Elie Hassenfeld는 코네티컷에서 헤지펀드 애널리스트로 근무하고 있었다. 몇 년간 애널리스트로 일하며 풍족한 삶을 꾸린 뒤, 그들은 소득의 상당 부분을 자선 단체에 기부하기로 했다. 기부금이 효율적으로 사용되길 바라는 마음에 투자 기회를 모색하는 방식, 즉 자선 단체에 데이터를 요청하는 방식으로 단체에 대한 조사를 시작했다. 카르노프스키와 하센펠트는 유망한 자선 단체 몇 군데를 선정해서 정보를 요청했다. 기부금이 어떻게 사용되는지, 그리고 더 중요한 것은 기부의 성과가 어떻게 측정되는지를 알고 싶었다. 무엇보다 기부를 하고 나서 전반적인 과정이 얼마나 효율적으로 진행되는지 궁금했다. 금융권의 언어로 말하자면 투자 수익률ROI, Return on Investment을 극대화하고 싶었다. 이 경우에는 기부 수익률ROD, Return on Donation이겠지만. 이를 위해 카르노프스키와 하센펠트는 실사에 나섰다.[4]

그들은 자선 단체에 연락했고, 반응은 실망스러웠다. 몇몇 군데에서는 아이들의 웃는 모습이 담긴 겉만 번지르르한 안내 책자와 그들이 좋은 일을 하고 있다는 말만 돌아왔다. 반면에 적대감을 드러내는 곳도 있었다. 한 자선 단체는 카르노프스키와 하센펠트를 경쟁단체에서 근무하는 직원으로 보고 기밀 정보를 빼내려고 한다는 의심을 하기도 했다(자선가가 왜 '영업비밀'을 지키고 싶어 할지 잠시 생각해 보자). 금융 애널리스트를 만족시킬 만한 건실하고 결과 중심적인 데이터를 보내온 자선 단체는 한 곳도 없었다.[5]

결국 카르노프스키와 하센펠트는 그들이 원하는 데이터를 받을 수 없으리라 생각했다. "자선 단체에 그런 데이터가 없었기 때문이다."[6] 그럼에도 데이터의 중요성을 간과할 수 없었고 다른 기부자 중에서도 그런 데이터를 원하는 사람이 분명 있으리라 생각했다. 2007년, 카르노프스키와 하센펠트는 퇴사 후 기브웰GiveWell이라는 단체를 설립했다. 기브웰의 설립 목적은 어떤 자선 단체가 가장 효율적으로 운영되는지 즉, 가장 높은 ROD를 가지는지를 파악하기 위해 다양한 자선 단체에 대한 양적 연구를 진행하는 것이었다. 소비자 정보 잡지인 컨슈머리포트Consumer Report나 주식 전문 분석 매체 모틀리 풀Motley Fool이 소비자와 주주를 위해 하는 일과 비슷하다. 다만 자동차, 카메라, 주식, 채권 등에 대한 연구가 아닌 자선 단체를 연구하는 것이다.

기브웰은 '효율적 이타주의effective altruism'라고 불리는 사회적 움직임의 중심에 있다. 싱어(카르노프스키, 하센펠트 그리고 다른 이들까지 포함하여)의 업적에 영감을 받은 다른 효율적 이타주의자들은 선한 일에 시간, 노력, 돈을 기부하는 방법을 모색한다. 그동안 감정과 본능에 의거하여 기부금을 전달했다면 이제는 합리적인 판단과 데이터를 기반으로 기부금을 전달하는 것이다. 온전히 결과 중심적인 데이터를 기반으로 한 접근 방식으로 효율적 이타주의자들은 어떤 방식으로 기부할 것인가에 대해 가슴이 아닌 머리를 따른다.

이것은 충분히 합리적으로 보인다. 하지만 때로는 이상한 결론으로 귀결될 때도 있다. 예를 들어 2015년도에 기브웰은 가장 효율적인 자선 단체 세 곳을 다음과 같이 발표했다.

1. 어게인스트 말라리아 재단The Against Malaria Foundation — 사하라 이남 아프리카 지역 주민들에게 모기장 전달
2. 기브다이렉틀리GiveDirectly — 필요한 사람에게 (아무런 대가 없이) 현금을 직접적으로 제공
3. 스키스토소미아시스 컨트롤 이니셔티브Schistosomiasis Control Initiative — 특정 기생충에 감염된 환자에게 치료 제공

위 단체들은 그다지 유명하지도 않고 우리가 전형적으로 떠올리는 자선 단체도 아니다. 유나이티드 웨이United Way, 구세군Salvation Army, 메이크어위시 재단Make-A-Wish Foundation과 같이 누구나 아는 단체도 아니다. 하지만 확실한 성과는 내는 단체들이다. 기브웰이 추정하건대 어게인스트 말라리아 재단은 3천 5백 달러로 한 사람의 생명을 구할 수 있었다.[7]

효율적 이타주의가 자선 단체에 적용할 만한 접근 방식인지에 대해서는 동의할 수도 그렇지 않을 수도 있겠지만 이 개념이 비판받는 주된 이유 중 하나는 '효율적'이라는 것에 대해 과도하게 편협한 입장을 취하기 때문이다.[8] 특히 기브웰은 성과와 영향력을 측정할 수 있는 단체에만 집중하는 경향을 보인다. 따라서 정치적 또는 문화적 변화와 같이 조금 모호한 변화를 추구하는 단체는 아예 고려 대상에서 제외되기도 한다. 그럼에도 성과 위주의 접근 방식을 채택함으로써 기존의 전통적인 자선 단체가 효율적 이타주의를 전혀 염두에 두지 않았다는 사실을 강조한다.

누구나 자선 단체에 기부할 마음을 먹었다면 기부금이 최대한 유용하게 사용되기를 원할 것이다. 결국 그것이 기부의 목적이니까 말이다. 안타깝게도 실생활에서 이타주의를 살펴보자면 효율적으로 누군가를 돕는 것은 우선순위가 아닌 듯하다.

실생활에서의 이타주의

미국인은 꽤 관대한 민족이다. 10명 중 9명이 매년 자선 단체에 기부를 한다.[9] 2014년도 한 해 기부금은 3,590억 달러 이상에 달했다. 이는 미국 GDP의 약 2퍼센트에 해당하는 금액이다.[10] 기부금 중 일부는 기업과 재단으로부터 오는 것이지만 기부금의 70퍼센트 이상은 개인이 교회 헌금, 공공 라디오, 소아 병원, 모교 후원 등의 형태로 내는 것이다(표 2 참조). 물론 미국뿐만 아니라 다른 선진국의 국민들도 이와 비슷한 수준으로 관대하다.

이번 장에서는 금전적 기부를 살펴볼 예정이다. 사람들은 무료 급식소에서 봉사활동을 하는 방식으로 자신의 시간을 기부하기도 하고, 공익 재능 기부를 통해 자신의 전문성을 기부하기도 하고, 헌혈이나 장기 기부 등 신체 일부를 기부하기도 한다. 일일이 기억하지 못할 정도로 매일 베푸는 작은 선행은 말할 것도 없다. 하지만 이번 장에서는 기부의 정의를 금전적 기부로 한정 지어 살펴보려고 한다. 연구가 많이 진행되기도 했고 무엇보다 결과 측정이 가능한 분야이기 때문이다. 금전적 기부와 관련하여 도출한 결과는 다른 형태의 기부에도 적용할 수 있으리라 생각한다.

실생활에서 드러나는 이타주의는 놀랍게도 효율적 이타주의 원칙으로부터 완전히 벗어난다. 미국에서 가장 큰 비중을 차지하는 기부금 수령인은 종교 단체와 교육 기관이다. 물론 종교 단체로 흘러간 돈은 필요한 사람에게 또 흘러간다. 하지만 그중 대부분은 예배 운영, 교회 학교 그리고 딱히 자선이라고 부를 수 없는 일에 사용된다. 교육 기관으로 들어가는 기부금도 이와 비슷하거나 이보다 심하다(학교와 교육에 대해서는 13장에서 더 자세히 살펴볼 예정이다). 전반적으로 미국 내 개인의 기부금 중 13퍼센트[11] 정도만 기부금이 가장 필요한 곳에 쓰인다. 지구촌 곳곳에 있는 빈민층에게 말이다.

국가 차원에서 봤을 때도 기부금의 배분은 비효율적이지만 개인이 기부를 선택함에 있어서도 이해가 어려운 면이 존재한다. 한 연구 조사 결과[12]를 살펴보자.

- 미국인 중 대부분(85퍼센트)이 비영리 단체의 운영 및 성과에 대해서 관심이 있다고 대답한 반면, 그중 단 35퍼센트만이 비영리 단체에 어떤 형식으로 기부할 수 있을지를 공부한다.
- 대부분의 사람들(63퍼센트)은 자신이 이미 염두에 둔 비영리 단체에 기부하는 것을 정당화하기 위해 여러 비영리 단체를 조사한다.
- 기부자 중 단 3퍼센트만이 어떤 비영리단체에 기부하는 것이 가장 좋을지 다양한 비영리 단체를 비교 분석한 후 최종 선택을 내린다.

우리는 종종 단체의 목적이나 기부금의 사용처 등 자선 단체의 가장 기본적인 정보를 파악하지 않고도 흔쾌히 기부금을 낸다. 제프리 밀러는 "1997년, 영국 다이애나 비가 사망한 지 2주도 채 지나지 않았음에도 영국인들은 웨일스의 공주 자선 단체에 10억 파운드 이상을 기부했다. 심지어 자선 단체조차 기부금의 사용처를 정하기 전이었는데도 말이다."라고 말했다.

기부를 경제적 활동으로 분석하면 사람들이 얼마나 기부금의 영향력에 대해서 신경 쓰지 않는지 더욱 명백히 드러난다. 어떤 자선 단체에 얼마를 기부하든 ROD 극대화를 염두에 두고 있지 않다. 예를 들어 한 실험에서 참가자들에게 철새의 죽음을 막기 위해 사용되는 그물을 위해 얼마를 기부할 의향이 있는지 물어봤다. 참가자 중 일부에게는 그물을 기부하게 되면 일 년에 새 2천 마리의 목숨을 구할 수 있다고 말했고, 다른 일부에게는 일 년에 2만 마리, 나머지에게는 20만 마리의 목숨을 구할 수 있다고 말했다. 결과가 열 배, 백 배, 또 그 이상 차이가 났지만 참가자 전원이 대답한 기부금은 동일했다.[13] 범위 무시scope neglect 또는 범위 무감각scope insensivity에 의해 이런 결과가 나타난다. 범위 무시는 오염된 강 청소, 야생 지역 보호, 교통사고 감소, 심지어 사망 방지 등과 같은 다른 문제에서도 드러난다.[14] 도울 의향은 있지만 그 의지의 총량은 도움의 영향력과 비례하지 않는 것이다.

또한 사람들은 기부금을 '다각화'하길 원한다. 가장 도움이 될 만한 한두 개의 단체에 큰 기부금을 내기보다는 여러 군데에 조금씩 기부하는 걸 선호하는 것이다.[15] 주식 투자자들에게는 다각화가 현명한 선택일지도 모른다. 하지만 자선 '시장'의 자선가들에게는 아니다. 다각화를 선호하는 가장 큰 이유는 금전적 손실에 대비하기 위해서이다. 하지만 사회, 즉 기부금의 수령인은 이미 충분히 다각화되어 있다. 사회에는 상상할 수 있는 모든 방법을 동원해서 다른 사람들을 돕고자 하는 자선 단체들이 이미 수천 개 이상 존재한다. 개인 기부자가 기부금을 조금씩 여러 군데 내든지 한군데에 집중하든지 전체적인 기부금 배분은 달라지지 않는다. 반면에 효율적 이타주의자들이 이미 증명해 보였듯이 몇몇 자선 단체는 다른 곳보다 훨씬 더 효율적이다. 어게인스트 말라리아 재단에 3천 5백 달러를 기부하면 한 사람의 목숨을 구할 수 있는 반면, 같은 금액을 백 개의 다른 단체에 기부하는 것은 아무 소용이 없을 수도 있다. 오히려 기부금을 모으고 분배하는 데 필요한 운영비 충당도 어려울 수 있다.

이처럼 우리는 자선 단체와 관련된 행동을 평가할 때 비효율성은 전혀 신경 쓰지 않는 듯 보인다. 예를 들어 부유한 사람들은 다른 활동에 시간을 소비하는 것이 훨씬 더 가치 있고 효율적임에도 불구하고 전문성이 없는 분야에서 봉사 활동을 하고 심지어 이에 대해 칭찬받기도 한다.[16] 밀러의 말을 다시 빌려 보자.

> 노동의 분배는 경제적으로 효율적이다. 자선 활동이나 비즈니스나 동일하게. 전 세계 여러 도시에서 전문성을 갖춘 변호사, 의사 그리고 그들의 배우자들이 노숙자들을 위해 무료 급식소에서 일하거나 노인에게 식사를 배달하는 모습을 흔히 볼 수 있다. 이들의 시간당 노동 가치는 부엌에서 일하는 종업원이나 배달원의 노동 가치보다 몇백 배 높을지도 모른다. 무료 급식소에서 한 시간 일하는 대신 자신의 전문성을 발휘해 한 시간 동안 번 급여를 다른 사람에게 준다면 그 사람은 무려 2주간 무료 급식소에서 일하는 것과 마찬가지일지 모른다.[17]

ROD를 극대화하는 것이 목적이라면 이들의 행동은 말이 되지 않는다. 분명 다른 이유, 다른 동기가 있을 것이다. 정확한 이유와 동기는 무엇일까? 다른 사람에게 친절을 베푸는 행동을 통해 우리는 무엇을 보여 주려 하는 것일까? 돕는 것이 효율적이지 않은데도 말이다.

'따뜻한 만족' 이론

1989년, 이런 비효율성을 설명하기 위해 경제학자 제임스 안드레오니 James Andreoni는 우리가 자선 단체에 기부하는 이유에 대한 모델을 제시했다. 자선 행위는 다른 이들의 복지 향상을 위한 것이라는 설명[18] 대신 안드레오니는 인간의 자선 행위는 이기심에서 비롯된다는 이론을 세웠다. 이런 심리의 밑바탕에는 행복이 있다. 우리가 다른 이를 위해 좋은 일을 하면 그 일로 인해 우리가 행복해진다는 것이다. 예를 들어 길에 있는 노숙자에

출처			기부처		
개인	$259	72%	종교	$115	32%
재단	$54	15%	교육	$55	15%
유산	$28	8%	복지	$42	12%
기업	$18	5%	재단	$42	12%
			의료	$30	8%
총	$359 billion		사회단체	$26	7%
			예술 및 문화	$17	5%
			국제 문제	$15	4%
			동물 및 환경 보호	$11	3%
			개인	$6	2%
			총	$359 billion	

출처: Giving USA 2015

표 2. 미국의 2014년도 자선 단체 기부금

게 무언가를 나눠 줄 때, 결과가 어떠하든 우리의 기분이 좋아지기 때문에 이런 행동을 한다고 한다.[19]

안드레오니는 이것을 '따뜻한 만족warm glow' 이론이라고 부른다. 이 이론은 왜 우리가 효율적 이타주의를 발휘하지 않는지 설명해 준다. 자선 단체에 기부할 때 세울 수 있는 두 가지 전략을 생각해 보자. 하나는 어게인스트 말라리아 재단에 매달 일정 금액을 자동이체하는 것이다. 두 번째는 마주치는 모든 노숙자와 걸스카우트 그리고 모든 교회의 헌금함에 적은 금액을 주는 것이다. 하나의 자선 단체에 자동이체 신청을 하는 것은 다른 이들의 삶에 변화를 일으킨다는 점에서 훨씬 더 효율적일지도 모른다. 하지만 두 번째 전략, 조금이라 할지라도 더 많은 대상에게 나눠 주는 것은 무언가를 줄 때 생겨나는 그 따뜻한 만족[20]이 더 많이 발생한다는 점에서 더 효율적이다. 기부금을 '다각화'하면 기분 좋아질 기회가 많아지는 것이다.

하지만 인간의 자선 행위를 궁극적으로 설명하기 위해서 따뜻한 만족 이론은 그저 임시방편에 불과하다.[21] 훨씬 더 중요한 질문은 자선 단체에 기부금을 낼 때 기분이 좋아지는 이유는 무엇인가에 관한 것이다. 겉으로 나타난 심리적 동기(행복을 추구하는 것) 이면에 존재하는 훨씬 더 심오한 동기는 과연 무엇일까?

이에 대한 해답을 알아보기 위해 인간의 자선 행위에 영향을 주는 다섯 가지 요소를 살펴보자.

1. **가시성.** 우리는 누군가가 보고 있을 때 나눔에 더 후해진다.
2. **주변 사람들의 압박.** 우리의 나눔은 사회적 압박에 영향을 많이 받는다.
3. **근접성.** 우리는 멀리 있는 사람보다 근처에 있는 사람을 돕는 걸 선호한다.
4. **연관성.** 우리는 우리가 (얼굴이나 이야기를 통해) 파악할 수 있는 사람을 돕는 것을 선호하며, 숫자나 사실인 정보와 관련해서는 돕는 데 소극적이다.
5. **배우자를 찾기 위한 동기.** 배우자를 찾기 위한 동기가 섞여 있을 때 우리는 더 관대해진다.

이 목록에 나온 요소들은 매우 세부적이다. 하지만 통합적으로 보면 우리의 기부 행위가 왜 이토록 비효율적인지에 대해 설명해 주며 기부를 할 때 왜 따뜻한 만족감을 느끼는지 알 수 있다. 이 요소들을 하나씩 살펴보자.

가시성

인간의 기부 행위에 관한 가장 놀라운 사실은 누군가가 보고 있을 때 나눔에 더 후해진다는 사실이다. 한 연구에 의하면 직접 집에 찾아가 기부금을 요청하는 경우, 한 명이 방문했을 때보다 두 명이 방문했을 때 기부금을 받을 가능성이 더 높아진다고 한다.[22] 그리고 한 명이 방문했다 하더라도 그 사람이 기부금을 요청하는 대상과 눈을 맞췄을 때 기부금을 받을 가능성이 훨씬 높아진다.[23] 더 나아가 사람들은 기부금이 봉투에 감춰졌을 때보다 다른 곳에서 모은 기부금을 직접 눈으로 확인했을 때 기부금을 더 많이 주기도 한다.[24] 눈을 맞출 곳이 있는 경우에 사람들은 더욱 관대해진다.[25]

자선 단체는 기부자가 기부를 인정받고 싶어 한다는 사실을 알고 있다. 그렇기에 명판을 통해 기부자를 알린다. 많은 기부금을 낸 기부자에게는 더욱 크고 눈에 띄는 명판을 제작해 주고, 더 많은 사람에게 기부 소식을 알리기도 한다. 그리고 정말 큰 규모의 기부금을 낸 기부자의 경우 건물 내부에 기부자벽을 세워 주거나 단독 명판을 만들어 주기도 한다. 소규모 기부자들에게는 핀, 티셔츠, 에코백, 리본, 팔찌 등과 같이 자선 단체와 관련된 용품을 나눠 준다. 그리고 명판이든 기부자벽이든 소소한 용품이든 이 모든 것을 통해 기부자들은 주위 사람들에게 기부 사실을 알릴 수 있다. 헌혈한 사람들에게는 '나는 오늘 헌혈했어요.'라는 문구가 적힌 스티커를 준다. 다른 단체들은 기부자들을 달리기 시합, 워커톤walk-a-thon, 자선 무도회, 자선 콘서트 그리고 '아이스버킷 챌린지ice bucket challenge'와 같은 소셜 미디어 캠페인 등의 특별한 행사에 초대하기도 한다. 모두 다른 사람에게 보일 기회가 마련된 곳이다. 기부자들의 관대함을 널리 알리면서 자선 단체는 더 많은 기부를 독려할 수 있다.[26]

반대로 사람들은 기부 사실이 알려지지 않으면 기부하는 것을 꺼리는 경우가 많다. 익명 기부는 보기 매우 드물다. 공익 자선 단체에 제공되는 기부금 중 단 1퍼센트만이 익명으로 진행된다.[27] 마찬가지로, 연구 결과에 따르면 기부를 하는 사람들은 좀처럼 익명으로 기부하는 일이 없었다.[28] 그리고 '익명'으로 기부하는 사람들에 대해서도 정말 그들의 정체가 철저히 비밀리에 가려졌는지 의심해 봐야 한다. 밀러는 "런던의 사교계 명사는 자신이 수많은 익명의 기부자를 알고 있다고 나에게 말한 바 있다. 그들의 모임에서는 적어도 누가 누군지 잘 알고 있었다…… 비록 신문에 누가 기부금을 냈는지 대서특필되는 일은 없다 하더라도 말이다."[29] 대부분의 '익명' 기부자들도 배우자나 친한 친구들에게는 기부 사실을 이야기하기 마련이다.

자선 단체들은 종종 여러 급이나 명칭으로 기부금과 기부자를 분류한다. 예를 들어 500달러 이상 999달러 이하에 해당하는 기부금을 낸 사람은 '친구' 또는 '실버 후원자'로 지칭하는 반면 1,000달러 이상 1,999달러 이하에 해당하는 기부금을 낸 사람은 '홍보 대사' 또는 '골드 후원자'로 지칭한다. 기부금을 900달러를 낸다면 500달러를 낸 사람과 같은 급으로 묶이게 되는 것이다. 놀랄 만한 사실은 아니지만 상당히 많은 기부금이 급의 가장 하위 금액에 맞춰지는 경우가 많다.[30] 다시 말하자면 자신의 필요 이상으로 더 많이 기부하는 사람은 드물다는 것이다.

주변 사람으로부터 받는 압박

우리의 자선 행위에 큰 영향을 미치는 또 다른 요소는 주변 사람으로부터 받는 압박이다. 기부자는 이에 이의를 제기할지도 모르지만[31] 증거는 명백하다. 우선 부탁은 꽤 효과 높은 방법이다. 친구, 이웃 또는 사랑하는 누군가가 기부를 요청하면 사람들은 대개 거절하지 않는다. 반면에 스스로 나서서 기부를 하는 경우는 드물다. 전체 기부의 약 95퍼센트가 부탁 또는 간청으로 이뤄진다.[32] 누군가가 직접 집을 방문하거나 교회에서 헌금 바구니를 나눠 주는 게 이메일이나 TV 광고를 통한 부탁에 비해 훨씬 더 효과가 높은 것으로 나타났다.[33] 그리고 특히 가까운 사람이 기부를 부탁하는 경우 기부금을 받을 수 있는 가능성이 높아진다.[34]

물론 이런 효과 중 일부는 요구하는 상대에 대한 보증을 기반으로 하고 있다. 친구가 기부금을 요구하는 경우에는 좋은 목적을 위한 것이라고 확신할 수 있다. 반면에 전혀 모르는 낯선 사람이 기부금을 요구한다면 혹시 사기가 아닌지, 정말 적합한 목적을 위한 것인지 의심부터 한다. 하지만 자선의 목적을 면밀히 알고 있다 하더라도 모르는 사람이 기부를 요청했을 때보다 지인이나 친구가 기부를 요청했을 때 기부금을 낼 가능성이 더 높다. 대학은 특정 졸업생으로부터 기부금을 요구할 때 그 졸업생과 같은 수업을 들은 다른 졸업생에게 연락을 요청하기도 한다.[35] 만약에 이전 룸메이트가 연락을 하게 된다면 훨씬 더 효과적일 것이다.[36] 이런 경우에 주된 변수는 기부자와 요청자 사이의 사회적 거리이다.

이런 방식의 압박은 물론 삶의 여러 영역에서 큰 영향을 미치지만 기부와 관련된 결정에 특히나 더 큰 영향력을 가진다. 기부를 결정하는 방식과, 투자나 구매와 같은 재정과 관련된 결정을 내릴 때의 방식을 비교해 보자. 기부하는 방식으로 투자를 한다면 친구, 가족, 교회 지인 또는 심지어 전화가 온 낯선 사람의 직접적인 부탁을 바탕으로 상당히 많은 투자 결정을 내릴 것이다. 친구나 낯선 사람이 투자 권유를 하면("지금이 최저점이야!"라는 식으로) 일단 의심의 눈초리로 바라볼 것이다. 이와 비슷하게 자선 단체에 기부를 하는 방식으로 어떤 물건을 구매한다면 수많은 회사들이 컷코Cutco 칼 시연과 타파웨어Tupperware 홈 파티와 같은 방식으로 방문 판매를 하거나 마케팅 행사를 진행할 것이다.

근접성

우리는 물리적으로뿐만 아니라 사회적으로 가까운 사람을 돕고자 하는 경향이 있다. 먼 곳에 떨어져 있는 낯선 사람보다 가까운 지역 사회에 사는 사람을 더 빠르고 쉽게 도울 수 있다. 피터 싱어의 물에 빠진 소년을 다시 떠올려 보자. 우리 대부분은 소년을 구하려고 엄청나게 노력할 것이다. 하지만 다른 나라에서 배고픔으로 죽어 가는 아이들을 구하려고 노력하는 사람은 그리 많지 않다. 왜냐하면 물에 빠진 소년은 누군지 파악이 가능하고(이에 대해서는 잠시 후에 더 자세히 살펴볼 것이다), 또 그 소년이 우리 가까이에 있기 때문이다.

조나단 바론Jonathan Baron과 에바 시만스카Ewa Szymanska는 이를 '편견 지역주의bias parochialism'라고 부른다. 자국(미국)에 있는 사람을 도울지 아니면 인도, 아프리카, 라틴 아메리카에 있는 사람을 도울지에 대한 조사를 진행했을 때 사람들은 자국민을 돕는 것을 더 선호했다. 한 피험자는 이렇게 말했다. "이 나라에도 도움이 필요한 아이들이 충분히 많고, 저는 이 아이들을 먼저 도울 겁니다."[37]

다음은 실제 데이터로부터 얻은 결과이다. 2011년에 미국인들은 자선 단체에 2,900억 달러를 기부했으며, 이 중 약 13퍼센트(390억 달러)만이 외국인을 돕기 위해 사용되었다.[38] 결코 효율적이라고 할 수 없었다. 도움이 절실한 미국인이라 할지라도 개발도상국에 있는 다수의 사람보다는 훨씬 사정이 좋을 테니 말이다.

공정하게 말하면 지역주의는 어쩔 수 없는 인간의 본능이다. 그리고 이는 행동에서도 여실히 드러난다. 친구보다는 가족을 소중하게 여기고, 낯선 사람보다는 친구를 소중하게 여긴다. 그러니 타국에 사는 이름 모를 낯선 사람보다 자국민을 돕고 싶어 하는 것은 당연한 일이다.

연관성

싱어에 따르면 이타주의와 관련된 행동학적 연구에서 가장 공신력 있는 결과 중 하나는, 우리는 우리가 인식할 수 있는 사람을 도울 가능성이 훨씬 높다는 것이다. 인식 가능하다는 것은 이름[39]을 알거나 얼굴을 알거나 아니면 그와 관련된 이야기를 알고 있다는 의미다. 1968년, 토머스 셸링Thomas Schelling[40]이 처음 연구한 이 현상은 오늘날까지 '인식 가능한 피해자 효과identifiable victim effect'로 알려져 있다. 물론 이에 따르는 부정적 측면은 인식이 불가능한 사람은 돕지 않을 가능성이 높다는 것이다. 이오시프 스탈린은 "한 명의 죽음은 비극이요, 백만 명의 죽음은 통계이다."라고 말한 바 있다.[41]

기부금을 많이 모으는 자선 단체는 이 원리를 알고 있다. 그래서 스토리텔링 기법이 등장한다. 미국 자선 단체 유나이티드 웨이의 웹사이트를 방문해 보자. "조지타운대학교 4학년에 재학 중인 리즈 신트론을 만나 보세요. 리즈는 한 사람의 꿈을 발견하도록 도와주는 것이 우리 모두를 위한 승리라는 것을 보여 주고 있습니다."[42] 환한 미소를 띠고 있는 리즈의 이야기는 디테일로 가득하다. 그 어느 단체보다 더 많은 기부금을 모으는 유나이티드 웨이는 어떤 방법이 기부자에게 통하는지 너무나도 잘 알고 있다.[43]

신상과 관련된 자료를 잘 활용하는 단체가 또 있다. 바로 소액대출 웹사이트 키바Kiva.org이다. 키바는 기부자를 통해 개발도상국 사람들에게 이자 없이 대출을 해 주는 플랫폼이다. 키바의 웹사이트는 첫 화면부터 여러 사람의 이야기가 쭉 펼쳐진다. 구체적인 요구 사항까지 더불어 말이다. 예를 들어 마리아는 44세 여성으로 필리핀에서 벼농사를 짓는다. 그녀는 비료를 구매하기 위해 325달러가 필요하다.[44] 이처럼 누구나 한 번쯤은 관심을 가져 볼 만한 사연을 가진 사람들이다.

반면에 어게인스트 말라리아 재단을 살펴보자. 매년 수백 명의 목숨을 구하기는 하지만 어게인스트 말라리아는 도움을 받는 사람의 이름이나 얼굴을 노출하지 않는다. 통계만 제공할 뿐이다. 평균적으로 한 명의 목숨을 구하기 위해 오백 개의 모기장이 필요하기 때문에[45] 기부자가 "내가 이 사람의 목숨을 구했어요."라고 지정해서 말할 수 있을 만한 사람은 존재하지 않는다. 이렇게 통계적으로 접근하는 방식은 방법론적으로는 효과적일지 모르나 기부자의 심금을 크게 울리지는 않는다.

배우자를 찾고자 하는 동기

우리의 관대함에 영향을 주는 마지막 요소는 잠재적 배우자에게 좋은 인상을 줄 수 있는 기회이다. 많은 연구를 통해 특히 남성은 기부를 요청하는 사람이 매력적인 여성일 경우 기부를 더욱 쉽게 한다는 사실이 밝혀졌다.[46] 또한 남성은 자선 단체에 기부를 결정하고 실제로 실행에 옮길 때 주위에서 보고 있는 사람들이 여성일 때 훨씬 더 관대하게 기부한다.[47]

심리학자 블라다스 그리스케비시우스와 그의 연구팀이 2007년에 진행한 연구는 특히 주목할 만하다.[48] 피험자는 남성과 여성 모두를 포함했고, 이들에게 다양한 이타적인 행동에 참여할 의향이 있는지 물었다. 하지만 이 질문을 듣기 전에 피험자들은 실험군과 대조군으로 나뉘었고 집단별로 각기 다른 일이 주어졌다. 실험군에 있는 피험자들에게는 이상적인 첫 데이트 상대를 떠올려 보라고 말하며 잠재적 배우자에 대한 생각을 주입시켰다.[49] 반면에 대조군에게는 실험군 피험자들과 비슷하지만 로맨틱한 동기와는 전혀 관계없는 일을 주었다.

대조군에 있는 피험자들에 비해 실험군에 있는 피험자들은 훨씬 더 이타적인 의도를 보였다.[50] 잠재적인 배우자를 상상하는 것만으로 좋은 일을 더욱 자발적으로 열심히 하게 된 것이다. 하지만 이것은 불우한 아이들을 교육하는 일이나 노숙자 보호소에서 자원봉사를 하는 것과 같이 누가 봐도 좋은 일에만 적용되었다. 샤워 시간을 줄이거나 우체국에 가는 길에 떨어져 있는 편지를 대신 부쳐 주는 일같이 조금 애매한 것들에 대해서는 실험군과 대조군 피험자 간의 차이가 발견되지 않았다.

보이는 것의 중요성

지금까지 봐 온 사실을 통해 결론을 도출해 볼 수 있다. 익명의 기부로 심리적인 보상을 받을 수는 있어도 대부분의 사람에게 이런 '따뜻한 만족'은 충분하지 않다. 다른 사람에게 자선을 행하는 사람처럼 보이는 것이 중요할 뿐이다.

그리스케비시우스는 이런 마음을 '노골적 자선blatant benevolence'이라 부르고 영국 작가 패트릭 웨스트Patrick West는 이를 '과시적 연민conspicuous compassion'이라고 부른다.[51] 결국 진정한 목적은 관대하게 보이는 것이지 관대함을 베푸는 것이 아니다. 다른 사람이 알아줘야지만 사회적 보상을 받기 때문이다. 즉, 자선은 홍보이자 자기과시의 수단이다.

그다지 놀라운 사실은 아니다. 선행을 인정받고 싶은 인간의 욕구는 이미 잘 알려져 있다. 아일랜드 극작가 조지 버나드 쇼George Bernard Shaw는 말했다. "백만장자는 자신의 돈이 선한 곳에 쓰이는지 그렇지 않은지 신경 쓰지 않는다. 돈을 줌으로써 자신의 양심을 지킬 수 있고 사회적 지위가 올라갈 수만 있다면 말이다."[52] 미국 시인 랄프 왈도 에머슨Ralph Waldo Emerson은 "자만할 수 없다면 기부는 전혀 의미가 없어진다."[53]라고 이야기했다. 추상적으로 이해는 가지만 정말 기부할 때나 사람들을 도울 때 누군가의 인정이나 칭찬을 위해서 선행을 한다는 사실을 인정하기는 어렵다. 선행에 따르는 인정을 염두에 두고 기부를 한다는 것은 전혀 선행처럼 보이지 않는다. 실제로 많은 사람이 완전히 익명으로 행하는 선행이야말로 '진정한' 선행이라고 믿는다.[54] 그럼에도 익명으로 기부하는 사람은 많지 않다. (적어도 무의식적으로는) 인정받는 것을 어느 정도 신경 쓰기 때문이다. 그렇다면 이제 과시라는 동기를 조금 더 깊이 들여다보자. 자선 단체에 기부함으로써 과연 우리는 정확히 누구에게 잘 보이고 싶은 걸까? 우리의 어떤 면을 자랑하고 싶은 걸까?

첫 번째 질문부터 시작해 보자. 그리스케비시우스와 밀러가 주장한 바에 따르면 우리를 지켜보는 주된 관중은 잠재적인 배우자다. 자선 단체에 기부하는 행위는 어느 정도는 이성을 유혹하기 위한 것이다.[55] 인색하게 구는 것은 전혀 매력적이지 않다. 배우자를 찾을 때 우리는 우리에게 관대한 사람을 원하고 더 나아가 우리의 자녀와 자손에게 관대할 사람을 원한다. 슈라이너스 아동병원Shriners children's hospital과 메이크어위시 재단과 같이 아이들을 돕는 단체가 특별히 존경 받는 이유를 생각해 보자.

하지만 우리를 지켜보는 사람은 잠재적 배우자뿐만이 아니다. 남성과 여성 모두 기부자의 성별과는 상관없이 기부자의 관대함에 감동받는다.[56] 여성은 다이애나 비와 테레사 수녀Mother Teresa[57]의 선행에 감동받는 반면 남성은 워런 버핏Warren Buffet과 빌 게이츠Bill Gates의 관대함에 감동을 받는다. 게다가 폐경을 겪은 여성(따라서 잠재적 배우자에 관심이 없는 여성)은 어떤 성별이나 연령대의 사람보다 더 관대하다. 봉사 활동을 하고, 기부금을 내고, 자선 단체를 운영한다. 이미 행복한 결혼 생활을 보내는 중이고 아이를 더 이상 낳을 수 없는데도 말이다. 우리는 이력서에 자신의 선행에 대해서 쓰고 대학 입시 면접 때 면접관은 자원봉사 활동 여부에 관해 물어보기도 한다. 정치인들은 선거 기간에 자신의 관대함에 대해 떠들어댄다(실제로 전 세계적으로 관대함은 리더에게 꼭 필요한 자질로 생각된다[58]). 즉, 자선 행위는 잠재적 배우자뿐만 아니라 사회적 그리고 정치적 게이트키퍼gatekeeper에게 좋은 인상을 남기기 위한 수단이 되기도 한다.

그리스케비시우스 실험으로 다시 돌아가서 피험자에게 잠재적 배우자와 관련된 동기를 주입시키는 대신 팀의 일원이 된다거나 사회적 지위가 높아질 수 있다는 동기를 주입시킨다고 가정해 보자. 예를 들어 피험자에게 본인이 생각하기에 이상적이고 로맨틱한 저녁 식사를 떠올리라고 말하는 대신 공직 선거에 출마한다거나 유명한 회사에서 면접을 본다고 상상해 보라고 말한 뒤 이들이 얼마나 기꺼이 선행을 베푸는지 살펴보는 것이다. 이렇게 사회적 동기를 주입한 피험자는 잠재적 배우자 동기를 주입한 피험자와 비슷한 수준으로 기부나 다른 자기희생적 선행을 할 것이라고 예상된다.

또 다른 중요한 질문은 "자선이 왜 배우자, 동료, 사회구성원에게 매력적으로 보이게 만드는가?"이다. 즉, 기부나 봉사 활동을 비롯한 이타적인 행동이 어떤 자질을 보여 주는 것일까? 이 질문에도 여러 가지 답이 있다.

가장 당연한 대답은 부유함이다. 봉사 활동의 경우 여유 시간일 수도 있다.[59] 자선 행위는 우리를 지켜보는 사람에게 "나는 생존에 필요한 것보다 훨씬 많은 자원을 가지고 있기 때문에 걱정 없이 나눠 줄 수 있어. 따라서 나는 마음이 따뜻하고 생산적인 인간이라고 할 수 있어."라는 메시지를 전달한다. 과시적 소비, 과시적 활동성 그리고 다른 적합성 과시 행위의 근본에 있는 논리와 같다고 볼 수 있다. 우리는 부유한 친구, 애인, 리더를 선호한다. 그들의 지위가 우리에게도 '옮겨 올 수도' 있을뿐더러 부유하다는 것은 공동의 이익에 집중할 수 있는 자원과 에너지가 많다는 것을 의미하기 때문이다. 생존에 급급한 사람들을 이상적인 동맹이라고 보기 어렵다.

자선 행위를 통해 우리의 친사회적 태도, 즉 우리가 얼마나 다른 사람과 의견과 태도를 같이 하는지를 과시할 수도 있다(이것을 '좋은 이웃다움good neighborliness'이라고 할 수도 있다). 자선 행위를 과시적 소비와 비교해 보자. 둘 다 부유함을 과시할 만한 좋은 수단이다. 하지만 과시적 소비는 상당히 이기적인 행동인 반면, 자선 행위는 그 정반대의 행동이다. 좋은 일에 기부를 하는 것은 주변 사람에게 "봐, 나는 다른 사람을 위해 나의 자원을 기꺼이 사용할 의향이 있어. 나는 사회와 포지티브 섬positive sum, 협력적 관계에 있는 거야"라고 말하는 것이다. 이런 이유로 리더의 자리에 오르려고 하는 사람에게 관대함은 너무나도 중요한 덕목이다. 사회와 네거티브 섬, 즉 경쟁적 관계에 있는 사람을 리더로 원하는 사람은 아무도 없다. 그들에게 득이 되는 것이 우리에게 손해가 된다면 그들을 지지할 이유가 전혀 없기 때문이다. 사람들은 친사회적인 성향을 가진 리더를 선호한다. 지향하는 지점이 같아서 우리를 돌봐 줄 사람 말이다.

이런 이유로 우리는 지역사회에 있는 자선 단체를 선호한다. 머나먼 곳에서 도움을 필요로 하는 사람을 돕는 리더보다는 지역사회 내에 도움이 필요한 사람을 돕는 리더를 선호한다. 어떤 면에서 우리가 생각하는 이상적인 리더는 편협한 지역주의 성향을 보이는 사람이다. 어떤 경우에는 물리적으로 먼 곳에 있는 낯선 사람의 복지를 과도하게 신경 쓰는 것은 반사회적으로 보이기도 한다. 인도 농부를 돕기 위해 세금을 사용하는 정치인이 선출될 가능성이 매우 낮은 것처럼 말이다.

친사회적인 성향을 나타내기 위해 자선 단체를 이용한다는 사실을 통해 애초에 왜, 어떤 자선 단체에 기부할지에 크게 신경을 쓰지 않는지 알 수 있다. 기부를 하기 전 자선 단체에 대한 사전조사를 하게 되면 어떤 단체가 기부금을 받을 가치가 있는지와 관련된 정보를 알 수 있다. 하지만 우리가 얼마나 친사회적인지 나타내기 위해서는 이런 가치를 추구하기보다는 대외적으로 잘 알려진 자선 단체에 기부하는 것이 효과적이다. 예를 들어 기부를 하기로 마음먹은 후 자선 단체에 대한 사전조사를 한다. 그리고 기부할 만한 가장 좋은 자선 단체는 '아이오다인 글로벌 네트워크Iodine Global Network'[60]라는 결론을 내린다. 이 단체에 5백 달러 수표를 보낸 후, 기부 사실을 알리기 위해 글을 (고상하게) 작성 후 페이스북에 올린다. 안타깝게도 지인들 중 아이오다인 글로벌 네트워크라는 곳을 아는 사람은 아무도 없다. "진짜 자선 단체가 맞긴 한 거야?"라고 물어보는 사람도 생긴다. 지인들이 아는 것은 단순히 당신의 여동생이 그곳에 근무한다는 사실뿐이다. 지인들은 기부에 대한 진심을 의심하기 시작한다. 만약에 유방암 연구와 관련된 단체나 유나이티드 웨이와 같이 누구나 아는 단체에 기부를 했다면 기부의 진정성을 의심하는 사람은 아무도 없을 것이다.

자선 행위를 통해 우리가 과시할 수 있는 면은 한 가지 더 있다. 바로 다른 이들의 복지에 대한 즉흥적이고 즉각적인 관심이다. 때론 이것을 공감, 동정, 연민 등 다양하게 부르기도 한다. 고통받는 누군가를 보고 바로 도와주기로 할 때, '봤지? 내가 얼마나 다른 사람들을 잘 돕는지? 내 주위 사람이 고통받고 있다면 나는 바로 도와줄 사람이야. 나는 그런 사람이야.'라고 말하는 것이다. 좋은 동맹이 될 수 있다는 것을 나타내기 때문에 자랑은 유용한 면이 있다.

여기서 우리가 기회주의적으로 기부를 하는 이유를 찾을 수 있다. 대부분의 기부자는 기부를 할 때 비즈니스 계획을 세우는 것처럼 거창한 전략을 짜거나 전략을 짠다 해도 신중히 따르지 않는다. 기부할 때 우리는 즉흥적이다. 예를 들어, 누군가의 요청이 있거나, 추운 겨울날 길에서 떨고 있는 노숙자를 보거나, 혹은 엄청난 허리케인이나 지진을 겪은 후 즉흥적으로 기부를 하는 경향이 있는 것이다. 왜일까? 그렇게 기부하는 것은 우리가 천성적으로 다른 이들을 돕기 좋아하는 사람이라는 것을 보여 줄 수 있기 때문이다.[61] 이를 통해 우리가 무미건조한 통계보다 스토리텔링 기법에 등장하는 사람의 얼굴이나 이야기에 더욱 반응하는 이유를 알 수 있다.

심리학자 폴 블룸Paul Bloom에게는 안타까운 소식이다. 블룸은 공감이란 한 명의 개인에게 집중하게 만들기 때문에 사람을 편협하고 규모에 무감각하게 만든다고 한다.[62] 버트런드 러셀Bertrand Russell은 종종 이렇게 말했다고 한다. "인간의 고상함은 나열된 숫자를 보고 울 수 있는지를 보고 판단할 수 있다."[63] 하지만 이런 식으로 통계에 공감할 수 있는 사람은 아무도 없다. 우리가 가슴이 아니라 머리에 의해 움직이는 존재였더라면 지금보다 더 도움이 되는 일을 많이 했을지도 모른다.

하지만 공감하고 즉흥적으로 연민을 보일 수 있는 동기는 개인적으로는 더욱 좋은 결과를 낳을 수 있다. 생각해 보자. 어떤 친구, 동료, 배우자가 더 좋은 사람일까? 스프레드시트로 자신의 관대함을 철저히 관리하는 '계산적인' 부류일까? 아니면 자신 앞에 있는 사람을 무조건 도와주는 '감성적인' 부류일까? 우리의 뇌는 계산적인 사람보다 감성적인 사람이 동맹으로 더 낫다고 판단하기 때문에 스스로를 감성적인 부류에 속한 사람이라고 홍보한다. 즉흥적인 관대함은 인간의 복지를 향상할 만한 가장 효과적인 방법이 아닐 수도 있다. 하지만 필요한 분야나 배우자를 찾고 강력한 동맹 네트워크를 구축하는 데 있어서는 단연코 효과적인 방법이다.

다른 자선의 형태

정리해 보자. 자선 단체에 기부하는 동기는 무척이나 많다. 다른 사람들을 돕고 싶어 하는 마음도 있지만 도움이 되는 사람으로 보이고 싶어 하는 마음도 있다. 따라서 우리는 어느 정도 자선 단체를 이용한다. 특히 부유함, 친사회적 성향 그리고 동정심과 같은 우리가 가진 좋은 자질을 드러내기 위한 수단으로 말이다.

이를 통해 우리는 다른 사람에게 도움이 되는데도 불구하고 자선 행위라고 불리지 않는 행동이 무엇인지 알 수 있다. 예를 들면 먼 미래에 있는 사람에게 기부하는 행위이다. 당장 기부하는 대신 오십 년, 오백 년 동안 이자가 쌓이도록 신탁 계좌에 돈을 넣어 두고 돈을 불린 후에 기부하는 것이 훨씬 더 좋다 자위하는 것이다. '므두셀라 신탁Methuselah trusts'은 미국 건국의 아버지 벤자민 프랭클린Benjamin Franklin에 의해 만들어진 개념이다. 프랭클린은 삶의 마지막 순간, 보스턴과 필라델피아 두 도시에 각각 천 파운드씩 주면서 이 돈을 백 년 동안 투자한 후 지역 내 아이들을 후원하는 데 사용하라고 말했다.[64]

자선 단체의 목적이 다른 이들을 돕는 것인 만큼 므두셀라 신탁은 자선 단체의 목적에 부합하는 듯 보인다. 하지만 이런 방식으로 다른 이들을 돕는 사람은 거의 없다. 먼 미래에 뭐가 될지도 모르는 사람을 돕는 일은 우리의 공감 능력이나 친사회적 성향을 나타낼 수 없기 때문이다. 우리는 지금 우리 지역에 사는 사람들을 돕기 때문에 보상을 받는다. 거리상으로나 시간상으로 멀리 있는 누군가를 돕는 것은 어쩐지 수상해 보인다.

사회적으로 존경받지 않는 또 다른 자선 행위는 로빈이 '주변부 자선 marginal charity'이라고 일컫는 것이다.[65] 이 개념은 개인의 결정을 살짝 (주변부로) 다른 이들에게 도움이 될 만한 방향으로 몰고 가는 것이다. 일반적으로 우리는 개인의 이득을 극대화하는 방향으로 행동한다. 부동산 개발 회사는 새로운 아파트 단지를 지을 때 몇 층의 건물을 세우는 게 가장 적합할지 계산기를 두드려 가며 결정할 것이다. 예를 들어 10층으로 결정했다고 하자. 하지만 개발자가 가장 적합하다고 생각하는 것이 이웃에게는 그렇지 않을 수 있다. 규제로 인해 건축 허가를 받는 것이 쉽지 않을 수 있으며 이로 인해 주택난을 겪을 수 있다. 따라서 개발자가 10층 건물 대신 11층 건물을 짓기로 계획했다고 하면 개발자가 얻을 이득은 조금 줄어들 것이다. 하지만 주택난 해결에는 도움이 될 수 있다.

다른 이들에게 가치를 부여한다는 측면에서 주변부 자선은 무척 효율적이다. 자신이 손해 보는 것은 거의 없으면서 다른 이들에게는 어마어마한 이득을 가져다줄 수 있다(즉, ROD가 엄청 높다). 하지만 동시에 주변부 자선은 자신의 좋은 면을 홍보하는 측면에서는 대실패다. 우선 다른 이들에게 자선행위라는 사실을 보여 줄 방법이 없다. 완전히 가려진 그 누구도 볼 수 없는 선행이다. 그리고 주변부 자선은 무척 분석적이다. 자신이 즉흥적으로 연민을 내보일 수 있는 사람이라는 사실은 드러나지 않고, 보이지 않는 추상적인 경제적 원리에 능하다는 사실만 드러날 뿐이다. 이런 이유로 주변부 자선 행위로 존경을 받거나 보상을 받을 수는 없다.

정리

어쩌면 싱어의 말이 맞을 수도 있다. 가까운 연못에 빠진 소년을 구하는 것과 머나먼 곳에서 굶어 죽어 가는 아이를 구하는 것은 동일한 도덕적 원리에 근거할지도 모른다. 하지만 눈앞의 소년을 구하는 것에 더 큰 보상을 받을 사회적 동기가 존재한다. 눈에 더 띄면서 지역 사회에서 더욱 존경받을 만한 행동이다. 그리고 잠재적 배우자나 새로운 친구를 만날 기회도 높아진다. 반면에 먼 나라에 사는 아이를 구하기 위해 수표를 쓰는 것으로 받을 수 있는 개인적인 보상은 매우 적다.

이것이 바로 우리가 받아들여야 하는 진실이다. 다른 이들을 돕는 데 가장 효과적인 형태의 자선은 선행을 행하는 사람이 자신의 좋은 면을 보여 주지 못한다는 점에서 매우 비효율적이다. 그리고 많은 기부자들은 자신이 좋아 보이는 쪽을 선택할 것이다.

만약에 우리 사회에 더 많은, 그리고 더 좋은 자선 행위가 넘쳐 나길 원한다면 개인 기부자에게 어떻게 더 큰 보상을 줄 수 있을지 고민해 봐야 한다. 여기에는 두 가지 접근 방식이 존재한다. 그리고 로빈과 케빈은 두 가지 모두 말보다 실천이 훨씬 어려운 것들이라고 겸손하게 인정한다.

첫 번째 방식은 효율적인 자선 단체 홍보에 더욱 힘쓰는 것이다. 기부자가 자신의 부유함, 친사회적 성향, 동정심을 나타내기 위한 수단으로 자선 단체를 이용한다면 이 모든 것을 더 잘 드러내 줄 자선 단체가 훨씬 더 많은 기부금을 모을 수 있을 것이다.

두 번째는 효율적 이타주의자의 자질을 존중하는 것이다. 블룸이 지적한 것처럼 동정심을 높은 자질로 평가하는 것은 너무 쉽다. 수백만 년 동안 잠재적 동맹에서 우리가 찾은 가장 중요한 자질이며, 여전히 매우 중요하다. 하지만 현대 사회의 발전에 따라 기술이 데이터 기반으로 변해 가면서 숫자를 잘 다루는 게 그 어느 때보다 중요해졌다. 다른 이들을 돕는 데 계산적으로 행동하는 사람들도 충분히 높이 평가받을 만하다.

13장
교육

학생들은 왜 학교에 다닐까?

사회에서 일반적으로 들리는 답은 너무 뻔하다. 이 세상에 존재하는 모든 학교의 수업 계획서에는 이렇게 쓰여 있다. '배우기 위해서' 학생들은 특정한 주제에 대해 새로운 사실을 알려 주는 책을 읽고 강의를 듣는다. 그리고 새로 습득한 기술과 지식을 적용하기 위해서 프로젝트와 숙제를 하고, 이 기술과 지식을 잘 학습했는지 확인하기 위해 시험을 본다. 이렇게 수년의 학습 과정을 거친다. 특정 학위가 필요한 직업이 존재하기도 한다. 예를 들어 의과 대학을 나오지 않은 의사에게 치료를 받을 사람은 없을 테고 엔지니어링을 전공하지 않은 사람이 만든 다리를 건널 사람 또한 없을 것이다. 이렇듯 학위를 받기 위해 학교에 가기도 한다.

하지만 보통 학생들은 더 나은 사람이 되기 위해서, 즉 자기계발을 위해 학교에 간다. 특히 학교를 졸업하고 난 뒤 얻을 직업을 위해서 말이다.[1] 따라서 고용주는 수년간 자기계발에 힘쓴 직원을 고용하기 위해 더 많은 비용을 기꺼이 지불한다. 학생이 왜 학교를 다니는지에 대한 이 설명은 간단하지만 어느 정도 사실이기도 하다. 하지만 우리는 이것만이 전부가 아니라는 걸 알고 있다. 오히려 이것은 부모나 교사들이 학교 이사회에서, 또는 정치인이 새로운 교육 법안을 통과시킬 때 할 법한 말이다. 다른 상황에서, 예를 들어 친구들과 술 한잔할 때, 우리는 학교가 훨씬 덜 고귀한 기능과 목적을 위해 존재한다는 사실에 대해 가감 없이 말한다. 교육에 대한 '숨겨진' 동기는 그렇게 깊은 곳에 숨어 있지 않다. 그럼에도 우리는 여전히 공적인 영역에서는 교육이 학습을 위한 것이라는 도덕적이고 친사회적인 주장을 한다.

이번 장은 많은 부분을 미국 경제학자 브라이언 캐플란Bryan Caplan의 《교육에 대한 반론The Case Against Education》에서 인용했다. 이 훌륭한 책을 통해 '학습'이 교육의 전부가 아니라는 것을 증명하고 학생들이 왜 학교에 가는지, 그리고 고용주가 왜 교육을 많이 받은 직원을 선호하는지에 대한 여러 가지 진짜 이유를 알아볼 것이다.

학습에 대한 의문

일류 대학에 입학하는 것은 매우 어렵기도 하고 많은 비용이 필요한 일이다. 예를 들어 스탠퍼드대학Stanford University은 전체 지원자 중 5퍼센트도 선발하지 않으며 (기숙사비, 교재비를 제외한) 학비로만 일 년에 4만 5천 달러를 청구한다.[2] 하지만 스탠퍼드에서는 원한다면 누구나 학비를 내지 않고 교육을 받을 수 있다. 성적표와 학위를 받지 않아도 된다면 말이다. 그냥 수업에 들어가서 조용히 앉아 다른 학생들과 토론을 하고 과제도 제출한다면 대부분의 교수들은 학비를 낸 다른 학생들과 동등하게 대해 준다. 오히려 교수는 자신의 수업에 찾아와 줬다는 사실만으로 엄청 기뻐할 것이다.

로빈은 25년 전 나사NASA에서 근무하면서 이런 식으로 스탠퍼드의 수업을 들었다. 심지어 그가 참여한 수업의 교수는 로빈이 대학원에 지원할 때 추천서를 써 주기도 했다. 이런 면에서 스탠퍼드만 특별한 것은 아니다. 대부분 대학교가 학비를 내지 않는 청강생들을 환영하는 분위기다. 하지만 우리가 아는 것처럼 훌륭한 교수진의 수업과 일류 대학이 제공하는 교육이 그렇게 가치 있는 것이라면 로빈은 어떻게 그것을 그렇게 쉽게 자기 손에 넣었을까? 사실 로빈처럼 이렇게 아무렇지 않게 수업에 들어가 마치 그 학교의 학생처럼 수업을 듣는 사람은 많지 않다.

날씨가 안 좋아서, 갑자기 아파서, 출장이 생겨서 교수가 수업을 취소하게 되면 학생들의 반응은 어떨까? 배움을 위해 학교에 오는 학생들은 당연히 기분이 좋지 않아야 한다. 돈을 낸 만큼 보상을 받지 못하기 때문이다. 하지만 실상 많은 학생이 교수가 수업을 취소하면 엄청나게 기뻐한다. 이와 비슷하게 성적을 잘 주기로 소문난 교수의 수업은 학생들 사이에서 엄청난 인기를 누린다. 심지어 그 과목에 관심이 없거나 앞으로 진로를 찾아가는 데 전혀 도움이 되지 않는다 할지라도 그 수업을 선택한다. 학생들은 쉽게 학위를 받기 위해 배움의 기회를 희생하는 것이다. 만약에 학생들에게 두 가지 선택권을 준다고 생각해 보자. 학위를 받지 않고 교육을 받을 기회와 교육을 받지 않고도 학위를 받을 기회. 대부분이 후자, 교육을 받지 않고도 학위를 받을 기회를 선택하리라. 학생들이 배우기 위해 학교에 간다는 전제와는 맞지 않는 선택이다.

하지만 학생들이 학위를 받기 위해 필요한 모든 교육과 기술을 뒤로하고 학위만을 가치 있게 생각하는 것은 자연스러운 일이다. 학위는 학습 수준에 대한 대략적인 측정치에 불과하기 때문에 학생들은 조금 쉬운 길로 가고자 하는 유혹에 빠질 수도 있다. 조금 더 이해가 되지 않는 것은 고용주가 학위를 중요시하는 이유이다. 학위를 받은 직원의 연봉과 학교를 다니다가 중간에 그만둔 직원의 연봉을 비교해 보면 알 수 있다. 만약에 고용주가 정말로 배움을 중요시한다면 학교를 다닌 햇수에 비례해서 연봉을 더 높게 책정해야 할 것이다. 하지만 고용주는 학교를 다닌 햇수가 아니라 마지막 학력 그리고 마지막 학위를 바탕으로 연봉을 책정한다. 이것을 '양가죽 효과sheepskin effect'라고 한다. 예전에 대학 졸업장이 양가죽에서 만들어진 데서 유래한 말이다.

오늘날 미국에서 고등학교나 대학교 과정을 일 년 더 다니는 학생은 평균적으로 11퍼센트쯤 수입이 더 높다. 하지만 어떤 과정을 일 년 더 이수하는지가 중요하다. 고등학교나 대학교의 처음 3년(학위를 받는 마지막 해를 제외한) 중 일 년을 더 다닌 학생은 평균적으로 4퍼센트 더 높은 연봉을 받는다. 하지만 고등학교나 대학교의 마지막 해, 즉 학위를 받기 직전의 해를 일 년 더 이수하는 학생은 평균적으로 30퍼센트 더 높은 연봉을 받는다. 그렇다고 해서 마지막 학년에 이수하는 수업이 다른 학년의 수업보다 교육 면에서 양이나 질이 뛰어난 것은 아니다. 그렇다면 고용주는 학생들이 수업에서 배우는 것 외의 것에 더 관심이 많다고 이해할 수밖에 없다.

직업 세계에서 졸업은 높이 평가받는다. 심지어 정규 교육이 필요 없는 직업에서도 그렇다. 예를 들어 고등학교를 졸업한 바텐더는 그렇지 못한 바텐더에 비해 61퍼센트 정도 연봉이 더 높고, 대학교를 졸업한 바텐더는 거기에 더해 62퍼센트 정도 연봉이 더 높다. 웨이터는 고등학교 졸업생일 경우 135퍼센트, 대학교 졸업생일 경우 47퍼센트, 안전 요원은 고등학교 졸업생일 경우 60퍼센트, 대학교 졸업생일 경우 29퍼센트 더 높은 연봉을 받는다.[3] 고등학교와 대학교에서 바텐더, 웨이터, 안전 요원으로서 필요한 기술을 가르치지는 않는다. 그렇다면 고용주가 이렇게 불필요한 교육에 많은 비용을 지불하는 이유는 무엇일까?

학생과 고용주의 행동도 이해되지 않지만 시스템 차원에서도 학습 기능과 관련하여 이해되지 않는 모습이 존재한다.

학교에서 가르치는 것 중 대부분은 실제 직업에서 거의 쓸모가 없다. 읽기, 쓰기, 산수는 예외다. 일반적인 고등학교의 커리큘럼을 보면 전체 커리큘럼 중 42퍼센트가 예술, 외국어, 역사, 사회 그리고 체육, 종교, 군사학, 특수 교육과 같은 과목으로 이루어졌다.[4] 수학은 비교적 유용한 과목이라고 볼 수 있다. 하지만 수학 중에서도 기하학이나 미적분학과 같은 내용은 나중에 사용할 일이 거의 없다. 과학도 비슷하다. 과학 분야에서 종사하게 되는 극히 일부를 제외하고는 말이다.

비실용적인 과목은 대학에서도 이어진다. 대학생 중 35퍼센트 이상이 소통학, 영문학, 교양 과목, 통합적 학문, 역사학, 심리학, 사회과학, 시각 및 공연 예술과 같이 학교 졸업 이후에 실질적으로 직업에 적용이 불가한 과목을 전공한다.[5] 물론 전공한 학문과 관련한 분야에 취업하는 학생들도 많지만 대부분 그렇지 않다. 심지어 엔지니어링 관련 학과의 커리큘럼은 엔지니어링에 관한 지식과 기술에 집중되어 있는 듯 보이지만 학생들이 사회에 나가서 학교에서 배운 것을 사용하는 경우는 거의 없다. 엔지니어링 전공자를 고용했다 하더라도 고용주는 백지상태에서 처음부터 다시 교육하는 것을 염두에 두고 이들을 뽑는다.

(물론 생산적인 일꾼이 되는 것이 인생의 전부가 아니다. 그리고 학교는 다른 측면에서 도움을 주기도 한다. 예를 들어 '다재다능함'을 발전시킨다든지, '시야를 넓힌다'든지 하는 일 말이다. 하지만 이것이 원래 학교의 존재 목적은 아니다. 그리고 저자들은 "하루에 여섯 시간씩 교실에 앉아 있는 것이 정말 다재다능하고 시야가 넓은 인재를 길러 내는 방법인가?"라는 질문에 회의적인 답변을 내놓을 수밖에 없다.)

하지만 '학습'과 관련해서 더욱 문제가 되는 것은 설사 학교에서 유용한 지식과 기술을 가르친다 하더라도 사회에 나가서 그것을 적용할 만큼 그 지식과 기술이 학생들의 머릿속에 오래 남지 않는다는 것이다. 기말고사를 잘 보기 위해 벼락치기로 머리에 마구 집어넣을 수는 있다. 하지만 동일한 시험을 몇 년 후 다시 본다면 한 번도 수업을 듣지 않은 학생과 결과가 그렇게 많이 차이 나지 않을 것이다. 대부분의 고등학교에서 2년간 외국어 수업을 듣는 것은 필수지만 성인의 7퍼센트 미만이 '형편없는' 것보다 조금 나은 수준으로 외국어를 구사할 수 있다고 대답했고, 3퍼센트 미만이 외국어를 '잘' 구사할 수 있다고 대답했다. 일반적인 조사에서 미국 성인 중 단 38퍼센트만이 미국 시민권 시험에 합격할 수 있으며, 단 32퍼센트만이 원자가 전자보다 크다는 것을 알고 있다. 또한 겨우 절반 정도만이 140갤런의 석유에서 갤런당 0.05달러를 절약하면 7달러의 절감 효과를 얻을 수 있다는 것을 계산할 수 있다. 수년간 학교를 다니며 모두가 배웠던 것들이다.

수십 년간의 연구를 통해 인간은 학교에서 배운 것을 기억한다 하더라도 그것을 실생활에 잘 적용하지 못한다는 사실이 드러났다. 학교에서 교사가 문제를 하나 가르쳐 주고 비슷한 문제를 숙제로 내 주면 대부분은 숙제가 자신이 배운 것과 비슷하다는 사실을 알 수 있다. 하지만 수십 년이 지난 후 사회에서 실제로 어떤 문제를 맞닥뜨렸을 때 그것이 학교에서 배운 것과 비슷하다는 것을 파악하고 학교에서 배운 지식을 문제에 적용할 수 있는 사람은 거의 없다.

학교를 지지하는 자들은 종종 학교 교사가 학생들에게 가르치는 것은 '학습하는 방법' 또는 '비판적 사고'라고 말한다. 어느 정도 위로가 되는 말이긴 해도 사실은 아니다. 캐플란은 "교육 심리학자들은 한 세기 넘는 시간 동안 교육의 숨겨진 지적 혜택을 측정해 왔다. 가장 큰 발견은 교육은 협소하다는 사실이다. 일반적으로 학생은 교사가 특정하게 가르치는 것만 배운다."[6]

시스템 차원에서의 또 다른 실패는, 학교는 계속해서 더 나은 교수법을 적용하는 데 실패한다는 점이다. 심지어 수십 년간 알려진 교수법도 말이다. 예를 들어 학생들은 점수를 받을 때, 특히 상대평가로 점수를 받을 때 학습 효과가 떨어진다.[7] 수학과 같은 과목에서는 숙제가 학습에 도움이 되지만 과학, 영어, 역사에서는 그렇지 않다.[8] 학습 내용과 자료가 다양하고 다른 과목과 연계되어 있을 때 학생들은 더 분석적인 사고력을 갖출 수 있고 배운 내용을 더 오래 기억할 수 있다. 이런 교수 방식은 느려 보이고 어려워 보이지만 효과는 더 좋다.[9] 하지만 실제로 많은 학교가 상대평가를 기반으로 점수를 매기고, 숙제를 내 준다. 여러 가지 학습 내용을 한꺼번에 주입시켜 마치 학생들이 무언가 빨리 많이 배우는 것처럼 보이지만 사실은 그 반대다.

학생들, 그리고 그중에서도 특히 십 대는 수업이 일찍 시작하지 않을 경우 학습 효과가 더 뛰어나다.[10] 노스캐롤라이나 학구에서 수업 시작 시간을 일곱 시 반에서 여덟 시 반으로 한 시간 뒤로 미루자 학생 수학 능력이

2퍼센트 증가했다.[11] 하지만 대부분의 미국 내 학구에서는 십 대 학생의 수업 시작 시간이 십 대 이전 학생의 수업 시작 시간보다 빠르다.[12]

이 중에서도 가장 이해하기 어려운 것은 교육이 개인의 수준에서보다 국가적 차원에서 가치가 크지 않다는 점이다. 이와 관련된 데이터는 조금 헷갈릴 수 있지만 천천히 살펴보도록 하자. 학생 개인으로서는 학교를 일 년씩 더 다닐 때마다 연봉이 8~12퍼센트 정도 오르지만 국가 차원에서는 국민이 학교를 일 년씩 더 다닐 때마다 연봉이 1~3퍼센트 정도밖에 오르지 않는다는 것을 볼 수 있다.[13] 만약에 학교를 다니고 교육을 받는 것이 학생 개인에게 도움이 되는 것이라면 학생 개인이 받는 이득이 국가적 차원의 이득과 비례해야 할 것이다. 하지만 국가는 국민에게 교육을 제공함으로써 얻는 이득이 그다지 크지 않은 듯 보인다. 무언가 이상하다.

시그널링 모델

2001년 노벨 경제학상은 시그널링의 수학적 모델을 개발한 미국 경제학자 마이클 스펜스Michael Spence에게 돌아갔다.[14] 스펜스는 학생들이 학교를 가는 이유는 나중에 직업에 필요할 유용한 기술을 배우기 위해서가 아니라 미래 고용주에게 자신을 과시하기 위해서라고 주장했다. 즉, 교육의 가치는 학습이 아닌 자격을 받는 것에 있다는 말이다. 물론 이 주장은 스펜스 훨씬 이전부터 존재해 왔다. 스펜스는 이를 수학적으로 풀어냈기 때문에 유명해진 것이다.

시그널링 모델에 의하면 모든 학생에게는 숨겨진 자질이 있다. 미래의 잠재적 고용주가 그토록 알고 싶어 하는 생산성이다.[15] 하지만 이 자질은 시험을 보듯이 단기간 내에 쉽게 측정할 수 없다. 따라서 고용주는 학업 수행 능력을 이를 측정하는 기준으로 삼는다. 학업 능력이 뛰어난 학생들은 장기적으로 직장에서도 좋은 성취를 보이기 때문에 적합한 기준이 될 수 있다. 물론 완벽히 비례하지는 않고 예외도 많이 존재하지만 대체적으로는 학업 수행 능력을 통해 직장 내 성취도 및 실적(즉 소득까지도)을 예측할 수 있다.

사람들은 학업 수행 능력과 직장 내 업무 실적에서 지적 능력이 주된 요소라고 생각하는 경향이 있다. 하지만 일반적으로 IQ가 전부는 아니다. 지적 능력만 갖춘다고 해서 성취도가 높은 것은 아니라는 뜻이다. 게으르다면 아무리 똑똑하다고 한들 고용주에게는 별 의미가 없을 것이다. 캐플란이 주장하는 것처럼 가장 좋은 직원은 여러 가지 자질을 두루 갖춘 사람이다. 지적 능력과 더불어 양심, 꼼꼼함, 좋은 직업 윤리 그리고 기대에 부응하고자 하는 의지 등 다양한 자질을 갖춰야 한다. 이런 자질들은 생산직에 종사하는 육체노동자나 전문직에 종사하는 사람이나 모두 갖춰야 하는 것이다. IQ는 간단한 30분짜리 시험을 통해 측정이 가능한 반면 IQ 외의 자질들은 장기간 동안 지속적인 수행 능력을 보여 주어야 한다.

우리가 회사 상사로서 이제 막 대학에서 졸업한 스물두 살의 면접자와 면접을 본다고 생각해 보자. 그녀의 이력서를 훑어보니 2학년 때 수강한 생물학 수업에서 A를 받았다는 사실이 나와 있다. 이것이 지금 당신 앞에 있는 여성에 대해서 무엇을 말해 줄까? 생물학 수업에서 A를 받았다고 해서 그녀가 생물학을 이해한다고 볼 수는 없다. 생물학에 대한 지식을 어느 정도 보유했을지는 모르겠으나 통계학적으로 보자면 지금쯤이면 2학년 때 배웠던 지식 대부분을 잊어버렸을 가능성이 높다. 생물학 성적을 통해 알 수 있는 사실은 그녀가 생물학 수업에서 A를 받을 만한 사람이라는 점이다. 비슷한 말 같아 보이지만 전혀 다르다. 그녀의 A는, 해당 분야의 전문가가 보기에 그녀가 충분히 빠르고 꼼꼼하게 새로운 개념을 배울 수 있는 능력을 가졌다는 것을 의미한다. 수업을 통해 전문가가 되지는 못했겠지만 적어도 같이 수업을 들은 다른 학생들보다는 능력이 뛰어나다는 것을 의미한다(생물학 수업 평가 방식이 절대 평가였다고 하더라도 대부분의 교수는 일부

학생에게만 A를 주기 위해서 비율을 어느 정도 조정한다). 개념을 잘 습득하는 능력 외에도 A를 받았다는 사실을 통해 그녀가 주어진 과제를 모두 잘 해내는 사람이라는 것을 알 수 있다. 수업에서 주어지는 모든 과제와 프로젝트에는 기한이 있다. A를 받았다는 것은 그녀가 모든 과제와 프로젝트를 제때 해냈고, 시험에 대비해 철저히 공부했다는 것을 의미한다. 또 한 학기 동안 생물학 수업 하나만 들었을 리는 없으니 다른 수업의 과제도 모두 해내면서 생물학 수업에도 충실했다는 것을 의미한다. 다른 수업에서도 좋은 성적을 받았다면 더할 나위 없다. 게다가 학업 외 활동에도 참여했다면 그녀의 성적은 더 많은 것을 뜻한다. 이 모든 것은 그녀가 당신의 회사에 입사한 후에도 주어진 업무를 충분히 잘 해내리란 것을 의미한다. 게다가 그 사실은 그녀가 지금까지 생물학에서 배운 내용을 얼마나 기억하는지와는 전혀 상관이 없다.[16]

다시 말하자면 학교에서 교육을 많이 받은 사람은 그렇지 않은 사람보다 대개 능력이 더 낫다고 여겨진다. 교육의 가치는 학습 여부에 달린 것이 아니라 학생 자신이 이미 가진 자질을 더 잘 드러낼 기회를 제공하는 데 있기 때문이다.

캐플란의 비유를 살펴보자. 우리는 할머니에게서 다이아몬드를 물려받았고 그 다이아몬드를 간직하기보다는 팔고 싶은 상황이다. 좋은 가격을 받으려면 무엇을 해야 할까? 우선 다이아몬드를 돋보이게 만들기 위해 광채를 살리거나 더 나은 모양으로 가공할 수 있다. 아니면 전문가에게 다이아몬드의 품질을 보증하는 보증서를 받을 수도 있다. 이런 노력을 기울이면 다이아몬드의 가격을 올릴 수 있다. 대다수의 소비자는 다이아몬드의 품질을 판단할 능력이 없기 때문에 보증서가 없을 경우에는 혹여나 사기를 당하지 않을까 우려하기 마련이다.

전통적인 관점에서 보자면 교육을 통해 개선된 학생은 가치가 올라간다. 여기서 개선이란 가공되지 않은 무언가를 재구성하고 돋보이게 만드는 작업이다. 반면에 시그널링 모델에서는 인증을 통해 학생의 가치가 올라간다. 알려지지 않은 무언가를 시험하고 측정한 후 점수를 매김으로써 구매자에게 그것의 가치를 보여 주는 것이다.

물론 이 두 가지 과정은 공존 가능하다. 노동 경제학자는 시그널링 모델을 무시하는 경향이 있지만 교육 사회학자 사이에서는 유효하다고 여겨지며 인기도 많다. 시그널링 모델이 교육의 가치를 완전히 설명한다고 주장하는 이는 아무도 없다. 학습과 개선이 교실 내에서 이뤄지고 결국 교실에서 배운 것이 훗날 직장에서 어느 정도 중요하게 작용하는 것은 명백한 사실이다. 특히 엔지니어링, 의학, 법학과 같은 기술적이고 전문 분야에서는 더욱 그렇다. 하지만 이런 분야에서 시그널링 또한 중요한 역할을 담당한다. 그리고 많은 다른 분야에서는 시그널링이 학습의 기능을 완전히 대체할 만큼 돋보인다. 캐플란은 시그널링이 교육의 가치 중 80퍼센트를 담당하고 있다고 말할 정도다.

시그널링 모델의 의의

"나는 학교가 나의 교육을 방해하도록 내버려 둔 적이 없다."

—마크 트웨인Mark Twain[17]

시그널링 모델은 우리가 이전까지 가졌던 모든 의문점을 해소시킨다. 시그널링 모델을 통해서 학생과 고용주 모두 학습 그 자체보다 학위 인증(좋은 대학에서 좋은 성적과 학위를 받는 것)에 관심이 더 많은 이유를 알 수 있다. 또, 실용성 없는 커리큘럼이나 학생들이 배운 것을 기억하지 못하는 일에도 신경을 쓰지 않는 이유를 알 수 있다. 지식 그 자체는 학업을 수행하고 완수할 수 있는 전반적인 능력만큼 중요하지 않기 때문이다. 더 나아가 시그널링을 통해 학위를 받는 것 자체가 그 학위를 받기 위해 투자한 수년의 과정보다 더 중요한 이유 즉, 양가죽 효과에 대한 이유를 알 수 있다. 고용주는 자신이 시작한 것을 끝낼 수 있는 지구력을 가진 사람을 선호하기 때문이다.

'숨겨진 동기'에 대한 설명이 주로 그러하듯, (공식적인 기능과 관련하여) 결점처럼 보이는 것들이 실제로는 (숨겨진 기능과 관련된) 특징인 경우가 많다. 예를 들어 학교가 지루하고 고되고 할 일 많은 곳이라는 사실은 학생의 학습 능력에 방해가 될지도 모른다. 하지만 학교의 주된 목적과 기능이 인증이라면 학교의 목표는 알곡(좋은 일꾼)과 쭉정이(게으름뱅이와 공상가)를 구별해 내는 곳이 되는 것이다. 만약에 학교가 재밌고 쉬운 곳이었다면 이 기능을 하지 못할 것이다. 만약에 학습 과정을 빠르게 앞당길 수 있다고 하더라도, 예를 들어 먹기만 하면 모든 지식을 단번에 습득할 수 있는 알약이 있다 하더라도, 인증이라는 목적을 달성하기 위해 학생들은 지루한 강의를 듣고 따분한 시험을 쳐야 할 것이다.

시그널링을 통해 우리가 현재 교육 과정에서 볼 수 없는(학교의 주된 목적이 학습이었다면 기대했을 법한 것들) 많은 것들에 대한 이유를 찾을 수 있다. 만약에 대학교 학위의 가치가 학습에 있다면 대학 생활 동안 배운 모든 것을 평가하는 종합적인 '졸업 시험'을 치르게 만들 수도 있을 것이다. 매 학기 말쯤 치는 기말 시험만큼 심도 깊은 시험은 아니겠지만 이와 비슷한 종류의 시험이 필요하리라. 그리고 고용주의 관심이 지식이라면 학생들이 배운 내용을 얼마나 기억하고 있는지 알고 싶을 것이다. 하지만 실제 고용주들이 알고 싶은 것은 학습을 할 수 있는 전반적인 능력이다(아, 그리고 제시간에 업무를 끝낼 수 있는지도).

교육은 개인보다 국가적인 차원에서 가치가 크지 않다는 사실을 기억하는가? 이 또한 시그널링 모델로 설명된다. 학교의 주된 기능이 학습보다 인증이라면 국가 차원에서는 손해가 더욱 클 것이다. 학교에서 실제로 배우는 내용이 많지도 유용하지도 않다면 모든 국민이 일 년 더 학교에 다녀도 국가의 전체적 생산성은 그렇게 크게 늘지 않을 것이다. 반면에 학생 개인으로서는 학교를 일 년 더 다님으로써 미래의 소득 측면에서 혜택이 어마어마하게 증가한다. 실제로 학교에서 많은 것을 배워서가 아니라 그 일 년을 통해 일을 더 잘 해내리라는 사실을 증명할 수 있기 때문이다. 더 중요한 것은 다른 사람과 구별된다는 점이다. 따라서 교육이 학습보다 시그널링에 가까울수록 협동보다 경쟁에 가까워진다. 물론 학교는 모든 이가 잘 어울려야 하는 곳이다. 하지만 시그널링 모델을 통해 학교는 '승리'할 수 있는 학생의 숫자는 제한된 경쟁의 장이라는 것을 알 수 있다. 페이팔 창업자 피터 틸Peter Thiel은 대학 교육에 상당히 회의적인 사람이다.

> 고등 교육은 우리를 계급화한다. 계급의 최상위에 있는 아이들은 대부분의 사람을 당당하게 배제시키는 학교에 입학하는 경쟁에서 승리했기 때문에 명성을 누린다. 하버드에서 가장 어려운 일은 뛰어난 경쟁력이 증명된 엘리트만 선발해 내는 입학사정관들이 감당하고 있다. 만약 대학의 가치가 진정으로 고등 교육에 있다면 아이비리그를 프랜차이즈화하지 않는 이유는 무엇일까? 더 많은 학생에게 혜택이 돌아가도록 하지 않는 이유는? 이런 일은 절대 일어나지 않을 것이다. 왜냐하면 미국 일류 대학들은 제로섬 경쟁을 무기로 삼기 때문이다.[18]

학교를 통해 인증을 받는 것과 학생을 분류하는 것에도 이득은 분명히 존재한다. 고급 인력을 사회적으로 더 중요한 직업에 투입할 수 있는 경제적 효율성과 같은 이득 말이다. 하지만 교육이라는 경쟁의 장에서 생겨나는 어마어마한 금전적, 심리적, 사회적 낭비에 비하면 이런 이득은 별 것 아닌 듯 보인다.[19]

시그널링 그 이상

시그널링은 우리가 교육을 가치 있게 평가하는 이유와 학교의 구조를 설명하는 데도 유용하다. 오늘날 학교의 주요 기능이 인증이라면 동일한 목적을 달성하기 위해 비용 측면에서 더 값싸고 낭비가 적은 방법은 없을까? 예를 들어 창업을 하려는 한 전도유망한 청년은 학교를 중퇴하고 실전 경험을 쌓기 위해 몇 년간 신입사원으로서 근무할 수도 있다. 만약에 정말 뛰어나고 근면성실한 사람이라면 빠르게 승진할 수도 있을 것이다. 대학교에서 지루한 강의를 듣고 과제를 하는 대신 돈까지 받으면서 배울 기회를 얻는 것이다. 하지만 왜 젊은 사람들은 이렇게 하지 않을까?

학교를 다니는 것은 단순히 규범이기 때문이다. 완전히 만족하기는 어렵지만 어느 정도는 해답이 된다. 규범이기 때문에 이를 따르지 않는 사람은 사회적 기대에 부응하지 않겠다는 의사를 나타내는 것이다. 빌 게이츠나 스티브 잡스와 같은 사람이 학교를 그만두는 것은 그럴 법하지만 그들 같은 사람은 흔하지 않다. 졸업이라는 틀에서 벗어나려는 시도는 창업자나 CEO에게는 매력으로 작용할지 몰라도 은행원이나 일반 기업의 사원이 되려고 하는 사람에게는 아니다. 이런 논리에 따르면 학교는 개인의 업무 능력을 자랑하기에 최선의 방법은 아닐 수도 있다. 학교 출석은 우리 사회의 규범이 되었고 우리는 대부분 그것을 지키면서 산다.

만약에 학교를 다니는 것이 정말 낭비라면 많은 사람이 대안을 찾으려고 혈안일 것이다. 물론 이런 측면에서 어느 정도의 노력은 계속되었다. 온라인으로 수업을 듣는 플랫폼이나 능력 있는 학생들을 후원하는 틸의 장학금 제도 같은 것들 말이다.[20] 하지만 대다수는 학교가 시간과 돈을 투자할 만한 합리적인 곳이라는 것에 동의한다. 학교는 기술을 습득하고 업무 능력을 시그널링 하는 것 외에도 다양하고 유용한 기능을 제공하기 때문이다.

어린아이들에게 학교는 보육 시설로서의 가치를 지닌다. 학교는 일반적으로 정부의 보조를 받을 뿐만 아니라, 아이 대 '베이비시터'의 비율도 꽤 높은 편이다. 초등학교와 중학교 아이들에게 학교는 또래와 교제할 기회를 제공한다. 홈스쿨링을 하는 아이들은 다른 방법을 통해 모색해야 하는 일이다. 반면에 청년들에게 대학교는 딱히 '교육적'이지 않은 기능까지 포함해서 온갖 유용한 기능을 제공한다. 대학교 캠퍼스는 네트워크를 형성하기 위한 최적의 장소다. 훗날 인생에서 일적으로나 개인적으로나 우리에게 도움을 줄 친구와 지인을 만나는 장소이기도 하고 미래의 남편이나 아내를 만날 수 있는 곳이기도 하다. 오늘날 미국에서 약 28퍼센트의 부부가 대학교 캠퍼스에서 만났다고 한다.[21] 꼭 같은 대학에서 미래의 배우자를 만나지 않는다고 해도 대학 생활을 하고 대학교를 졸업하는 것은 동일하게 대학 생활을 하고 대학교를 졸업한 배우자를 만날 가능성을 높인다. 가계 소득도 한층 높아질 수 있다는 말이다.[22]

대학교의 이런 기능-네트워크를 형성하고 데이트 할 수 있는 기능-은 학생의 미래에 있어서 투자라고 볼 수 있다. 하지만 대학교를 다니는 것은 소비라고 볼 수 있는 측면도 존재한다. 즉, 어떤 이들은 대학을 다니는 것을 즐긴다. 재미있기 때문이다. 대학교를 4년간의 여름 캠프로 생각하는 사람도 있다. 클럽을 가고, 파티를 즐기고, 술을 마실 수 있는 곳이다. 그리고 심지어 어떤 이들에게는 수업이 재밌을 수도 있다(충격적이다). 많은 어른이 이런한 대학 생활을 추억한다. 개인적으로 즐길 만한 곳이기도 하지만 대학교는 과시적 소비의 장이 되기도 한다. 가족의 부와 사회적 지위에 대한 시그널을 보내는 것이다. 많은 사립 대학은 대학 등급에 비해 학비가 터무니없이 비싸다. 만약에 학생들이 정말 교육에만 관심을 가졌다면 학비가 비교적 낮은 주립 대학이 더 나은 선택일지도 모른다.

여기서 학교의 '숨겨진' 기능 중 정말로 숨겨진 것은 하나도 없다. 초등학교가 보육 시설로서 기능을 한다거나 교육은 사교의 장이라는 것을 모두 쉽게 인정하는 분위기다. 그럼에도 공적인 담론에서는 이런 사실들을 인정하기는 어려운 것이 현실이다. 진실이 무엇이든 간에 학교와 교육의 친사회적 동기, 즉 학교는 학생들의 배움을 위한 곳이라는 사실만을 강조할 뿐이다. 아이들이 '자기 계발을 할 수 있도록' 학교를 보낸다고 말하는 것은 전혀 문제가 없다. 전반적으로 사회에 도움이 되는 이유이기 때문이다. 하지만 이렇게 말하는 동시에 우리는 이기적이거나 경쟁하는 것처럼 보이지 않는 방식으로 학교와 교육의 다른 이득을 충분히 누리고 있다.

하지만 학교의 기능 중 우리가 결코 쉽게 인정하지 않으려는 두 가지 기능이 있다.

선전

학교는 꽤 오랫동안 존재해 왔다. '아카데믹academic'이라는 단어는 플라톤이 설립한 아카데미아Academy에서 유래한 것으로, 아카데미아는 그 당시 학자들이 강의와 토론을 위해 사적으로 모였던 올리브나무 과수원에서 따온 이름이었다.[23] 하지만 오늘날의 학교는 플라톤의 아카데미아와 많은 면에서 상이하다. 특히 12년 교육 과정(K-12, Kindergarten to Grade 12)을 이수하는 것은 의무가 되었으며 교육 과정은 대체로 국가의 지원으로 운영된다. 왜 이렇게 되었을까?

국가 지원의 의무 교육은 상대적으로 최근에 시작되었고 딱히 '아카데믹'하다고 볼 수 없는 유래를 가진다. 18세기 및 19세기의 프로이센 군대의 연장선으로부터 시작된 프로이센 학교는 전쟁을 대비해 애국심 고취를 주목적으로 국민을 교육했다. 그리고 실제로 효과가 있었다. 하지만 프로이센 교육 시스템에는 교사 훈련과 같이 다른 국가가 모방하고 싶을 만큼 매력적인 다른 요소도 존재했다. 18세기 말 정도가 되자 프로이센식의 교육 시스템은 유럽 전역으로 확산되었다.[24]

공공 K-12 교육 과정이 국민에게 국가와 관련된 사상을 주입하고 애국심을 고취하기 위한 국가 건설 프로젝트로부터 유래했다는 것을 통해 이러한 교육 과정이 어느 정도 선전의 형태를 띤다고 볼 수 있다. 특히 역사적인 사건의 장밋빛 면만 강조하는 경향을 띠는 역사나 사회 과목의 커리큘럼에서 이런 면을 볼 수 있다. 1800년대 후반에 작성되었고 1942년도에 의회에 의해 채택된 미국의 국기에 대한 충성은 선전이라는 목적을 단적으로 보여 주는 예다.[25]

역사적으로도 교육 과정에 선전 목적이 있다는 통계학적 증거가 존재한다. 많은 국가가 군사적 라이벌의 등장이나 이웃 국가의 위협 등에 직면했을 때 초등 교육 과정에 대거 투자한 기록이 있다.[26] 신문과 TV 방송사와 같은 대중매체를 강력하게 통제했던 것만큼이나 학교에 대한 통제도 강력하게 시행했다. 오늘날 (전체주의 정권과 같이) 국가의 부에 대한 통제권을 가지는 정부는 통제권이 없는 정부에 비해 대중매체와 더불어 학교를 더 많이 지원한다.[27] 국민에게 국가사상을 주입할 필요성이 큰 정부가 학교에 대한 지원을 더 많이 하는 것은 어떻게 보면 당연한 일이다.

물론 전 세계적인 관점에서 봤을 때 이런 행위는 낭비라고 볼 수 있다. 하지만 적어도 교육 과정이 왜 존재하는지 알 수 있다. 다행인 것은 대체적으로 선전 기능은 전반적인 교육 과정에서 매우 적은 비중을 차지한다는 것이다. 반면에 학생의 일상생활에 더욱 직접적으로 영향을 미치는 또다른 숨겨진 기능이 존재한다.

길들이기

현대 직장은 인간에게 매우 부자연스러운 환경이다. 공장 노동자는 한자리에 고정되어 일어선 채로 몇 시간 동안 반복적인 일을 수행한다. 전문직 노동자는 눈이 따가운 형광등 아래에서 몇 시간 동안 책상에 앉아 세세하고 깐깐한 작업을 수행한다. 모두 아침 일찍 일어나 제 시간에 직장에 도착해야 하고, 상사의 지시를 따라야 하고 보상과 처벌의 시스템 아래에서 일해야 한다.

길들이기가 가능한 동물은 드물다.[28] 그리고 우리 인간도 자연스럽게 다른 인간에게 복종하는 것을 거부한다. 3장에서 고대의 수렵 채집인 조상은 놀라운 수준의 평등주의를 지향했고 다른 이에게 지시를 내리거나 받는 것을 막기 위해 엄청난 노력을 기울였다는 점을 다루었다. 역사적으로 산업혁명 이전에는 많은 여성이 가족 일원으로부터 복종과 순종을 강요받았지만 대부분의 남성은 자유로운 삶을 살았다. 물론 어린 시절과 전쟁 통에는 예외겠지만 다른 남성으로부터 직접적인 지시를 받는 일은 거의 없었다.

이런 측면에서 산업혁명 시대의 교육 과정은 근대의 직장을 위한 준비 과정과 비슷하다. 학생들은 몇 시간 동안 꼼짝하지 않고 앉아 있어야 하고, 본능 및 충동과 싸워야 하고, 지루하고 반복적인 일에 집중해야 한다. 또 종이 울리면 한 장소에서 다른 장소로 옮겨 다녀야 하고, 화장실을 가려고 해도 손을 들고 허락을 받아야 한다. 선생은 말을 잘 듣는 학생에게 보상을 주고 틀에 벗어나는 행동을 하는 학생에겐 처벌을 내린다. 실제로 선생이 학생을 보상하는 방법은 학습과 전혀 관계가 없으며 오히려 학생의 창의력만 짓밟을 뿐이다.[29] 학생들은 평가받고, 점수 매겨지고, 등급을 받는다. 때로는 다른 사람들 앞에서 이 모든 것을 해내는 데 익숙해져야 하고 이를 위한 훈련을 받는다. 십 년 이상 지속되는 이 과정은 실질적으로 한 인간을 길들이는 과정이다.

통제되고 규격화된 학교는 학생들을 근대 사회의 근무 환경에 길들이기에 제격이다.[30] 공장과 같은 근대 직장의 관리자들은 (현지 노동자 문화와 환경이 특이하게 현대적이지 않은 이상) 전 세계 노동자들은 일반적으로 통제에 저항한다고 오랜 기간 말해 왔다.[31] 이런 불만은 산업 혁명 초기에 영국에서 처음 터져 나왔고 최근에는 개발도상국에서 들려온다.

공통적인 현상은 교육을 받지 않은 노동자는 지시를 따르지 않는다는 것이다. 예를 들어 면직 공장의 '도퍼doffer'에 관한 데이터를 살펴보자. 도퍼

는 방직 기계에서 실을 제거하는 노동자를 의미한다. 1910년에 전 세계 각
지의 도퍼는 동일한 재료와 기계로 동일한 일을 했음에도 불구하고 생산
성은 60배가 차이 났다.[32] 어떤 곳에서는 한 명의 도퍼가 여섯 대의 기계를
담당했고, 다른 곳에서는 한 대의 기계만을 담당했다. 저개발 국가의 노동
자들은 더 많은 기계를 담당하는 것을 거부했다.

> 1920년대에 인도를 방문한 미국인 모저Moser는 인도인들이 많은
> 기계를 담당하는 것을 거부한다는 사실에 대해 단호하게 말했다.
> "······더 많은 기계를 담당할 수 있는 것은 누구나 아는 사실인데 그
> 들은 그렇게 할 마음이 없다······ 경고를 해도 소용이 없고 야망이나
> 월급을 더 받고 싶어 하는 사람들도 아니라 설득이 어렵다." 1928년
> 에는 각 노동자가 담당하는 기계의 수를 늘리려던 경영진의 노력이
> 봄베이 대파업으로 이어졌다. 유럽과 라틴 아메리카에서도 이와 비
> 슷한 상황이 벌어졌었다.[33]

교육을 받지 않은 노동자가 지시를 따르지 않는 상황은 다양한 형태로
나타났다. 예를 들어 제시간에 출근하지 않거나 근무에 방해가 되는 미신
을 따르거나 직접적인 지시보다 간접적으로 근무에 대한 지침을 받기 원
하거나 문화가 다른 동료와는 일하지 않겠다고 하거나 이전에 했던 것과
다른 업무는 받지 않기도 한다.

현대 학교는 공정과 평등에 대한 학생의 태도를 변화시키는 곳처럼 보인
다. 대다수의 초등학교 5학년은 완전히 평등주의자로서 모든 것을 공평하
고 공정하게 나누는 것을 선호하는 반면 몇 년이 지난 후에는 개인의 성과
에 비례하여 나누는 것을 선호하는 성적 중시주의자로 변한다.[34]

교육의 이러한 면은 냉정하고 권위주의적이라는 생각도 들게 하지만 긍
정적인 면도 존재한다. 바로 문명화이다. 학생들에게서 보이는 폭력성을

최소화하고 예절을 갖추도록 하고 협동심을 기르는 것이다. 프랑스에서는 학교가 '야만적인' 농부를 '착하고 예의 바른' 시민으로 변화시키는 곳으로 간주되었다. 미국 역사학자 유진 웨버Eugen Weber는 이렇게 말했다.

> 학교는 "개인의 신체적 위생과 청결, 사회 및 가정 내에서의 예의, 어떤 사물을 바라보고 판단하는 행위와 관련된 습관을 고치는 곳이다." 낯선 사람에게 인사하는 법, 누군가의 방에 들어가기 전에 노크하는 법, 새로운 장소에서 예의 바르게 행동하는 법 등 학교에 다니는 아이들은 다양한 예의범절을 배운다.[35] 학교 교육이 제공되지 않는 곳에서 자란 아이들은 "거칠고, 성격이 난폭하고, 성급하고, 흥분을 잘한다. 문제를 일으키는 행동과 싸움이 자주 목격된다."[36]

학교는 장점과 단점이 공존하는 곳이다. 현대 직장, 크게 보면 사회에 나가기 전 준비를 시켜 주는 곳이다. 하지만 이 준비를 위해 아이들의 자유로운 영혼을 한데 묶어 두고 현대 사회의 위계질서에 따라 자신의 자리를 찾아가도록 훈련시킨다. 학교라는 시스템에는 분명 사회 및 경제적 이득이 많이 존재하기도 하지만 가장 크게 희생되는 것은 바로 학습이다.[37] 알버트 아인슈타인은 학교의 교육 시스템을 이렇게 표현했다. "학교가 현대의 교수법이 탐구하고자 하는 성스러운 호기심을 아직까지는 완전히 짓밟아 놓지 않았다는 것은 기적과도 같다."[38]

14장
의료

오늘날 미국인들은 일 년에 의료 서비스에만 2조 8천억 달러 이상을 쓴다.[1] 이는 미국 GDP의 17퍼센트에 해당하는 금액이고 웬만한 국가의 총 생산량에 해당하는 금액이다. 미국에서 소비되는 6달러 중 1달러는 의사 진료, 진단 검사, 입원, 수술, 약 제조에 사용되는 것이다(상자 15 참조).

상자 15 의료

이번 장에서 '의료'라는 단어는 질병의 진단, 치료, 예방에 수반되는 모든 행위를 지칭한다. 약, 수술, 진단 검사, 응급실 치료 그리고 의사의 진료 등 의료보험 제도가 청구하는 모든 것이라고 생각하면 된다.

의료 서비스를 경제재로도 다루기 때문에 '의료 소비자', '의료 수요' 그리고 심지어 '주변 의료marginal medicine'라는 용어도 자주 등장할 것이다. '주변 의료'란 특정 사람에게만 허락되는 의료 서비스 또는 소비를 하는 사람에게만 주어지는 의료 서비스를 의미한다. 선진국 국민은 대부분 백신과 응급 의약품에 대한 접근이 가능하다. 이 경우 백신과 응급 의약품은 주변 의료라고 할 수 없다.

우리가 의료 서비스 또는 꼭 의료 서비스가 아니더라도 어떤 경제재에 이토록 많은 소비를 하는 이유는 무엇일까? 이 질문에 대한 답은 두 가지 요소로 구성된다. 수요와 공급이다. 오늘날까지 이 문제에 대한 공적 담론

은 대부분 공급 측면에서 다뤄져 왔다. 공급 측면에서 의료 서비스가 왜 이렇게 비싼지 말이다. 나아가 더 많은 사람에게 더 값싼 가격에 제공할 방안 말이다. 하지만 이번 장에서는 수요 측면에서 이 문제를 다루어 볼 예정이다. 의료 서비스의 비용은 차치하고 소비자로서 우리는 왜 이렇게 많은 의료 서비스를 필요로 하는 것인지 말이다.

길에서 만나는 아무나에게 왜 의사에게 진료를 받는지 물어보면 답은 한결같을 것이다. 건강해지기 위해서이다. 너무 당연한 질문을 물어본다고 이상한 사람으로 여겨질지도 모른다. 하지만 이 책에서 배운 것이 하나 있다면 '당연한' 것은 거의 없다는 사실이다.

이 책의 가장 첫 부분에서 넘어져서 무릎을 다친 후 엄마에게 뽀뽀를 요구하는 아기를 잠깐 언급했었다. 뽀뽀는 치료 측면에서 전혀 효과가 없음에도 불구하고 아기와 엄마 모두 이 뽀뽀를 중요시한다. 아기는 엄마가 늘 곁에 있다는 사실에 안도하게 되고 혹여나 더 심각한 일이 발생하더라도 엄마가 곁을 지킬 거라는 사실에 안심한다. 그리고 엄마는 자신이 아기의 신뢰를 받았다는 사실을 확인받고 아기와의 관계를 더욱 공고히 할 수 있다.

이번 장에서 살펴볼 가설은 엄마의 뽀뽀와 비슷한 행위가 현대 의료 시스템에도 존재한다는 것이다. 비록 현대 의료 시스템에서는 실제로 치료가 일어나기 때문에 이런 행위가 존재하는지 알아보기 어렵지만 말이다. 뽀뽀를 요구하는 아기를 환자라고 생각해 보자. 그리고 엄마는 의사가 될 수도 있고 의료 행위 전 과정에 동원되는 모든 사람, 즉 환자를 병원에 태워다 주는 배우자나 부모, 병원에 가 있는 동안 아이들을 대신 돌봐 주는 친구들, 치료를 받는 동안 환자의 일을 대신해 주는 직장 동료, 그리고 가장 중요한 대상은 애초에 환자의 의료 보험을 지원해 주는 기관이 될 수도 있다. 배우자, 부모님, 직장 상사, 정부 모두 환자의 후원자인 셈이다. 그리고 이 모든 사람들은 의료적, 심리적 지지를 제공하는 대신 환자의 신뢰를 바란다. 즉, 의약은 '엄마의 뽀뽀'의 성인 버전인 것이다.

다른 장에서도 과시적 행동을 살펴본 것같이 이번에도 이 행동을 '과시적 돌봄conspicuous care' 이론이라고 칭해 보자.

의료 서비스는 정말 환자가 치료되는 경우가 많기 때문에 과시적인 돌봄이 일어난다는 사실을 보기 어렵다. 하지만 노스캐롤라이나 출신 코미디언 잔느 로버트슨Jeanne Robertson은 아픈 친구와 가족에게 음식을 가져다주는 행위를 이렇게 설명한다.

> 내가 사는 곳에서는 누군가가 아프면 아픈 사람에게 음식을 가져다줍니다. 혹시 알고 계셨나요? 식료품 마트나 델리에서 음식을 구매할 수도 있죠. 하지만 인생을 살아가면서 꼭 알아 두어야 할 점이니꼭 적어 두세요. 직접 음식을 만들면 더욱 큰 신뢰를 얻을 수 있습니다. 다른 데서 음식을 사서 마치 자신이 만든 것처럼 할 수도 있지만누군가가 "그 닭 요리 어디서 나온 건지 알고 있어요"라고 말할 겁니다. 항상 그런 식이니까요.[2]

만약에 음식을 가져다주는 목적이 단순히 가족을 배불리 먹이고 가족이 직접 음식을 만드는 수고를 덜어 주는 것이라면 마트에서 산 닭 요리나 직접 만든 닭 요리나 목적을 달성하는 데 있어서는 동일하게 유용하다. 하지만 그것만이 유일한 목적은 아니다. 아픈 가족에게 보여 주고 싶은 것이다. 바쁜 와중에 직접 시간을 내서 도움을 주려고 했다는 사실을 말이다. 직접 재료를 사고 음식을 만들어 내는 노력을 통해서 얼마나 마음을 쓰는지 보여 줄 수 있다.

진화론적 주장

인간에게 왜 이런 본능이 있는지 이해하기 위해서는 돌봄 행위가 진화할 수 있었던 환경을 살펴봐야 한다. 꼭 알아야 할 것은 인간의 먼 조상은 효과적인 의료 서비스를 받을 수 없었다는 점이다. 하지만 아프고 다친 사람을 돌보는 것은 그 당시에도 생존과 번식에 중요한 일이었다.

백만 년 전, 수렵 채집인 무리 가운데 산다고 상상해 보자. 베리를 따고 있다가 나뭇가지에 발이 걸려 넘어지면서 발목을 크게 접질렀다. 무척 아프지만 아픔을 걱정할 시간이 없다. 일단 캠프로 다시 돌아가려면 도움이 필요하다. 다행히도 친구들이 와서 그들의 도움을 빌려 집으로 돌아간다. 하지만 더 큰 문제는 발목이 치유되는 몇 주간 어떻게 생존해야 할지다. 그 무엇보다 음식이 필요하다. 자신도 먹어야 하고, 가족도 먹어야 한다. 만약에 농부였다면 쌓아 둔 음식이 있겠지만 농업은 99만 년 후에서야 발달한다. 어차피 대부분의 음식은 잘 상하기 때문에 수렵 채집인은 자원을 쌓아 두지 않고 가지고 다닐 수 있는 것보다 조금 많이 소유한다. 이런 경우 친구와 가족에게 의지할 수밖에 없다.[3]

독감에 걸렸을 때도 이와 비슷하다. 친구들이 독감을 낫게 해 줄 수는 없지만 몸이 나을 동안 당신과 당신의 가족을 돌봐 줄 수는 있다. 신체적으로도 돌봄이 필요하지만 정치적으로도 돌봄이 필요하다. 몸이 아프거나 다쳐서 원래 하던 일을 할 수 없을 때 일을 대신 해 줄 사람들의 도움 말이다. 이들은 집단 내에서 결정을 내릴 때 당신을 대신해서 의견을 말할 수도 있고, 당신의 배우자를 감시해 주거나 당신이 다친 틈을 타서 공격을 가하는 적을 대신 물리칠 수도 있다.

이런 정치적인 문제를 보면 과시적 돌봄이 필요한 이유를 알 수 있다. 만약에 라이벌이 당신의 배우자를 눈여겨보고 있다 하더라도 친구가 든든하게 당신의 곁을 지켜 준다는 사실을 안다면 굳이 당신이 아픈 틈을 타 배우자를 노리지 않을 것이다. 비슷한 맥락에서, 권위적으로 행동하거나 다른 사람의 배우자와 바람을 피운 적이 있다 하더라도 적에게 공격을 받을 가능성은 적다.

만약에 아프거나 다쳤는데도 돌봐 주는 사람이 아무도 없다면 당신이 집단 내에서 존중받지 못하는 사람이라는 사실이 드러난다. 이후 몸이 낫는다 하더라도 사람들이 당신을 대하는 태도는 이전과 달라질 것이다. 사회적으로나 정치적으로 힘이 없다는 사실이 드러났기 때문이다. 아프기 전에는 다른 사람들이 좋아하고 존중할 만한 사람인 척 굴어도 아프고 난 뒤에는 집단 내 위치가 극명하게 드러나 버린다.

우리는 아플 때 물질적으로나 정치적으로 버림받을 위험이 올까 봐 아플 때 누군가가 돌봐 주면 기뻐하고 우리 또한 아픈 누군가를 기꺼이 돌봐 준다. 간단한 보상 원칙이다. "내가 이번에 도와주면 다음에는 나를 도와줘야 해." 하지만 다른 사람을 돌보는 것은 제3자에게도 긍정적인 영향을 미치기도 한다. "친구들이 아플 때 내가 도와준 거 봤지? 내 친구가 되면 똑같이 도와줄 수 있어"라는 메시지를 전달하는 것이다. 이런 식으로 의료 행위에서 보여 주는 과시적 돌봄은 자선 행위에서 보이는 과시적 행위와 비슷하다. 도움이 필요한 사람을 도와줌으로써 동맹으로서 자신의 자질을 나타낼 수 있는 것이다.

역사 속 의료

진화적 환경을 이해하는 것과 더불어 의료의 역사적 측면을 살펴보는 것도 도움이 된다. 오늘날의 과학적인 모습으로 발달하기 이전 의료는 어떤 모습으로 어떻게 행해졌을까?

역사적 기록은 꽤 명확하고 일관적이다. 시대와 문화를 불문하고 사람들은 실제로 치료 효과가 있는지 정확하게 증명되지 않았는데도 불구하고, 그리고 심지어는 명백하게 해롭다는 결과가 있는데도 의학 치료를 받길 간절히 바라 왔다.[4] 그리고 당시의 의학 치료가 과학적으로는 신빙성이 조금 부족하다 해도 전혀 문제 될 것은 없었다. 이는 유명하고 훌륭한 전문가의 의료적 돌봄과 지원을 통해 해결되었다.

실제로 치유자는 부족 문화에서 최초로 전문화된 역할 중 하나다. 성직자 겸 의사의 역할을 하는 샤먼은 환자들을 대신하여 여러 가지 치유 의식을 진행했다. 실제로 치유에 도움이 되는 약초를 사용하기도 했지만 오늘날 미신으로 간주되는 춤, 주술, 기도 등이 동원되기도 했다.

고대 이집트의 의학 서적에서 현대 의료계와 놀라운 수준으로 비슷한 면을 찾아볼 수 있다. 서적에는 환자가 가진 특정한 증상에 복잡한 치료 방법을 제시하는 의료진의 모습이 나와 있는데, 비싼 비용을 지불해야만 만날 수 있는 의사가 제시한 치료 방법 중 대부분은 그다지 유용하지 않았다고 한다.

많은 치료 방법이 이롭기보다는 해로웠다. 나단 벨로프스키Nathan Belofsky는 《기이한 의학Strange Medicine》에서 역사적으로 의사들이 행한 섬뜩하고 황당무계한 치료 방법을 소개한다. 거머리 흡혈과 피 뽑기는 잘 알려진 치료 방법이다. 두부 절개술(악령을 내쫓기 위해 두개골에 구멍을 내는 방법), 입 안에서 촛불을 태우는 것(보이지 않는 치아벌레를 죽이기 위해) 그리고 상사병에 걸린 사람들에게 납 보호구를 입히는 것과 같은 방법도 담겼다.[5] 그중에서도 너무나 해롭지만 흔하게 행해졌던 치료 방법은 '반자극counter irritation'이었다. 환자의 몸을 절개해서 마른 완두콩 같은 이물질을 삽입한 후에 상처를 다시 열어서 치유됐는지 확인하는 방법이다.[6]

과시적 돌봄의 논리는 1685년 2월 2일 질병에 걸린 영국의 찰스 2세 국왕의 사례에서 확연히 드러난다. 자신들은 의사로서 최선을 다했다는 것을 대중에게 보여 주기 위해, 왕실 의사들이 찰스 2세 국왕의 치료 기록을 공개하였다. 그렇다면 국왕은 어떤 치료를 받았을까? 벨로프스키는 이렇게 설명한다.

반 파인트 정도의 피를 뽑은 후 국왕 폐하는 독성 금속인 안티몬antimony을 억지로 삼켜야 했다. 폐하는 구토를 했고 관장을 여러 번

받았다. 국왕의 머리를 완전히 깎고 모든 나쁜 체액을 밑으로 내보내기 위해서 두피에 수포제를 도포했다.

아래로 내려오는 체액을 끌어 올리기 위해서 국왕의 발바닥에는 비둘기 배설물을 포함한 화학적 물질을 도포했다. 그리고 피를 10온스 정도 더 뽑았다.

국왕 폐하의 기분을 달래기 위해 흰색 설탕으로 만든 사탕을 드린 후에 불에 뜨겁게 달군 긴 막대기로 폐하의 몸을 찔렀다. 그리고 난폭한 사건으로 인해 죽음을 맞이한 것으로 알려진 '땅에 묻힌 적이 없는 남자의 두개골'에서 나온 액체 40방울을 드렸다. 마침내 동인도에서 온 염소의 내장에서 나온 돌 부스러기를 국왕 폐하의 목구멍에 밀어 넣었다.[7]

당연히 며칠 후인 2월 6일에 찰스 2세는 죽음을 맞이했다. 하지만 이 이야기를 통해 국왕의 의사들이 얼마나 많은 노력을 기울였는지 알 수 있다. 만약에 의사들이 찰스 2세에게 단순히 수프를 먹고 침대에서 쉬라는 진단을 내렸다면 의사들이 국왕을 치료하기 위해 최선을 다했는지 모두 의심했을 것이다. 의사들이 사용한 치료 방법은 현란하고도 난해했다. 고통스럽게 죽어 간 사람의 체액과 머나먼 외국에서 온 염소 내장에서 뽑아낸 돌과 같은 치료 방법을 사용함으로써 의사들은 최선을 다했다는 사실을 보여 줄 수 있었고, 당연히 그들의 영웅적인 노력은 국왕의 가족과 신하들에게 좋게 비쳤다.

찰스 국왕의 입장에서는 이런 치료가 왕국 내에서 가장 뛰어난 의사에게 돌봄을 받는다는 증거였을 것이다. 이렇게 고통스러운 치료에 동의함으로써 그는 어떤 방법을 사용해서라도 나아지겠다는 의지를 보여 준 것이고 이를 통해 그의 신하들은 더욱 의사들을 신뢰했을 것이다.

이렇게 의학적 치료를 제3자가 철저하고 면밀히 살펴보는 것은 단순히 과거에만 있었던 현상은 아니다. 오늘날에도 가능한 한 가장 좋은 치료를 받는 모습을 제3자에게 보여 주는 것에는 강한 동기가 있다. 스티브 잡스의 사례를 살펴보자. 2011년, 스티브 잡스가 췌장암으로 사망하자 전 세계가 혁신 천재의 죽음을 애도했다. 동시에 잡스가 미국의학협회American Medical Association가 권고한 암 치료 방법을 거부했다는 사실 때문에 잡스는 비난을 받기도 했다. 메모리얼 슬론 케터링 암센터Memorial Sloan Kettering Cancer Center 국장 배리 카실레스Barrie Cassileth는 "그는 자살을 한 것과 다름 없다"라고 말하기도 했다.[8]

잡스의 아들 또한 췌장암 진단을 받았다고 생각해 보자. 만약에 잡스의 가족이 스티브 잡스가 받았던 동일한 대안 치료를 선택했다면 대중의 비난 수위는 한층 높아질 것이다. 카실레스의 '자살' 발언은 '살인을 했다'는 발언으로 바뀔지 모른다. 개신교 의사가 자신의 아이들을 치료할 때 주류 현대 의학을 거부하는 경우를 볼 때에도 대중은 분노한다.[9]

여기서 요점은 가장 높은 수준의 의학적 치료를 거부할 때 우리는 뒷담화나 공개적인 비난의 대상이 되기 십상이라는 사실이다. '개인적'이라고 믿었던 의학적 결정이 알고 보면 꽤 공적이고 심지어 정치적이기도 하다.

오늘날의 과도한 의료 서비스

진화론적, 그리고 역사적 관점에서 의료를 살펴본 결과, 인간의 조상이 의료를 중요시한 이유에는 실제 치료 효과 그 이상이 존재한다는 것을 알 수 있다. 하지만 오늘날 의료는 한 가지 점이 매우 다르다. 바로 효과이다. 백신을 통해 사망의 원인이 될 만한 질병을 예방하고 비상 의약품을 통해 예전이었으면 사망의 원인이 되었을 질병도 치료한다. 산부인과 전문의와 전문화된 신생아 간호를 통해 출산의 위험을 최소화함으로써 셀 수도 없이 많은 신생아와 산모의 생명을 구한다. 이외에도 현대의 의료 효과는 말할 수 없이 놀랍다.

그렇다고 해서 우리가 누군가를 돌보고 또 돌봄을 받는 것을 나타내기 위해서 더 이상 의료를 사용하지 않는 것은 아니다. 따라서 여전히 질문은 해결되지 않았다. 현대의 의료는 과시적 돌봄의 일환으로 사용되는 것인가? 그렇다면 숨겨진 돌봄의 동기는 드러난 치료의 동기에 비해 상대적으로 얼마나 중요한 것인가? 예를 들어 만약에 과시적 돌봄의 중요성이 치료를 위한 동기의 100분의 1이라면 그저 무시하고 넘어갈 수 있는 수준일 것이다. 하지만 만약에 과시적 돌봄의 동기가 치료를 위한 동기의 절반 수준으로 중요하다면 인간의 의료 행위에 크나큰 차이를 불러일으킬 것이다.

과시적 돌봄이 정말 얼마나 중요한지 알아보기 위해 의료 행위에 대한 데이터를 한번 살펴보자.

과시적 돌봄 이론은 인간이 결국 과도한 의료 서비스를 받게 될 거라 예측한다. 건강을 위해 필요한 수준보다 훨씬 더 많이 말이다. 결국 어떤 제품이나 서비스가 선물의 용도로 사용되면 이런 일이 발생하고 만다. 예를 들어 사람들은 밸런타인데이에 사랑하는 사람에게 선물하려고 화려하게 포장된 특별한 초콜릿을 구매한다. 일반 마트에 파는 허쉬 초콜릿을 선물로 주는 경우는 거의 없다. 연회에 참석하면 보통 식사 때 먹는 음식보다 훨씬 화려하고 좋은 음식을 제공한다. 크리스마스 선물을 선택할 때 우리는 실용성보다는 가격을 고려한다.[10]

의학적 치료마다 비용과 건강상의 잠재적 이익 차이가 크다. 환자가 순전히 낮는 것에만 신경을 썼다면 건강상 이익이 비용(금전적 비용, 시간적 비용, 기회비용 등)을 능가하는 치료에만 비용을 지불할 것이다. 하지만 과시적 돌봄과 같은 다른 수요가 있다면 비용과 무관하게 소비가 이뤄질 테고 비용은 높지만 건강상 이익이 낮은 치료도 충분히 소비될 것이다. 따라서 과시적 돌봄은 어떤 측면에서 과도한 돌봄이라고 볼 수 있다(물론 다른 측면에서도 살펴볼 수 있다. 의료 서비스를 구매할 때 가치를 따지지만 그 가치는 단순히 건강에 관한 것이 아니라는 사실 말이다. 돌봄을 받고 있다는 사실을 나타낼 기회이기도 하다. 의료가 터무니없이 돈값을 못한다고 느껴지는 것은 사회적 이익은 고려하지 않고 건강상 이익만 따질 때 그렇다).

정말 오늘날 사람들이 과도하게 의료 서비스를 소비하는지 살펴보자. 개별적인 치료를 일일이 살펴보기는 힘들다. 효과가 없는 치료 방법을 특정하기는 쉬울 테지만 이것을 통해 의료비 지출의 전반적인 효과를 알아볼 수는 없을 것이다. 대신 한 걸음 뒤로 물러서서 의료와 건강의 총체적인 상관관계를 살펴볼 것이다. 다양한 상황 가운데 사람들이 의료에 돈을 더 많이 소비할수록 건강이 더 좋아지는 걸까? 주변 의료 지출만 우선 살펴볼 예정이다. 특정 의료 서비스에 소비하는 것이 아예 소비하지 않는 것보다 더 좋은지에 관한 문제가 아니다. 다만 연간 7천 달러씩 의료 서비스에 소비하는 것이 연간 5천 달러를 소비할 때보다 효과가 더 좋은 것인지를 살펴볼 예정이다.[11]

동일한 국가 내 각기 다른 지역의 건강 관련 데이터를 비교해 보는 것으로 시작하자. 동일한 질병이라 하더라도 지역별로 치료 방법은 어마어마하게 다르다. 예를 들어 미국에서 전립선 비대증 진단을 받은 남성의 수술 비율은 지역에 따라 네 배씩 차이가 났다. 그리고 바이패스 수술과 혈관형성술 비율은 세 배 이상 차이를 보였다. 생애 마지막 6개월간의 총의료비 지출은 다섯 배 차이 났다.[12] 의료 행위에서 나타나는 이런 차이는 대부분 임의적이다. 지역별로 의료계가 채택한 치료 방법은 각기 다른 기준에 근거하고 있다.[13]

이런 차이를 통해 지역적 주변 의료, 즉 의료비 지출이 높은 지역에서는 소비되지만 지출이 낮은 지역에서는 소비되지 않는 의료 서비스의 효과를 알아볼 수 있다. 그리고 여러 연구 결과는 한결같이 과도한 의료 서비스는 전혀 도움이 되지 않는다는 것을 보여 준다. 의료비 지출이 높은 지역의 환자는 더 많은 치료를 받는다. 하지만 의료비 지출이 낮은 지역의 환자보다 더욱 건강하다는 결과는 나오지 않았다. 나이, 성별, 인종, 교육 수준, 소득 수준과 같이 치료와 건강에 영향을 미치는 많은 요인을 제어해도 이 결과는 바뀌지 않는다.

1969년에 발표된 이 분야의 최초 연구[14]에 따르면 미국 내 50개 주에서 나타나는 사망률의[15] 차이는 의료비 지출이 아니라 소득 수준, 교육 수준 그리고 다른 변수의 변화에 따라 예측 가능하다. 이후 진행된 연구에서는 미국 내에서 같은 질병 진단을 받았지만 다른 치료를 받은 메디케어Medicare 혜택을 받는 고령층 환자 1만 8천 명을 살펴봤다.[16] 그리고 이와 비슷한 또 다른 연구는 퇴역군인 환자를 살펴봤다.[17] 모든 연구는 의료비 지출이 높은 지역에서 치료를 받은 환자가 다른 지역의 환자보다 더 건강하다는 상관관계는 없다는 결론을 내렸다.

이러한 지역별 차이를 살펴본 연구 중 가장 대규모 연구는 미국 내 3천 4백 개의 병원에서 연명 치료를 받는 고령층 환자 5백만 명에 관한 것이다. 흔히 빨리 퇴원한 환자보다 집중 치료실에서 더 오랜 기간 치료를 받는 환자가 더 오래 살 것이라고 생각하겠지만 연구 결과는 반대였다. 집중 치료실에 하루 더 입원했을 때마다 환자의 수명은 40일 줄어든 것으로 나타났다.[18] 또한, 환자 한 명당 치료에 1천 달러를 추가로 사용할 때마다 5일 증가와 20일 감소 사이로 환자의 수명이 변화했다는 사실을 볼 수 있었다.[19] 즉, "의료비 지출 증가와 생존 결과 개선 사이에는 상관관계가 없는 것으로 나타났다"라는 결과를 도출했다.[20]

이런 연구들을 (물론 전부는 아니지만[21]) 통해 더 많은 의료 서비스를 받는다고 해서 환자의 건강이 개선되는 것은 아니라는 걸 알 수 있다. 물론 상관관계에 관한 연구일 뿐이고, 따라서 결과에 영향을 미칠 수 있는 숨겨진 요인이 더 존재할 수도 있다. 이 상관관계를 정확히 판단하기 위해서는 과학적으로 정밀한 방법을 사용해야 한다. 바로 무작위 조절 연구이다. 이 연구 방법을 통해 정말 의료 서비스를 많이 받으면 건강이 개선되는지 파악할 수 있을 것이다.

결과를 미리 알려 주자면 그렇지 않다.

랜드RAND 건강보험 실험

미국 비영리 글로벌 정책 싱크탱크 랜드RAND 연구소는 1974년과 1982년 사이 5천만 달러를 투자해 약물이 건강에 미치는 인과관계를 연구했다. 이 연구는 오늘날까지도 '미국 내 가장 큰 규모의 통합적 사회과학 실험 중 하나'로 여겨진다.[22]

랜드 연구소 실험은 미국의 여섯 개 도시에서 5천 8백 명의 청년을 대상으로 진행되었다. 여러 도시에서 온 모든 참가자는 동일한 병원 내 동일한 의사에게 진료를 받았지만 상이한 수준의 의료 보조금이 무작위로 배정되었다. 일부 참가자들은 모든 병원 진료와 치료를 무료로 받은 데다 돈을 전혀 내지 않고 원하는 의약품까지 모두 제공받았다. 다른 참가자들은 총 청구 금액의 75퍼센트에서 5퍼센트까지 다양한 할인을 받았다.[23] 5퍼센트 할인은 거의 보조를 받지 않는 것과 동일하지만 이 연구에 참여하기 위한 동기를 부여하기 위해 제공되었다. 참가자들이 연구에 참여한 기간은 3년에서 5년으로 각기 다르다.[24]

예상했던 대로 100퍼센트 보조를 받은, 즉 무료로 진료와 치료를 받은 참가자들은 다른 환자에 비해 더 많은 의료 서비스를 받았다. 총 치료비로 보자면 무료로 치료를 받은 참가자들은 보조를 받지 않은 참가자들에 비해 45퍼센트 정도 더 많은 의료 서비스를 받았다.[25] 이 45퍼센트의 차이가 특정 참가자에게만 주어진 의료 서비스, 즉 주변 의료를 의미한다.

의료 서비스를 받은 정도에서 크나큰 차이가 났음에도 불구하고 실험 참가자들의 건강에는 눈에 띌 만한 차이가 존재하지 않는다는 결과가 나왔다. 건강을 측정하기 위해서 연구 전후로 모든 참가자는 종합 건강 검진을 받았다.[26] 건강 검진은 혈압, 폐활량, 보행 속도, 콜레스테롤 수치 측정 등 총 스물두 개의 생리학적 검사로 구성되었으며, 신체 기능, 역할 기능, 정신 건강, 사회 건강, 그리고 일반적인 건강 인식 등 다섯 가지의 전반적인 웰빙 척도를 측정하기 위한 설문 조사도 진행되었다.[27]

이러한 조사 결과, 참가자 전원의 수준은 비슷한 것으로 나왔다.[28] 22개의 생리학적 검사에서는 혈압 검사에서만 100퍼센트 보조를 받은 참가자들이 상대적으로 훨씬 좋은 결과를 보였다.[29] 하지만 이 결과는 우연의 일치일 가능성도 무시하기 어렵다.

연구자들은 이런 실험 결과에 매우 놀랐다. 100퍼센트 보조를 받은 참가자가 불필요한 수술을 받거나 증상이 덜 심한데도 진료를 받는 등, 다른 참가자보다 효과가 떨어지는 치료 방법을 선택했는지 궁금했다. 안타깝게도 그렇지는 않았다. 참가자들의 기록을 본 의사들은 전부 보조를 받은 참가자와 보조를 거의 받지 않은 참가자를 구별하지 못했다. 이 두 개의 참가자 집단 사이에서 질병의 심각도와 치료의 적절성 또한 통계학적으로는 차이가 나지 않았다.[30] 적어도 전문가의 눈에는 주변 의료가 '덜 유용한 의료 서비스'는 아니었다.

이제 우리가 랜드 연구의 참가자가 되어 보조를 거의 받지 못한 집단에 배정되었다고 생각해 보자. 반면에 운이 좋았던 친구는 전부 보조를 받아 무료로 치료를 받을 수 있게 되었다. 당연히 실망스러울 것이다. 당신은 향후 3년에서 5년간 모든 치료와 의약품에 들어가는 비용을 완전히 떠안게 되는 반면, 친구는 모든 것을 무료로 받을 수 있으니 말이다. 경제적 부담과 더불어 건강에 대한 우려도 생길 것이다. 예를 들어 기침이 자주 난다고 해도 조만간 멈추길 바라면서 병원에 가지 않을지도 모른다. 또는 의사가 권한 콜레스테롤 약을 사기에 경제적으로 부담을 느낄 수도 있다.

하지만 이런 우려는 신경 쓸 필요 없다. 랜드 연구 결과에 따르면 당신은 평균적으로 모든 것을 무료로 제공받는 친구만큼이나 건강할 것이다. 은

행 잔고는 조금 문제가 될지 몰라도 말이다.

랜드 실험 외에도 대규모 무작위 연구가 진행된 바 있다. 2008년, 오레곤 건강 보험 실험에서는 65세 미만의 저소득층과 장애인을 대상으로 한 의료 보조 제도인 메디케이드Medicaid 수혜자를 복권을 통해 선발했다. 그리고 복권에 당첨된 사람과 그렇지 못한 사람의 건강 상태를 비교했다.[31]

랜드 연구와 비슷하게 복권에 당첨된 사람들은 그렇지 않은 사람들에 비해 더 많은 의료 서비스를 받았다.[32] 하지만 랜드 연구와는 달리 오레곤 실험에서는 복권에 당첨된 사람이 그렇지 못한 사람에 비해 두 가지 분야에서 훨씬 좋은 결과를 보였다. 하나는 정신 건강이었다. 복권 당첨자의 우울증 발병률이 상대적으로 낮았다.[33] 다른 분야는 주관이 담긴 내용으로, 복권 당첨자는 자신이 훨씬 건강해졌다고 말했다. 놀랍게도 이런 주관적인 이득 중 삼분의 일은 복권이 당첨된 직후에 나타났다.[34] 즉, 플라시보 효과placebo effect가 나타난 것이다.

생리학적 측면에서 랜드 연구 결과와 오레곤 연구 결과는 비슷했다. 혈압 검사를 포함한 모든 검사에서 복권 당첨자와 당첨되지 못한 사람의 건강 상태는 통계학적으로 구별이 불가능했다.[35]

그렇다고 해도…

이로써 미국인들이 과도한 의료 서비스를 받는다는 불편한 결론에 도달했다. 의료 서비스를 3분의 1 수준으로 줄인다 하더라도 건강상 큰 불이익을 겪지 않을 정도다.[36]

보건 정책 전문가들은 어느 정도 이 결론에 동의하지만, 일반 대중에게는 거의 알려지지 않았거나 수용되지 않는다. 많은 사람은 이런 결론이 지난 1~2세기 동안 일어난 엄청난 의료 발전과 그로 인한 건강 개선에 들어맞지 않는다고 생각한다. 증조부모님 세대에 비해 우리는 더 오래 살고 더 건강하다. 그리고 이는 모두 의학의 발전 덕분이라고 믿는다.

대부분의 학자들에 의하면 선진국 내 사람들이 경험하는 건강 개선과 수명 연장은 의학의 발전 때문이 아니다.[37] 백신, 페니실린, 마취, 소독제 그리고 이외의 비상 약품은 모두 대단히 유용하지만 전반적인 효과를 보자면 생각만큼 크지 않다. 오히려 영양 개선, 공공 위생 개선, 안전해지고 편해진 직업 환경 등 다른 요소들이 건강 개선과 수명 연장에 큰 영향을 끼친 것으로 보인다. 1600년부터 사람들의 키는 이전보다 훨씬 커지기 시작했는데 이는 영양 상태가 개선되면서 생겨난 결과다.

지금까지 우리가 경험한 의학의 발전이 아무리 놀랍다고 해도 선진국 내 사람들이 소비하는 주변 의료의 가치를 설명할 수는 없다. 다시 기억해야 할 점은 특정 의료 서비스가 얼마나 더 좋은지 판단하는 것이 아니라 의료에 연간 7천 달러를 소비하는 것이 5천 달러를 소비하는 것보다 나은 결과를 낳을 것인가에 대한 것이다. 현대 의학이 기적을 낳고 우리 또한 과잉 진료에 노출되어 있다는 주장은 완벽히 양립 가능하다.

신약 개발에 관한 희망찬 소식 또한 사람들이 이런 결론을 믿지 못하는 데 일조한다. 오늘은 혈압 개선에 효과적인 의약품이 등장하고 내일은 더욱 향상된 수술 기술이 등장한다. 분명 개별적으로는 많은 발전과 개선이 일어나고 있는데 총체적으로는 왜 제자리일까?

간단하면서도 놀라울 정도로 모두가 동의하는 사실이 있다. 발표된 의학 연구 중 대부분은 틀렸다는 것이다[38] (완전히 틀리진 않아도 과장되었다고도 할 수 있다).

의학 학술지들은 앞다퉈 '흥미로운' 그리고 새로운 결론을 발표한다. 그러나 가장 훌륭한 연구진이 수행한 연구에도 통계학적 오류가 넘쳐 난다. 예를 들어 가장 권위 있는 의학 학술지 3종에서 발표된 논문 중 가장 많이 인용된 논문 49개를 살펴본 연구가 있다.

논문 49개 중 34개를 다시 다른 연구자들이 실험해 봤을 때 단 20개만이 사실인 것으로 나타났다.[39] 가장 권위 있는 학술지에서 검증도 되지 않은 논문을 발표했다는 말은 다른 학술지에도 검증이 되지 않은 부정확한 논문들이 넘쳐 난다는 사실을 의미한다.

사람들이 가지는 또 다른 믿음은 특정 주변 의료 서비스의 가치에 관한 것이다. 만약에 당신의 삼촌이 심박조율기의 도움을 받았다고 하자. 심박조율기는 모두 원한다고 해서 사용할 수 있는 의료기기가 아니다. '이 의료 서비스는 엄청난 가치가 있어. 그런데 다른 의료 서비스가 가치가 없다는 것은 말이 안 돼'라고 생각할지도 모른다. 문제는 주변 의료 서비스 또한 득보다는 실이 되는 경우가 더 많다는 점이다. 처방된 치료에는 거의 항상 부작용이 수반된다. 그리고 정말 견디기 어려운 부작용도 존재한다. 수술 또한 합병증이 수반된다. 병원에 오래 입원해 있을수록 감염과 전염병을 접촉할 가능성이 높아진다. 미국 질병통제센터Centers for Disease Control and Prevention에 따르면 카테터를 부적절하게 사용하는 것만으로 매년 8만 가지의 감염병과 3만 건의 사망이 발생한다.[40] 어떠한 위험 없이 받을 수 있는 치료는 없다고 봐도 된다.

과시적 돌봄을 시험하다

우리는 많은 이유로 과도한 의료 서비스를 받는다. 가장 그럴듯한 이유는, 건강은 너무나도 소중한 것이기 때문에 (랜드 실험의 결과가 보여 주듯) 사실상 도움이 되지 않는데도 건강을 위해서라면 무엇이든지 하려 한다.

인간의 의료 행위에 대한 동기가 필사적으로 건강을 지키기 위한 것이라기보다는 과시적 돌봄이라는 것을 증명하기 위해서 과시적 돌봄 이론을 기반으로 한 예측을 몇 가지 살펴보자.

예측 1. 뒤떨어지지 않으려고 노력한다

의료가 돌봄 시그널로써 기능할 때는 그 시그널이 발현되는 상황을 눈여겨봐야 한다. 만약에 주위 모두가 의료 서비스를 받기 위해 많은 비용을 들인다면 당신 또한 그렇게 할 것이다. 그렇지 않으면 자신의 건강에 전혀 신경을 쓰지 않는 사람처럼 보일 테니 말이다.

경제학자들은 이런 식의 '뒤떨어지지 않기' 효과를 정확히 발견했다. 각기 다른 국가에 거주하면서 소득과 부의 수준이 비슷한 사람들을 비교했을 때, 부유한 국가에 거주하는 사람들(즉, 이웃이 부유한 사람들)은 의료비 지출이 컸다. 반면에 가난한 국가에 거주하는 사람들(즉, 이웃도 가난한 사람들)은 의료비 지출이 적었다.[41] 자신의 소득과 부의 수준이 동일하다 하더라도 만약에 거주지를 가난한 국가에서 부유한 국가로 옮긴다면 의료비 지출은 이전보다 늘 것이다.

만약에 의료 서비스의 목적이 단순히 더 건강해지기 위한 것이라면 이해하기 다소 어려울지도 모른다. 어느 나라에 거주하든지 상관없이 소비하는 금액이 같다면 그 금액으로부터 얻을 수 있는 건강상의 이득도 같으리라고 생각하기 쉽다. 하지만 만약에 지불하는 금액에 건강을 충분히 신경 쓰고 있다 또는 돌봄을 받고 있다는 메시지를 전달하는 사회적 이득이 포함된다면 이해하기 쉬울 것이다. 이런 사회적 이득을 얻기 위해서는 당신의 이웃과 대략 비슷한 수준으로 지출을 해야 한다.

예측 2. 눈에 보이는 노력과 희생을 요구하는 치료를 선호한다

선물을 하고 나서 받을 수 있는 사회적 신용을 극대화하기 위해서는 얼마나 큰 희생이 수반되었는지 다른 이들에게 보여 주는 것이 중요하다(마트에서 산 닭고기 요리를 아픈 친구에게 대접했을 때 친구가 느낄 못마땅함을 생각해 보자). 따라서 과시적 돌봄에는 노력과 희생이 쉽게 드러나는 선물이 중요하다.

건강 개선이라는 간단하면서도 개인적인 목적을 달성하기 위해서 의료 서비스를 받는다면, 효과만 있다면 비용은 전혀 신경 쓰지 않을 것이다. 하지만 돌봄의 목적으로 의료 서비스를 받는다면 다른 이들이 눈치채도록 노력과 비용을 들이는 일이 중요해진다.

환자와 그 가족은 종종 '푹 쉬고, 잘 먹고, 잘 자고, 운동하라'는 간단하고 값싼 치료 방법은 저평가하는 경향이 있다. 대신 값비싸고 기술적으로 복잡한 의학 치료를 선호한다. 그것도 '동네에서 가장 뛰어난 의사'가 처방을 내리고 치료를 한다면 더더욱 바랄 게 없다. 환자들은 아무 효과 없는 플라시보라고 하더라도 의사가 알약을 건네주면 더 나아졌다고 생각하기 마련이다. 그리고 심지어 그 알약이 비싸다면 다 나았다고 믿을 것이다.[42]

이런 편견은 특히 위독한 말기 환자 치료와 노인 가족 구성원에서 두드러지게 나타난다. 미국 내 총 의료비 지출 중 약 11퍼센트가 환자의 말기 치료에 사용된다.[43] 이때 사용되는 치료는 효과 측면에서는 미미하다고 볼 수 있다. 만약에 생명 연장에 효과가 있다 하더라도 생명의 질 측면에서 만족스러운 결과를 얻는 경우는 거의 없다. 환자 입장에서는 그 치료가 즐거운 일도 거의 없다.[44] 하지만 안타깝게도 환자의 가족 중 치료를 최소화하길 원하는 사람은 아무도 없다. 사랑하는 가족을 등지는 것과 동일시하기 때문이다.

예측 3. 의료 질의 보이는 면에만 집중한다

우리는 개인적인 용도로 상품을 구매할 때 그 상품의 질이 개인적으로 또 공개적으로 어떤 메시지를 보내는지도 신경을 쓴다. 그 상품이 좋다는 것을 어떻게 알았는지는 상관없다. 상품만 좋기만 한다면 말이다. 반면에 상품을 선물로 줄 때에는 사회적 신용을 극대화하기 위해서 선물의 질이 좋다는 사실을 모두가 보고 아는 것이 중요하다.

12장에서도 이러한 편견을 다루었다. 사람들이 기부를 할 때 기부할 단체에 대해서는 거의 알아보지 않고 대중적으로 좋아 보이는 자선 단체에 기부하는 것을 선호한다는 사실 말이다.

이와 비슷하게 그 어떤 업계보다 의료 업계에서는 실제 성과보다는 모두가 알아보는 명성과 영향력을 더 중요시한다. 예를 들어 무작위 연구를 통해 임상 간호사들은 일반 의사만큼이나 의학적인 지식과 경험이 있다는 사실이 드러났지만[45] 우리는 임상 간호사가 아닌 의사에게만 진료를 받길 원한다. 그리고 일반적으로 의사로서의 개인 성과보다는 출신 학교 또는 병원을 바탕으로 의사를 선택한다.

실제로 환자들은 의료의 질에 관한 사적인 정보에는 놀라울 정도로 관심이 없다. 예를 들어 곧 (심지어 사망의 가능성까지 있는) 위험한 수술을 받아야 하는 환자들에게 각 외과 전문의 개인과 병원이 집도하는 수술에서 환자의 보정 사망률에 대한 정보를 제공했다. 비율은 높았고 의사와 병원별로 세 배나 차이 났다. 하지만 환자 중 단 8퍼센트만이 사망률을 알기 위해 50달러를 추가로 지불할 의향을 보였다.[46] 이와 비슷하게 정부가 1986년과 1992년 사이의 병원 내 보정 사망률을 발표하자 보정 사망률이 다른 병원에 비해 두 배에 달하는 병원의 입원율은 단 0.8퍼센트만 하락했다.[47] 반면에 병원 내 의도치 않게 발생한 사망에 관한 기사 한 건으로 인해 해당 병원의 입원율은 무려 9퍼센트나 하락했다.[48]

예측 4. 의료 질에 관한 질문을 공개적으로 하기 꺼린다

선물받은 물건의 품질에 대해 질문하는 것은 보통 무례한 것으로 간주된다(미국에는 남의 호의를 트집 잡지 말라는 속담이 있다). 따라서 의료 행위에 대한 비용을 감당해 주는 대상에게 감사함을 표현하고 싶다면 의료 행위의 질에 대해 공개적으로 질문하는 것 또한 무례하다고 생각할 수 있다. 결국 마음을 써 주고 그에 대한 노력 자체만으로 감사해야 하니 말이다.

의료에 회의적인 태도를 보이는 것은 오늘날 사회적으로 금기시되는 경향이 있다. 많은 사람들이 현대 의학의 가치에 대해 논하는 것을 불편하게 생각한다. 그저 의사를 믿고 자신이 나을 것이라고 굳게 믿는 편이다. 하지만 그 어떤 분야보다 의학을 회의적으로 바라보는 시각은 분명히 필요하다. 의료 과실은 충분히 만연하고 그에 따른 비용도 높기 때문이다. 매년 의료 과실로 인해 미국 내에서 44,000건에서 98,000건의 사망이 발생한다.[49] 미국 경제학자 알렉스 태브록Alex Tabarrok은 이렇게 말한다. "교통사고, 유방암, AIDS로 인한 사망보다 매년 의료 과실로 인한 사망이 더 많다. 그럼에도 의사들은 이를 인정하지 않고 대중 또한 개선책을 요구하지 않는다."[50]

의료 과실을 개선할 방안은 다음과 같다.

- 카테터 사용 규제. 연구 결과에 따르면 의사들이 5단계 체크리스트를 일관되게 따를 시에 사망률이 급감하는 것으로 나타났다.[51]
- 부검 의무화. 부검 결과 40퍼센트는 원래 사인이 잘못되었다는 사실이 밝혀진다.[52] 하지만 부검율은 최고치를 기록한 1950년대의 50퍼센트에서 현재 약 5퍼센트로 급감했다.[53]
- 의사들의 꾸준한 손 씻기. 손 씻기 준수율은 약 40퍼센트 정도밖에 되지 않는다.[54]

위의 방안들은 어쩌면 당연히 시행되어야 하는 것처럼 보인다. 하지만 태브록이 주장한 것처럼 대중은 이에 대해 전혀 신경을 쓰지 않는다.

의료의 질을 신경 쓰지 않는다는 사실은 사람들이 2차 의견second opinion을 구하지 않는다는 점에서도 드러난다. 의사들도 종종 실수를 하며 그렇기에 2차 의견을 구하는 것은 매우 유용하며 꼭 필요한 일이다. 특히 암을 진단받거나[55] 암 치료 계획을 세우거나[56] 불필요한 수술을 방지하기 위해서 2차 의견을 받는 것은 매우 중요하다.[57] 하지만 일반적으로 환자들이

2차 의견을 구하는 경우는 거의 없다.

예측 5. 심각한 질병 치료 시에만 돌봄을 중요시한다

정말 의료의 목적이 건강해지기 위한 것이라면 가장 효과적인 전략을 추구하는 것이 당연하다. 그것이 어떠한 형태이든 말이다. 하지만 의료를 돌봄을 위한 시그널로 사용한다면 환자가 정말 돌봄이 필요한 상황에서 더많이 제공하고 더 많이 사용할 것이다.

그리고 실제로도 이런 현상이 나타난다. 사람들은 아플 때 의료적 개입을 간절히 원하지만 일상생활에의 개입은 그다지 원하지 않는다. 모두들응급 치료를 제공하는 영웅이 되길 원하지만 다른 사람에게 식습관을 바꾸고 수면의 질을 개선하고 운동을 하라고 잔소리하는 사람은 되고 싶어하지 않는다. 이런 일상생활에서의 변화가 훨씬 더 크고 비용 측면에서 효율적인 건강 개선을 일으킴에도 불구하고 말이다.

한 연구에서 성인 3천 6백 명을 7년 반 동안 추적한 결과, 시골 지역에거주하는 사람들은 도시에 거주하는 사람에 비해 평균적으로 6년 더 오래산다는 결과가 나왔다. 비흡연자는 흡연자보다 3년 더 오래 살고, 운동을많이 하는 사람은 운동을 적게 하는 사람보다 무려 15년 더 오래 산다고 한다.[58] 반면에 사람들이 얼마나 많은 의료 서비스를 받는지를 살펴보는 연구는 유의미한 결과를 내놓지 못한다. 그럼에도 여전히 건강과 관련해서사람들의 관심을 사는 것은 의료뿐이다.

*****

물론 이런 현상을 설명할 다른 여러 가지 방법이 존재한다. 하지만 종합해 보면 우리는 사실상 건강만을 목적으로 의료 서비스를 받는 것이 아니라 제3자가 보기에 좋다고 판단할 치료에 더욱 관심을 기울인다는 결론으로 귀결된다.

찰스 2세와 마찬가지로 우리는 최고의 의료 서비스를 원한다. 그리고 다른 사람의 눈에도 좋아 보이는 것이라면 더욱 좋다. 아픈 친구에게 음식을 가져다주는 여성과 같은 마음으로 우리는 도움이 필요한 사람을 돕길 원한다. 그리고 대가로 얻을 사회적 신용을 극대화하길 원한다. 우리가 의료 서비스를 받고 제공하는 이유에는 이렇게 두 가지, 건강과 과시적 돌봄이 있다. 그리고 이것은 결국 과도한 의료 이용으로 이어진다.

15장
종교

가을마다, 미국 전역과 캐나다 남부에서 온 군주나비들은 월동지를 찾아 멕시코를 향해 남쪽으로 무리 지어 날아간다. 그리고 그곳 나무에서 3월까지 동면한다.[1] 세렝게티 평원에서는 거대한 영양 무리가 '대이동'을 하면서 끊임없이 푸른 목장을 찾아 돌아다닌다. 꽃게는 한 해 대부분을 크리스마스섬의 숲에서 보내지만 10월이 되면 해변가로 옮겨 가 그곳에서 알을 낳는다. 해안 도로에 꽃게 시체가 넘쳐 나는 것을 방지하기 위해 전체 섬의 해안 도로를 폐쇄시켜야 할 정도로 꽃게는 떼를 지어 다닌다.[2]

동물의 이동은 지구에서 가장 경이로운 자연 현상 중 하나다. 그중, 자연 다큐멘터리에서도 보기 어려울 만큼 가장 극적인 이동이 하나 있다. 바로 하지Hajj다. 하지는 이 지구상에서 가장 큰 호모 사피엔스의 모임이다.[3] 매년 5일 동안 전 세계에서 온 수백만 명의 무슬림이 메카로 모여든다. 메카는 사우디아라비아 사막 가장 변두리 쪽에 위치한 작은 도시로 신자들이 다양한 의식을 수행하는 곳이다. 이렇게 각지에서 모여든 신자들은 전 세계에서 가장 큰 사원 중심에 위치한 검정색 정육면체 모양의 신전 카바Kaaba를 시계 반대 방향으로 7번 도는 의식을 행한다(그림 5 참조). 이 의식에 참여하는 무슬림들은 머리를 깎고, 두 개의 동산을 왔다 갔다 뛰며 정오부터 해가 질 때까지 기도하고, 잠잠Zamzam 우물물을 마시고 무즈달리파Muzdalifa 평원에서 밤을 지새운다. 또 양, 염소, 소 혹은 낙타를 제물로 바치고 악마의 돌기둥이라고 불리는 것을 향해 돌을 던진다.[4]

무슬림 순례자들이 이런 행동을 하는 데에는 생물학적 동기 그 이상이 존재한다. 군주나비와는 달리 이들은 더 편안한 환경을 찾아가는 것이 아니다.[5] 그리고 영양과 달리 단순히 음식을 찾아 나서서 메카로 이동하는 것이 아니다. 크리스마스섬의 꽃게와 달리 이들은 짝을 찾는 것이 아니다. 오히려 하지 기간 동안 성적인 행동은 철저히 금기시된다.[6]

그림 5. 메카에서 무슬림들이 카바 주위를 도는 모습. 출처: prmustafa iStock

생존과 번식이 가장 중요한 동물 입장에서 하지는 엄청난 자원 낭비처럼 보인다. 예를 들어 샌프란시스코에 거주하는 무슬림이 하지에 참가하기 위해서는 휴가를 무려 일주일이나 내고, 사우디아라비아행 비행기표를 비싼 값에 사서 가만히 서 있어도 땀이 흐르는 무더운 사막으로 가야 한다. 정확히 무얼 위해 이런 수고를 해야 할까?

종교다. 뇌 속의 코끼리가 이만큼 잘 드러나는 영역이 있을까 싶다. 믿음과 예배만큼 자신의 목적과 동기를 착각할 수 있는 영역은 많지 않다. 헨리 8세가 종교적 경건함을 핑계로 첫 번째 결혼을 무효화시키려고 했을 때나 종교 지도자들이 십자군 원정을 시작했을 때 그들의 동기는 충분히 의심받을 만했다.[7] 하지만 사람들이 신을 걸고 행하는 대부분의 것들은 노골적으로 기회주의적이지는 않다. 그럼에도 가장 겸손하고 진심 어린 종교적 행위에도 이기적인 동기가 존재한다는 것을 앞으로 살펴볼 것이다.

종교의 미스터리

하지는 누가 봐도 특이한 행사다. 하지만 무슬림 외에도 종교라는 명목으로 극단적인 행동을 하는 이들이 있다. 전 세계 많은 곳에서 스스로를 예배자라고 부르는 이들은 웃기게 생긴 모자를 쓰고 화려한 복장에다 특별한 속옷을 입고 목에는 작은 로고를 단다. 방언을 말하고, 특이한 춤을 추며 성수에 아기들을 씻긴다. 이 모든 행위들이 엄청난 역효과를 낳기도 한다. 에너지, 자원뿐만 아니라 생식력과 건강이 낭비되는 역효과가 발생한다. 예배자들은 주기적으로 금식을 하고 멀쩡한 동물을 제사로 바친다. 자신의 사리사욕을 억누르기 위해 피어싱을 하거나 몸에 상처를 내는 등 자학을 하고, 여성들은 할례를 하기도 한다. 개신교를 믿는 과학자들은 수혈을 거부한다. 모르몬교 남성들은 인생의 최고 전성기 중 2년을 오지에서 선교 활동에 바친다. 많은 사람이 교회에 십일조를 낸다. 심지어 가장 흔한 형태의 종교 활동인 주일 예배 참석은 하지의 소규모 버전 같아 보인다. 방방곡곡에서 많은 사람들이 한 장소에 모여 무릎을 꿇고, 기도하고, 찬양하고, 춤을 춘다. 믿음을 위해서 말이다.

더욱 극단적인 형태의 종교 행위도 존재한다. 예를 들어 티베트 승려들은 몇 주를 평지에 엎드려서 정교한 '모래 만다라sand mandala'를 만들기 위해 수백만 개의 유색 모래 알갱이 한 알 한 알을 꼼꼼히 배열한다. 하지만 만다라가 완성되자마자 바로 없애 버린다. (다원주의의 관점에서) 더욱 놀라운 사실은 이 승려들은 물질적 가난과 육체적 순결함을 서약하고 치열한 생존과 번식의 경쟁에서 자신을 제외시킨다. 그리고 다른 종교적 광신자들은 희생의 극치라고 볼 수 있는 순교를 행한다. 믿음을 위해서 말이다.

도대체 무슨 일이 벌어지는 걸까?

사실 종교와 관련해서 해결해야 하는 질문은 두 가지다. 행동적인 측면 이외에 다양하고 특이한 종교적 믿음에 대한 설명도 필요하다. 신, 천사, 귀신, 악마, 말하는 동물, 처녀 잉태설, 예언, 빙의, 엑소시즘, 사후 세계, 계시, 환생, 화체설 외에도 유난히 특이한 믿음이 넘쳐 나는 창조 신화가 있다.

이런 초자연적인 믿음은 도대체 어디서 온 것일까?

믿음이 행동을 설명할 수 있는가

이상한 초자연적인 믿음이 이상한 행동을 야기하는 것이라고 생각하며 믿음과 행동에 관한 두 가지 의문을 동일시할 수도 있다. 하나님을 믿기 때문에 교회에 간다. 지옥에 가는 것이 두렵기 때문에 기도한다.[8] 그렇다면 해결해야 할 의문점은 이 믿음이 어디서부터 오는 것인가이다.[9]

그림 6에 나와 있듯 '종교의 믿음 우선 모델'이라는 것을 먼저 살펴보자. 대부분의 인류학자와 사회학자는 이 모델에 반대하지만 직관적이기 때문에 이 모델을 지지하는 사람들도 꽤 많다. 결국 삶의 많은 영역에서 믿음이 행동을 야기하기 때문이다. 예를 들어, '우유가 다 떨어졌네'라는 믿음이 우리로 하여금 마트에 가도록 만든다. 특히 서구 사회에서는 신자와 불신자 모두 이 믿음 우선 모델을 믿는 경향이 있다. 유신론자와 무신론자 간의 논쟁은 주로 신의 존재에 관한 증거에 중점을 둔다. 이 논쟁에서 뚜렷이 나타나는 것은 믿음이 종교적 행위의 주된 이유라는 점이다.[10]

그럼에도 이 책을 관통하는 주제가 그러하듯 믿음이 전부만은 아니다.

대부분의 경우 그 근본에 있는 것은 심리적이기보다는 사회적인 동기이다. 그리고 이것이 뇌 속에 있는 종교적인 코끼리다. 인간이 예배 행위를 하는 이유는 단순히 믿기 때문이 아니다. 사회적 동물로서 도움이 되기 때문에 예배 행위를 하고 믿는다.

그림 6. 종교의 믿음 우선 모델

종교적 행위가 얼마나 전략적인지 논하기 전에 믿음 우선 모델을 조금 더 깊이 살펴보자. 우선 모든 종교가 교리를 중요시하지는 않는다. 대부분의 종교는 신자들이 공개적으로 믿음을 표시하기만 한다면 정말 개인이 믿는지 그렇지 않은지는 크게 상관하지 않는다.[11] 이런 면에서 기독교와 이슬람같이 믿음을 기반으로 한 종교는 예외라고 볼 수 있다.[12] 고대 그리스인과 로마인들이 믿었던 과거의 종교는 "제우스가 올림포스산에서 모든 신들을 통치했다"와 같은 교리적인 전제는 그다지 중요시하지 않은 반면 종교와 관련된 국경일에 예배를 드리러 나오는 것과 같은 의식적인 측면을 중요시했다. 힌두교, 유대교, 신도와 같은 다른 종교는 초자연적인 대상을 믿는 종교이기도 하지만 동시에 민족과 문화적 전통을 상징하기도 한다. 그리고 신을 완전히 믿지 않아도 신자로 받아들여지기도 한다. 예를 들어 많은 유대인은 자신을 무신론자라고 주장하지만 성전 예배에 참석하고, 유대교의 율법에 따른 코셔 음식만 섭취하고 유대교의 대제일을 지키는 등 유대교 전통과 의식을 따른다.

동시에 많은 이가 종교적이면서 심지어 광신적으로 보이는 행위를 스스럼없이 한다. 하지만 이런 행위에서 초자연적인 대상에 대한 믿음은 전혀 찾아볼 수 없다.[13] 무슬림이 메카를 향해 기도를 하는 행위는 '종교'에서 비롯된 것이라고 하지만 미국에서 학생들이 성조기를 보고 하는 국기에 대한 맹세는 '애국심'에서 비롯된 것이라고 한다. 동창회에서 부르는 노래, 티셔츠 제작, 퍼레이드는 '애교심'에서 비롯된 것이라고 한다. 이와 비슷하게 북한에서 일어나고 있는 일을 감히 종교라고 할 수도 있다. 북한 지도자 김정은에게 초자연적인 능력은 없을지라도 북한 국민들은 그를 신처럼 떠받든다. 사람들이 종교처럼 열광하는 대상은 애플과 같은 브랜드, 정치적인 이데올로기, 대학교 내 남학생, 여학생 사교클럽, 음악 하위문화, 크로스핏 같은 운동이 될 수도 있다. 특히 유럽 일부 지역과 라틴 아메리카 대부분 지역에서 축구는 종교와 동일시된다. 이러한 대상에 대한 열광과 믿음은 흡사 종교적 열광, 믿음과 비슷하다. 대상과 무관하게 사람들이 보이는 행동적 패턴이 일관적이고 심지어 그 열광과 믿음은 초자연적인 대상을 향하는 것이 아닌데도 점점 더 확산된다는 사실을 통해 믿음은 그저 부가적인 요소라는 것을 알 수 있다.

　마지막으로 무신론자 독자들도 있을 테니 이들에게 조금 관대하고 겸손한 마음으로 이 글을 읽어 달라고 부탁하고 싶다. 비신자들은 쉽게 초자연적인 믿음을 그저 '망상' 또는 '해로운 미신'으로 치부해 버리고 만다. 그리고 신자들을 두고 평소 같았으면 하지 않았을 행동을 하도록 세뇌되었다고 생각한다. 이 책의 저자들도 종교적인 믿음을 가진 사람들은 아니고 특정 종교를 특히 선호하지도 않는다. 그리고 때로는 사람들이 종교로 인해 스스로를 다치게 한다는 사실도 인정한다(악명 높은 존스타운 대학살을 떠올려 보자). 그럼에도 사람들은 대개 자신에게 무엇이 좋은지 직관적으로 파악할 능력이 있다고 믿는다. 그것이 왜 좋은지 이해할 수는 없어도 말이다. 특히 자신의 이익과 관련해서는 무엇이 잘못되어 가고 있을 때와 그렇지 않을 때를 잘 구별한다고 생각한다. 따라서 신자들이 종교라는 틀에 갇혀 있고 종교에 억압받는다고 생각이 들 때면 아마 그 생각이 맞을 것이다.[14]

그럼에도 사람들은 종교에 강하게 이끌린다. 매일, 매주 그리고 매년 종교적 행위에 자발적으로 참여한다. 그것도 엄청난 열정을 가지고 말이다. 정말 사람들은 자신에게 좋은 것이 무엇인지 알까? 그렇다고 믿고 싶다.[15]

실제로 매주 교회에 참석하는 신자들은 사회의 다양한 영역에서 성공한다. 세속적인 사람들과 비교했을 때 종교적인 사람들 가운데 비흡연자 비율이 더 높고[16] 기부자와 자원봉사자의 비율도 더 높다.[17] 이들은 사회적으로 더 좋은 관계를 형성하고[18] 결혼율은 높은 반면, 이혼율은 낮으며[19] 출산율은 높은 편이다.[20] 수명 또한 길고[21] 소득도 높으며[22] 우울증 발생률은 적고[23] 삶을 살아가는 데 느끼는 행복과 성취감은 더 높은 편이다.[24] 물론 더 건강하고 사회적으로 안정된 사람들이 종교를 믿는 경우가 많기 때문에 나타나는 상관관계일 수도 있지만 이 데이터를 통해서 종교가 사람에게 해가 된다는 생각은 다시 고려해 볼 만하다.

만약 종교가 정말 망상에 불과하다 해도, 인간에게 유용한 것은 분명하다. 이에 대한 이유를 이해하기 위해서는 초자연적인 믿음과 반사회적인 것처럼 보이는 행위 너머의 것들을 살펴봐야 한다.

사회 시스템으로서의 종교

지금까지 그래 왔듯이 이번 장에서도 종교를 자기기만적인 측면이 아니라 외적인 사회적 동기 면에서 살펴볼 예정이다. 사회적 동기로 인해 인간이 동굴 벽에 그림을 그린다든가 거머리를 약으로 쓰는 등 얼마나 이상한 행동을 하기에 이르는지 이미 잘 알고 있다. 하지만 종교 행위 이면에 있는 사회적 동기에는 어떤 것이 있을까?

종교와 관련된 가장 권위 있는 학자들이 내놓은 대답은 바로 '공동체'이다.

조나단 하이트Jonathan Haidt는 "종교는 팀 스포츠다"[25]라고 말했고, 에밀

뒤르켐Émile Durkheim은 "신은 사회에서 나온 집합 표상이다"[26]라고 말했다. 이런 관점에서 종교는 개인적인 믿음에 관한 것이라기보다는 다른 이들과 공유하는 믿음 그리고 더 중요하게는 공동체적인 행위에 가깝다. 개인은 자기 자신에게 이득이 되는 방식으로 행동하고 이것은 곧 종교 공동체 전체에 이득이 된다. 결과적으로 결속력과 협동심이 굉장히 높은 사회적 집단이 생겨난다. 따라서 종교는 단순히 신과 사후세계에 대한 믿음이 아니라 사회적 시스템에 가깝다.[27]

그림 7은 종교의 이러한 측면을 도식으로 나타내고 있다.[28]

그림 7. 종교의 공동체적 모델

공동체가 어떤 방식으로 작동하는지 잠깐 살펴보자. 공동체는 소속된 사람들에게 이득을 제공해야 한다. 그렇지 않으면 개인으로 생활하는 것이 훨씬 여러모로 낫기 때문이다.[29] 공동체에 소속되면 개인의 입장에서 많은 이득을 누릴 수도 있지만 한편으로는 협력이라는 이유로 개인의 사리사욕을 포기해야 하는 경우도 있다.

안타깝게도 협력은 말처럼 쉽지 않다. 그저 규칙을 잘 준수하고 협력을 잘하는 개인으로 이뤄진 공동체는 이용당하기 십상이기 때문이다. 종교적인 맥락에서 다른 이들을 기만하는 사람들은 다양한 형태로 존재한다. 어떤 이들은 굉장히 독실한 척하지만 필요에 따라서는 다른 이들을 홀대하기도 한다. 마치 양의 탈을 쓴 늑대가 양 떼를 속이듯이 말이다. 또 어떤 이들은 거저먹기식으로 다른 이들을 기만하기도 한다. 자신은 아무것도 내놓지 않고서 그저 교회가 제공하는 것을 받아먹는다. 필요할 때만 종교적 단체의 도움을 받고 상황이 조금 괜찮아지면 바로 외면하는 이들도 있다.

공동체 내 협력을 용이하게 하기 위해서는 기만하는 자들을 멀리할 강력한 방법이 있어야 한다. 3장 규범, 그리고 4장 기만에서 이 방법을 살펴본 바 있다. 하지만 감시, 뒷담화, 처벌과 같은 규범 시행을 위한 일반적인 방법과 더불어 종교와 관련해서는 방법이 몇 가지 더 있다.

이제부터 초자연적인 믿음과 같은 종교의 다양한 특징을 살펴볼 예정이다. 공동체 내 기만을 방지하고 협력을 용이하게 만드는 사회적 기술로써 이 특징을 살펴보도록 하자. 지금까지는 다소 이해하기 어려웠던 종교의 특징을 비로소 이해할 것이다.

희생, 충성, 신뢰

숲속에 홀로 살고 있는 사람이 중요한 자원을 그냥 버리거나 태우는 것은 비합리적인 행동이다. 하지만 숲속에 사람이 몇 명 더 있다고 생각하면 완벽하게 합리적인 행동이 될 수도 있다. 이전에도 많이 봤듯이 희생은 사회적으로 매력적인 행위이기 때문이다.[30] 이 중 누가 더 좋은 동맹처럼 보일까? 일인자가 되기 위해 혈안인 사람일까, 다른 이들을 위해 기꺼이 희생할 만한 충성심을 보이는 사람일까? 당연히 후자다. 그리고 그 희생이 클수록 신뢰 또한 더 커지기 마련이다.

가족과 친구는 서로를 위해 항상 희생한다. 하지만 일회성 만남에 그치는 사람을 위해서 희생할 필요는 없다. 이에 대한 해결책으로 종교는 집단이라는 이름으로 희생적인 의례를 치르도록 한다. 명목상으로 사람들은 신을 위해 희생의 제물을 바친다고 하지만 뒤르켐의 말처럼 신은 사회를 상징하기 위한 기능으로 작동한다는 사실을 기억해야 한다. 따라서 사람들이 당신이 믿는 신에게 희생 제사를 드린다고 할 때 사실상 그들은 당신과 당신같이 예배를 드리는 모든 사람들에게 충성심을 보여 주는 것이다.[31]

더 중요한 것은 희생적 종교 의식은 거짓으로 행하기에는 비용이 너무나도 높다. "저는 무슬림이에요"라고 말하는 것은 쉽지만 다른 사람들이 정말 당신을 무슬림이라고 생각하게 만들기 위해서는 무슬림처럼 행동해야 한다. 매일 기도해야 하고 하지에도 참석해야 한다. 말보다 행동이 중요하고 그중에서도 비용이 높은 행동이 가장 중요하다.

그렇다면 개인의 희생은 사회 집단을 위해 '대가를 치르는' 방법이기도 하다. 어떤 사회 집단에 소속되기 위해서는 입회식의 의미로 꽤나 큰 선불금을 지급해야 한다. 신입생 신고식이나 신병 훈련처럼 말이다. 진입 장벽을 세우고 높은 비용을 요구함으로써 가장 헌신적이고 적극적인 사람만이 그 집단에 소속될 자격을 얻을 수 있다.[32] 일반적인 종교적 의식도 이런 방식이다. 하지만 한 번의 높은 선불금을 요구하는 대신 적은 금액이지만 지속적인 헌신을 요구할 수도 있다. 매주 또는 매년 회비를 내는 식으로 말이다.

어떤 자원이 희생되는지에 따라 희생적 종교 의식은 다양한 형태로 나타난다. 예를 들어 음식은 흔히 볼 수 있는 헌물 형태 중 하나다. 동물을 제물로 바치는 의식, 신주 또는 과일 등을 신에게 바친다. 구호금, 헌금, 다른 자선 활동을 통해 돈을 바치기도 한다. 금식을 통해 건강을 희생하거나, 훨씬 더 극단적인 형태의 희생은 자신의 몸을 자해하는 것으로 나타난다. 예를 들어 무하람의 애도 기간 동안 무슬림은 쇠사슬, 칼, 검 등으로 온몸에 피가 날 때까지 자신을 때린다. 이렇게 극단적인 형태의 희생은 그만큼 대단한 헌신을 상징한다.[33] 사람들은 종교를 이유로 즐거움을 스스로 포기하기도 한다. 약물, 술 그리고 특정 성행위 등을 삼가고, 가톨릭 신자들은 렌트(사순절)Lent 기간 동안 초콜릿 복용을 삼가기도 한다.

아마도 낭비하기 가장 쉬운 자원은 시간과 에너지일 것이다. 종교를 위해 우리는 이 자원을 기꺼이 희생한다. 매주 교회 예배를 참석하고, 부모나 배우자와 사별한 유대인은 장례식 후 7일간의 복상 기간을 지키고, 이전에 언급했던 것처럼 티베트 승려들은 모래 만다라를 만들기도 한다. 이런 이유로 교인들은 예배 시간 동안 설교를 듣는 것 이외에는 핸드폰으로 인터넷을 하는 등의 다른 일을 하지 않는다. 물론 해야 할 일도, 하고 싶은 일도 넘쳐 날 것이다. 그렇기 때문에 얌전히 앉아 목사의 말을 듣는 것으로 교인의 충성심이 증명된다. 즉, 설교의 지루함은 종교적 행위에 방해 요소라기보다는 필수 요소에 가깝다.

지위 또한 많은 예배 행위에서 희생되는 요소 중 하나다. 특히 무릎 꿇기, 절하기, 엎드리기 등 신체 노력이 요구되는 예배에서는 더욱 그렇다.[34] 예수가 직접 몸을 숙이고 제자의 발을 씻어 준 일화는 유명하다. 유대인 남자들이 정수리 부분에 쓰는 작고 동글납작한 모자인 야물커yarmulke를 쓰는 간단한 행위도 하나님 앞에 자신을 낮춘다는 것을 상징한다. 노골적으로 희생을 드러내는 종교도 있다. '이상한' 옷을 입고 다니거나 세상 사람들과 동일한 그릇에 놓인 음식을 먹는 것을 거부함으로써 특정 종교 수행자들은 사회에서 설 자리를 스스로 포기하기도 한다(물론 해당 종교 내에서는 설 자리를 얻긴 하겠지만).[35]

생식력은 흔히 낭비되지 않는 자원 중 하나지만 낭비될 시에는 무척이나 영향력이 크다. 예를 들어 종교 지도자들은 육체적 순결을 서약하기도 한다.[36] 더 높은 신뢰를 받고 권위를 얻기 위해서는 그만큼 큰 희생이 요구된다. 예를 들어 가톨릭의 교황이 결혼을 해서 아이가 있다면 그는 가족에게도 하느님에게도 충성해야 할 것이다. 그리고 교인들은 과연 교황이 가톨릭이라는 종교 전체를 이끌 만한 사람인지 의심할 것이다.[37]

하나의 종교적 의식에 다양한 자원이 희생되는 경우도 있다. 하지와 같은 성지순례에는 시간, 에너지, 돈, 건강과 같은 다양한 자원이 희생된다.

이러한 자원은 이슬람이라는 종교를 위해 '낭비'되는 것이다. 헌신에 대한 보답으로 신자들은 더 큰 신뢰를 얻고 다른 무슬림들 사이에서 지위가 높아진다.

하지만 공동체가 제공할 수 있는 사회적 보상은 제한되어 있다. 그렇기에 공동체 일원들은 더 큰 충성심을 보여 주기 위해서 경쟁하곤 한다. 다른 이들보다 더 성스럽다는 것을 보여 주는 군비 경쟁에 돌입하는 것이다. 그리고 이것은 극단적인 보여 주기식과 과장된 행동으로 이어진다. 어쩐지 하지를 생각해 보면 공작새의 꼬리 또는 하늘에 닿을 듯 우뚝 솟은 삼나무가 떠오르지 않는가? 하지만 희생은 제로섬 게임이 아니라는 것을 기억해야 한다. 희생은 전체 공동체에 큰 이득을 주기도 한다. 희생으로 공동체 일원 사이에 헌신과 신뢰가 쌓이고 결국 이를 통해 개인의 행동을 감시해야 할 필요가 없어진다.[38] 결론적으로 오랜 기간 공동체 내 협동심을 유지하는 장치로서 기능하는 것이다.[39]

오늘날 우리는 계약, 신용 평점, 추천서 등으로 다른 이들과 신뢰를 형성하고 확인한다. 하지만 이런 방법이 생겨나기 전, 매주 예배를 드리는 것 또는 다른 값비싼 희생적 행위는 중요한 사회적 기술로 사용되었다. 서기 1000년에 교회 출석은 누군가를 신뢰할 만한지 가늠하는 꽤 좋은 방법이었다. 교회 예배에 참석하지 않는 이들은 합당한 비용을 내지 않는 사람으로 쉽게 판단되었다. 그리고 어느 정도 비용을 들이지 않고서는 사회로부터 신뢰를 얻는 것이 불가능했다.

현대 사회에서도 종교 의식은 여전히 중요한 사회적 메시지를 전달한다. 미국인들은 무신론자인 사람이 대통령 후보자로 적합하다고 생각하지 않는다. 2012년 갤럽 여론조사에서 무신론자는 선출 가능성에서 꼴찌를 차지했다. 히스패닉이나 성소수자와 같이 사회에서 소외된 집단보다 뽑힐 가능성이 낮다는 결과이다.[40] 실제로 미국인들은 무신론자보다는 무슬림이 대통령으로서 차라리 더 적합하다고 생각했다.[41] 무신론자는 그 누구를 위해서 무릎을 꿇지 않는다. 그리고 이것은 많은 유권자에게 두려움으로 다가온다.

친사회적 규범

모든 공동체와 마찬가지로 종교에도 개인의 행동을 제한하는 규범이 넘쳐 난다. 이러한 규범은 크게 보면 공동체와 소속된 개인 모두에게 유용하다.[42] 특히 이런 규범들이 공동체가 직면한 경제학적 그리고 생태학적 조건과 잘 맞으면 말이다.

흔히 볼 수 있는 종교적 규범 두 가지를 살펴보자.

하나는 다른 이들을 대하는 태도다. 세상 모든 종교는 도둑질, 폭력, 부정직함을 비난하는 반면 연민, 용서, 관대함 등과 같은 덕목은 높이 평가한다. 예를 들어 이슬람에서 자선은 가장 중요한 덕목 중 하나다. 기독교인은 '이웃을 사랑하고', '인내하고 참으라'고 권면한다. 자이나교는 모든 동물, 심지어 곤충에게도 폭력을 지양한다. 각 종교의 이러한 덕목과 가르침은 저마다의 장점을 가지며, 세상에는 나쁜 사람보다는 좋은 사람이 훨씬 더 많다. 하지만 물론 문제도 존재한다. 다른 이들을 기만하고 속이는 자들을 어떻게 멀리할 것인가이다.

한 가지 방법은 고비용의 시그널링이다. 덜 헌신적인 사람을 집단에 들어오지 못하게 하는 것이다. 하지만 그만큼 중요한 방법은 3장에서도 봤듯이 감시와 처벌이다. 보편적인 사랑과 인내를 실천하기 위해서 종교적 공동체는 때로 규범을 지키지 않는 자들을 처벌하기도 한다. 이들을 비난하기도 하고 멀리하기도 하며 심지어 이들에게 돌을 던지기도 한다. 실제로 이 두 가지 전략, 전통적인 규범 시행과 고비용의 시그널링을 통해 대가를 치르도록 하는 것은 함께 행해졌을 때 더 강력하게 작용하기도 한다. 많은 대가를 지불하고, 친구를 많이 만들고, 수년에 걸쳐 많은 사회적 자본을 축적한 후에 집단으로부터 쫓겨난다는 것은 꽤나 무서운 일이다. 따라서 결국 많은 비용을 들여 감시를 할 필요가 사라지게 된다.[43]

다른 종류의 종교적 규범은 성과 가족에 관한 것이다. 진화심리학자 제이슨 위든Jason Weeden과 동료 연구자들은 "종교는 공동체에서 강요되는 배우자를 찾기 위한 전략"이라고 보았다.[44]

인간이 배우자를 찾는 방식은 전 세계적으로 다르고 자원, 성별 비율, 유산 상속 규칙, 자녀 양육의 경제학 등 다양한 요소에 좌우된다. 이와 관련해서 많은 서구 국가(특히 미국)에서는 확연히 다른 두 가지 전략이 나타난다. 전통적인 우파 종교 집단에서는 조혼, 철저한 일부일처제, 대가족을 지향한다. 진보 성향을 띤 좌파 종교 집단에서는 이와 반대로 결혼을 미루고, 일부일처제를 철저히 지키지 않으며 소가족을 지향한다.

이 두 가지 중 전통적인 전략은 결속력이 좋은 공동체에 적합하다. 종교적 공동체는 피임, 낙태, 이혼 그리고 혼전 성관계나 혼외 성관계와 같이 일부일처제와 출산에 방해가 되는 것을 못마땅하게 여기는 경향을 보인다.[45] 이런 전략을 따르고자 하는 사람은 비슷한 전략을 추구하는 사람과 가까이 지내고 싶어 한다. 그리고 공동체 전체가 이런 전략을 지향한다면 공동체 차원에서 이득은 클 것이다. 아이들은 부모가 있는 안정적인 가정에서 태어나 자랄 테고, 혹여나 배우자가 외도하지 않을까 의심하며 감시해야 하는 일도 줄어들 것이다.[46] 그리고 출산율이 높을 경우 공동체 내 일원들은 서로 양육을 도우며 행복한 가정을 꾸리기 위한 노력을 지지할 가능성이 크다.

반면에 정반대 전략을 지향하는 사람들에게는 이런 규범들, 그중에서도 특히 피임을 반대하는 규범은 용납하기 어렵다. 여성이 피임하는 것을 반대하는 이유는 무엇일까? 결속력이 높은 공동체 내 각 여성의 '개인적인' 선택에는 사회적인 외부 효과가 수반된다. 피임을 하는 여성은 결혼을 늦게 할 가능성이 높고, 학위를 받거나 경제적인 면에서도 성공했다고 할 만한 직장을 선호할 가능성이 높다. 그리고 가족 중심적인 일원은 이를 언짢아할 수도 있다. 라이프스타일이 서로 맞지 않기 때문이다. 이들 간의 갈등을 최소화하기 위해 애초에 서로 다른 전략을 추구하는 공동체는 분리하는 것이 적합하다.

동시성

"종교는 춤추는 것이 가능한 신화다."

―앤드류 브라운Andrew Brown[47]

현대식 군대는 더 이상 일렬로 줄을 서지도 않고 전쟁 시 적군과 아군이 반대 방향에서 서로를 공격하지도 않는다. 하지만 이상하게도 여전히 훈련은 이런 식으로 받는다. 이런 훈련은 실제 전쟁을 대비하기 위한 게 아니라 부대 내 군인들 사이에 신뢰와 연대를 형성하기 위한 것이다.

이유는 불분명하지만 인간이라는 종은 여러 사람이 동시에 발을 맞춰 걸을 때 사회적 유대가 형성되도록 만들어졌다.[48] 발을 맞춰 걷는다는 것은 실제로 행진하거나 한 목소리로 노래하며 같은 박자에 손뼉을 치는 것, 아니면 단순히 같은 옷을 입는 것을 의미할 수도 있다. 고취를 위해 사가corporate song를 사용하기도 했다.[49] 일본에는 여전히 사가를 사용하는 기업이 존재한다.

2009년, 스탠퍼드 교수이자 심리학자인 스콧 윌터무스Scott Wiltermuth와 칩 히스Chip Heath는 이 동시성―연대 효과를 직접 실험으로 증명했다. 이들은 학생 집단에게 함께 캠퍼스 주변을 행진하는 등 동시에 어떠한 행동을 하도록 했다. 그리고는 집단의 이익을 위해 개인이 부담할 위험의 정도를 측정하기 위해 '공공' 게임에 참여하도록 했다. 세 번의 실험을 통해 '다른 이들과 일치된 행동을 하는 사람들은 추후 더욱 협력하는 경향을 보였고, 심지어 개인의 희생을 요구하는 상황에서도 협력하는 태도를 띠었다'는 결과가 나왔다.[50]

종교는 이런 효과를 가장 잘 이용한다. 거의 모든 종교 전통에는 모든 이들이 동시에 같은 행동을 하는 행위가 수반된다. 예를 들어 하레 크리슈나 교도의 종교 의식과 구제 활동에는 노래와 춤이 포함되어 있다. 요즘 대부분의 기독교 예배에는 없지만, 과거에는(적어도 중세시대까지는) 춤이 포함되어 있었다.[51] 그리고 대부분의 종교 모임에는 함께 경전을 소리 내어 읽고 노래하는 행위가 포함된다. 심지어 퀘이커 교도의 모임에서는 함께 침묵의 시간을 가지기도 한다. 이외에도 조용히 함께 기도하는 시간을 가지는 종교도 많다. 일상생활에 존재하는 소음을 잠시 멈추고 몇 초만이라도 침묵하는 행위를 통해 놀라울 정도로 깊은 연대감을 가질 수 있다.

설교

종교 공동체 내에서 설교가 협동심을 고취한다는 사실은 쉽게 알 수 있다. 설교가 없다면 사람들은 어떤 가치를 지향할지, 어떤 규범을 준수할지 그리고 다른 이들을 기만하는 자들을 어떻게 처벌할지에 대한 기준을 세우지 못할 것이다. 하지만 설교는 단순히 이러한 것들을 가르치는 교육 강의는 아니다. 오히려 설교는 누구나 쉽게 참여할 수 있는 의식에 가깝다.

설교를 듣는 사람은 수동적으로 정보를 얻는 그 이상을 하고 있다. 설교의 메시지, 설교자의 리더십, 공동체의 가치 그리고 종교 기관의 정당성을 암묵적으로 지지한다. 설교 자리에 참석하는 단순한 행위를 통해 다른 이들에게 교회를 지지하고 해당 교회의 기준에 부합하겠다는 동의를 하는 것이다. 예배당의 좌석은 그저 앉아서 설교를 듣는 것이 아니라 다른 교인들을 보고 또 다른 교인들에게 보이기 위한 곳이다.

목사가 교인들에게 동정심에 대해 설교한다고 생각해 보자. 이 설교는 어떤 가치를 지닐까? 단순히 누군가로부터(특히 천국에 가기 위한 가능성을 높이기 위해서) 어떻게 행동해야 할지에 대한 개인적인 조언을 얻는 시간이 아니다. 만약의 설교의 주목적이 그렇다고 하면 집에서 팟캐스트를 통해 설교를 들어도 아무런 상관이 없을 것이다.[52] 하지만 설교의 진짜 목적은 다른 교인들과 함께 설교를 듣는 것으로부터 기인한다. 자신뿐만 아니라 설교에 참석한 모든 교인이 동정심이 기독교의 좋은 덕목이라는 것을 배우기 때문이다(만약에 설교를 한 번 놓치더라도 걱정할 필요는 없다. 보통 설교의 메시지는 반복되기 때문이다). 즉, 설교를 통해 공동체의 규범에 대한 공유 지식이 생겨난다. 설교를 듣는 모든 사람은 암묵적으로 이 덕목에 따라 행동하겠다 약속을 하는 것이다. 만약에 설교를 들은 교인 중 한 명이 이런 가치를 실천하지 못한다면 무지해서 그렇다는 변명을 할 수 없을 테니 모두 그 사람에게 책임을 물을 수 있게 된다. 이런 상호적 책임을 통해 종교 공동체는 결속력과 협동심을 형성한다.

좋든 싫든 설교의 이런 기능과 목적은 논란이 많은 규범에도 적용된다. 피임 또는 동성애를 신랄하게 비판하는 설교자의 말에 개인적으로는 동의하지 않을 수도 있다. 하지만 영향력 있는 사람들이 그 메시지를 비판하거나 반대 의견을 내지 않는 이상 그 규범은 공통 의식에 자리 잡을 것이다.[53] 따라서 설교는 단순히 '하나님' 또는 설교자의 생각을 듣는 자리가 아니라 종교와 관련된 집단에 소속된 나머지 사람들이 어떤 규범을 수용할지 알아 가는 자리다.

표식

공동체의 일원이 되기 위해서는 공동체에 소속된 사람과 그렇지 않은 사람을 구별할 능력을 갖추는 게 중요하다. 그렇지 않으면 좋은 협력자를 알아볼 수 없을 것이다. 공동체가 커지고 복잡해지면서 이 능력은 더욱 중요해졌다. 작은 규모의 수렵 채집인 공동체에서는 서로가 서로의 이름과 얼굴을 모두 알고 완전히 낯선 사람과 접촉할 일은 거의 없을 것이다. 하지만 대규모 농업이나 산업 사회에는 다른 지역으로부터 이주해 온 노동자나 상인이 많을 테고, 이때 한눈에 낯선 사람을 평가할 수 있는 능력은 유용하게 작용한다.

그리고 이런 경우 특히 표식의 역할이 중요해진다. 특정 집단에 소속되어 있다는 사실을 알릴 수 있는 눈에 보이는 상징 말이다.[54] 종교적인 맥락에서 표식은 특별한 헤어스타일, 복장, 모자, 터번, 보석, 문신, 피어싱 등이 될 수 있다. 심지어 정오 또는 식사 전 기도와 같은 규정된 행동 또한 이를 실행하는 사람이 어느 종교 집단의 일원인지 파악하는 표식이 되기도 한다.

종교적 표식은 각자의 집이나 교회 내에서도 그 영향력을 발휘하지만 표식으로서 가치는 공개적인 장소에서 극대화된다. 자신의 제과점에서 야물커를 쓰고 일하는 제빵사는 두 개의 다른 대상에게 두 개의 다른(그러나 연관된) 메시지를 보내고 있다.

다른 유대인들에게는 '참고로 나는 유대인이야. 그 말은 같은 규범과 가치를 공유하고 있다는 것을 의미해. 나를 신뢰해도 돼. 그리고 공개적으로 유대교를 지지하고 있다는 점을 알아줘. 나는 유대교에 완전히 헌신적인 사람이고 유대교는 나의 정체성에서 빼놓을 수 없는 부분이야.'

여기서 그는 충성심을 보여 주기 위해 야물커라는 표식을 사용하고 있다. 그리고 이를 통해 다른 유대인들로부터 신뢰를 얻길 바란다. 그리고 유대인이 아닌 일반 대중에게는 이런 메시지를 보낸다.

'나의 행동은 단순히 나 자신뿐만 아니라 모든 유대인을 대표한다. 만약에 내가 좋지 않게 행동하면 유대교의 평판을 떨어뜨리는 것이기 때문에 다른 유대교 신자들에게 충분히 처벌을 받을 만하다. 이 사실을 알고 있기에 나는 유대교가 지향하는 기준을 준수하여 행동할 것이다. 따라서 나를 더더욱 믿어도 된다.'

이처럼 표식은 브랜드와도 비슷한 역할을 한다. 나비스코Nabisco의 새로운 제품에 나비스코라는 로고가 붙으면 소비자들은 한 번도 경험하지 못한 신제품이어도 제품의 질이 어느 정도 보장되어 있다는 것을 알 수 있기 때문에 안심하고 제품을 구매한다. 만약에 신제품이 정말 좋지 않다면 나비스코의 명성에 엄청난 해가 될 것이다. 또한 신제품의 질이 좋지 않아서 마트에서 판매가 어려울 정도라면 나비스코는 해당 제품을 회수할 것이다. 이와 비슷하게 성경을 두고 맹세하는 기독교인들이 거짓말을 할 가능성은 매우 낮다. '회수'를 당하거나 공동체의 처벌을 받을 수 있기 때문이다.

초자연적 믿음

드디어 초자연적 믿음이라는 주제로 다시 돌아왔다. 초자연적인 믿음을 단순히 미신으로 치부하지 말고 이 초자연적인 믿음이 협력을 간절히 바라는 공동체 내에서 어떻게 유용하게 기능하는지 살펴보자.[55]

이전 장(특히 자기기만을 다룬 5장)에서 살펴봤듯이 어떠한 믿음을 가지는 것의 가치는 그 믿음을 기반으로 행동하는 것이 아니라 믿고 있다는 사실을 다른 이들에게 알리는 것에 있다. 특히 종교적인 맥락에서는 더욱 그렇다. 종교적인 믿음은 홀로 살아가는 개인에게는 유용하거나 실용적이지 않다. 그럼에도 믿음을 통해 사회적 보상을 많이 얻기도 하고 반대로 믿지 않아 처벌을 받기도 한다. 믿는 것과 믿지 않는 것은 천지 차이다. 같은 집단 내 신자들에게 따뜻한 환영을 받을 수도 있고 차갑게 배척당할 수도 있다. 믿음에는 이렇게 강력한 동기가 있다. 한편으로는 믿지 않는 게 이상한 셈이다.

하지만 공동체가 우리가 무엇을 믿는지 신경 쓰는 이유는 무엇일까? 우리는 왜 믿음으로 인해 보상이나 처벌을 받을까?

전지전능한 신을 믿는다고 생각해 보자. 엄격한 아버지와 같은 권위주의적인 신은 우리가 좋은 행동을 하면 보상을 줄 것이고 나쁜 행동을 하면 처벌을 내리겠다고 약속했다. 이러한 신에 대한 믿음의 과정은 세 가지 단계로 분석해 볼 수 있다. (1)신에게 복종하지 않으면 벌을 받는다고 믿는 사람들은 믿지 않는 사람에 비해 나쁘게 행동할 가능성이 낮다. (2)따라서 다른 이들에게 자신이 믿음을 가지고 불복종의 위험에 대해서 인지하고 있다고 확신시키는 것이 이득이다. (3)마지막으로 5장에서 봤듯이 다른 이들에게 자신의 믿음을 확신시키기 위한 가장 좋은 방법은 정말로 믿는 것이다. 이런 식으로 우리는 존재 여부를 확실히 증명할 수도 없는 신을 믿게 된다.

비슷한 이유로 신은 항상 내려다보고 모든 것을 알고 있다고 믿는 편이 유용하다. 심지어 우리의 가장 '사적인' 행동과 내밀한 생각까지 꿰뚫어 보고 공평하게 판단하리라고 믿는 것이 좋다. 이렇게 신에 대한 믿음을 더욱 강하게 표출할수록 우리는 다른 이들이 보지 않을 때에도 항상 모든 일을 올바르게 처리한다는 신뢰를 쌓을 수 있을 것이다.[56] 이런 평판은 특히 리더의 자리에 오르려고 하는 사람에게 중요하다. 보통 이들은 남모르게 뒤에서 나쁜 행동을 하는 경우가 많기 때문이다.

이런 믿음 때문에 신자들은 원래보다 더욱 착하고 친절하게 행동한다.

인간이라는 완벽하게 이기적인 존재에게 어쩔 수 없이 해야 하는 착하고 친절한 행동은 안타깝게 발생하는 비용인 셈이다. 이상적인 상황은 뇌가 두 마리 토끼를 다 잡는 것이다. 신의 분노는 정말 두려워할 만하다고 다른 이들을 설득하는 것과 정말 신을 두려워하지 않는 것처럼 행동하는 것이다. 하지만 인간의 뇌는 완벽하게 위선을 떨기에는 부족하다. 특히나 다른 이들이 지속적으로 자신의 믿음을 시험해 보려고 할 때 더더욱. 그렇다면 차선책은 믿음을 내면화하여 종종 유혹에 빠져도 괜찮을 만큼 어느 정도 모순된 모습을 보여 주는 것이다.

이런 식으로 종교적 신을 믿는 행위는 어느 정도 설명이 가능하다. 하지만 초자연적인 믿음에 관해 여전히 많은 설명이 필요하다. 우선 초자연적인 믿음을 통해 각 종교에 대해 더욱 자세히 알아볼 수 있다. 예를 들어 무함마드가 마지막 예언자라고 믿기 때문에 새로운 계시는 더 이상 알 필요가 없어진다. 기독교에서 하나님과 평신도 사이의 소통을 위해서 더 이상 제사장이 필요하지 않다고 믿기 때문에 제사장의 역할을 재규정할 수 있다. 이러한 믿음은 신학을 정치적으로 재해석하는 듯 보인다.

물론 아직까지 완전히 정립되지 않은 믿음도 존재한다. 예를 들어 몇몇 기독교 교파에서는 구원을 받기 위한 세례가 필수라고 주장한다. 그리고 일부 교파는 세례는 단순히 개인이 선택할 문제로 본다. 이외에도 교리와 관련해 난해한 세부 사항들을 놓고 끊임없이 논쟁과 토론이 벌어진다. 삼위일체의 정확한 실체가 무엇인지, 성찬식 때 나누어 주는 밀로 만든 빵이 정말 예수의 살로 변하는지와 같은 문제 말이다.[57] 이렇게 별로 중요해 보이지 않는 세부 사항들과 그것을 둘러싼 믿음 그리고 논쟁으로부터 우리는 무엇을 알 수 있을까?

별로 중요하지 않다 치부하기 쉬운 이러한 세부 사항들은 특정 종교에 대한 충성심을 나타내는 표식으로 기능할 수 있다.[58] 좋은 표식은 충성심을 판가름할 기준이 된다. 같은 편인지 아니면 다른 편인지 말이다. 이런 이유로 교리와 관련된 문제는 완전히 상반되는 두 가지 종교적 신념(무신론자 vs. 유신론자, 가톨릭 vs. 개신교)을 논할 때 더욱 더 두드러진다. 무엇을 믿는지에 따라 어디에 소속되어 있는지 그리고 어떤 편에 섰는지 알 수 있다. 따라서 믿음은 단순히 철학적인 기능뿐 아니라 정치적인 기능을 하기도 한다.

믿음은 일관적이라 다른 믿음과 구별되기만 한다면 무얼 믿든 전혀 상관없다. 예를 들어 가톨릭의 화체설에 대해 어떻게 생각하는지, 삼위일체의 실체가 무엇인지는 그다지 상관이 없다. 무엇을 믿든 개인의 행동에는 영향이 없기 때문이다. 다만 한 공동체 내 모든 사람이 동일한 것을 믿는 게 중요하다. 그래야만 표식으로 효과를 발휘한다. 그리고 그 믿음이 약간 이상하다고 해도, 믿지 않는 이들의 눈에 조금 특이해 보여도 괜찮다. 적어도 그 공동체 내에서는 희생으로 비치기 때문이다.

믿음을 많은 관중이 보는 스포츠에 비유해 볼 수 있다. 자이언츠Giants 대신 다저스Dodgers를 선호하는 데 딱히 이유는 없다. 다만 특정 팀을 응원하는 것은 해당 팀과 연관된 지역 사회에 대한 충성심을 보여 준다.[59] 당신이 응원하는 팀이 객관적으로 다른 팀보다 월등하다는 증거는 없다. 하지만 당신이 선택한 당신의 팀이라는 사실이 크나큰 차이를 만든다. 더 많이 응원하고 더 큰 지지를 보낼수록(설사 그것이 과격하고 특이한 형태로 나타날지라도) 다른 팬으로부터 당신 또한 많은 지지와 응원을 받을 것이다.

이와 비슷하게 종교적인 믿음은 때로는 이상해 보일지라도 공동체가 얼마나 강한지를 보여 주는 척도가 되기도 한다. 성스러운 대상을 중심으로 공동체의 일원들이 얼마나 결속력 있는지, 개인의 취향과 상식을 억누를 때 받을 보상이 얼마나 큰지 등 말이다. 예를 들어 모르몬교의 특이한 믿음은 모르몬교의 도덕적 공동체가 얼마나 강력한지 보여 준다. 현대 사회에서 다른 이들의 시선을 의식하지 않고 과학, 미디어 그리고 기술의 발전을 역행하는 듯한 믿음은 연대의 성과라고 볼 수 있다. 많은 사람이 이런 공동체에 소속되길 바랄 것이다. 그러나 외부 사람에게 충분히 놀림거리가 될 만한 특이한 세계관에 기꺼이 일부가 되려는 사람은 과연 몇 명이나 있을까?

핵심은 바로 높은 비용이다. 종교 공동체의 일원이 된다는 것은 웹사이트에 가입하는 것처럼 간단하지 않다. 그 공동체에 맞게 사회화되어야 하고, 공동체 내에서 사회적인 연결을 만들어야 하고, 천천히 그 믿음의 일부가 되어야 한다. 그리고 이 모든 과정이 자연스럽게 일어난다면 다른 이들에게는 희생이라고 보일 만한 것이 그리 고통이지는 않을 것이다. 왜냐하면 포기하는 것보다 얻는 것이 더 많기 때문이다.

금욕과 순교

이 장에서 다룬 대부분의 종교적 행위는 삶과 번식이라는 보다 큰 맥락 내에서 사람들이 잘 살아갈 수 있도록 돕는 기능을 한다. 하지만 금욕과 순교와 같은 다소 극단적인 종교적 행위는 어떻게 이해해야 할까? 이런 행위는 생물학적으로 전혀 도움 되지 않는다. 그렇다면 개인의 종교적인 믿음의 관점에서는 도움이 될까? 예를 들어서 사후 세계에 대한 믿음이나 영원한 보상에 대한 약속 말이다.

물론 경우에 따라 믿음 때문에 스스로를 무너지게 하는 행동을 하도록 심리적인 압박을 느낄 수 있다. 하지만 더 큰 힘이 존재한다는 사실을 알아야 한다. 바로 사회적 지위다. 명성, 영광 그리고 다른 신자들의 존경도 있다. 매주 교회에 참석하는 것과 같은 작은 희생이 전략적인 수법이다. 시간과 에너지를 조금 희생함으로써 신뢰 측면에서 더 큰 이득을 얻을 수 있기 때문이다. 순교자와 성직자도 이러한 본능을 따르는 것일 수도 있다.[60]

이러한 본능을 설명하기 위해 생물학자들은 종종 언덕 오르기 비유를 사용한다. 개인의 뇌는 더 높은 사회적 지위를 위해 '위로' 향하도록 설계되었다. 그래서 사람들은 근처에 있는 언덕이나 산꼭대기를 향해 올라간다. 때로는 더 빨리 올라갈 지름길을 찾기 위해 반대로 산을 내려오기도 하고 더 높은 산을 무작정 찾아 나서기도 한다. 하지만 대부분 우리는 그저 끝없이 위로 올라간다. 그리고 많은 상황에서 이런 본능은 득이 된다. 하지만 일반적이지 않은 상황에 놓이게 되면 이런 본능으로 인해 좋지 않은 결과가 발생할 수 있다.

언덕 오르기 비유를 계속 사용해 보자. 종교 공동체의 환경을 산꼭대기에 위험한 분출구가 있는 화산과 같다고 생각해 보자. 예배자로서 매일 산을 높이 오르려고 할 것이고 종종 희생을 해야 하는 경우도 발생한다. 희생할 때마다 동료 신자로부터 얻는 신뢰와 존중은 더욱 커지고 이를 동력 삼아 더 높이 올라갈 수 있다. 고도가 높아질수록 길도 가팔라지고 공기는 더욱 희박해진다. 한 걸음 뗄 때마다 발을 헛디디진 않을지, 라이벌 때문에 뒤쳐지지는 않을지 두렵기도 하다. 그럼에도 앞으로 계속 나아간다. 그 과정에서 더욱 큰 희생을 하면서 더욱 큰 이득을 얻기도 한다. 하지만 어느 날 너무 멀리 왔다는 사실을 깨닫게 된다. 뇌는 오르고 있는 것이 단순한 산이라고 생각했겠지만 알고 보니 그 산은 화산이었던 것이다. 결국 마지막 한 걸음을 내디딜 때 화산 분출구에 빠지고 만다.

이렇게 생기는 사고는 종교적인 환경에서만 일어나는 것이 아니다. 식이 습관과 관련해서도 우리는 지방과 당분을 향해 '위로' 올라간다. 그리고 어느 날 당뇨병을 진단받거나 심장마비에 이르게 된다. 군사적 환경에서 우리는 용감하게 행동함으로써 동료 군인들에게 존중을 얻는다. 총알을 맞을 때까지 말이다. 약물 중독자들은 약물을 과다 복용하는 순간까지 더 높은 경지의 희열을 맛보고 싶어 한다. 그리고 실제로 산악 활동에서 스릴을 즐기는 탐험가 스타일의 사람들은 자꾸만 더 높은 산을 향해 나설 것이다. 높은 산에 오를수록 존경받기 때문이다. 그러다 어느 날 스스로의 능력을 넘어선 산을 오르다가 발을 헛디뎌 말 그대로 추락하고 만다.

　이 모든 경우에서 위로 향하고자 하는 본능은 안타깝게도 부정적으로 작용한다. 그렇다고 해서 이런 본능이 부정적이고, 이런 본능을 기반으로 행동하는 사람들이 멍청하다거나 헛된 생각에 빠진 사람이라 단언할 수 없다. 모두가 그렇듯 그저 높은 곳을 향해 갈 뿐이니까 말이다.

16장
정치

지금까지 이 책에서 '정치'라는 단어는 수렵 채집인의 집단 또는 현대 사회의 직장 내에서 발생하는 작은 규모의 '연합 정치'를 지칭해 왔다. 이런 상황에서 라이벌들은 연합을 구성해서 주도권을 잡기 위해 경쟁하고 개인들은 더욱 강한 연합에 소속되기 위해 노력한다(적어도 강한 연합과 적대적인 위치에 놓이는 것은 최대한 피하려고 한다). 이 과정에는 아첨, 험담, 소문 퍼뜨리기와 같은 저급한 방법이 수반되기 때문에 우리는 '정치적으로 행동'하는 것처럼 보이지 않기 위해 굉장히 많은 노력을 한다.

하지만 '정치'라는 단어는 종종 완전히 다른 의미로 사용되기도 한다. 예술, 문학, 철학과 같은 다소 고급스러운 영역에서 많은 사람들은 자신이 '정치적'이라는 사실을 전혀 숨기지 않는다. 정치라는 것을 꼭 이뤄야 하는 열망처럼 말한다. 이는 저급하고 비열한 직장 내 정치와는 달리 공동의 선을 위해 국가를 더욱 바른 길로 인도하는 시민권, 행동주의, 국정 운영 기술과 관련된 개념이다. 이러한 정치의 고귀한 이미지는 고대 그리스 때부터 존재했다. 아리스토텔레스의 《정치학Politics》의 목적은 한 학자의 말을 빌리자면 "대중이 정치와 정치적인 행동에서 나타나는 도덕적인 덕목과 관련된 훌륭함에 눈을 돌릴 수 있도록" 하는 것이었다.[1]

하지만 장엄한 정치 영역에서 인간의 도덕적인 덕목이 드러날 수 있을까? 아리스토텔레스가 정의한 정치와 미국 유명 TV 프로그램 하우스 오브 카드House of Cards에서 나타나는 정치를 비교해 보자. 물론 하우스 오브 카드에 나타나는 정치는 순전히 오락적인 요소를 극대화하기 위해 과장되긴 했다. 그럼에도 국가 정치의 어두운 면모를 사실적으로 잘 그려 냈다. 밀실 외교, 부정직한 약속, 뻔뻔스러운 거짓말을 제외하고는 국가 정치를 논할 수 없다. "법은 소시지와 같다. 어떻게 만들어지는지 차라리 보지 않는 편이 낫다"라는 말도 있지 않은가.

이번 장에서는 정치인들의 행동과 동기를 들여다보기보다는 일반 시민이 민주주의 정치에 참여하게 되는 과정과 이유를 살펴볼 것이다. 투표와 정당 등록은 물론이고 시민으로서 뉴스를 보고, 시사 이슈에 대해 신중히 고민하고 이에 대해 친구들과 논의하기 등 지극히 일상적인 행동 말이다. 사람들은 앞마당에 정당과 관련된 간판을 세우기도 하고 자동차 범퍼에 광고 스티커를 붙이는 식으로 정치에 참여하기도 한다. 그리고 때로는 정치적인 시위나 선거 운동에 참여한다.

늘 그렇듯 질문은 '왜?'이다.

이타적 시민

인간의 정치적인 동기를 설명하기 위해서는 이상적인 정치 활동을 하는 시민의 전형을 살펴보자. 양심적이고, 공민으로서 올바른 의식을 가진 사람 말이다. 이들을 앞으로 '이타적 시민'이라고 지칭하자.

이들은 '올바른' 이유로 정치에 참여한다. 자신의 이기적인 목적을 추구하는 것이 아니라 다른 이들을 위해 변화를 만들고 현재 세대와 미래 세대를 위해 더 나은 사회를 만드는 데 참여하고 싶은 것이다. 그렇다고 이들이 그저 꿈만 가득한 이상주의자들은 아니다. 오히려 최상의 결과를 내기 위해 어려운 결정을 내리고 필요할 때에는 타협도 하는 냉철한 실용주의자들에 가깝다. 누군가에게 보여 주기 위해 정치 활동을 하는 것도 아니고, 사회적 신용이나 개인의 영광을 위해 정치 활동을 하는 것도 아니다. 진심으로 오로지 국가를 위해 정치 활동을 하는 것이다.

인간이 본래 경쟁심을 지닌 사회적 동물인 점을 감안할 때 이타적인 이상에 부응하기 위해 국가 정치라는 영역을 선택한다는 점은 꽤 놀라운 일이다. 그럼에도 우리의 행동 중 일부는 정치적 동기 측면에서 올바른 방향을 향한다.

우선 투표에 관한 데이터를 보면, 사람들은 자신에게 득이 되는 후보자와 정책이 있다 하더라도 자신의 물질적인 이익을 위해서 투표를 하지 않는다는 사실을 알 수 있다.[2] 조나단 하이트는 그의 저서 《바른 마음The Righteous Mind》에서 다음과 같은 예시를 든다.

공립 학교에 다니는 아이를 둔 부모들은 다른 시민들보다 학교에 대한 정부 지원을 더 지지하지 않는다. 징병 대상이 되는 젊은이들은 군대에 입대하기에는 나이가 너무 많은 남성보다 군사력 증강을 더 찬성한다. 건강 보험이 없는 사람들은 건강 보험 혜택을 받는 사람보다 정부의 건강 보험 정책을 더 지지하지 않는다.[3]

사람들이 '개인의 이익을 위해' 투표를 한다고 하더라도 더 큰 문제는 투표는 경제적 활동이 아니라는 것이다.[4] 투표는 시간과 노력이 소요되는 행위다. 단순히 투표장에 가는 것 그 이상의 의미를 지닌다. 투표장에 가기 전, 누구를 선택할지 결정하기 위해서 뉴스를 읽어야 하고 후보자 토론도 시청해야 한다. 이런 노력에 비해 개인이 볼 이득은 너무나도 적다. 후보자 B가 아니라 후보자 A가 선출되면 삶이 조금 나아질 수도 있겠지만 한 명의 투표가 투표의 향방을 크게 변화시키진 않을 것이다. 2008년, 미국 대통령 선거에서 유권자 한 명의 영향력은 6천만분의 1로 추정되었다.[5] 따라서 후보자 A가 선출되어서 개인이 얻을 수 있는 이익이 50만 달러에 달한다면 한 사람의 투표 가치는 1센트도 안 된다는 말이다. 확률을 따지고 보면 복권에 당첨될 가능성이 조금 더 높을 수 있다.

비슷한 계산법은 시위에 참여하거나, 특정 정치적 집단에 기부를 하거나, 선거 활동에 참여하는 등 다른 정치 활동에도 적용된다. 투표와 비교해서 이런 활동은 결과에 더욱 큰 영향력을 줄 만한 가능성을 제공한다. 하지만 그만큼 더욱 큰 투자가 요구되며 자신의 이익만을 생각하는 시민들에게 정치 활동은 엄청난 낭비를 의미한다. 이타적인 시민만이 정치적인 활동에 투자하길 원할 것이다. 예상했겠지만 이 그림에는 몇 가지 문제가 있다. 이타적인 시민처럼 행동한다고 말하는 것은 쉽지만 사실 그 행동의 기저에는 숨겨진 동기가 존재한다.

지금부터는 이타적인 이유로 정치 활동을 하는 사람에 관한 의문점 몇 가지를 살펴볼 예정이다. 하지만 이들의 실체를 알아보기 전에 이 점은 분명히 하고 싶다. 민주주의를 비난하고자 하는 의도는 전혀 없다는 것이다. 시민 개인의 동기를 의심하는 것이지 민주주의나 다른 정치 체제의 효율성을 시험하고자 하는 건 아니다. 만약에 유권자들이 정말 이타적이고 올바른 이유와 동기로 정치에 참여한다면 민주주의는 훌륭한 정치 체제로 평가받을 것이다. 아니면 윈스턴 처칠Winston Churchill이 말한 대로 "민주주의는 그동안의 모든 제도를 제외하면 최악의 통치 체제"[6]로 판명 날 수도 있다. 실제로 민주주의의 가장 큰 장점은 시민들이 굳이 성자처럼 행동하지 않아도 된다는 것이다.

이 점을 염두에 두고 인간의 정치적인 동기를 하나씩 해체해 보자.

의문점

의문점 1. 투표의 영향력

이전에 언급했던 6천만분의 1이라는 확률은 보통 미국 유권자에게 해당하는 확률이다. 하지만 보통이라고 말하기 조금 어려운 이유는 미국 시민이 거주하는 지역에 따라 이 확률도 달라질 수 있기 때문이다.[7] 2008년, 대선 기간 중 핵심지였던 콜로라도나 뉴햄프셔에 거주하는 유권자들의 경우 투표 결과를 좌지우지할 확률이 천만분의 1이었다. 하지만 오클라호마나 뉴욕 같은 지역에 사는 유권자들의 경우 확률은 백억분의 1에 달했다.[8] 무려 천 배나 차이 난다.

이런 현실에서 실용주의적인 이타적 시민이 경합주에 거주한다면 더더욱 투표에 열을 올릴 것이다. 결국 주마다 투표에 소요되는 비용은 동일하다. 반면에 이득, 즉 선거의 결과를 좌지우지할 만한 영향력은 경합주에서 훨씬 더 높다. 경합주에 거주하는 시민들이 투표할 가능성이 천 배 더 높은 것은 아니지만 이들이 투표에 미치는 영향력이 꽤 크다는 점은 명백하다. 하지만 실제 유권자들은 자신이 가진 표의 영향력에 관해서는 놀라울 정도로 관심이 없다. 경합주에서 투표율은 고작 1퍼센트에서 4퍼센트 정도 상승한다.[9] 즉, 백 명 중 네 명도 안 되는 유권자만이 투표라는 행위를 중요하게 생각한다는 말이다.[10] 또 놀라운 사실은 경합주가 아닌 지역에서도 수많은 사람들이 기꺼이 투표에 참여한다는 것이다. 만약에 이 유권자들이 진정으로 올바른 의도를 가진 이타적 시민이라면 투표 대신에 방과 후 프로그램에서 자원봉사를 하는 등 더 큰 영향력을 지닌 활동을 고려해 볼 것이다.

이타적 시민에게 비난의 화살을 돌리려는 의도는 없다. 다만 사람들이 투표하는 이유에는 실용성과 이타심만 있는 게 아니라는 사실을 말하고 싶다.

의문점 2. 정보 제공

유권자로서 우리는 제대로 된 정보를 제공받아야 한다. 투표하기 전 충분한 정보를 제공받지 못한다면 동전을 던져 어느 후보에게 투표할지 결정하거나 아예 투표를 자제하는 편이 낫다.

하지만 실제로 유권자들은 정치인의 실적이나 정치적 입장보다는 지위, 성격 그리고 선거 기간 동안 일어나는 사건에 더욱 관심을 보인다. 더 나아가 사람들은 정치적인 영향력이 거의 없는 '선거'에 큰 관심을 보이기도 한다. 학생회 회장 선거나 음악 프로그램에서 가장 노래를 잘 부르는 가수를 뽑는 일 말이다. 하지만 정치적으로 의미가 있는 선거에서도 유권자들은 어떤 팀이 이길 가능성이 높은지 세세히 분석하기보다는 자신이 지지하는 팀을 응원하는 듯하다.

유권자들의 무지함을 보여 주는 예는 넘쳐 난다. 미국 성인 중 단 29퍼센트만이 자신이 거주하는 지역의 국회의원 이름을 안다. 국회의원의 출마 관련 데이터는 말할 것도 없다.[11] "연방 예산의 몇 퍼센트가 해외 원조에 쓰일까요?"라는 질문에 유권자들은 25퍼센트라고 대답했으며, 10퍼센트는 적절한 수준이라고 대답했다. 실제로 미국의 해외 원조 비율은 0.6퍼센트밖에 되지 않는다.[12]

이러한 무지함은 정치적인 입장에도 분명히 영향을 미친다. 정치 사안에 대해 잘 알고 있는 시민에 비해서 잘 알지 못하는 시민은 대세에서 벗어나는 정책을 선호하곤 한다.[13] 예를 들어 브라이언 카플란은 경제 문제와 관련해서 외국인에 대한 편견, 시장에 대한 편견, (체계적으로 경제적 진보의 가치를 과소평가하는) 비관적인 편견 등[14] 평균적인 유권자가 선호하는 정책이 전문가의 의견과 일치하지 않는 영역을 꽤 많이 발견했다.

진정으로 이타적인 시민이라면 자신이 어떤 정치 사안에 대해서 무지하다는 사실을 인정할지도 모른다. 하지만 실제 유권자들이 그 사실을 인정하는 경우는 매우 드물다. 몇 달씩 간격을 두고 정치 사안과 관련된 동일한 질문을 유권자들에게 물어보면 답이 달라지는 경우가 종종 있다. 해당 정치 사안에 대해 마음이 바뀌어서 다른 대답을 하는 것이 아니다. 질문을 받을 때마다 그 자리에서 바로 대답을 지어내기 때문에 이전에 어떤 대답을 했는지 기억하지 못하는 것이다.[15] 유권자에게 왜 특정 정책을 선호하

는지 물어보면 실제로는 얼마 전에 그 정책을 반대했음에도 불구하고 어떠한 대답이든 지어낼 것이다.[16]

정치적으로 더 좋은 결과를 얻는 것이 목적이라면 정책의 전반적인 방향과 의도뿐만 아니라 정책이 어떻게 시행되는지, 즉 정책의 효과가 어떻게 측정될 것인지 그리고 정책과 관련된 특정 업무가 지방, 주, 연방에 배정될 것인지와 같은 측면에 관심을 가져야 한다. 어쩌면 단순히 절차와 관련된 미미한 세부 사항처럼 보일지 몰라도 이러한 요소들이 정책의 실패 여부를 판가름하기도 한다.[17] 악마는 디테일에 있다는 말도 있지 않은가.

하지만 실제 유권자들은 이러한 세부 사항에 대해서는 전혀 관심이 없다. 오로지 가치와 이상만을 보고 싶어 한다. 동성애 결혼이나 이민과 같은 뜨거운 쟁점만 다루고 싶을 뿐 무역 협정이나 망 중립성과 같이 지식이 필요한 사안에는 관심이 없다. 그리고 자신을 대표할 정치인을 선출할 때에도 이러한 경향을 보인다. 이상적이고 좋은 의견을 피력하기만 한다면 정말 법안을 잘 만들고 처리할 만한 정치인인지는 전혀 상관하지 않는 듯 보인다.[18] 겸손하고 실용주의적인 사람보다는 미사여구에 능한 사람을 선호한다.

정치적으로 이타적인 사람이라고 해서 정치에 자신의 인생을 바칠 필요는 없다. 단지 정치에 할애하는 시간을 현명하게 사용하고 참여도를 잘 조율하면 된다. 평균적인 유권자에 비해 본인이 충분한 사전 지식이 없다고 판단될 때에는 기꺼이 투표권을 포기할 수도 있어야 한다. 본인이 잘 알지 못하는 사안에 관해서는 차라리 한 걸음 뒤로 물러나고 무지한 다른 이들에게도 그렇게 할 것을 권할 수 있어야 한다.[19] 하지만 실제 유권자 중에서 이런 사람은 드물다. 투표하지 않는 사람을 언짢은 눈초리로 쳐다볼 뿐이다(이에 대한 이유는 조금 뒤 살펴볼 예정이다).

의문점 3. 고집스러운 태도

이타적인 사람은 이론가와는 거리가 멀다. 이들은 오로지 사회의 이익을 최우선으로 하기 때문에 반대 주장이나 증거를 피하거나 무시하지 않는다. 오히려 새로운 관점을 (물론 적절히 비판적인 태도로) 환영하는 편이다. 다른 이들이 반대 의견을 말하면 열린 마음으로 그들의 주장을 받아들인다. 그들은 종종 자신의 정치적인 믿음을 기꺼이 바꾸기도 한다. 자존심은 조금 다칠지라도 더 큰 선을 위해 참아 내는 것이다. 효율적인 비즈니스 리더를 생각해 보자. 그는 가장 좋은 선택을 내리기 위해 다양한 관점을 고려한다. 정치적으로 이타적인 사람도 이런 식으로 정치와 관련된 정보를 소비한다.

물론 실제 유권자들은 이렇게 행동하지 않는다. 대부분은 새로운 정보를 받아들이지 못하고 자신만의 세계에 갇혀 행복하게 지낸다. 그리고 자신의 믿음을 뒷받침하는 정보만 찾는다. 어쩌다 믿음과 반대되는 주장이 흘러 들어오면 무척 비판적인 태도로 일관한다. 하지만 자신의 믿음과 일치하는 정보라면 그 정보가 잘못됐다 할지라도 잘 소화해 낸다. 그리고 겸손하게 듣기보다는 자신 있게 자신의 목소리를 낼 만한 활동에만 참여한다.[20]

정치적 믿음에 강렬한 감정을 결부시키는 것은 우리가 지적으로 완전히 정직하지 않다는 것을 보여 주는 또 다른 단서다. 특정 사안에 대해 실용적이고 결과 중심적인 입장을 취할 때, 우리는 새로운 정보에 더욱 냉정하게 반응하곤 한다. 식료품을 구매하거나 휴가를 가기 위해 짐을 쌀 때, 친구의 생일 파티를 계획할 때 등 삶의 많은 영역에서 이런 태도를 보인다. 이런 일상의 영역에서 우리가 믿는 것에 굉장한 자부심을 느끼고 믿음에 대한 부정적인 이야기를 듣거나 의심을 받을 때는 분노한다. 또 새로운 정보를 듣고 마음을 바꾸는 것에 대해서는 수치심을 느낀다. 하지만 믿음이 비실용적인 것과 연관되었다면, 이런 감정은 비판을 받을 때 꽤 유용하게 작용한다.

정치에는 큰 리스크가 수반된다. 그렇다고 해서 사회적인 감정을 표출하는 것에 대한 변명이 될 수는 없다. 리스크가 높은 상황에서 스트레스와 두려움을 느끼곤 하지만 자부심, 수치심, 분노를 느끼지는 않는다.[21] 국가 비상사태에서 국가의 지도자가 새로운 정보를 듣고 마음을 바꾼다고 해서 그가 수치심을 느끼길 바라지 않는다. 사람들은 전 세계에 퍼진 유행병이나 소행성 충돌과 같이 정치와 관련 없는 상황에서는 오히려 냉철한 태도로 일관한다. 위험이 정치적으로 중립이면 말이다. 하지만 기후 변화와 같이 정치적인 리스크가 수반되는 사안이라면 감정이 또 쉽게 개입한다.

이 모든 것을 살펴보면 인간이 정치 신념을 가지는 이유에는 단순히 올바르고 정확한 결정을 내리려는 것 이상이 존재한다는 걸 알 수 있다.

*****

시민의 이상적인 모습과 실제 모습의 차이를 몇 가지 살펴봤다. 위와 같은 의문점에 대한 해답을 찾기 위해서는 다른 정치적 인간의 전형을 살펴볼 필요가 있다. 이타적인 시민보다는 조금 덜 고결한 동기를 가진 사람 말이다.

아파라치크

1930년대 소련은 단일 정당 체제였다. 그리고 이 정당은 무소불위의 권력으로 국민을 통제했다. 최고 권력자였던 이오시프 스탈린은 철권통치를 단행했다. 이 당시 아파라치크apparatchik는 정부 또는 정당 관리 공무원으로서 정치적 충성도가 매우 높은 사람을 의미했다. 그리고 오늘날까지 아파라치크라는 단어는 '특정 기관의 일원으로서 늘 지시에 순종하는 충성스러운 사람'을 의미한다.[22]

소련의 아파라치크는 스탈린에게 그저 대단한 충성심을 보여 주는 것으로 그치지 않았다. 다른 이들보다 더 큰 충성심을 보여 줘야 했다. 그렇지 않으면 불성실하다는 의심을 받아 종종 투옥되거나 살해당하기도 했다. 러시아 소설가이자 역사가인 알렉산드르 솔제니친Aleksandr Solzhenitsyn은 그의 저서 《수용소 군도The Gulag Archipelago》에서 이에 대한 극단적인 예시를 보여 준다.

회의가 끝나자 스탈린 동지를 찬사했다. 물론 모두 자리에서 일어났고 폭풍 같은 박수 소리가 작은 홀을 가득히 메웠다. 그 소리는 3분, 4분, 5분 동안 이어졌다. 스탈린을 존경하는 사람에게도 이 광경은 우스꽝스러웠다. 하지만 그 누구도 감히 먼저 박수를 멈출 생각은 하지 못했다. 그래서 6분, 7분, 8분 동안 박수 소리가 이어졌다. 누군가가 심장마비로 쓰러질 때까지 멈추지 않을 셈이었다. 그리고 무려 11분이 지난 후에야 제지 공장의 관리자가 다소 사무적인 표정을 하고서 자리에 앉았다. 기적 같은 일이었다! 한 사람이 앉자 박수는 멈췄고 쥐 죽은 듯 조용해졌다. 그리고 모두 자리에 앉기 시작했다. 살았다!

하지만 비밀 경찰은 11분간의 박수를 통해 불성실한 사람들을 색출해 냈다. 그리고 이들을 제거하기 시작했다. 그날 밤 제지 공장 관리자는 체포되었다. 그리고 그는 강제노동 수용소에서 10년을 보냈다.[23]

정말 재미있는 사실은 스탈린은 그 자리에 없었다는 것이다. 스탈린은 자리에 없어도 11분간의 박수갈채를 받을 만큼 강력한 권위를 가진 사람이었다.

이런 식으로 스탈린에 의해 목숨을 잃은 사람은 60만 명에 달한다.[24] 비슷한 상황은 중국의 마오쩌둥Mao Zedong과 북한의 김씨 일가 통치하에서 목격되었다.[25]

오늘날 전체주의 체제에서 살아가는 사람은 많지 않다. 하지만 현대의 다원주의적 민주주의에서도 아파라치크의 상황과 비슷한 면을 찾아볼 수 있다(물론 훨씬 정도가 약하긴 하다). 현대 사회를 살아가는 우리 또한 '올바른' 신념을 공언하면 보상을 받고 '올바르지 않은' 신념을 내보이면 처벌을 받기도 한다. 다만 권력을 가진 자들이 내리는 보상과 처벌이 아니라 주위 사람들, 일반 시민들에게 보상과 처벌을 받는다.

현재 우리 사회는 하나의 정당이 집권하는 형태는 아니다. 하지만 어떤 정치적 사안에 대해 의견이 나뉠 경우, 즉 '우리' 대 '그들'이라는 프레임이 생길 경우 '우리'에게 충성심을 보여 주기 위해 아파라치크처럼 행동하곤 한다.

충성심을 요구하는 연합은 흔히 우리가 '정치적'이라고 생각하는 연합이 아닐 수도 있다는 점을 기억해야 한다. 우리 모두 다양한 집단의 일원으로서 살아간다. 그리고 그 집단들은 일부 측면에서 중복되기도 하고 한 집단이 다른 집단의 일부로 존재하기도 한다. 벤 다이어그램에서 교집합과 여집합이 있듯 말이다. 우리의 거주지는 하나의 국가에 속해 있는 주, 그리고 그 주에 속한 도시로 표현할 수 있다. 회사에서도 여러 개의 팀에 중복되어 소속될 수 있다. 기독교인들은 기독교라는 큰 종교 아래에 있는 다양한 교파 중 하나를 선택해서 예배에 참석한다. 또 우리의 정체성은 인종, 민족, 성별, 성적 성향 등 다양한 요소로 이루어졌다. 이처럼 우리가 속한 모든 지역, 집단, 기관은 우리의 충성심을 요구한다. 예를 들어 미국 외교학자이자 정치인인 매들린 올브라이트Madeleine Albright는 "지옥에는 다른 여성을 돕지 않은 여성이 갈 특별한 장소가 존재한다"라고 말하기도 했다.[26] 우리가 소속된 집단에 대한 충성도는 개인적인 요소, 문화적 요소를 포함해서 다양한 요소에 달렸다.

미국 정치학자 새뮤얼 헌팅턴Samuel Huntington이 지적한 것처럼 서구인들은 국가에 대한 충성도가 높은 편이다. 반면에 아랍 지역의 무슬림들은 가족과 종족 그리고 종교와 문명에 대한 충성도에 비해 국가에 대한 충성도는 낮은 편이다.[27] 다양한 충성심 사이에 존재하는 긴장감 때문에 정치적으로 복잡하고 극적인 상황이 펼쳐진다.

인간의 정치적인 행동이 연합에 대한 충성심에 의해 가장 크게 좌우된다고 할 때, 정치 정당(민주당, 공화당)이나 정치적 이데올로기(진보, 보수)가 전혀 영향을 미치지 않는다는 의미는 아니다. 좌파와 우파 간 대립은 현대 자유민주주의 체제, 특히 최근 미국의 양극화된 시대에서 더욱 중요한 요소가 되었다.

하지만 상황이 변하면 중요한 요소도 달라질 수 있다. 예를 들어 국가가 전시 상황이 되면 국가 내 정치적 대립은 애국심과 국민 단결에 밀리게 된다. 즉, 중요한 것은 상황이다. 그것도 매우 중요하다. 그럼에도 일반 시민의 평범한 정치 행동은 더 좋은 결과를 위한 선의의 행동이 아니라 '우리 편'에 대한 충성을 나타내기 위한 시도라는 말을 하고 싶다. 우리는 이타적인 시민의 동기와 더불어 아파라치크의 동기를 모두 품고 있다. 우리가 속한, 그리고 우리 주위의 집단에 충성하는 사람으로 보이고 싶어 한다.

이것이 바로 인간의 정치적 행동을 이해할 열쇠라고 볼 수 있다. 단순히 어떠한 정치적 사안과 관련된 결과에 영향을 미치기 위한 행동이 아니라 많은 측면에서 쇼에 가깝다.

일상생활 속 정치적 동기

중요한 사실은 정치는 단순히 투표장에 가는 행위나 누가 봐도 정치적인 활동에만 한정되지 않는다는 사실이다. '정치'에 관한 동기는 삶의 많은 영역에 걸쳐 있다. 따라서 우리 안의 아파라치크는 늘 긴장을 하고 정신을 바짝 차려야 한다.

데이트와 결혼을 생각해 보자. 사람들은 자신과 같은 정치 정당에 소속된 사람과 데이트하고 결혼하는 경향이 있다.[28] 그리고 아이들도 자신과 같은 정치적 성향을 가지길 바란다. 2010년 진행된 설문조사에 따르면 공산당원의 49퍼센트 그리고 민주당원의 33퍼센트가 자녀가 다른 정치 성향을 가진 사람과 결혼하는 것을 부정적으로 바라볼 것이라고 답했다.[29]

또 다른 설문조사에서는 참가자의 80퍼센트가 자신이 선호하는 정치 정당에 소속된 사람에게 장학금을 주겠다고 말했다. 더 나아가 장학금 후보 중 다른 사람이 더 높은 점수를 받았다 하더라도 자신과 반대되는 정당에 소속됐다면 장학금을 주지 않겠다고 말했다. 실제로 이러한 편파적인 경향은 인종과 관련된 선택보다 정치적인 선택에서 더 뚜렷이 나타났다.[30] 방금 언급한 장학금에 대한 설문조사를 진행한 스탠퍼드 교수 샨토 아이엔가Shanto Iyengar는 이렇게 말했다.

> 정치적 정체성은 누군가를 미워할 만한 이유를 제공한다. 인종적 정체성은 그렇지 않다. 요즘 시대는 사회적인 집단에 대해 부정적인 감정을 표현할 수 없다. 하지만 정치적 정체성은 이런 제한을 받지 않는다. 공화당 지지자는 자신이 공화당을 선택했기 때문에 그에 대해서 무엇이든 말할 수 있다.[31]

몇몇 직종에서는 정치적 배경이 성공하기 위한 필수 요소로 작용한다. 예를 들어 대학교수 중에는 민주당 지지자가 월등히 많다. 수적으로도 많을뿐더러[32] 채용에서도 민주당 쪽으로 기울어진 것을 볼 수 있다. 사회학 교수 중 사분의 일이 공화당 지지자보다는 민주당 지지자를 선호한다고 말했다[33](짐작건대 사회학 교수 중 많은 이들이 공화당 지지자에 대한 편견을 무의식적으로 가지고 있을 것이다). 이러한 편견은 실제 채용과 관련된 데이터에서도 드러난다. 실적이 비슷해도 공화당을 지지하는 교수들은 민주당을 지지하는 교수들에 비해 급이 낮은 대학교에서 근무한다. 이런 현상은 여자 교수에게 훨씬 두드러지게 목격되며 심지어 이들을 대상으로 한 직장 내 차별 또한 만연하게 자행되는 것으로 나타났다.[34]

일상생활에서도 우리는 종종 주변 사람들의 정치적인 입장에 동의하도록 강요받기도 한다. 미국인들은 업무, 스포츠 또는 다른 연예 관련 이야기만큼 정치에 대한 이야기를 많이 한다. 결국 친구나 가족과 다른 정치적 신념을 가진다는 건 그만큼 관계가 어긋날 리스크도 크다는 것을 의미한다.[35] 미국 경제학자 러스 로버츠Russ Roberts는 다른 이들이 쉽게 동의하지 않을 정치적 의견을 내보이는 것은 분위기를 냉랭하게 만들고 친구들 사이에서 혼자만 서서히 떨어져 나가게 될 수도 있다고 말한다.[36] 따라서 차라리 정치에 대한 이야기를 나누지 않는 것이 현명한 일일 수도 있다.

이러한 동기들로 인해 우리는 주변 사람과 동일한 정치적 신념을 채택하도록 압박을 느낀다. 하지만 이런 압박에 굴복한다고 해도 하루아침에 신념을 바꾸기는 어렵다.

아무도 동의하지 않는 정치적 신념을 가졌다고 다른 사람에게 인정할 수밖에 없었던 상황에 놓인 적이 있을 것이다. 상대방이 언짢아하는 기색을 보인다고 해도 당장 신념을 바꾸지는 않는다.[37] 하지만 몇 년 또는 수십 년에 걸쳐 이런 경험이 쌓인다면 다른 이들과 신념을 같이할 수밖에 없다. 그리고 모두가 동일한 정치적 신념을 가진 집단에서 태어나서 사회화되는 극단적인 경우에는 이러한 사회 영향을 받는다는 사실조차 알아차리기 어렵다. 정치적 신념이 무엇이든 간에 올바르고, 자연스럽고, 사실인 것처럼 보일 것이다.

충성도 시그널링

충성도 시그널링(아파라치크) 모델로 유추해 볼 만한 몇 가지와 충성도 시그널링이 인간의 정치적 신념과 행동으로부터 어떻게 나타나는지 자세히 살펴보자.

자신의 이익 vs 집단의 이익

우리는 우리가 속한 집단이나 신념에 대해 충성심을 보이고 싶어 한다. 이를 통해 우리가 오로지 우리의 이익을 염두에 두고 투표하지 않는 이유를 알 수 있다. 일반적으로 우리는 전체의 이익을 고려하여 투표한다.[38] 많은 사안의 경우 자연스럽게 집단과 개인의 이익이 일치한다. 하지만 일치하지 않는 경우 우리는 집단의 이익을 선택하는 편이다. 이런 면에서 정치는 (종교와 비슷하게) 팀 스포츠인 셈이다.

특정 사안에 대한 의견이 지역에 따라 나뉠 때, 남부 지역에 사는 사람들은 남부 지역에 이익이 되는 쪽으로 투표할 것이다. 인종으로 나뉠 때, 흑인들은 흑인 전체에 이익이 되는 쪽으로 투표할 것이다. 비록 몇몇 개인에게는 그 선택이 해가 된다 해도 말이다. 정당에 따라 의견이 나뉠 때, 우리는 우리가 속한 정당을 위해 투표한다. 다른 이들과 의견을 달리하고 집단의 이익에 반한 선택을 전혀 하지 않는 것은 아니다. 하지만 만약에 그런 선택을 내린다면 주변 사람과 지역 사회에 불성실해 보이는 위험을 감수해야 한다.

표현적 투표와 표식의 어필

정치학자는 도구적 투표instrumental voting와 표현적 투표expressive voting를 구별한다. 도구적 유권자는 결과에 영향을 미치기 위한 도구로서 투표를 이용한다. 이들은 완전히 이타적인 사람일 수도, 완전히 이기적인 사람일 수도 있다. 하지만 무엇이 되었든 투표로 변화를 만들기 원한다는 점은 같다. 반면에 표현적 유권자는 결과에 신경 쓰지 않는다. 투표라는 행위를 통해서 '표현적' 가치만을 얻어 간다.[39] 만약에 선택한 후보자가 선출되지 못한다 하더라도 표현적 유권자는 투표를 했다는 사실만으로 만족해한다.

그렇다면 아파라치크는 표현적 유권자이다. 많은 정치학자들이 사람들이 투표를 통해 자신을 표현하고 싶어 하는 것에 대해서는 회의적이기도 하지만 몇몇 정치학자들은 표현적 투표를 소비 행위로 간주한다. 즉, 얻을 이득에는 관심이 없고 단순히 즐거움을 위한 행위로 간주한다.[40] 이런 관점에서 투표는 심리적 보상을 제공하는 행위다. '자신의 정체성을 확인'하거나 '소속감을 느끼기 위한' 것이다. 하지만 지금까지 쭉 봐 왔듯이 순전히 심리적으로 이 문제를 접근하는 것은 자기기만이라는 결론으로 귀결될 수 있고 때로는 사회적인 이유가 완전히 배제된다. 어떠한 행동을 할 때 내부적인 동기만을 가지고 행동한다면 자신이 원하는 방향으로 상황이 해결되지 않을 수도 있다. 반면에 외부적인 동기를 바탕으로 행동한다면 생물학적으로 합당한 실질적인 결과를 도출해 낼 수 있다. 이런 면에서 아파라치크는 투표장에서 자신을 표현함으로써 사회적인 보상을 받는 표현적 유권자라고 볼 수 있다.

투표는 조작을 방지하기 위해 비밀리에 진행된다. 하지만 자신의 정치적 신념을 알려야 그 신념을 인정받는다. 사람들은 보이지 않는 것에 대해 보상할 수 없기 때문이다. 그렇다면 아파라치크에게 실제 이득은 투표 그 자체로부터 오는 것이 아니다. 정치 사안을 논의하거나 소셜 미디어에 정치적 입장을 밝히는 것, 투표 캠페인에 참여하거나 친구나 가족과 선거 보도를 함께 시청하는 등 투표와 관련된 행동들로부터 온다.[41] 투표장을 제외한 사회의 다른 영역에서 일어나는 활동을 통해 우리의 정치적인 견해를 표현하는 것은 중요하다.

우리의 정치적 신념을 다른 이들에게 보여야 하는 이유를 통해 정치적 '표식'의 어필에 대해 알 수 있다. 여기서 '표식'이란 15장에서 논의했듯 특정 집단에 소속됐다는 가시적인 상징을 의미한다.[42] 우리는 이러한 표식으로 앞마당에 자신이 지지하는 정당을 홍보하는 표지판을 세워 놓기도 하고 자동차 범퍼에 스티커를 붙이기도 한다. 소셜 미디어에서는 정치적인 메시지를 담은 해시태그를 사용하기도 하고 필요에 따라 프로필 사진을 변경하기도 한다.

'흑인의 목숨도 중요하다Black lives matter' 또는 '총은 사람을 죽이지 않는다, 사람이 사람을 죽인다Guns don't kill people ; people kill people'와 같은 슬로건을 사용하기도 한다. 이런 슬로건들은 당시 일어나는 사안과 그에 대한 입장을 과도하게 압축해 놓은 문구에 불과하지만 표식으로서는 훌륭한 효과를 지닌다.

어느 정도 표식을 사용하는 것은 다른 이들의 변화를 이끌어 내기 위한 이타적인 활동으로 이해할 수 있다. 하지만 지금까지 봐 왔듯 우리는 스포츠 팀, 음악 하위문화, 종교 단체 등과 같은 비정치적인 집단에서도 표식을 사용한다. 이를 통해 표식이란 정치적인 영역에서 진정한 변화를 만들어 내고자 하는 목적 외에도 충성심을 홍보하고자 하는 목적을 지녔다는 것을 알 수 있다.

희생이 요구되는 충성심

누구든 편협한 자신의 이익을 위해서라면 이성적으로 행동할 수 있다. 하지만 충성심을 보여 주기 위해서는 충성도가 비교적 낮은 다른 이들이 하지 않을 행동까지도 감수해야 한다. 스탈린 동지를 위해 11분 동안 박수를 쳤던 사람들처럼 말이다.[43]

이제 투표와 관련된 행동을 이해해 보도록 하자. 아파라치크의 입장에서, 투표는 복권을 사는 것보다 개인적으로는 덜 이득이 된다는 사실이 전혀 문제가 되지 않는다. 실제로 몇 가지 측면에서 희생은 아파라치크가 투표를 하는 이유가 되기도 한다. 만약에 투표가 온전히 자기 이익을 위한 행위였다면 충성심을 전달하는 방식으로서의 가치는 완전히 사라질 것이다.

특정 정치 단체에 충성심을 보이는 것을 넘어 투표는 국가에게 충성심을 표현하는 도구로서도 기능한다. 많은 이들이 투표는 시민으로서 마땅히 해야 할 의무라고 생각한다. 개인의 비용이나 이득을 따지기 전에 당연히 해야 할 의무로 간주된다. 따라서 바쁜 와중에도 투표장에 몸을 이끌고 간다는 것은 우리가 그만큼 애국심이 넘치는 사람이라는 것을 말해 준다. 물론 다른 이들에게 이러한 우리의 희생을 보여 줘야 한다. 바로 이런 이유로 미국에서는 투표를 하고 나면 투표 인증을 해 주는 '나는 투표했다'라는 문구와 함께 성조기가 가득한 스티커를 나눠 준다(상자 16 참조).

또 다른 종류의 정치적 희생은 우리의 사회적, 전문적, 로맨틱한 기회를 스스로 제한하는 것이다. 우리의 동료, 친구, 배우자와 정치 성향이 일치하길 바랄수록 우리가 내릴 수 있는 선택의 여지는 더욱 적어진다. 보수적인 가치를 지닌 회사에서 근무하는 것을 거부하는 민주당 지지자는 그녀의 친구들에게 "나는 정치적으로 '우리 편'에 서는 것이 너무나도 중요한 사람이기 때문에 직장과 관련된 기회를 놓쳐도 상관없다'라는 메시지를 전달한다.[44] 물론 그녀는 자신이 이런 메시지를 전달한다는 사실을 인지하지 못할 수도 있다. 하지만 만약에 그녀가 '보수적인' 직장을 선택했을 때 스스로 수치심을 느낀다면 그녀도 어느 정도 누군가에게 자신의 특정한 모습을 보여 주고 싶었다는 것을 의미한다.

상자 16 케빈의 투표

미국 대통령 선거가 한창이던 2000년, 나는 갓 대학에 입학한 신입생이었다. 이 당시 나는 투표하는 데 있어서 '이성적인' 선택을 내리려고 무척 노력했다. 나는 나의 입장을 가장 잘 대변해 줄 후보자를 선택하리라 마음먹고 다양한 사안에 대해서 나의 입장을 정리했다. 그리고 나보다 정치 지식이 더 많은 친구에게도 동일한 작업을 해 달라고 부탁했다. 이 모든 것을 정리해 본 결과 나와 가장 잘 맞는 후보는 민주당 후보 앨 고어Al Gore였다. 그래서 나는 그에게 투표했다.

분명히 누구에게 투표할지 정하기 위한 더 나은 방법이 있을 것이다. 하지만 전반적으로 꽤 괜찮은 방법이었다. 하지만 2000년도 대선 투표 시 딱 한 번만 이 방법을 사용하고 그 이후로는 사용하지 않았다. 왜일까?

심리적인 이유를 대자면 스스로 만족하지 않았기 때문이다. 분명 결과는 도출했지만 그 과정에서 즐거움은 없었다. 심리적인 이유를 차치하더라도 이 과정에서 내가 얻을 만한 사회적 보상은 거의 없었다. 정치적인 사안에 대해 친구와 논의하거나 논쟁할 기회도 없었고 내가 특정 정당에 충성심을 보였다는 사실을 알릴 길도 없었다. 물론 민주당 후보는 좌파 성향을 가지고 있는 친구들 사이에서 유력한 후보로 떠올랐다. 하지만 나는 그저 정당을 보고 후보를 선택하지 않았다. 내가 부시Bush를 선택할 수 있었다는 사실을 통해 나는 정치적 충성심이 부족하다는 것을 알 수 있었다. 결론적으로 부시가 당선되었다. 하지만 그렇다고 해서 실망하지 않았다. 물론 내가 선택한 후보가 졌지만 나는 어차피 정당을 보고 투표를 한 것이 아니었기 때문에 그다지 실망할 이유도 없었다. 만약 정치가 팀 스포츠라면 '이성적인' 투표는 방구석에서 혼자 테트리스 게임을 하는 것과 비슷하다.

(전략적으로) 비합리성을 요구하는 충성심

5장에서 봤듯이 충성심으로 인해 보상을 받는 환경에서는 자기기만과 전략적인 비합리성이 만연하기 마련이다. 신념을 통해 충성심을 나타내기 위해서는 단순히 사실을 기반으로 행동하거나 이성에 귀 기울일 수 없다. 이성을 넘어서서 충성도가 낮은 사람들이 믿지 않을 것을 믿어야만 한다.[45]

아마도 이런 이유로 유권자들은 제대로 된 정보를 알아야 한다는 압박을 받지 않을지도 모른다. '올바른' 신념만 가진다면, 즉 우리가 속한 집단의 신념을 가진다면 그것만으로도 충성심을 보여 주기에는 충분하기 때문이다. 딱히 제대로 된 정보를 알 필요 없다. 왜냐하면 진실은 어차피 그다지 중요하지 않기 때문이다. 우리가 사회에서 정치 신념을 보일 수 있는 영역은 많지 않다. 투표장에서 투표할 때 또는 누군가에게 설교를 할 때가 거의 전부이다. 그리고 이 두 행위 모두 개인의 삶에 (사회적으로 영향은 미칠지 몰라도) 실질적으로는 영향을 미치지 못한다. 또한 우리가 정치 신념으로 인해 어떠한 구체적인 행동을 해야 한다는 생각이 들 때에도 이를 기꺼이 무시하고 신념과 반대되는 행동을 하는 경우도 많다. 예를 들어, '모두 동등한 기회를 얻을 자격이 있다'라고 생각을 할지라도 자신의 아이는 최고의 학교에 보내려고 안간힘을 쓰는 사람도 많다. 이런 소소한 위선이 마음에 걸릴지는 몰라도 밤을 지새워 가며 곱씹을 정도로 크게 다가오진 않을 것이다.

비판적으로 사고하는 것과 아무 생각 없이 그저 순종하는 것 사이의 중간 지점을 찾아야 한다. 자신과는 거리가 너무 먼 신념을 채택한다면 바보처럼 보일 가능성이 다분하기 때문에 충성심을 보여 줌으로써 얻는 이익은 무용지물이 될 수 있다. 가장 현명한 아파라치크는 자신이 속한 정치 집단의 성스러운 교리를 의심받게 하지 않을 정도로 적당히 회의적이고 지적 수준이 높은 사람이다.

정치적 신념이 어떠한 행동을 취하기 위한 것이 아닌 충성심을 나타내기 위한 것이라는 사실을 통해 인간이 자신의 신념에 왜 감정적으로 반응하는지, 그리고 정치 사안에 관한 논쟁은 왜 득보다는 실이 많은지 알 수 있다. 우리의 신념이 이성과 증거가 아닌 우리의 대화 상대와 공유되지 않는 사회적 요소(예를 들자면 다른 정치 집단[46]에 보여 주는 충성심)를 기반으로 한다면 의견 충돌은 불가피하고 우리의 주장은 다른 이들에게 수용되기 어렵다.

다른 이의 위선을 지적하고 싶겠지만 그렇게 한다고 해서 그들의 마음을 사기란 무척 어렵다. 물론 확실한 사실과 증거에 뒷받침되는 좋은 주장은 결국 받아들여질 수도 있겠지만 정치적으로 상반된 성향과 의견을 가진 사람과의 논쟁에서는 어려운 일이다. 이성적인 판단을 내리는 것은 사회적인 과정이다.[47] 그리고 일반적으로 전혀 그 사안에 관심이 없는 제3자를 먼저 설득해야만 우리와 완전히 상반되는 견해를 가지고 있는 사람이 패배를 인정할 가능성이 조금이라도 있다. 따라서 정치를 포물선으로 표현하자면 끝은 결국 진실을 향할지 몰라도 아주 길고 거친 선이 그려질 것이다.

타협을 경멸하는 경향

높은 충성도를 나타내는 하나의 징후는 타협하지 않으려는 모습이다. 만약에 결과만 중요시하는 실용주의자라면 타협은 많은 측면에서 득이 될 것이다. 타협으로 일이 진행되는 경우가 많기 때문이다. 하지만 아파라치크처럼 정치를 일종의 쇼로 본다면 충성심을 얼마나 잘 전달할지에만 관심이 있을 뿐 결과는 그다지 신경 쓰지 않을 것이다. 그리고 "나는 꼼짝도 안할 거야. 우리 (집단의) 방법을 따르든지. 그게 아니라면 끝이야"라고 말하는 것만큼 충성심을 잘 보여 주는 방법이 있겠는가?

이러한 태도는 중간이 없다는 뜻이다. "우리 편이든지 적이든지"라는 메시지를 전달하는 것이다. 이렇게 이분법적인 사고에 따르면 타협을 고려하는 사람은 충성심이 없다고 간주될 수밖에 없다. 이미 일치된 의견에서 조금이라도 벗어나려는 시도는 분명히 의심받을 것이다. 투표 기간에는 이러한 모습을 종종 찾아볼 수 있다. 유권자의 의견에 따라 입장을 바꾸는 정치인들은 선출될 가능성이 낮다.[48] 비록 민주주의 정신에 입각해서 대표는 '사람들의 의견을 대표'해야 하지만 말이다. 정치인들이 스스로 내세운 입장을 쉽게 번복하면 유권자들은 배신감과 분노에 휩싸인다. 정치인이 새로 채택한 입장이 아무리 좋아도 그 주장은 쉽게 눈과 귀에 들어오지 않을 것이다.

일차원적인 정치

세상에 정치와 관련된 사안은 너무나도 많고 그만큼 각 사안에 대한 입장과 의견도 다양하다. 하지만 국경 문제에 대해 강경한 정책을 지지하는 자들이 세금 인하를 주장하고 전통적인 결혼관을 가진다는 점은 눈여겨볼 만하다. 이처럼 하나의 정치적 사안에 대한 입장은 다른 사안과도 긴밀한 연관성을 가지고 결국 다양한 정치적 사안은 단 몇 개의 사안으로 압축되기도 한다. 이런 경향은 일반 시민에게서뿐만 아니라 정치인에게서도 나타난다. 예를 들어 미국 하원의원 투표 중 80퍼센트가 좌파와 우파의 이념적 차이에 의해 결정되고, 다른 국가에서도 이와 비슷한 경향이 나타난다.[49] 여러 정치와 관련된 신념 사이에서 이렇게 높은 상관관계가 나타나는 이유는 무엇일까?

많은 학자가 대다수 정치적 논쟁의 근간이 되는 하나의 도덕적인 관점을 도출하려고 노력했지만 사실 각 사회에는 시대별로 각기 다른 관점이 존재했다.[50] 도덕적인 관점은 핵심이 아니었다. 서로 경쟁하는 정치 연합의 가장 큰 특징은 정치적인 관점이 몇 개 존재하지 않는다는 것이다. 처음에는 여러 개의 정치 단체가 존재한다 하더라도 계속해서 연합이 일어나고 결국 몇 개의 연합밖에 남지 않는다. 그리고 각 연합에 속하는 일원들은 다른 연합과 의견이 가장 극명하게 갈리는 몇 개의 사안에만 집중하게 된다. 더욱 확실히 자신의 충성심을 보여 주기 위해서다. 덜 중요하고 의견 차이가 극명하게 갈리지 않는 사안에 집중하는 유권자와 정치인은 결국 불리해질 수밖에 없다.

이렇게 몇 개의 큰 연합은 국가적으로 단행되는 정치적 '재편성' 기간에 해체되고 재형성될 수 있다. 이 과정에서 근본을 이루는 긴장감이 나타나게 된다.[51] 1850년대 이전, 미국의 정치에서 가장 큰 비중을 차지했던 사안은 세금, 국법 은행, 공공 토지와 같이 경제와 관련된 것이었다. 그리고 1850년대와 1860년대에 들어서는 정치가 노예 제도를 찬성하는 집단과 반대하는 집단으로 양극화되었다. 결국 이 양극화는 남북 전쟁으로 이어졌다.[52] 이런 현상을 통해 정치 정당은 어떠한 고정된 원칙이나 신념을 바탕으로 세워지는 게 아니라 다양하고 복잡한 정치적 사안에 의해 형성된다는 사실을 분명하게 알 수 있다. 같은 목적과 이익을 가지고 충성심으로 묶인 이상한 동반 관계라고 볼 수 있다.

극단적 정치 활동가

지금까지는 정치에 자신의 시간과 에너지 중 일부만을 소비하는 일반 시민들에 초점을 맞춰 왔다. 그렇다면 정치에 온몸을 바치는 시민은 어떨까? 정치적 대의를 위해서 가장 큰 희생을 하는 사람들 말이다. 이들은 이타심을 가진 올바른 시민일까? 아파라치크일까?

군인들을 한번 살펴보자. 어떤 면에서 이들은 가장 극단적인 활동가라고 볼 수 있다. 국가를 지키기 위해서 자신의 삶도 기꺼이 내놓으니 말이다. 물론 애국심 때문에도 그렇지만 사실 자신이 소속된 기관이나 국가보다는 바로 옆에 있는 전우에 대한 충성심 때문에 기꺼이 자신의 목숨까지 바친다는 것을 우리는 모두 잘 알고 있다.[53]

이와 비슷하게 테러범, 가장 극단적인 형태의 테러범인 자살 테러범은 자신의 동료이자 동포와 관계를 형성하고 이들에게 좋은 인상을 남기기 위한 목적이 더 크다. 테러범은 자신의 목적에 도움이 된다 하더라도 협상을 하는 경우가 거의 없고 목적을 달성하더라도 테러 단체가 해체되는 경우도 드물다.[54]

국가 내에서 가장 헌신적인 활동가는 스스로를 대의를 위해 싸우는 정치적 '군인'으로 여기는 사람이다. 하지만 반대편에게 그들은 정치적 '테러범'에 불과하다. 이들의 행동은 자신뿐만 아니라 다른 이들에게도 해를 끼치기 때문이다. 어쨌든 이들의 활동은 주된 동기가 바로 옆에 있는 전우나 동포에 있기에 희생으로 보기는 어렵다. 가장 흔한 예를 하나 들어 보자면 선거 기간에 한 후보의 선거 캠페인 활동에 참가하는 사람은 후보가 선출되면 자리를 하나 얻길 원한다.

결론

겸손한 시민(이라 쓰고 이기적인 동물이라고 읽는)이 머나먼 권력의 장에서 어떤 일이 일어나는지 관심을 가져야 하는 이유는 무엇일까? 특히나 의미 없어 보이는 투표와 같은 정치 영역에서 말이다. 그냥 각자 집이나 직장에서 일어나는 일에 신경을 쓰는 것이 훨씬 생산적이지 않을까?

이번 장에서 내린 결론은, 우리는 우리의 삶과 다소 동떨어진 국가의 정치를 자신의 이익을 위한 수단으로 사용한다는 점이다. 아파라치크처럼 우리는 우리가 속한 정치적 연합에 충성심을 보이는 것에만 관심을 기울이고 정치의 원래 목적인 시민 정신을 발휘하는 것에는 관심이 없다. 만약에 정치가 정말 쇼라면 그 관객은 가족, 친구, 동료, 상사, 교회 친구, 잠재적 배우자 그리고 소셜 미디어 팔로워 등 우리 주변 사람들이 될 것이다.

당연히 이 결론으로 모든 것을 설명할 수는 없다. 다른 심리적 동기와 사회적인 동기도 존재할 테다. 몇몇은 정말 이타심을 가진 올바른 시민으로서 정치적인 책임을 감당하고 있을 것이다. 또 몇몇은 충성심을 보이는 것보다 지적으로 보이는 것을 중요시할 수도 있다. 흔하지는 않지만 어떤 경우에는 정치적으로 동조하지 않음으로써 보상을 받을 때도 있다.[55] 하지만 일반적으로는 인간이 정치적 신념을 내보이고 지지할 때에는 소련의 아파라치크와 같은 동기가 그 이면에 존재한다.

17장
총정리

"우리의 미덕이란 가장 자주 위장되는 악덕에 지나지 않는다."

"인간은 죽음과 해를 정면으로 바라볼 수 없다."

―프랑수아 드 라 로슈푸코François de La Rochefoucauld, 1678

오랜 기간 인간은 자신의 행동에 대한 동기를 고귀한 것이라고 말해 왔지만, 많은 지성인이 사실 그 행동 이면에는 고귀하지 않은 동기가 존재한다고 주장해 왔다. 그리고 우리는 이런 동기를 정면으로 바라보기 껄끄러워한다. 이 책을 통해 이제 개인의 삶 속에서 더 나아가 보다 큰 사회 제도 내에 존재하는 숨겨진 동기를 직면할 수 있도록 만반의 준비를 갖췄다. 그럼에도 우리가 이 책을 통해 습득한 사실은 수박 겉핥기에 불과하다. 저자들이 제시한 설명과 이론은 틀릴 수도 있으며 부족한 것은 말할 것도 없다. 또한 이 책에서 다루지 못한 행동과 제도는 수도 없이 존재한다.

이제 마지막을 향해 달려가면서 우리가 고민해 봐야 할 한 가지는 이제 이 모든 것을 가지고 무엇을 해야 할지이다. 이제 뇌 속의 코끼리에 대해 인지했으니 이것을 가지고 개인으로서 그리고 사회의 일원으로서 어떻게 더 나은 삶을 살아갈 것인가.

두 저자는 이 문제에 대해 오랜 기간 깊게 고민해 왔다. 물론 그렇다고 해서 어떤 해답을 찾은 것은 아니다. 사실, 개인적으로도 지적으로도 이 책에 제기된 많은 문제들에 대해 여전히 깊은 고뇌에 빠진 상태다. 이 책에서 다룬 인간이 가진 본성 중 많은 면이 복잡하고, 도덕적으로 모호한

데다 해석의 여지가 많다. 지금부터는 저자들의 논지가 암시하는 바를 다루어 볼 예정이다. 굉장히 신중하게 이 주제에 접근할 예정인데 이미 언급했던 것처럼 저자들은 이 주제를 최초로 다룬 사람들도 아니며 마땅한 정답이 있는 것도 아니다. 만약에 그 해답이 분명하고 쉬웠다면 이미 인간은 이를 실행에 옮겼을 것이다.

1부에서 얻은 가장 큰 교훈은 뇌 속 코끼리를 무시하는 게 전략적이라는 사실이다. 자기기만은 다른 사람들 앞에서 이기적으로 보이지 않으면서도 이기적으로 행동할 수 있게 해 준다. 만약에 우리에게 숨겨진 동기가 있다는 사실을 인정해 버린다면 나쁘게 보일 뿐만 아니라 다른 이들의 신뢰를 잃을 수도 있다. 개인적으로 자기 자신에게만 코끼리의 존재를 인정한다면 우리의 뇌는 끊임없이 자신을 의식해야 할 테고 자기 위선과 싸워야 하는 크나큰 짐을 짊어지게 될 것이다. 결코 가볍게 넘어갈 수 없는 위험이다.

그럼에도 우리가 지닌 다소 어두운 동기를 인식함으로써 오는 장점도 분명히 존재한다.

코끼리 적용해 보기

상황 파악

첫 번째 장점은 상황 파악과 관련되어 있다. 인간 사회를 더욱 잘, 그리고 깊게 이해할 수 있다는 것이다. 우리는 다른 사람들이 자신의 동기에 대해서 말해 주는 이야기에 흔히 속곤 한다. 하지만 그 이야기가 진짜인 경우는 거의 없다. 모든 교사, 목사, 정치인, 상사 그리고 심지어 부모와 친구까지 "너를 위해서 이렇게 하는 거야."라고 말한다. 친구가 의기양양한 태도로 '도움이 되는' 조언을 할 때도 이런 말을 자주 한다. 그들이 말하는 친사회적 이유는 반 정도는 사실일지도 모른다. 하지만 입 밖으로 내지 않는 그 나머지 반 또한 중요하다.

다른 이들의 보디랭귀지가 불편하게 느껴진다면 보디랭귀지를 하는 사람이 인지하지는 못하더라도 어떤 면에서 불편하게 만들려는 의도가 있을 수도 있다.[1] 직장에서 회의를 하는 게 시간 낭비처럼 느껴진다면 회의의 목적은 시간 낭비일 수도 있다. 높은 비용이 들어가는 의식을 통해 팀의 결속력을 높이고, 스스로 권위가 없다고 생각하는 상사는 회의 시간을 통해서 권위를 찾으려고 할지 모른다. 이런 식으로 낭비되는 시간을 줄이고 싶다면 문제의 근본을 살펴봐야 한다. 아니면 같은 목적을 달성하기 위한 다른 방안을 찾아야 할 것이다.

이 책을 읽고 나서는 아플 때 가장 좋은 약을 구하지 못해서 걱정이 들더라도 당장 건강이 위험하지 않다는 사실에 안도감을 느낄지도 모른다. 다만 사회에 비치는 자신의 이미지에는 조금 타격을 받을 수 있다. 광고, 설교, 정치 캠페인에 이용된다고 느낄 때에도 제3자 효과—어떤 설득을 담은 메시지에 노출되었을 때 발생하는 지각 편향—를 기억하면 된다. 그 메시지에 동의할 수도 있지만 적어도 왜 동의하는지는 알고 동의해야 하지 않겠는가. 파티에서 만난 지인이 유명한 박물관이나 좋은 여행지 방문을 강요하다시피 추천할 때 그런 조언은 사실 우리의 이득을 위한 것이 아님을 알 수 있다. 그렇게 보일지라도 말이다. 다른 사람으로 인해 열등감을 느낄 필요는 전혀 없다. 특히 동의하지 않았다면 더더욱.

자기 치유

그렇다. 다른 이들의 동기를 이해하는 것은 꽤나 유용하다. 하지만 이 책에서 배울 점이 이게 전부라고 생각한다면 훨씬 더 중요한 요점을 놓치는 것이다. 바로 우리는 자신의 동기를 오해하고 있다는 사실이다. 인간의 자기성찰에는 크나큰 맹점이 존재한다. 동료나 친구가 어떤 마음일지 예측하고 싶다면 우선 자신부터 잘 알아야 한다. 자신의 맹점을 잘 알게 되면 다른 이들을 쉽사리 지적하거나 비판할 수는 없을 것이다. 결국 우리는 자신의 이익에 따라 세상과 다른 사람들을 인지한다. 따라서 다른 이들의 허점은 차치하고 우리 자신의 허점부터 알아야 한다.

이 책에서 다른 사람들의 행동을 보면서 분노를 느끼고 그들이 독선적이라는 생각이 들었다면 반대로 무감각해지려고 노력해 보길 바란다. '불필요한' 회의를 소집하는 상사는 바로 당신일지 모른다(비록 당신은 회의가 불필요하다고 느끼지 못하겠지만). 조언인지 강요인지 애매한 말을 던지는 친구도 당신일지 모른다. 스스로를 파악하는 것, 즉 다른 이들이 우리를 보듯이 우리도 객관적으로 자신을 바라보는 것은 영국 시인 로버트 번스Robert Burns가 그의 시 「이에게To a Louse」에서 갈망한 작은 선물이다.

동료와 충돌하거나 배우자와 싸울 때면 자신을 포함한 양쪽 모두 자기기만에 빠졌다는 사실을 알아야 한다. 서로 각자가 '옳다'라고 생각할 것이고 의심할 여지 없이 '맞다'라고 생각하겠지만 사실은 양쪽 모두 이기적일 뿐이다. 그렇다면 적어도 한 걸음 뒤로 물러서서 왜 뇌가 자신의 이득을 위해 상황을 왜곡하려고 하는지 한번 생각해 봐야 한다. 모든 갈등은 합의점을 통해 해결될 수 있다. 물론 합의라는 것에 도달하는 과정이 조금 힘들지만 말이다.

결국 코끼리를 통해 배울 것은 겸손이다. 우리와 같이 자신을 기만하는 다른 사람들과 조금 더 신중하게 소통하고 한 걸음 뒤로 물러서서 자신의 마음을 들여다볼 기회를 제공한다. 모든 것에는 이면이 존재한다. 조용히 귀를 기울이기만 한다면 들려올 것이다(상자 17 참조).

상자 17 직접적으로 비난하지 않기

'숨겨진 동기'를 잘 적용하려면 2인칭이 아니라 오직 1인칭 그리고 3인칭(복수형이면 더 좋다)을 사용해야 한다.[2] 즉, 누군가 한 명을 지정해서 이기적인 동기를 가졌다고 비난하지 않는 것이다. 이런 식의 비난은 무례할 뿐만 아니라 사실이 아닐 가능성을 배제하지 못한다. 다른 이들의 마음이나 삶에서 무슨 일이 일어나는지 당사자가 아닌 이상 우리는 절대 알 수 없다. 나 자신뿐만 아니라 다른 사람도 나와 마찬가지로 이기적인 동기를 지녔다고 굳게 믿는 것은 좋은 동기의 존재를 부정하는 일이다. 이기적인 동기와 좋은 동기는 함께 존재할 수 있다.

일반적으로 이 책에서 다룬 설명은 인간이라는 종 전체를 바라보며 인간의 전반적인 행동 패턴을 설명하기 위해 적용했을 때 더욱 신빙성이 커진다. 개인의 특정한 행동을 설명하기 위한 주된 심리적 원인으로 내세운다면 같은 맥락이라도 와닿지 않을뿐더러 신빙성 또한 느끼지 못한다.

자랑하기

모두에게 적용되지는 않겠지만 인간의 공통적인 동기에 대해 터놓고 이야기하는 일은 매력적인 느낌을 주기도 한다. 불편한 진실을 인정하고 냉철하게 이에 대해 논의하는 사람은 정직하고, 지성적이고 심지어 용기 있는 사람으로 비친다. 자랑하거나, 비난하거나, 불평하는 것처럼 보이지 않고 이 이야기를 잘 풀어낼 만한 사람은 특히 더 매력적으로 보일 것이다.

이런 자질은 모든 공동체에서 동등한 수준의 가치를 평가받지는 않는다. 특히 많은 공동체에서는 이미 잘 정립된 전통적인 관점을 중요시하지, 새로운 진실을 파고드는 것에는 관심이 없다. 그럼에도 이 책의 독자들은 숨겨진 인간의 동기를 인정함으로써 보상을 받을 수도 있다.

더 나은 사람 되기

우리의 숨겨진 동기를 직면하게 되면, 그리고 우리가 원하기만 한다면 그 동기에 대응하는 방안을 찾을 수 있다. 예를 들어 자선 단체에 기부하는 것이 다른 이들에게 잘 보이기 위함이고 따라서 정말 도움이 필요한 곳이 아니라 다른 이들의 눈에 잘 띄는 곳에 기부하는 결과를 낳는다는 것을 알게 된다면 그 깨달음을 발판 삼아 반대로 행동할 것이다.

물론 자기 개선이 쉽지만은 않다. 몇몇 사람은 한 번에 모든 위선을 떨쳐 버리고 가장 이상적인 신념만을 바탕으로 행동하고자 할 것이다. 하지만 이런 식의 노력은 좋게 끝나는 경우가 없다. 십중팔구 우리 마음속의 '언론 담당관'은 나머지 정신 기관의 동의나 지지 없이 '더 이상 위선은 없다'라고 독단적으로 공포했을 것이다. 우선 한 번에 하나씩 시작해 보자. 기부와 같은 영역에서 할 수 있는 만큼 조금씩 동기를 조율해 보는 것이다. 하나의 영역에서 할 만하다는 생각이 든다면 다른 영역으로 점점 확장해 나가는 것이다.

또 다른 가능한 전략은 우리의 숨겨진 동기가 이상적인 동기와 일치하는 영역에 스스로를 노출시키는 것이다. 예를 들어 기부와 같은 영역에서 효율적 이타주의를 발휘하는 것이다. 피상적으로 잘 알려진 곳에 기부함으로써 기부의 가치를 판단하는 사람이 아닌, 기부의 진정한 효율을 따지는 사람들과 가까이 지내는 것이다. 동기는 바람과도 같다. 우리는 동기와 같은 방향으로 흘러갈 수도 있고 반대 방향으로 거슬러 갈 수도 있다. 하지만 늘 바람은 등지고 앞으로 나아가는 편이 효율적이다(상자 18 참조).

하지만 다른 사람들이 동기에는 관심이 없고 오로지 결과에만 관심을 가질 수도 있다는 사실을 기억해야 한다. (공동의 선보다) 개인적으로 영광을 누리기 위해 훌륭한 과학자나 외과의사가 되려고 엄청나게 열심히 공부하고 일할 수도 있다. 하지만 훌륭한 과학자나 외과의사가 되기 위해서 필요한 것이 이기적인 동기라면 사람들은 그 동기에 대해 전혀 신경 쓰지 않을 수도 있다.

상자 18 케빈의동기

나의 커리어를 들여다보면 운이 좋게도 바람을 등지고 간 경험도, 바람을 거슬러 간 경험도 볼 수 있다.

이전에 엔지니어링 직무에서 관리자로 근무했을 때 나의 이기적인 동기와 친사회적인 동기 간의 갈등을 느낀 적은 거의 없었다. 팀 전체의 이익보다 나 개인의 이익을 우선시하고 싶은 유혹이 들었던 경우는 한 손에 꼽을 정도다. 내가 성자라서가 아니라 옳은 일을 하면 그에 따른 보상을 제공해 주는 건강한 기업 문화 때문이다. 물론 지금 이 순간도 자기기만에 빠져 나의 이익이 우선시되었던 순간들을 그저 기억하지 못하는 것일 수도 있다. 하지만 전반적으로 나는 바람을 등지고 있었고 그때의 나는 무척이나 보람찼고 만족스러웠다.

하지만 이 책을 집필하는 동안 나는 정반대의 경험도 했다. 9장에서 언급했듯 이 책은 나에게 있어서 '허영심 프로젝트'에 가깝다. 다른 이들에게 도움이 될 만해서 시작한 일이다. 이 책을 손에 든 독자 중 몇몇은 이 책에서 가치를 발견할 테지만 나에게는 다른 프로젝트에 참여했을 때 발생할 기회비용을 정당화할 만큼의 가치는 없었다. 심지어 친구와 가족과 이 책에 대해서 이야기하는 것을 꺼리게 되었다. 나의 이기적인 동기와 친사회적인 동기 사이에서 벌어진 갈등은 너무나도 고통스러웠다.

계몽된 이기심

몇몇 독자들은 코끼리라는 존재를 더 잘 살아가기 위한 방법이라고 받아들이겠지만 다른 이들은 그저 크나큰 코끼리 앞에서 포기하기도 할 것이다. 애초에 인간의 본성이 이기적인 것이라면 굳이 스스로 괴롭힐 이유가 있겠는가? 왜 굳이 다다르지도 못할 이상을 위해 노력해야 하는가?

우리의 기준과 행동이 실제로 이런 식으로 후퇴할 수 있다는 증거는 이미 존재한다. 미국 경제학자 로버트 프랭크Robert Frank는 실험을 통해 이를 밝혔다. 그의 연구에서 인간 행동에 대한 모델로서 자기이익을 강조한 경제학 과목을 수강한 학생들은 부정직하게 행동하는 경향이 많은 것으로 나타났다(이 효과는 천문학 수업과 같은 아예 다른 과목의 수업이나 심지어 같은 경제학 과목이지만 자기 이익을 강조하지 않은 교수가 가르친 수업과 비교했을 때 훨씬 강하게 나타났다³). 더 일반화하자면 '냉소적인' 사람, 즉 다른 이들에게 큰 기대를 하지 않는 사람은 덜 협조적인 경향을 띤다.⁴ 그렇다면 코끼리의 존재를 알리고 코끼리의 존재가 '정상적'이고 '자연스러운' 것이라고 말하는 것이 폐를 끼치는 일일까?

그럴 수도 있다. 학생들에게 코끼리의 존재를 알려 주는 건 이기심을 일으키는 것과 같은 직접적인 효과가 나타날 수 있다. 이 점은 인정한다. 하지만 그것만이 유일한 효과는 아닐 것이다. 이기심을 억제하는 규범을 만들 수도 있을 것이다. 친사회적인 것처럼 보이는 동기의 겉모습에 현혹되지 않도록 하는 규범 말이다. 코끼리에 대한 인지를 바탕으로 우리가 할 수 있는 일 그리고 해야 하는 일은 너무나도 많다.

어떤 경우든지 간에 우리는 자연주의적 오류naturalistic fallacy를 범하는 것을 조심해야 한다. 조금 더 확실하게 말하자면 이 책의 목적은 나쁘게 행동하기 위한 핑계 제공이 아니다. 인간의 이기적인 동기를 지지하거나 합리화하지 않고도 이런 동기가 우리 내면에 존재한다는 사실을 인정할 수 있다.

하지만 동시에 이런 결론을 내리는 것은 잘못일 수도 있다. 인간의 생물학적 충동을 '넘어서도록' 강요하는 것이기 때문이다. 인간은 모든 면에서 살아 있는 생명체다. 그 말인즉슨 물리학의 법칙을 초월할 수 없다는 뜻이고 인간을 존재하게 하는 생물학적 법칙도 초월할 수 없다. 따라서 동기와 같은 미덕이 비생물학적 원인으로부터 기인하는 것이라고 간주한다면 정말 말 그대로 불가능한 기준을 세운 것이다. 우리가 더 나은 사람이 되고 싶다면 어쨌든 인간에게 주어진 생물학적 환경 내에서 방법을 찾아야 한다.

이와 같은 맥락에서 우리는 우리의 동기를 무시할 수 없다. '선한 행동'을 하려면 자기의 이익은 포기해야 한다고 말해서는 안 된다. 미덕이라는 명목으로 더 많은 희생과 고통을 요구하면 그로부터 얻을 보상과 기쁨은 더욱 줄어든다. 더 나아가서는 결국 '악한' 사람들이 '선한' 사람들보다 사회에서 성공하리라는 의미를 가진다.

그렇다면 우리는 어떻게 해야 할까? 집단의 복지를 개선할 방법은 정녕 없는 걸까?

여기서 '계몽된 이기심'이라는 개념이 등장한다. 알렉시스 드 토크빌Alexis de Tocqueville이 최초로 주창한 개념으로 애덤 스미스Adam Smith가 믿었고 벤자민 프랭클린Benjamin Franklin이 실천한 개념이다.[5] 생물학적 개념으로는 '간접 가역성indirect reciprocity'과 '경쟁적 이타주의competitive altruism'가 있다.[6] 1장에서 살펴봤던 노래꼬리치레라는 새를 다시 떠올려 보자. 이 새는 무리에게 음식을 제공하고 적으로부터 무리를 보호하기 위해서 열심히 일한다. 하지만 이것은 선한 의도에서 우러나오는 행동이 아니라 자신의 이익을 위한 행동이다. 인간이라는 종도 노래꼬리치레와 같은 면이 존재한다.

이런 측면에서 우리는 이상ideals이 필요하다. 단순히 추구해야 하는 개인적인 목표로서의 이상이 아닌 다른 이들을 판단하고 또 다른 이들로부터 판단받는 기준 말이다.

올바른 행동을 하리라는 약속은 다른 이들에게 동맹으로서의 매력을 어필하기 위해서 하는 것이다. 물론 이 약속을 한다고 해서 항상 선하게 행동하리라는 보장은 없다. 다른 이들이 보지 않을 때에는 편법이나 속임수를 사용할 수도 있다. 그럼에도 확실한 것은 기준이 없을 때보다 있을 때 우리는 더 나은 사람이 된다는 사실이다.

물론 높은 이상만을 추구하다가 도달하는 데 실패한다면 위선자라 불릴수도 있을 것이다. 그렇지만 이상이 없는 것보다는 훨씬 낫다. 라 로슈푸코는 이렇게 말했다. "위선이란 악이 미덕에 바치는 찬사다." 즉, 위선자가 되는 것은 무척이나 힘든 일이다. 하지만 그 힘듦은 바로 나쁜 행동을방지할 주요 요인이다.[7]

제도의 설계

우리 개인의 삶을 넘어서서 정책 수립이나 제도 개혁에 영향력을 미칠수 있는 자리에 올랐을 때 코끼리를 인식하고 있다는 사실은 정말 크나큰차이를 만든다. 일반인이 자신의 숨겨진 동기를 굳이 알아야 할 필요는 없을지도 모른다. 하지만 수많은 사람의 삶에 영향을 미치는 정책을 만들고시행하는 사람에게는 코끼리를 인식하는 일이 매우 중요하다.

숨겨진 동기를 고려하지 않고 제도를 운영하려는 사람들은 공통적인 문제에 직면한다. 우선 이들은 제도가 '반드시' 달성해야 하는 주요 목표가 무엇인지 파악한다. 그리고 그 목표를 가장 잘 달성할 방법을 모색한다. 물론그 가운데 마주하는 한계나 문제점도 고려한 채 말이다. 충분히 힘든 작업이다. 하지만 성공할 방법을 찾은 후에 그들은 종종 다른 사람들이 그 해결방안을 채택하지 않는다는 점에 의문을 가지기도 하고 좌절감을 느끼기도한다. 겉으로 내세운 동기를 진짜 동기라고 오해했기 때문이다. 결국 문제자체를 잘못 이해한 것이다.

따라서 한 단계 앞서 나가는 사람들은 그저 사탕 발린 말인 피상적인 목표와 정말 사람들이 달성하고자 하는 숨겨진 목표를 모두 파악해야 한다. 이들은 피상적인 목표를 달성하면서도 그 이면에 숨겨진 진짜 목표를 달성할 방안을 모색해야 한다. 적어도 이런 식으로 문제를 접근하는 듯 보여야 한다. 놀라운 사실은 아니지만 이 과정은 훨씬 더 어렵다. 하지만 가능하다면 사람들의 무관심은 피할 수 있을 것이다.

이미 존재하는 제도를 개혁하려고 할 때에도 이런 질문이 필요하다. "이 제도의 숨겨진 기능은 무엇이며 그 기능은 얼마나 중요한가?" 교육을 예로 들어 보자. 시험보다는 학습에 더욱 초점을 두는 학교를 바랄지도 모른다. 하지만 어느 정도의 시험은 경제적으로도 중요하다. 시험과 그 결과를 통해 고용주는 어떤 직원을 고용해야 하는지 판단할 수 있기 때문이다. 따라서 만약에 학교에서 시험이라는 기능을 과도하게 배제한다면 엄청난 저항을 마주할 것이다. 하지만 반대하는 사람들은 반대하는 이유를 밝히지는 않을 것이다. 그러나 반대가 왜 일어나는지 이해를 해야만 극복할 수 있는 조금의 가능성이라도 볼 수 있다.

하지만 제도의 모든 숨겨진 기능을 꼭 알아야 할 필요도 지켜야 할 필요도 없다. 숨겨진 기능이 오히려 굉장히 소모적인 경우도 많기 때문에 정말 공적이고 알려진 표면상의 기능만을 수행하는 편이 오히려 나을 때도 있다. 이번에는 의료를 예로 들어보자. 의료 지출을 통해 우리가 얼마나 건강에 신경 쓰는지, 그리고 얼마나 돌봄을 받는지에 대한 메시지를 보내면 몇 가지 긍정적인 외부 효과가 발생하기도 한다. 의료의 돌봄이라는 기능은 대부분 경쟁적이고 제로섬 상태인 경우가 많다. 따라서 불필요한 의료비 지출에 대한 세금을 부과해서, 아니면 적어도 불필요한 진료에 대한 의료비 지원을 중단해서 집단 복지를 향상할 수 있다. 그렇다고 정치인들이 의료 보험에 세금을 부과하거나 지원을 중단하길 기대할 수는 없다. 정치인들도 일반인과 마찬가지로 돌봄이라는 기능을 중요시하기 때문이다. 전통적으로 확립된 이득과 더불어 이러한 숨겨진 동기 때문에 대규모 제도를 개혁하는 일은 꽤나 어렵다.

제도를 개혁하려는 노력에는 어쩌면 겉으로 드러난 동기만 보고 그것이 전부라고 생각하는 자만심이 존재할 수도 있다. 하지만 적어도 드러난, 그리고 숨겨진 제도의 기능을 정확하게 파악해야만 실수를 미연에 방지할 수 있다. 영국의 경제학자이자 정치철학자인 프리드리히 하이에크Friedrich Hayek는 "경제가 해야 하는 일은 사람들에게 자신이 얼마나 계획할 수 있다고 생각하는지에 대해 사실상 얼마나 잘 모르고 있는지 보여 주는 것이다."라고 말했다.[8] 이런 측면에서 이런 접근 방식은 전통적인 경제 철학에 꼭 들어맞는다.

제도 개혁에 대한 희망적인 접근 방식은 사람들의 자만을 인정하려고 노력하되 소모적인 활동은 삼가도록 하고 더 큰 이득과 긍정적인 외부 효과를 바라는 것이다. 학생들은 학교에서 배운 것에 대해 자랑해야만 한다. 그렇다면 학생들이 쓸데없는 것(예를 들자면 라틴어)보다는 뭔가 유용한 것(예를 들자면 재정 관리)을 배우길 바랄 수 있다. 학자들이 어떤 주제에 대해 잘난 척을 꼭 해야만 한다면 시의 역사보다는 엔지니어링이 훨씬 더 실용성 측면에서 도움이 될 것이다.

관점

실용성을 뒤로하고 미학으로 한 걸음 다가가 보자. 많은 독자들이 인간이 냉소적이고 자신의 이익만 차리는 종이라는 사실을 어떻게 이해해야 할지 궁금할 것이다. 이에 대한 대답을 한마디로 표현하자면 '관점'이다. 잠깐 뒤로 물러서서 이 책에서 지금까지 다뤘던 모든 주장들을 보다 넓은 맥락에서 바라보자.

우선 인간은 인간이고 아마도 계속해서 지금의 모습으로 존재할 것이다. 그렇다면 인간 자신에 대해 정확하게 알아 둬서 나쁠 것은 없을 것이다. 정말 우리가 품고 있는 동기 중 대부분이 이기적인 것이라고 해도 인간이 사랑할 수 없는 존재라는 것은 아니다. 사실 많은 경우에 결점으로 인해 사랑스럽게 느껴질 수도 있다. 인간이 자기기만에 빠져 있다는 사실과 우리의 숨겨진 동기를 가리기 위해 거창한 제도를 만들어 냈다는 사실은 인간을 굉장히 흥미로운 존재로 만든다. 이러한 인간의 본성은 《셜록 홈즈Sherlock Holmes》 시리즈의 모리아티, 《호밀밭의 파수꾼The Catcher in the Rye》의 콜필드, 《모비딕Moby-Dick》의 에이햅, 《보바리 부인Madame Bovary》의 보바리, 《죄와 벌Crime and Punishment》의 라스코니코프와 같은 가장 위대한 소설의 등장인물에서 발견되기도 한다. 투명해서 속속들이 알아볼 수 있는 인물들은 이들만큼 매력적이지 않다. 아마도 비인간적으로 보이기 때문일 것이다.

인간의 동기가 근본적으로 이기적이라 하더라도 폭력적인 범죄자와 이기심 때문에 (과도한) 의료 서비스를 받고 (비효율적인) 자선 단체에 기부하는 사람 사이에는 크나큰 차이가 있다. 자선가의 동기가 이기적이라고 하더라도 행동은 그렇지 않을 수 있다. 그리고 선의를 가늠하기 위해 동기와 행동을 하나로 합쳐 판단하는 것은 멍청한 짓이다.

인간이 이기적으로 행동하게끔 진화했다고 주장했지만 사실이 어떠하든 결국 인간은 서로 너무나도 사이좋게 지낸다. 동기가 어떠하든 악한 행동은 보상받지 않는다는 것은 인간이라는 종에서 찾아볼 수 있는 놀라우면서도 기이한 측면이다. 과도하게 독단적인 리더는 그에 합당한 처벌을 받기도 한다. 다른 이들에게 거짓말을 하고 기만하는 일 또한 처벌받는다. 남에게 도움을 받기만 하는 사람은 언젠가는 혼자 남게 된다. 동시에 긍정적인 보상도 존재한다. 다른 이들에게 도움이 되는 사람은 우정, 사회적 지위, 명성과 같은 보상을 받는다. 큰 뇌와 맨질맨질한 피부 자체만으로도 인간은 특이한 종이지만 인간의 유전자는 생존하고 번식하기 위해 끊임없이 경쟁하도록 설계되었다는 점에서 인간이 취할 수 있는 최선의 전략은 도덕적인 뇌를 갖추는 것이다.

물론 인간은 완벽하게 협조적이지 않다. 그럴 것이라 기대하지도 않는다. 우리 사회에 존재하는 자선 단체, 학교, 병원은 앞으로도 결코 완벽해질 수는 없을 것이다. 하지만 진화된 생명체로서 우리는 꽤나 협조적인 편이라고 볼 수 있다.

1960년대 미국과 러시아의 치열한 우주 탐사 경쟁이 한창이었을 때, 그당시 미국 대통령이었던 존 F. 케네디는 미국의 우주 탐사 계획을 적당하게 친사회적 동기로 포장했다. 그는 "새로운 바다로 항해를 시작했습니다. 배워야 하는 새로운 지식이 존재하고 가져야 할 새로운 권리가 존재하기 때문입니다. 그리고 이 지식과 권리는 인류의 발전을 위해서 사용되어야 합니다." 하지만 이 연설을 듣는 모두 그 말에 내포된 진정한 의미를 읽을 수 있었다. "우리는 러시아를 이겨야 한다!"

결국 동기보다 중요한 것은 그 결과였다. 인간은 끊임없이 경쟁하는 사회적 동물일지도 모른다. 자기이익만 좇고 자기기만에 빠진 동물 말이다. 하지만 결국 그토록 원하던 달에 도착하기 위해서 협력을 이루어 낸 동물이기도 하다.

주석

들어가며

1. Wikiquote, "Karl Popper," 마지막 수정일: March 15, 2017, https://en.wikiquote.orgwikiKarl_Popper.

2. Emerson 2012.

3. La Rochefoucauld 1982, 89.

4. Cf. Robert Wright의 주장 참조. "모든 것을 통틀어서 내세우는 무의식의 개념이 프로이트주의가 내세우는 개념보다 급진적이다. 자기기만의 원인이 훨씬 더 많고, 다양하며, 뿌리 깊은 데다 의식과 무의식 경계는 훨씬 더 모호하다"(2010, 324).

5. Trivers 2011.

6. 이와 관련된 주장은 Heaney and Rojas(2015, 8)를 참조.

7. 또 다른 예시를 들어 보자. 실제 통계(Glass 2015)와는 달리 경찰청장이 일선 업무를 수행하는 데 인종이 영향을 미친다는 주장을 격렬히 부인하면 편견의 심리를 이해하는 사람들은 '과연 그럴까?' 라는 반응을 보인다. 경찰은 무의식적으로 인종 편견을 품는 것은 가능할 뿐만 아니라, 실제로 대부분의 사람이 (경찰과 일반인 모두) 인종 편견을 가진다(Greenwald, McGhee, and Schwartz 1998). 이에 반해, 상대방의 성별, 사회적 지위에 따른 편견을 공개적으로 지적하는 것은 상대적으로 쉽다. 그것이 정치적인 가져다줄 수 있기 때문이다.

8. Trivers 2011.

9. The Wachowskis 1999.

1장 동물의 행동

1. Dunbar 2010.

2. 영장류만 사회적 그루밍을 하는 것은 아니다. 고양이, 개, 사자, 말, 박쥐, 마코앵무새 등 다른 종도 오래 전부터 사회적 그루밍을 해 왔다.

3. Dunbar and Sharman 1984; Dunbar 1991, 2010.

4. Lehmann, Korstjens, and Dunbar 2007.

5. Dunbar 2010.

6. Ibid.

7. Dunbar 1991.

8. Ibid.; Goosen 1981.

9. Dunbar 2010.

10. Seyfarth 1977.

11. De Waal 1997.

12. Ventura et al.2006.

13. Schino 2007; Dunbar 1980; Seyfarth and Cheney 1984.

14. Dunbar 1991.

15. 동물들은 성적 행위를 하도록 설계됐지만 그 행위가 임신과 출산으로 이어진다고 이해하도록 설계되지는 않은 것과 비슷하다.

16. 노래꼬리치레에 대한 이 정보와 이후에 제시되는 정보의 출처는 Zahavi and Zahavi (1999)이다.

17. 특히 먹이를 주는 것과 달리 짝짓기는 서열이 더 낮은 수컷에게 더 많은 기회를 주려고 경쟁하는 행위는 아니다. 여기서 진화의 논리가 드러난다.

18. Krebs and Dawkins 1984.

19. 이런 식의 주장을 한 사람 중 가장 유명한 사람은 Konrad Lorenz (2002)이다. 하지만 1930년대에 Ronald Fisher가 최초로 주창했고 Richard Dawkins가 1976년 발간한 저서 《The Selfish Gene》에서 소개한 유전자 중심의 진화 이론이 더욱 널리 받아들여졌다.

2장 경쟁

1. Wikipedia, s.v. "Sequoia sempervirens," 마지막 수정일: February 18, 2017, https:// en.wikipedia.org/ wiki/Sequoia_sempervirens. 실제로 세쿼이아 나무는 잎을 통해 안개로부터 직접 수분을 흡수하도록 적응을 해서 땅으로부터 수분을 전달하지 않아도 생존할 수 있다. 그래도 이런 식으로 수분을 보충하는 데 한계가 있고, 대부분의 수분은 뿌리로부터 얻는다.

2. Angier 2008.

3. Dunbar 2002, 2003.

4. Ridley 1993.

5. Pinker and Bloom 1990.

6. Trivers 2011.

7. 다른 종에서도 사회적 경쟁이 많이 목격되지만 그들이 인간만큼 높은 수준의 지능을 갖고 있지 않다는 점을 볼 때, 사회적 경쟁은 필요한 요소이나 그것으로 충분하지 않다. 인간의 조상이 직면한 특이한 환경 조건에 대해서는 3장의 상자 3을 참조.

8. 이에 대해서는 Geoffrey Miller의 저서 《The Mating Mind (2002)》 또는 Matt Ridley의 《The Red Queen (1993)》 참조.

9. 성별에 따라 동기가 다를 수 있다. 예를 들어 남성은 어린 여성을 선호하는 경향이 있다. Ridley (1993, 272–95) 참조.

10. Ibid., 341.

11. 엄밀히 말하면 공작새의 꼬리는 영어로 train이다.

12. Henrich and Gil-White 2001.

13. Cheng et al. 2013.

14. Wikipedia, s.v. "Great Purge," 마지막 수정일: February 22, 2017, https://en.wikipedia.org/wiki/Great_Purge.

15. 사실 알고 보면 우리가 '위신'이라고 말하는 것은종종 위장된 지배에 가까운 경우가 많다. 다만 숨겨져 있어서 알아보지 못할 뿐이다. 우리는 위신을 가진 것처럼 보이고 싶어 하지만 사실 지배하고 싶은 것이다.

16. 경제학자들은 이런 부작용을 '외부 효과(externalities)'라고 부른다.

17. 실제로 고대 그리스어로 '정치(politics)'는 도시를 뜻하는 'polis'의 형용사형이다. 따라서 아리스토텔레스는 인간을 '도시의 동물'로 생각했다. 그럼에도 '정치적(political)'이라는 단어는 변화를 거듭해 왔으며 삶의 다양한 영역에서 인간의 행동 패턴을 지칭하기 위해 사용된다.

18. De Waal 1982. 재미있는 사실 한 가지를 말해 주자면 1994년 당시 미국 하원 의장이었던 Newt Gingrich는 의회 《Chimpanzee Politics》를 1년 차 정치인들을 위한 필수 도서로 지정했다.

19. De Waal 2005, 45.

20. 돌고래에 대해서는 Connor, Heithaus, and Barre (1999); 코끼리에 대해서는 Wittemyer, Douglas-Hamilton, and Getz (2005) 참조.

21. Dessalles 2007, 356.

22. Bucholz 2006.

23. 이와 비슷한 주장의 조금 더 현대적인 서적은 Robert Greene의 《48 Laws of Power (1998)》와 Dale Carnegie의 《How to Win Friends and Influence People (1936)》이다.

24. Cf. Ayn Rand의 주장 "판단하고 판단받는 것을 대비해라"(Rand and Branden 1964, 71).

25. 몇몇 생물학자들은 시그널을 더욱 정확하게 정의해서 송신자에게 이득이 되는 방식으로 수신자의 행동에 변화를 일으키기 위해 진화된 특징이나 행동으로 이 단어를 사용한다. 이에 대해서는 7장의 상자 8을 참조.

26. 여기서 '비용'은 포괄적인 개념으로 에너지, 시간, 주의력, 물리적 혹은 사회적 리스크, 개체의 번식력과 관련된 모든 것을 포함하는 물적 자원을 의미한다. Miller (2009, 115) 참조.

27. Számadó 1999; Lachmann, Szamado, and Bergstrom 2001; Pentland and Heibeck 2010, 17.

28. Zahavi 1975.

29. 아니면 18세기 미국인 목사 Jonathan Edwards가 말한 것처럼 "행동보다 말로 더 쉽게 독실한 척할 수 있다" (1821, 374).

30. 철학자 Arthur Schopenhauer는 성애에 대해서 이렇게 표현했다. "모든 인간이 궁극적으로 추구하는 목적이다. (중략) 정부의 책임규범에도, 철학적인 논문에도 사랑의 쪽지와 흔적들이 파고든다"(1966, 533).

3장 규범

1. 이 예시를 알려 준 Mills Baker에게 감사드린다.

2. Hobbes 2013, ch. 17.

3. Youngberg and Hanson (2010), Boehm (1999), Brown (1991)으로부터 정보를 얻음.

4. Trivers 1971.

5. Flack, Jeannotte, and de Waal (2004)에 따르면 침팬지는 아주 제한된 형태이긴 하지만 규범과 비슷한 것을 시행한다. 주로 폭력과 관련된 상황에서 이를 볼 수 있다. 두 마리의 침팬지가 싸우거나 싸우려고 할 때, 제3자가 개입해서 상황을 무마하려는 모습을 볼 수 있다. 이런 행동은 다른 영장류에서도 목격되었다.

6. Bingham 2000.

7. Boehm 1999.

8. Ibid.

9. Bingham 2000.

10. Brown 1991.

11. Ibid.

12. Axelrod 1986.

4장 기만

1. ☺

2. Geehr 2012.

3. 사실 이런 적응은 진화라기보다는 선천적인 것이다. 우리 뇌는 다른 사람과 교류하고 살면서 이런 능력을 학습했을 수도 있다. 하지만 적어도 이런 능력 중 일부는 선천적이거나 선천적인 요인의 결과라고 볼 수 있다.

4. Cosmides and Tooby 1992.

5. von Grünau and Anston 1995.

6. Bateson et al. (2013)에서 참고 자료로 사용된 연구 참조. 만화 속 캐릭터의 시선에 관한 실험은 Haley and Fessler (2005) 참조. 연구에서 가짜 시선을 받을 때 사람들이 더욱 관대해진다는 결과가 나왔지만 최근에 시행된 메타 분석(Northover et al. 2017)에서는 정반대의 결과가 나와 타인의 시선이 정말 효과가 있는지에 대한 의문이 제기되고 있다.

7. Zhong, Bohns, and Gino 2010.

8. Shariff and Norenzayan 2007.

9. Elias 2000.

10. '지식'이라는 단어에는 철학적인 문제가 많이 함축되어 있다. 예를 들어 (진실된) 지식과 (단순한) 믿음을 어떻게 구별할지에 대한 문제 말이다. 하지만 '공유 지식'은 이런 문제와 전혀 무관하다. 여기서 '지식'이라는 단어는 확실성이 모호한 믿음이나 인식을 의미한다.

11. Chwe 2001.

12. 비밀이 얼마나 공개되어 있는지 측정하는 방법은 그 비밀이 공유 지식이 된 가장 큰 집단의 규모를 알아보는 것이다.

13. Kaufman 2014.

14. Lin and Brannigan 2006; Zader 2016 참조.

15. 전체 이야기를 단순하게 축약한 것이다. Pollard (2007)는 영국이 로마로부터 해방할 다른 동기가 있었다고 주장한다.

16. Wikipedia, s.v. "Greenwashing," 마지막 수정일: February 22, 2017, https://en.wikipedia.org/wiki/Greenwashing.

17. Chwe 2001.

18. Mattiello 2005.

19. 어떤 사회에서는 규범 위반이 아니다. 하지만 규범 위반으로 여기든 그렇지 않든 이런 질문에는 약간의 주의가 필요하다. 관계를 해 놓고 상대방의 동의 없이 그 사실을 폭로하는 것은 무례한 일이다.

20. Flanagan 2012.

5장 자기기만

1. Wickler 2007.

2. Goodenough 1991.

3. Trivers 2011.

4. 앞으로도 보겠지만 '진짜', '실제로'와 같은 단어는 인간의 정신 상태를 나타내기 위해 사용하기에는 조금 문제가 된다. 하지만 일단은 그냥 넘어가도록 하자.

5. Starek and Keating 1991.

6. 사람들이 이런 면에서 보수적인 편견을 가졌으리라 생각한다. 더욱 조심하기 위해 실제보다 자신이 덜 건강하다고 믿는다. 물론 일부 사람은 (심기증 환자와 같이) 그렇게 믿기도 한다. 하지만 대부분의 사람들은 자신의 건강을 과대평가한다.

7. Croyle et al. 2006.

8. Brock and Balloun 1967.

9. Van der Velde, van der Pligt, and Hooykaas 1994.

10. Dawson, Savitsky, and Dunning 2006.

11. Alicke and Govorun 2005.

12. Freud 1992; Baumeister, Dale, and Sommer 1998.

13. Fenichel 1995; Baumeister et al. 1998.

14. Sackeim 2008.

15. 또는 강화 학습.

16. Judith Rich Harris (2006)는 자존감을 사회적 가치를 측정하는 온도계와 같다고 말한다. 우리는 실제로 (다른 사람들이 인지하는) 사회적 가치와 관련된 자존감을 향상하길 원한다. Kurzban (2012) 또한 이와 비슷한 주장을 한다. "자존감은 그저 마음이 만들어 내도록 설계된 것이 아니다. 마음의 체계는 포만감, 인기, 성과 같은 적합함과 관련된 상태를 만들어 내도록 진화되었지만 자존감은 이에 해당하지 않는다."

17. 공식적인 명칭은 노벨 기념 경제학상(Nobel Memorial Prize in Economic Sciences)이며, 2005년에 Schelling과 Robert Aumann이 공동수상했다.

18. 치킨 게임은 동기가 혼합된 게임이다. 이 게임의 승자는 오직 한 명이지만, 두 명 모두 생존이라는 공통된 이익을 추구하기 때문이다.

19. Schelling 1980, 43.

20. Kurzban 2012.

21. Trivers 2011.

22. 종종 Twain이 출처라고 알려져 있지만 출처가 불분명할 가능성이 높다. O'Conner and Kellerman 2013 참조.

23. Tibbetts and Dale 2004.

24. Kuran 1995, 38.

25. Trivers 2011.

26. Cf. George Orwell: "그는 가면을 쓰고, 얼굴은 가면에 맞게 자란다"(Orwell 1950, 6).

27. Kuran 1995, 7.

28. 물론 그들은 많이 거짓말을 한다. 하지만 거짓말을 하지 않는 사람도 있을까?

29. Lahaye 2014.

30. Haldeman and DiMona 1978.

31. Wikibooks로부터 각색, s.v. "Chinese Stories/calling a Deer a Horse," 마지막 수정일: February 28, 2015, http://en.wiki/books.org/wiki/Chinese_Stories/Calling_a_deer_a_horse.

32. Kurzban 2012, 98.

33. Isaacson 2011,118.

34. Kurzban 2012.

35. Haidt 2006.

36. McGilchrist 2012.

37. Kenrick and Griskevicius 2013, ch. 2. Kenrick 2011 참조.

38. Cosmides and Tooby 1992.

39. Minsky 1988.

40. Weiskrantz (1986): 맹시. 어떤 정보를 완전히 인지하지 못하더라도 뇌의 각기 다른 부분이 해당 정보를 인지할 수 있다는 내용에 관해서는 Dehaene et al. (2006) 참조.

41. Perry 2014.

42. Kenrick and Griskevicius 2013, 144.

43. 모듈성과 밀접한 관련이 있는 것은 맥락 의존성(context-dependence)이라는 개념이다. 하나의 맥락에서 우리의 뇌는 정보를 쉽게 받아들이지만 다른 맥락에서 회수하기는 거의 불가능하다. 아마도 이런 경험을 한 번씩 해 봤을 것이다. 엄청나게 스트레스를 받는 상황에서 벗어났더니 미친듯이 배가 고픈 상황 말이다. 스트레스가 쌓이기 전, 우리 몸과 뇌가 배부르다고 느낀 상태는 아니다. 몸과 뇌 모두 배고픔에 대해 알고 있었지만 훨씬 더 급한 사안을 다뤄야 했던 의식 때문에 우선순위에서 밀려났던 것이다.

44. Cf. George Orwell의 저서 《1984》에서 죄중단(crimestop)에 대한 정의를 내렸다. "죄중단은 위험한 생각이 떠오를 때 본능처럼 그 생각을 멈추는 기능을 의미한다. 그것은 비유를 이해하지 못하고, 논리적 오류를 인식하지 못하고, 가장 단순한 주장조차 이해하지 못하는 것을 의미하기도 한다. 그리고 이단적인 방향으로 이끌 수 있는 어떤 사고의 흐름에 의해 지루하거나 거부감을 느끼는 것도 의미한다. 즉, 죄중단은 보호성 어리석음(protective stupidity)을 의미한다"(Orwell 1983, ch. 9).

6장 거짓된 이유

1. Hume 1739, 1978.

2. J. P. Morgan의 인용문으로 알려져 있지만 원출처는 다른 사람일 가능성이 높다. O'Toole 2014 참조.

3. Gazzaniga and Reuter-Lorenz 2010.

4. Gazzaniga 1998.

5. McGilchrist 2009, 98-99

6. Gazzaniga and LeDoux 2013, 149.

7. '질병인식불능증'으로도 알려져 있다.

8. Ramachandran, Blakeslee, and Sacks 1998, 110.

9. Gazzaniga and Reuter-Lorenz 2010, 34-35; Gazzaniga 1989. "나는 좌반구의 이 부분을 해설가라고 지칭했다. 왜냐하면 내부와 외부 사건에 대한 설명을 만들어 내고 우리가 경험하는 실제 사실을 확장하여 삶에서 일어나는 다양한 사건을 해석하는 역할을 담당하기 때문이다"(원본에는 이탤릭체로 표기되어 있음; Gazzaniga 2000).

10. Haidt 2012, 91-92.

11. Blakeslee 2004, 37.

12. Dennett 1991, 227-29.

13. Nisbett and Wilson 1977.

14. T.D. Wilson 2002.

15. 이 비유는 Darcey Riley가 제공했다.

16. Packard 1957, 39-40.

17. Plassmann et al. (2008): 와인. Nisbett and Wilson (1977): 스타킹.

18. 종종 실험에서 일어나는 속임수에 영향을 받는 것은 언어적 분별력이 아니라 인지적 능력일지도 모른다. 즉, 전략적인 정보 왜곡은 훨씬 이전에 발생하고, 언론 담당관은 아무것도 합리화하지 않아도 된다. Plassmann et al. (2008); 자기기만은 정보 가공의 '모든 단계'에서 발생한다는 트리버의 주장 참조.

19. Johansson et al. 2005; 잼을 맛보고 차를 음미하는 것과 관련된 선택맹에 대해서는 Hall et al. (2010) 참조.

20. Nisbett and Wilson 1977.

21. 거짓된 이유를 말하는 능력은 개인적으로 추론하는 능력이 왜곡된 것으로 볼 수도 있다. 즉, 어떠한 사실에 관한 근거와 반대되는 근거를 다양하게 수집하여 그 가운데 무엇을 믿을지 선택한다는 것이다. 하지만 실제로 다양한 근거를 수집하는 이유는 사회적인 효과 때문이라는 설득력 있는 주장이 제시되었다. 어떠한 결론을 미리 정해두고 그 결론을 다른 이에게 설득하려는 목적으로 다양한 근거를 수집한다는 것이다. 이러한 주장을 통해 과신, 확증 편향, (비공식적인 결정보다) 공적인 결론을 내릴 때 근거에 더욱 의존하고, 근거를 더욱 찾기 쉬울 때 좋지 않은 결과를 선호하는 경향 (매몰 비용의 오류)을 이해할 수 있다. Mercier and Sperber (2011) 참조.

7장 보디랭귀지

1. See, e.g., Borg: "우리가 전달하는 메시지 중 93%는 (목소리를 포함한) 신체적 언어로 전달된다" (2009, 18). "90% 이상"이라는 말은 Albert Mehrabian (Mehrabian and Wiener 1967; Mehrabian and Ferris 1967)가 작성한 두 개의 논문에서 다룬 실험에서 나온 말로, 실험의 결과는 (다른 사람들에 의해) 훨씬 더 과장되었다.

2. Navarro 2008, 2-4.

3. Spence 1987; Mlodinow 참조: "사회적으로 성공하기 위해 어린 나이에도 필요한 중요한 요소 중 하나는 아이의 비언어적 단서에 대한 감각이다" (2013, 124).

4. Pentland and Heibeck 2010, ch. 1; Mlodinow 2013, 109-10.

5. Mlodinow 2013, 109-10.

6. Darwin 2012, ch. 14.

7. Trivers 2011, 55-56; Kahneman 2011, ch. 1.

8. Pentland and Heibeck 2010, 30.

9. Bradbury and Vehrencamp 1998.

10. Dall et al. 2005.

11. Bradbury and Vehrencamp 1998.

12. 진정을 위한 행동에 대해서는 Navarro 2008, 35-50.

13. Wallace, Carey. "How to Talk to Kids about Art." Time, March 11, 2015. http://time.com3740746how-to-talk-to-kids-about-art 에서 인용

14. 임의적인 해석이 가능하고, 특정 문화에서만 사용되는 고의적인 제스처는 예외로 한다. 예를 들어 엄지 손가락을 들어올리는 제스처는 대부분의 영미권 국가에서는 좋다 또는 동의한다는 의미를 전달하지만 이란, 서아프리카, 사르디니아와 같은 지역에서는 중지 손가락을 들어올리는 것과 마찬가지로 엄청나게 모욕적인 의미로 사용된다(Axtell 1997, 108). 윙크하기, 고개 끄덕거리기, 손가락으로 가리키기, 입술에 손가락을 갖다 대고 쉿이라고 하기 모두 임의적인 해석이 가능한 제스처에 포함된다.

15. Navarro 2008, 63-65.

16. Ekman and Friesen 1971.

17. 보디랭귀지의 예시에도 소소한 예외는 당연히 존재한다. 음악을 더 잘 감상하거나 다른 이의 말에 더욱 집중하기 위해서 눈을 감기도 한다. 하지만 보디랭귀지의 의미는 일반적으로 통용되는 경우가 더 많다.

18. Zahavi 1975.

19. Számadó 1999; Lachmann, Szamado, and Bergstrom 2001; Pentland and Heibeck 2010, 17.

20. Eibl-Eibesfeldt 2009, 246; Brown 1991.

21. 비밀스럽게 이성에게 작업을 거는 행위에 대해서는 Gersick and Kurzban (2014) 참조.

22. Eibl-Eibesfeldt 2009, 239-43.

23. Ibid., 240-41.

24. Hall 1966, 113-29. Hall은 공적 거리, 사회적 거리, 개인적 거리 그리고 친밀한 거리, 네 가지 종류의 거리가 존재한다고 주장한다. 거리의 정확한 정의는 문화와 맥락에 따라 달라지지만 낯선 사람과의 사

이에서 존재하는 거리는 곧 연인이 될 사람 사이에 존재하는 거리와는 완전히 다르다.

25. Eibl-Eibesfeldt 2009, 243. 리드미컬한 춤은 배우자에게 적합성을 과시하기 위한 수단으로도 사용된다. e.g., Hugill, Fink, and Neave (2010) 참조.

26. Eibl-Eibesfeldt 2009,239.

27. Brown 1991.

28. Buss 2002.

29. Fine, Stitt, and Finch 1984.

30. 악수와 같이 성적인 목적이 아니더라도 사람들은 페로몬을 사용한다 (Frumin et al. 2015).

31. Wedekind et al.1995.

32. Savic, Berglund, and Lindström 2005.

33. Zhou et al. 2014.

34. 사람 사이에서 발생하는 그루밍 행위에 대해서는 Nelson and Geher 2007 참조.

35. Dunbar 2010.

36. Ibid., Sugawara (1984) 인용.

37. Navarro 2008, 93.

38. Eibl-Eibesfeldt 2009, 452-55.

39. Lakoff and Johnson 1980.

40. Online Etymology Dictionary, s.v. "confrontation," www.etymonline.com.

41. Johnstone, Keith. 2015. Impro: Improvisation and the Theater. New York: Routledge.

42. Wikipedia, s.v. "Hand-kissing," 마지막 수정일: February 10, 2017, https://en.wikipedia.orgwiki Hand-kissing.

43. 종종 우리는 마치 지위가 객관적인 속성이나 셀 수 있는 수량인 것처럼 어떤 사람이 높은 지위를 '가지고 있다' 또는 높은 지위에 '있다'라고 말한다. 하지만 가장 좋은 방법은 지위를 문맥적으로 다루는 것이다. 어느 한 공간에서는 지위가 높은 사람일 수도 있지만 다른 곳에서는 지위가 낮은 사람이 될 수도 있다. '높은 지위에 있는 사람', '낮은 지위에 있는 사람'이라는 말을 사용할 때, 지위란 상대적이라는 사실을 염두에 둬야 한다.

44. Jordania 2014.

45. Giles, Coupland, and Coupland 1991, 33.

46. Johnstone 1985, 59; Ardrey 1966, 48; Pentland and Heibeck 2010, 6-7.

47. Gregory and Webster 1996; 연봉 협상과 관련해서도 비슷한 결과가 나왔다. 이에 대해서는 Pentland and Heibeck (2010) 참조.

48. Gregory and Gallagher 2002.

49. Henrich and Gil-White 2001.

50. Ibid.

51. Ibid.; Mazur et al. 1980; Harris 2006, 178.

52. Henrich and Gil-White 2001.

53. Dovidio and Ellyson 1982; Exline, Ellyson, and Long 1975; Ellyson et al. 1980.

54. Mlodinow 2013,122.

55. Exline et al. 1975.

56. Exline et al. 1980.

57. Dovidio et al. 1988.

58. 성적 질투심, 연합 정치, 지위 경쟁은 이에 대한 규제하지 않는 집단에게 매우 해로운 것이다.

59. Knapp 1972, 91 - 92.

60. 물론 다른 이유도 존재한다. 학교는 보디랭귀지 외에도 사회적 기술을 학습할 기회를 제공하지 않는다. 그리고 비언어적 의사소통을 아이들에게 가르치게 되면 더불어 기만하는 법까지 배울 수 있다. 기본적인 원리를 이해한다면 얼마든지 보디랭귀지를 통해 다른 사람들이 자신의 의도를 오해하게끔 만들 수 있기 때문이다.

8장 웃음

1. "웃음"이라는 단어는 고대 영어 hliehhan에서 파생된 것으로, "하하하"와 같이 웃음 소리를 의성어로 표현한 것이다.

2. Kozintsev: 전통적으로 웃음은 태어난 지 1~4개월 된 신생아(미소를 지은 한 달 후)에게 처음으로 목격된다는 주장이 팽배했지만, 최근에는 태어난 지 17~26일 정도된 신생아에게도 웃는 모습이 목격되었다 (Kawakami et al., 2006)" (2011, 98).

3. Black 1984; Provine 2000, 64.

4. 두 가지 비자발적 사회적 행동은 얼굴을 붉히는 것과 우는 것이다. Darwin은 얼굴을 붉히는 것에 대해 "모든 표현 중 가장 특이한" 표현이라고 일컬었다 (2012, ch. 13). 우는 것과 눈물에 대해서는 Vingerhoets (2013) 참조.

5. 물론 우리는 웃는 것을 의식적으로 그리고 고의적으로 어느 정도 통제할 수 있다. 예를 들어 억지로 웃을 수도 있고 웃음을 억지로 참을 수도 있다. 하지만 주로 부자연스러운 결과가 나타난다. 억지로 웃는 것과 웃음을 참는 것은 일반적인 행위라기보다 예외에 가깝다.

6. Morreall 1987; 놀이 시그널로서의 최초의 웃음 발현은 Sully (1902) 참조.

7. 1989년까지만 해도 동물 행동 분야에서 놀라운 업적을 일군 학자 중 한 명인 Irenäus Eibl-Eibesfeldt는 웃음은 오래된 형태의 공격일지도 모른다고 주장했다. 그는 "(웃음의) 리드미컬한 소리는 하급 영장류들이 내는 위협적이고 공격적인 소리와 비슷하며 (웃을 때) 이빨이 드러나는 것도 물려는 의도에서 비롯된 것일 수 있다"라고 말했다 (Eibl-Eibesfeldt 2009).

8. Immanuel Kant는 우리의 생각 속의 움직임과 신체적 기관의 움직임이 "조화롭게" 서로 반영되는 것으로부터 웃음이 비롯된다고 주장했다. 이는 그 당시에도 충분히 의심을 받을 만한 주장이었다. 이런 주장에 따르면 우리의 생각을 마구 뒤흔드는 농담은 동시에 우리의 횡격막을 뒤흔들어야 말이 된다. 하지만 모두들 이것은 말도 안 되는 주장이라는 것을 알고 있다.

농담에는 순간적으로 우리를 속이는 무언가가 있음이 틀림없다. 그렇기에 농담의 허상이 사라지고 나면 우리의 마음은 허상을 다시 시험을 해보기 위해 그 농담을 떠올린다. 그러고는 긴장과 이완이 빠르게 번갈아 발생하며 마음은 앞뒤로 동요하는 상태에 놓이게 된다... 우리의 생각과 신체 기관의 움직임이 조화롭게 서로를 반영한다는 것을 인정한다면 마음이 갑작스럽게 하나의 관점에서 다른 관점으로 전환되는 현상은 탄력 있는 신체 기관이 긴장과 이완을 반복하는 것으로 이어진다는 사실을 쉽게 이해할 수 있다. 그리고 이러한 신체 기관의 반복적인 긴장과 이완은 횡격막으로 전달되고, 간지럼을 타는 사람이 느끼는 느낌을 유발한다.

9. Provine 2000, 24.

10. Ibid., 45.

11. Ibid., 137–42. 웃음 트랙은 오늘날 예전만큼 많이 사용되지 않는다. 하지만 웃음 트랙이 가장 많이 사용되었던 1960년대에도 영화보다는 라디오와 TV에서 주로 사용되었다. 영화는 많은 관중을 대상으로 영화관에서 시청되기 때문에 가짜 웃음이 불필요하기 때문이다.

12. Provine 2000, 93; Plooij 1979. 아빠가 세 살이 된 딸을 공중으로 높이 들어올렸다가 다시 잡는 모습에서도 이와 비슷한 웃음의 통제 기능을 볼 수 있다. 만약에 아이가 웃는다면 아빠는 아이가 그 놀이를 재미있어 하고 계속하고 싶어 한다는 것을 알 수 있다. 하지만 반대로 소리를 지르거나 울음을 터뜨린다면 아빠는 당장 멈춰야 한다는 것을 알 수 있다.

13. Eastman 1936.

14. Ross, Owren, and Zimmermann 2010.

15. Provine 2000, 76, 92.

16. Ibid., 96.

17. Ibid., 92.

18. Kozintsev 2010,109.

19. Eastman 1936, 9.

20. Ibid.

21. Ibid., 15.

22. 물론 놀이를 통해 동물은 그 자신과 자신이 속한 환경에 대해 배울 수 있다는 점에서 기능적이다. 반면에 놀이가 행해지는 그 맥락 내에서는 실용적인 기능을 전혀 하지 않는다는 점에서 비기능적이다.

23. Akst 2010.

24. Bateson 1955.

25. Pellis and Pellis (1996) 또한 맥락상 단서의 중요성을 강조한다.

26. Bekoff 1995.

27. Provine 2000, 77.

28. Flack, Jeannotte, and de Waal 2004.

29. Eibl-Eibesfeldt 2009.

30. 우리는 종종 우리의 행동이나 우리와 함께 놀고 있는 사람의 행동에 대한 반응으로 웃는 것이 아니라 단순히 그와 전혀 관계 없는 행동이나 사건에 웃기도 한다. 만약에 비행기에서 친구와 함께 대화를 나누다가 비행기가 갑자기 잠시 흔들렸다면 픽 웃음이 나올 수도 있다. 약간 놀라고 무섭긴 했지만 지금은 안전하고 괜찮다는 사실을 친구에게 알리기 위해서이다.

31. Grice 1975; Dessalles 2007.

32. 아이들은 필요보다 약간 더 많이 웃도록 진화했을지도 모른다. 아마도 부모의 눈에 보이지 않더라도 괜

찮다는 것을 알리기 위해서일지도 모른다. 하지만 나이가 들면서 우리는 완전히 직접적인 관계가 있을 때에만, 예를 들어 언짢은 상황이 발생했을 때에만 놀이 시그널을 표현하는 등 효율적으로 의사소통을 하는 방법을 배우게 된다.

33. 몇몇 학자들은 우리는 말장난은 단어와 문장이 하나의 명확한 의미를 가져야 한다는 언어적 규범을 위반하기 때문에 말장난에 웃는다고 주장한다. 그럴듯한 주장이긴 하나 그 외에도 말장난을 하는 사람에게 우리가 그 말장난을 이해했다는 의미로 웃을 수도 있다.

34. Kozintsev 2010, 92–9. 또 다른 유사점은 유머와 웃음의 관계는 사탕과 단것에 대한 미각의 관계와 비슷하다는 것이다. 우리가 사탕을 핥는 순간, 사탕은 우리가 단맛을 느끼도록 만든다. 하지만 동시에, 단맛을 선호하는 입맛은 사탕을 먹기 훨씬 이전에 발달되었다. 사탕은 그저 우리의 미각에 즐거움을 선사하기 위해 만들어진 제품일 뿐이다. 이와 비슷하게 유머는 (사탕처럼) 우리의 마음을 즐겁게 하기 위해 만들어진 문화적 가공품인 셈이다.

35. 한 명만 있어도 괜찮다.

36. '금고' 비유는 성적 흥분에도 적용될 수 있다. 성적 흥분을 이끌어 내기 위해서도 사람마다 각기 다른 비밀번호가 필요하기 때문이다.

37. Eastman 1936.

38. 가치를 저장하는 곳 그리고 회계 단위로도 인정할 수 있다. 이런 특성들이 모두 합쳐져서 '돈'이라는 것을 정의하게 된다.

39. Duhigg 2012.

40. Provine 2000, 3. 전체 인용구: "웃음은 대부분 계획되지 않고 검열되지 않은 것이기 때문에 사회적 관계를 들여다볼 수 있는 강력한 장치가 될 수 있다."

41. McGraw and Warren (2010): "호의적 위반 이론에 따르면 유머를 이끌어내기 위해서는 세 가지 조건이 동시에 충분히 충족되어야 한다. 상황이 위반과 호의적인 것으로 평가되어야 하고, 이 두 가지 평가는 동시에 일어나야 한다."

42. 농담의 종결(이 인종차별주의자 같으니라고!)에는 웃을 수 있는 요소가 추가적으로 존재한다. 메리는 존을 인종차별주의자라고 부르지만 존과 메리는 친한 친구이고 메리는 그저 장난치고 있다는 사실이 명백하다. 따라서 존은 더더욱 농담으로 받아들이고 웃을 수 있는 것이다.

43. Branigan 2014.

44. Trope and Liberman 2010.

45. Wikiquote, "Mel Brooks," 마지막 수정일: April 18, 2016, https://en.wikiquote.orgwikiMel_Brooks.

46. South Park, 시즌 6 에피소드 1, "Jared Has Aides."

47. Wikiquote, "Comedy," 마지막 수정일: January 7, 2017, https://en.wikiquote.org wikiComedy.

48. 세 명의 여학생들은 매기를 완전히 그들의 관심 밖의 인물로 생각하지는 않는다. 단지 장난스러운 분위기에서 벗어나기 위해서는 매기가 넘어지는 것보다는 훨씬 더 심각한 사건이 필요할 뿐이다. 만약에 매기가 넘어져서 매기의 목이 부러졌다면 여학생들은 웃거나 웃음을 참으려고 하지는 않을 것이다. 이렇게 심각한 상황에서는 단번에 살벌한 분위기로 전환되었을 것이다.

49. Kozintsev 2010, 108.

50. Chwe 2001.

51. Brown 2011, 61.

52. Burr 2014.

53. Sullivan 2014.

54. Oscar Wilde가 한 말인지에 대해서는 논란이 있다. O'Toole 2016 참조.

9장 대화

1. Corballis 2008; Stam 1976, 255.

2. Dunbar 2004.

3. Miller 2000, ch. 10: 구애; Locke 2011; Dunbar 2004: 뒷담화; Flesch 2007: 스토리텔링.

4. Dunbar: "자유롭게 오가는 자연스러운 대화 속의 언어는 주로 사회적 정보 교환을 위해 사용된다" (2004).

5. Carpenter, Nagell, and Tomasello 1998.

6. Miller: "인간의 적응 능력에 대해 가지고 있었던 건강한 존경심이 경외심으로 바뀌면 적응을 가능케 한 선택 압력을 이해하기 위한 어떠한 진전도 경험할 수 없다" (2000, 345).

7. Uomini and Meyer (2013) 빠르면 175만 년 전이라고 주장한다.

8. Miller: '언어 진화 이론' 중 비용이 소요되지만 한편으로는 이득도 있는, 새롭고 복잡한 정신적 역량이 진화하기 위해 필요한 유전적 돌연변이의 점진적 축적을 선호하는 선택 압력은 극히 소수다" (2000, 345).

9. 비용에는 청자로서 상대의 말을 듣는 데 소비하는 시간과 칼로리, 잠재적인 방해 요소(청자로서 집중하는 동안 위험과 기회가 존재하는 환경을 신경쓰기 어렵다는 사실)가 포함된다.

10. 반면에 눈은 50개 이상의 동물적 계통에서 독립적으로 진화했다. Land and Nilsson 2002 참조.

11. Dessalles, (2007, 320), "관심이 가는 것이라면 어떤 것이든 자신만 알고 있기보다는 집착적으로 다른 사람과 공유하려고 하는 인간의 행동은 설명을 필요로 한다" (ibid., 321).

12. Ibid., 320,325.

13. 혈연 선택으로 인한 다른 이득이 존재하겠지만 대부분 인간의 대화에서는 사소한 것으로 여겨진다.

14. Dessalles 2007; 화자가 아닌 청자가 속임수를 감지한다.

15. Ibid., 339.

16. Miller 2000, 350.

17. Dessalles 2007, 338.

18. Miller 2000, 350 – 51.

19. Grice 1975; Dessalles: "대화의 변수로서 연관성은 어디에나 존재하고 꼭 필요한 조건이다. 극단적인 예를 들어보자면, 하는 발언마다 대화의 주제와 관련이 없는 말을 하는 사람은 정신적인 질병을 앓고 있는 사람으로 간주된다" (Dessalles 2007, 282).

20. Dessalles 2007, 337.

21. 두 가지 이론의 가장 큰 차이점은 (Dessalles의 이론과 달리 Miller의 이론에 따르면) 화자가 추후 교류에서 동맹으로서의 자신의 가치뿐만 아니라 자신의 유전자의 우수함을 자랑할 수 있다는 것이다.

22. 이것은 충분히 감사할 만한 상황이고 상대에게 보답을 할 만하다.

23. 11장에서 이와 비슷한 상황을 살펴볼 것이다. 즉, 예술품 그 자체에도 가치가 있지만 예술 작품(그리고

예술 작품을 만들어낼 수 있는 능력)을 통해 예술가의 가치가 더욱 드러나는 경우이다.

24. Miller 2000, 351.

25. Ibid., 355 – 6.

26. Dessalles (2007, 349 – 55)은 대화의 기술, 특히 지속해서 무엇이든 가장 먼저 알 수 있는 능력은 연합의 리더를 선출할 때 유용한 기준이라고 말한다. 선출된 리더는 전체 연합을 대신하여 결정을 내릴 사람이기 때문이다.

27. Burling 1986.

28. Locke 1999, 2011.

29. 화자를 평가하는 청자와 같이 그가 어떻게 매번 당신에게 필요하고, 유용하고 새로운 도구를 책가방에서 꺼낼 수 있었는지에는 큰 관심이 없다. 그는 책가방을 뒤지는 사이에 무에서 유(새 모이통)를 만들어 냈을지도 모른다(과거 언젠가 수집한 완성품을 꺼낸 것이 아니라). 어쨌든 당신이 필요한 것을 지속적으로 제공할 수 있다면 그와 계속 함께 지내고 싶을 것이다.

30. 이렇게 무작위로 넓고 깊게 접근하는 것은 이스라엘 공항 보안 경비원들이 테러리스트를 색출하기 위해 사용하는 전략과 비슷하다. 만약에 방문자들에게 "방문의 목적이 무엇입니까?" 또는 "방문 기간 동안 어디에 머물 예정입니까?"와 같은 뻔한 질문들만 묻는다면 대답하는 사람들은 쉽게 답변을 꾸며낼 수 있을 것이다. 대신 무작위로 방문자를 선택해서 심도 깊은 질문들, "화요일에는 무엇을 했습니까?", "박물관에 줄이 길었습니까?", "사람들이 줄을 구불구불하게 섰습니까 아니면 일자로 섰습니까?"와 같은 질문을 묻는다면 누가 거짓말을 하고 있는지와 누가 진실을 말하는지를 쉽게 판단할 수 있다.

31. Dessalles 2007, 348, 352.

32. BrainyQuote, s.v. "Thomas Jefferson," BrainyQuote.com, Xplore Inc, 2017. https://www.brainyquote.comquotesquotestthomasjeff106229.html, accessed March 3, 2017.

33. Stephens 2007, 7, 8.

34. Ibid., 10.

35. Ibid.

36. Arrow et al, 2008.

37. Trivers 2002.

38. Macilwain 2010.

39. Dessalles 2007, 337 – 8; 학계와 뉴스의 가장 큰 차이점은 학계 내 위신은 대부분 명성 있는 훌륭한 엘리트의 존경심을 얻음으로써 생기는 반면 뉴스와 관련된 위신은 많은 관중의 폭넓은 존경심을 얻음으로써 생긴다는 것이다.

40. Miller 2000, 350.

41. Pfeiffer and Hoffmann 2009.

42. Alston et al. 2011 대부분의 경우와 마찬가지로 연구 분야에서도 노력을 찾아보기가 점점 어려워지고 있다.

43. The Defense Advanced Research Projects Agency (DARPA)는 미국 국방부에 소속된 미군 관련 기술 연구개발기관이다.

44. Hanson 1995, 1998.

45. Bornmann, Mutz, and Daniel 2010.

46. Peters and Ceci 1982.

47. Nyhan 2014.

48. 혹시 독자들이 궁금해할까 봐 덧붙이자면 돈 때문은 아니다. 인세로는 저자들이 이 책에 쏟은 시간과 노력을 정당화할 수 없다.

10장 소비

1. Keynes 1931, 358 – 73.

2. Harvard Business School에서 1,000명의 전문가를 대상으로 조사한 결과, 94%가 일주일에 최소 50시간 이상 근무했으며, 거의 절반이 65시간 이상 근무한 것으로 나타났다. 다른 연구에 따르면 대학 교육을 받은 미국 남성 중 꾸준히 일주일에 50시간 이상 근무하는 남성의 비율은 1979년 24%에서 2006년 28%로 증가했으며, 최근 조사에 따르면 스마트폰을 사용하는 사람들 중 60%는 하루에 13.5시간 이상 스마트폰을 통해 업무를 처리한다. 유럽은 과로 문제를 심각하게 여기고 노동법을 통해 예방에 힘쓰지만, 영국에서는 10명 중 4명이 한때 '미국병'으로 알려진 병의 피해자이며 이들은 일주일에 60시간 이상을 일한다고 한다 (The Economist 2014).

3. 우리가 지위를 놓고 경쟁하는 또 다른 중요한 방법은 과시적 소비와 더불어 과시적 생산을 하는 것이다. 즉 눈에 띄는 일을 하는 것이다. Avent (2016) 참조. 또는 Venkatesh Rao가 말하듯, "우리는 직업을 찾기 위해 '여러 군데 돌아다닌다'. 자신이 근무할 수 있는 유명 브랜드를 찾아 다니고 직장에서 '성취감'을 찾는다. 유명한 사람과 일할 기회가 주어진다면 임금 삭감도 기꺼이 받아들인다. 일을 단지 패션 액세서리 그리고 대화의 주제거리로 여기는 것이다" (Rao 2013). 하지만 이번 장에서는 소비의 측면에만 초점을 맞춘다.

4. 실제로 Veblen은 Keynes의 주장에 대한 "반박"을 정확히 예측했다. Veblen은 "산업 효율성이 높아지면서 노동력을 적게 들여 생계를 영위할 수 있게 되었고, 지역사회의 근면한 구성원들의 에너지는 보다 안락한 생활로 이어지지 않고 오히려 과시적 지출로 이어지게 되었다" (Veblen 2013, ch. 5).

5. 우리의 감정과 사고와 관련된 습관은 너무나도 잘 훈련되어 있고 부와 사회적 환경에 맞춰 잘 조율되어 있기 때문에 어느 정도 자동으로 구매 결정을 내릴 수 있게 되었다. 그렇다면 다른 관점으로 상황을 바라보고 내리지 않았던 선택을 내렸더라면 어땠을까 하는 상상을 함으로써만 우리는 우리의 결정 이면에 숨겨진 큰 그림의 논리를 엿볼 수 있다.

6. Griskevicius, Tybur, and Van den Bergh 2010; Kenrick and Griskevicius 2013, 147 – 50.

7. 지위에 관한 동기를 부여하기 위해 피험자들에게 새로운 직장에서의 첫날에 대한 간략한 허구의 시나리오를 읽도록 했다. 이 시나리오에는 상사에게 좋은 인상을 남기고 직장 내에서 빨리 지위가 높아지는 것과 관련된 내용이 담겨 있었다.

8. Griskevicius et al. 2010.

9. DeMuro 2013.

10. Sexton and Sexton 2014.

11. Per Miller: 우리가 그토록 보여 주길 원하는 특성은 개인마다 가장 다르고 우리의 사회적 능력과 선호도를 가장 잘 나타낼 수 있는 안정적인 특성이다. 건강, 생식력, 미와 같은 신체적인 특성, 양심, 호감도, 새로운 환경에 대한 개방성과 같은 성격과 관련된 특성, 지능과 같은 인지적인 특성이 있다. 사람들은 바로 이런 생물학적 덕목을 자랑하길 원하고, 이런 특성을 자랑하는 것은 친구, 배우자, 동맹으로

부터 존중, 사랑, 지지를 이끌어 내기 위한 무의식적인 기능과도 같다. 그리고 이런 특성과 우리가 이런 특성을 자랑하길 원하는 마음은 마케팅 담당자들이 그토록 이해하길 원하는 '잠재적 동기'와 깊은 연관이 있다 (2009, 15).

12. 물론 이처럼 간단하지만은 않다. 미국의 서부 지방에서 데님이 어떻게 사용되는지 등 많은 역사적인 사건을 통해 청바지의 상징적인 가치를 알 수 있다. Davis (1994, 69-77) 참조.

13. Schor 1998, 48, 54.

14. 10대들은 자신의 라이프스타일과 관련된 정체성을 만들어가고 자신의 라이프스타일에 긍정적인 반응을 해주는 친구를 찾는 과정 중에 있기 때문에 이러한 문화적 연관성에 대해 민감하다. 하지만 이미 생각과 라이프스타일이 고착된 어른들은 자신이 속한 문화에 너무나도 안정적으로 자리 잡고 있기 때문에 애초에 그 문화를 얼마나 신중하게 선택했는지 인지하지 못한다.

15. 물론 이런 실험은 다른 사람들과 함께 외식을 한다든가, 친구와 콘서트에 간다든가, 여행을 간다든가 하는 다른 사람과 같이 공유하는 경험을 설명하기에는 부족하다.

16. Miller 2009, 20; Schor 1998, 45-7; "사회적 제품"과 "비사회적 제품"의 차이에 대해서는 Chwe (2001, 47-49) 참조. Chwe는 Xbox와 신용카드와 같은 네트워크 효과 제품을 "사회적 제품"으로 분류한다.

17. 우리는 우리의 만족을 위해 보석을 원한다고 할 수도 있겠지만 보석을 원하고 가졌을 때의 기쁨은 보석을 한 우리의 모습을 다른 사람이 보고 어떻게 반응할지 상상하는 데서 온다.

18. Cf. Veblen: "대부분 계급의 실제 가정 생활은 다른 이들의 눈에 보이는 화려한 부분에 비해서 상대적으로 초라하다" (2013, ch. 5).

19. Schor : "입었던 옷을 다시 입지 않는 빈도를 통해 그 사람의 계급을 알 수 있다. 특별한 날마다 같은 옷을 입고 가는 것은 부유한 사람들 사이에서는 부끄럽게 여겨진다. 직장에 같은 옷을 너무 자주 입고 가는 것도 금기시된다" (1998, 37).

20. Schor 1998, 56-60.

21. 2017년 1월 1일 기준으로 검정색 Hanes Men's ComfortSoft 티셔츠 4장은 $15.42에 판매되고 있다.

22. 비록 이런 시그널링 방식은 소비자의 사회적인 또래 집단 내에서는 공통적으로 이해되어야 하지만 메시지를 전달하기 위해서 실제 제품이 꼭 필요하지는 않다 (Miller 2009, 97-98).

23. Hollis 2011.

24. Davison 1983.

25. Miller 2009, 98; Chwe 2001, 38.

26. Chan 2009.

27. 영국에서는 Lynx로 알려져 있다.

28. Schor 1998, 45-48.

29. Nielsen (2016)에 따르면 2016년 2월 7일 열린 제50회 Superbowl에서 정확히 5,430만 가구에게 광고가 노출되었다.

30. 물론 다른 차이점도 있다.

31. Chwe (2001, 37-60). 물론 이처럼 간단하지만은 않다. 엄청나게 유명한 TV 프로그램과 같은 변수가 존재하기 때문이다. 하지만 Chwe는 광고주들은 시청자의 수에 따라 더 많은 비용을 지불한다고 주장한다 (Chwe 2001, 49-60 참조). 물론 사회적 시그널링 외에도 네트워크 효과가 존재하기 때문이다. 예를 들어 많은 게이머들이 Xbox를 구매해야만 Xbox는 비디오 게임 회사에게 Xbox 플랫폼에 출시될 게임

을 개발해 달라고 요청할 수 있다.

32. Miller : "모든 광고는 두 종류의 사람을 대상으로 한다. 제품을 구매할 가능성이 있는 사람과 제품을 구매한 사람을 볼 가능성이 있는 사람이다" (Miller 2009, 99).

33. Miller 2009, 99.

11장 예술

1. E. O. Wilson 2012, 279; Miller 2000, 260.

2. Aubert et al. 2014.

3. Balter (2009): 암각화; Power (1999, 92-12): 석간주 보디 페인팅.

4. Brown 1991, 140.

5. Dissanayake 1980.

6. Ibid.

7. Gallie 1955.

8. Dissanayake 1980; Eibl-Eibesfeldt 2009, 677.

9. Changizi 2010.

10. "여기서 기능이란 생물학적인 맥락에서의 기능을 의미한다. 간단히 말하자면 어떠한 특성의 기능은 그 기능이 집단 내에서 진화하고 지속될 수 있었던 효과를 의미한다. 이 효과 덕분에 그 특성을 가진 개체는 적합성 측면에서 이득을 볼 수 있다" (Mercier and Sperber 2011).

11. Pinker 1997, 534.

12. Brown 1991, 140; Dissanayake 1988; Dissanayake 1992, Miller 2000, 259.

13. Miller: "Ernst Grosse는 1987년 출간된 그의 저서 The Beginnings of Art에서 예술의 낭비성에 대해 말하며, 자연 선택이 '실용적인 재능을 가진 사람들을 위해 그렇게 목적 없이 자신의 힘을 낭비하는 사람들을 오래 전에 도태시켰을 것이며 예술은 그렇게 풍부하게 발전할 수 없었을 것이다'라고 말했다" (2000, 260).

14. Dissanayake 1988, 1992.

15. Cochran and Harpending 2009.

16. Rowland 2008, 1. 3개의 종을 제외하고 모든 종이 일부다처제이며 정자를 만든다 (Miller 2000, 268).

17. Miller 2000, 268.

18. Rowland 2008, 1.

19. Miller 2000, 269.

20. Borgia 1985.

21. Zahavi 2003.

22. 수컷 바우어새에게도 어떤 정자가 좋은 정자인지 알아볼 수 있는 안목이 필요하다. 실제로 자신이 좋은 정자를 만들어야 하기도 하고 견제해야 할 정자가 어떤 것인지 알아야 하기 때문이다. 그리고 암컷 바우어새와 마찬가지로 수컷 바우어새는 다른 수컷의 정자를 직접 방문해 보기도 한다. 실제로 수컷 바

우어새는 완전히 성장하기 전에 암컷과 구별이 거의 불가능하기 때문에 다른 수컷의 정자를 방문하기에 훨씬 용이하다.

23. Uy, Patricelli, and Borgia 2000.

24. 하지만 Miller에 따르면 "역사를 보면 널리 알려진 예술 작품을 만든 이들은 거의 성인 남성들이다" (2000, 275).

25. 종종 "적합성 지수"라고 불리기도 한다. e.g., Miller (2009, 12 - 13, 90 - 92) 참조.

26. Miller 2009, 100 - 104. 다른 적합성-과시 기능에는 가족 구성원들의 지지를 이끌어 내고, 포식자와 기생충을 억제하고, 라이벌 집단을 위협하는 것이 있다.

27. Miller: "타는 듯한 느낌은 '이 척수 반사신경은 뜨거움을 제공하는 출처로부터 사지를 빼낼 수 있는 속도를 극대화하기 위해 진화했다'라는 메시지를 전달하지 않는다. 단순히 뜨거우면 아프기 때문에 손을 재빨리 빼내는 것이다" (2000, 275 - 76).

28. 그림의 액자, 그림을 비추는 조명 그리고 그림이 전시되는 벽도 포함할 수 있다. 이 모든 것들이 그림을 감상하는 지각적인 경험의 일부이기 때문이다.

29. Smith and Newman 2014.

30. Newman and Bloom (2012)은 일반 사람들은 원본에 비해 복제품을 훨씬 더 낮게 평가한다는 실험 결과를 제시했다.

31. Prinz 2013.

32. Miller 2000, 281.

33. Ibid., 282.

34. Wallace 2004.

35. Lewis 2002, 317.

36. Miller 2000, 286.

37. Ibid., 286 - 87; Benjamin 1936.

38. Veblen 2013, ch.6.

39. Miller 2000, 287.

40. 합성 보석에 대해서는 Miller (2009, 95) 참조.

41. Trufelman 2015.

42. Lurie 1981, 138 - 39.

43. Ibid., 115 - 53.

12장 자선

1. Singer 1999.

2. Singer 1972.

3. GiveWell에 따르면 말라위 또는 콩고 민주 공화국의 한 아동을 살리는데 약 $3,500가 필요하다고 한다. 4년제 대학 학비에 $200,000가 소요된다고 추정하고 계산해서 나온 숫자이다 (GiveWell 2016).

4. Singer 2009, 81 – 4.

5. Ibid.

6. Ibid.

7. "아이 한 명을 살리기 위해 드는 비용은 $3,500으로 추정된다" (GiveWell 2016). GiveWell이 제시한 이 추정치는 계산 모델에 따라 주기적으로 변동한다.

8. Singer 2015.

9. White (1989, 65–71); Sullivan (2002) 참조 (Peloza and Steel (2005)에 인용됨).

10. Giving USA 2015.

11. 미국인들은 2014년에 자선 단체에 $3,580억을 기부했다 (Giving USA 2015). 2013년에는 이 중 $390억이 개발도상국을 돕는 데 사용되었다. 이 기부금은 모두 개인이 기부한 금액이다. 2011년, 연방 정부는 대외 원조를 목적으로 $310억을 추가로 지원했다 (Center for Global Prosperity 2013).

12. Hope Consulting 2010.

13. Desvousges et al. 1992.

14. Kahneman and Frederick 2002.

15. Baron and Szymanska 2011; Fox, Ratner, and Lieb 2005.

16. Miller 2000,323.

17. Ibid.

18. 경제적인 용어로 말하자면 "공공재를 공급하기 위해서"이다.

19. Andreoni 1989, 1990.

20. Baron and Szymanska (2011): "따뜻한 만족의 정도는 좋은 일을 할 때마다 일정하게 나타날 수 있다 (Margolis, 1982)."

21. 엄밀히 따지면 Andreoni의 모델은 따뜻한 만족을 '왜' 경험하게 되는지는 설명하지 못한다. Andreoni의 모델을 비판하려는 의도는 아니지만 이 이론이 설명하지 못하는 부분을 한번쯤은 생각해 보길 원한다. 이 이론과 비슷한 피상적인 심리적인 이유를 제시하는 예시는 Niehaus (2013)를 참조.

22. Jackson and Latané 1981.

23. Bull and Gibson–Robinson1981.

24. Hoffman, McCabe, and Smith 1996.

25. Haley and Fessler (2005); Rigdon et al. (2009). Nettle et al. (2013)에 따르면 눈을 맞출 곳이 있을 때 기부의 확률은 높아졌지만 평균 기부금액은 증가하지 않았다.

26. Grace and Griffin 2006; Miller 2000, 323.

27. Glazer and Konrad 1996.

28. Andreoni and Petrie 2004.

29. Miller 2000, 323.

30. Glazer and Konrad 1996; Harbaugh 1998.

31. Polonsky, Shelley, and Voola 2002.

32. Bekkers 2005; Bryant et al. (2003) 참조.

33. Bekkers 2005.

34. Carman 2003.

35. Ibid.

36. Meer 2011.

37. Baron and Szymanska 2011.

38. Giving USA 2015.

39. Charness and Gneezy 2008. 이름을 대는 것은 (게임이론의) 독재자 게임에서는 사람들을 더욱 관대하게 만들 수 있지만 최후통첩 게임에서는 그렇지 않다.

40. Schelling, Bailey, and Fromm 1968. 상대에 대한 정보가 없을 때에도 사람들은 친절함을 베풀 상대가 미리 정해지면 더욱 관대해진다. Small and Loewenstein (2003) 참조.

41. O'Toole 2010b.

42. United Way 2016.

43. Barrett 2015.

44. Kiva 2017.

45. AMF가 추후 모기장을 제공할 국가에서 모기장 하나당 평균 비용이 $5.31라고 할 때, AMF가 제공하는 살충 모기장을 통해 목숨을 구할 수 있는 한 명의 아이당 비용은 $2,838로 추정된다" (Givewell 2016).

46. West and Brown 1975; Landry et al. 2005.

47. Iredale, Van Vugt, and Dunbar 2008.

48. Griskevicius, Tybur, and Sundie 2007.

49. 최근 메타 분석(Shanks et al. 2015)은 로맨틱한 동기를 주입하는 실험으로부터 나오는 행동적 효과에 대해 의심을 제기했다. 따라서 Griskevicius의 실험 결과를 잘 판단해서 받아들일 필요가 있다. 하지만 이 실험에서 도출된 결과는 남성은 매력적인 여성이 기부를 요청했을 때 기부를 더 많이 한다는 다른 결과와 일치한다.

50. 피험자들은 돈을 기부하는 대신 노숙자 보호 센터에서 돕는 것과 같은 자원봉사 활동과 물에 빠진 누군가를 구하는 것과 같은 영웅적인 행동에 대해서 답하도록 요구받았다. 남성과 여성은 다른 방식으로 이타주의적 행동을 수행했다. 남성은 영웅적으로 행동하는 경향이 있었고 여성은 자신의 시간을 내주는 식으로 행동했다.

51. West 2004.

52. "그저 돈을 줌으로써 자신의 양심의 가책을 덜고 오로지 사회적 지위가 향상되는 것에만 관심을 두고 자신의 돈이 선의로 사용되든지 그렇지 않든지 신경을 쓰지 않는 백만장자와 논쟁하는 것은 무의미하다. 나는 그저 많은 액수의 돈을 기부하는 것은 누군가가 그 기부자의 성격을 평가할 때 의심의 눈초리로 바라볼 수 있다는 점을 말하고 싶은 것이다. 돈은 돈이 충분히 넘쳐나는 사람에게는 그다지 가치가 없다. 돈을 의미 있게 사용하는 지혜가 그에게 그만큼의 돈이 주어진 이유에 대한 사회적 정당화가 될 수 있다" (Shaw, Finch (2010, 298)에 인용됨).

53. Emerson 1995, 298.

54. 12세기 초, 유대인 철학자 Maimonides는 기부자의 익명성에 따라 '자선의 정도'를 다양하게 나눴다. 기부를 받는 사람에게 기부자가 알려진 자선 행위는 익명으로 진행되는 자선 행위보다 덜 고귀한 것으로 여겨졌다.

55. 진화심리학은 지나치게 이성애에 중점을 두고 있다. (적어도 아직은) 동성애에 대한 이해가 없는 듯 보인다.

56. 이 주장은 조사와 실험 결과에 의해 뒷받침된다. Bekkers and Wiepking 2011, sec. 5 참조.

57. Mother Teresa의 실제 행적이 아무리 수상하다고 해도.

58. Boehm 1999, 70-2.

59. Glazer and Konrad 1996.

60. IGN은 Iodine Global Network의 줄임말이자 GiveWell이 가장 추천하는 자선 단체이기도 하다. 아이오딘 결핍증은 특히 아동에서 인지 장애를 초래할 수 있으며 가장 쉽게 예방할 수 있는 질병 중 하나다. IGN은 1인당 1년에 10센트 정도의 가격으로 소금에 아이오딘을 첨가하는 일을 진행하는 자선 단체이다.

61. 물론 이것은 전략적으로 기부하는 사람은 동정심이 상대적으로 부족하다는 말은 아니다. 단지 계획된 기부를 통해서는 즉흥적으로 동정심을 보여 주기 어렵다는 것이다.

62. Kornhaber 2015.

63. Bertrand Russell의 한 말로 추정되지만 정확한 인용문은 아니다. O'Toole (2013) 참조.

64. Collins 2011. 100년이 지난 후, 일부 자금은 그다음 100년 동안 사용될 수 있을 만큼 남아 있었다.

65. Hanson 2012.

13장 교육

1. 이것은 "인적 자본 모델"이라고 불린다. 즉, 학교는 학생들이 기술, 지식, 습관과 같은 인적 자본을 개발하기 위해 가는 곳이다.

2. Gioia 2016: 입학 통계; Belkin and Korn 2015: 등록금에 대한 사실.

3. 이 수치는 Carnevale, Rose, and Cheah (2011)에서 추가 자료를 얻은 Caplan (2017)로부터 얻은 것이다.

4. 미가공 데이터는 Snyder and Dillow (2011, 228 – 30, 642)로부터 얻은 것이다. Caplan (2017)(초고본): (비)효용성의 판단. 물론 이런 과목을 수강하는 것은 학생들에게 개인적인 성취감을 제공할 수도 있지만 고용주들이 고등교육을 받은 직원을 선호하는지에 대한 이유를 설명하지는 못한다.

5. Snyder and Dillow (2011, 412): 미가공 데이터; Caplan (2017) (초고본): (비)효용성의 판단.

6. Caplan (2017) (초고본) (인용문은 일부 생략되었다). "개요적인 측면을 보려면 Detterman and Sternberg (1993)와 Haskell (2000) 참조. Barnett and Ceci 2002 또한 훌륭한 비판적 리뷰를 제공한다" (ibid.).

7. Pfeffer and Sutton 2006, 38; Hayek et al. 2015.

8. Eren and Henderson 2011.

9. Brown, Roediger, and McDaniel 2014.

10. Gwern 2016.

11. Edwards 2012; 학교 수업을 시작하는 시간을 50분 미루는 것은 (학생의 학업적 수행 측면에서) 교사 자질에서 1 표준편차 증가만큼 효과적이었다는 사실과 관련해서는 Carrell, Maghakian, and West (2011) 참조.

12. 물론 작용할 수 있는 다른 요소들(등하교 버스 스케줄, 방과후 프로그램 등)이 많지만 이런 요소들이 학

습에 영향을 미친다는 증거는 거의 없다.

13. (개인적인 수준과 국가적인 수준에서) 교육에 대한 이 수치는 Caplan (2017, 초고본)으로부터 얻은 것이고, Pritchett (2001); Islam (1995); Benhabib and Spiegel (1994); Krueger and Lindahl (2001, 1125); Lange and Topel (2006, 462–70); de la Fuente and Doménech (2006)와 같은 다양한 출처에서 나온 것이다. 문제가 더욱 복잡해지는 이유는 국민소득이 증가하게 되면 국민의 학교 교육이 더욱 늘어나는 "역인과성"이 존재하기 때문이다 (Bils and Klenow (2000)).

14. Spence 1973. "Nobel Prize"가 아니라 엄밀히 따지자면 "Nobel Memorial Prize in Economic Sciences"이다.

15. 사실 고용주는 자신만을 위해서 직원의 생산성을 평가하고자 하는 것이 아니다. 고객, 공급사, 투자자와 같은 외부 사람들에게 자신의 직원을 자랑하고 싶은 마음도 있다. Robin과 Kevin이 회사에 방문하면 자신의 직원이 얼마나 높은 수준의 교육을 받았는지 자랑하는 고용주들이 꽤 많다.

16. 그녀가 어떻게 좋은 학점을 받을 수 있었을지에 대해서 의심이 들 수 있다. 특별히 지능이 엄청나게 높지는 않지만 남들보다 더욱 열심히 공부를 해서 좋은 점수를 받을 수도 있다. 그렇다면 동일한 태도로 직장에서 업무에 임할 가능성이 높다. 반면에 게으르지만 지능이 뛰어나서 게으름이 전혀 문제가 되지 않을 수도 있다. 어쨌든 그녀의 점수를 통해 그녀는 주어진 일을 충분히 해낼 수 있는 사람이라는 증명된다.

17. Grant Allen가 한 말일 수도 있다. O'Toole (2010a) 참조.

18. Thiel 2014.

19. 정신적 비용에 대해서는 Palo Alto 고등학교 3학년 Carolyn Walworth는 최근에 이렇게 말했다.

"나는 방에 앉아 내가 꼭 들어가야겠다고 마음 먹은 대학교 목록을 쳐다보면서 그 학교에 들어갈 수 있는 확률을 따져 본다. 그럴 때마다 마음이 메말라 가는 것 같다."

그녀는 수업 시간 중 공황 발작을 일으켰고 피로로 인해 생리를 하지 않은 적도 있다고 말했다. 그녀는 "우리는 십대들이 아니다. 그저 경쟁과 증오를 부추기고 팀워크와 진정한 학습의 의미를 퇴색시키는 시스템에 갇힌 생명 없는 몸뚱아리일 뿐이다." (Bruni 2015)

20. 온라인 수업과 관련해서는 Carey (2015) 참조; The Thiel Fellowship, "About," http://thielfellowship.orgabout.

21. Macskássy 2013. 고등학교 졸업생의 경우 확률은 15%로 나타났다.

22. 최근 연구(Bruze 2015)에 따르면 덴마크에서는 사람들이 "개선된 결혼 생활을 통해 자신의 교육 투자수익률 절반 정도에 해당하는 금액을 벌고 있다."

23. Online Etymology Dictionary, s.v. "academy," http://www.etymonline.com index.php?allowed_in_frame=0&search=academy.

24. Wikipedia, s.v. "Prussian education system," 마지막 수정일: February 16, 2017, https://en.wikipedia.orgwikiPrussian_education_system.

25. Kirkpatrick 2010; Wikipedia, s.v. "Pledge of Allegiance," 마지막 수정일: March 3, 2017, https://en.wikipedia.orgwikiPledge_of_Allegiance.

26. Aghion, Persson, and Rouzet 2012.

27. Lott 1999.

28. Diamond 1997.

29. Bowles and Gintis 1976, 40–1.

30. Spring 1973; Braverman 1974; Weber 1976; Brint 2011.

31. 학교가 문화가 미치는 영향력은 개인에 미치는 영향력만큼이나 중요하다. 고대로부터 위신 있는 학교 덕분에 현재 우리(학생, 부모, 사회)는 학교의 길들이기 효과를 용인하고 심지어 높이 평가하는 것일 수도 있다. 학습과 위신의 연관성에 대해서는 Henrich and Gil-White (2001)와 Henrich (2015) 참조.

32. Clark 1987.

33. Ibid.

34. Almås et al.2010.

35. Weber 1976, 330.

36. Ibid., 329.

37. 1989년 뉴욕시의 올해의 교사상 수상 연설에서 John Gatto는 많은 교사들이 알고는 있지만 노골적으로 말하는 것을 꺼리는 사실을 공개적으로 발표했다. "학교와 학교 교육은 점점 더 우리 사회와 무관해지고 있다. 과학 수업을 통해 과학자를, 사회 수업을 통해 정치인을, 영어 수업을 통해 시인을 배출해 낼 수 있다고 믿는 사람은 아무도 없다. 학교는 지침에 복종하는 것 외에는 아무것도 가르치지 않는다" (1990).

38. Gaither and Cavazos-Gaither 2008, 313.

14장 의료

1. World Bank Open Data, http://data.worldbank.org.

2. 이 인용문은 독자에게 더욱 명확하게 전달하기 위해서 편집되었다. 전체 인용문은 다음과 같다:

"내가 살고 있는 곳에서는 아는 사람이 아플 때 음식을 가져다줍니다. 다시 한번 말할게요. 음식을 가져다줍니다. 음식은 마트에 가서 살 수도 있고 누군가를 고용해서 만들 수도 있죠. 하지만 인생에서 꼭 알아야 할 사실 중 하나이니 꼭 기억하세요. 만약에 그 음식을 직접 만든다면 훨씬 더 인정받을 겁니다. 마트에서 사 와서 할머니의 접시 위에 올려놓을 수도 있지만 누군가가 "그 닭 요리 어디서 난건지 알고 있어요."라고 말할 겁니다. 항상 그런 식이니까요" (Robertson (2017)).

3. de Waal (1996)에 따르면 이렇게 누군가를 돕는 행동은 선사시대 그리고 심지어 인류 이전의 과거로까지 거슬러 올라간다. 예를 들어, 네안데르탈인은 집단 내에서 누군가가 다치면 이런 식으로 돌보았다. 성인의 뼈에서 어린 시절 부러진 흔적이 있었던 다리 뼈가 발견되었기 때문에 알 수 있다. 심지어 돌고래, 고래, 코끼리와 같은 비영장류 종에서도 아프거나 다친 구성원을 돌보는 것이 목격되었다.

4. Hanson 2008: "오래전부터 샤먼과 의사는 늘 필요한 존재로 여겨졌지만 오늘날의 의학 역사가들은 이들이 평균적으로 금세기까지는 거의 쓸모가 없었다고 공통적으로 말한다" (Fuchs (1998)).

5. Belofsky 2013, (두부 절개술) 8, (치아벌레) 74-75, (납 보호구) 60.

6. Ibid., 101-102: "메스처럼 생긴 장비를 휘두르면서 의사들은 '톱질하는 동작'으로 상처를 낸다. 그리고 말린 완두콩이나 콩과 같은 이물질들을 상처에 삽입해서 적절한 감염과 진물 배출을 유도한다. 상처가 회복되지 않도록 몇 주 또는 몇 달 동안 상처를 다시 연다."

7. Ibid., 47.

8. Szabo 2013.

9. Margolick 1990.

10. Waldfogel1993.

11. 데이터가 가장 많은 미국을 중점적으로 살펴볼 것이다.

12. Skinner and Wennberg 2000.

13. Mullan 2004; Cutler et al. 2013.

14. Auster, Leveson, and Sarachek 1969.

15. 연령과 성별에 따른 사망률.

16. Fisher et al. (2003); Fisher et al. (2000); "병원이 더 많은 지역에 거주하면 병원 이용률이 훨씬 더 증가하게 된다. 사회경제적 특성과 질병 부담과 같은 요소를 통제하고 나서도 이러한 결과가 나타났다. 병원 이용률은 증가한 반면 사망률 측면에서는 큰 이득이 없었다."

17. Byrne et al. 2006.

18. Skinner and Wennberg 2000. 이 결과는 아무런 변화가 일어나지 않았다고 봐도 무관하다. 이 데이터 세트의 크기 때문에 연구자들은 환자의 연령, 성별, 인종, 거주 지역, 교육, 빈곤, 소득, 장애, 결혼 및 고용 상태 그리고 병원 지역별 질병률을 포함한 많은 요소를 제어할 수 있었다.

19. 95% 신뢰 구간에서. 여기서는 "추가 사망률 1%당 50일 손실"이라는 법칙을 사용하고 있다.

20. Skinner and Wennberg 2000.

21. Hadley 1982.

22. Brook et al. 2006; Newhouse and Insurance Experiment Group 1993.

23. 일부 보조금을 받은 집단에는 주어진 해에 환자가 최대 금액을 지불하면 치료에 필요한 나머지 비용은 무료인 "최대 지출" 혜택을 받은 사람도 포함되었다.

24. Manning et al. 1987.

25. 보험에 포함된 모든 서비스의 총 달러 가치로 측정된다. Ibid.

26. 안타깝게도 RAND 연구는 사망률에 미치는 영향을 파악할 수 있을 만큼 진행되지 않아서 실험 중반부의 건강 상태만 측정 가능했다.

27. 실제로는 23개의 생리학적 검사가 진행되었지만 그중 하나(원시 측정)는 생략되었다. 그 이유는 원시 치료 방법인 교정 렌즈 착용은 의학적 치료보다는 물리적 치료에 가깝다고 판단했기 때문이다.

28. Newhouse and Insurance Experiment Group 1993. 연구진은 무료로 제공되는 의료 서비스가 실제로는 가난하고 건강한 환자들에게는 해가 되었다는 "거의 유의미한" (6% 수준) 결과가 나왔다고 한다.

29. Brook et al. 1984. 여기서도 통계적으로는 유의미한 원시 개선에 대한 내용은 생략했다.

30. Siu et al. 1986; Pauly 1992; Newhouse and Insurance Experiment Group 1993.

31. 복권에 당첨된 모든 사람들이 Medicaid에 가입한 것은 아니다. 그리고 복권에 당첨되지 않은 모든 사람들이 보험이 없었던 것도 아니다. 그럼에도 불구하고 복권 당첨 유무에 따른 두 집단 사이에는 유의미한 차이가 존재했다. 복권 추첨이 시행된 지 1년 후, 복권 당첨자는 당첨되지 않은 사람보다 보험에 가입되어 있을 가능성이 25% 가량 높았다.

32. Finkelstein et al. 2012.

33. Baicker et al. 2013.

34. Finkelstein et al. 2012.

35. Baicker et al. 2013.

36. 전반적으로 의료 서비스 가격을 인상하거나 효과가 낮은 치료 방법은 금지하는 방식으로 의약품 복용

을 줄일 수 있을 것이다.

37. Tuljapurkar, Li, and Boe 2000; McKinlay and McKinlay 1977; Bunker (2001) 추정치 (Lewis 2012 참조). 하지만 많은 과학자들은 우리의 건강이 개선된 것이 의학의 발달 때문이라고 오해하고 이를 주장하고 있다 (Bunker 2001).

: 노벨상 수상자이자 록펠러 대학교의 총장인 조슈아 레더버그(Joshua Lederberg)는 이렇게 말했다. "1960년대쯤이면 소아마비를 정복했을 것이고, 이전에는 사망을 유발했던 많은 감염병이 페니실린을 비롯한 많은 특효약으로 쉽게 치료될 것이다… 그리고 기대 수명 역시 1960년이 되면 1900년의 47세에서 70세로 늘어날 것인데, 이는 인류가 감염병을 완벽하게 정복했기 때문이다"라고 말했다. 또 다른 노벨상 수상자이자 제약회사 버로스 웰컴의 전 연구 책임자인 조지 히칭스(George Hitchings)는 "지난 50년간 기대 수명이 늘어난 것은 신약 덕분이다"라고 주장했다.

38. Ioannidis 2005a, 2005b. Lewis (2012): "임상치료의 영향력은 일상적인 의료 행위에서 미치는 영향력보다 훨씬 높은 것으로 알려져 있다."

39. Ioannidis 2005a, 2005b.

40. Aizenman 2010.

41. Getzen 2000.

42. Waber et al. 2008.

43. Emanuel 2013.

44. Periyakoil et al. 2014. 의사들은 생애말기치료가 전혀 효과가 없다는 것을 알기 때문에 자신이 말기 병에 걸렸을 때 생애말기치료를 받는 경우는 거의 없다.

45. Mundinger et al. 2000.

46. Schneider and Epstein 1998.

47. Mennemeyer, Morrisey, and Howard 1997. 환자들이 병원을 선택할 수 있는 선택권이 있는 뉴욕시에서 실적이 좋지 않은 병원들은 실제로 실적이 좋은 병원들에 비해 입원률이 증가했다 (Vladeck et al. 1988).

48. Mennemeyer et al. 1997.

49. Institute of Medicine et al. 1999; Leape 2000.

50. Institute of Medicine et al. 1999; National Academy of Sciences 2015.

51. Gawande 2007; Jain 2009.

52. Lundberg 1998; Nichols. 부검을 통해 질병이 진단된 환자 중 23명은 만약 살아 있을 때 진단을 받았더라면 치료할 수 있었을 것이다. 이에 대해서는 Aronica, and Babe (1998) 참조.

53. Shojania et al. 2002.

54. O'Connor 2011.

55. Westra, Kronz, and Eisele 2002.

56. Staradub et al. 2002 (유방암 진단 시, 2차 의견을 구함으로써 전체 유방암 진단 중 8%에 다른 치료 방법을 적용하게 되었다).

57. 2차 의견 의무화 프로그램: Gertman et al. (1980) (선택적 수술 권고를 받은 케이스 중 8%가 번복되었다); McCarthy, Finkel, and Ruchlin (1981) (선택적 수술 권고를 받은 케이스 중 12%~19%가 번복되었다); Althabe et al. (2004) (라틴 아메리카에서 제왕절개 수술 권고를 받은 건 케이스 중 25%가 번복되었다).

58. Lantz et al. 1998.

15장 종교

1. 엄밀히 말하자면 '휴면기'에 들어선다.

2. Pocklington 2013.

3. Katz 2013.

4. Wikipedia, s.v. "Hajj," 마지막 수정일: March 6, 2017, https://en.wikipedia.org wikiHajj.

5. 실제로 메카는 6월부터 9월까지 하루 평균 최고 기온인 110℉ (43℃)에 이를 정도로 무척 덥다 (하지는 음력으로 개최되기 때문에 양력으로 매년 다른 날짜에 개최된다).

6. Wikipedia, s.v. "Ihram," 마지막 수정일: January 8, 2017, https://en.wikipedia.org wikiIhram.

7. 16세기 외교관으로 활동했던 Ogier Ghiselin de Busbecq는 스페인 정복자들에 대해 "종교는 구실일 뿐 진짜 목적은 금이다."라고 말했다 (Forster 2005, 40).

8. Cf. Pascal's wager.

9. 신(新)무신론자들의 접근 방식이다. 이런 접근 방식을 통해 많은 통찰력을 얻을 수 있으나 (종교적 믿음은 우리의 인지적 특성을 잘 이용한다는 주장), 이 책에서는 크게 다루지 않을 예정이다.

10. Haidt 2012, 249 – 50.

11. Rappaport 1999.

12. Sosis and Kiper 2014.

13. Anderson 2006.

14. Dennett, Dawkins, Harris, Hitchens와 같은 신무신론자들이 아주 상세하게 다뤘듯이 종교의 단점에 대해서도 할 말은 많다. 하지만 이 책의 목적은 종교라는 시스템의 장단점을 따지고 그를 바탕으로 판단을 내리는 것이 아니다. 더욱 중요한 것은 종교가 반드시 인간이라는 종 전체에게 유익한 것은 아닐지라도 종교를 믿는 신자들에게는 꽤 유용하다는 것이다. 종교적 행위는 이기적이고 개인만을 위한 전략이라고 볼 수 있는 반면 전체적으로 볼 때는 해가 될 수 있는 행위라고 볼 수도 있다. 이렇게 종교는 배타적이라고 볼 수 있다. 주변에 모든 사람들이 어떤 집단에 소속되어 있기 때문에 우리 또한 꼭 한 집단에 소속되어야 한다고 믿는 것이다. 하지만 그러면서도 그런 집단 자체가 존재하지 않고 그냥 서로 모두 하나되어 잘 어울리길 바랄 수도 있다.

15. 즉, 종교를 기능적으로 설명해 보려고 한다 (Swatos and Kivisto 1998, 193 – 96). Cf. Haidt: "(종교적 행위의 미스터리를) 해결하기 위해서는 종교성이 유익하다는 것을 인정해야 하거나 모든 문화에서 인간이 어떻게 적응의 물결을 거스르고 자기 파괴적인 종교적 행위에 심취하게 되었는지에 대한 복잡한 이유를 만들어 내야 한다" (2012, 252).

16. Strawbridge et al.1997.

17. Schlegelmilch, Diamantopoulos, and Love 1997: 기부. Becker and Dhingra 2001: 자원봉사. Putnam and Campbell: "많은 측면에서 종교적인 미국인들은 세속적인 미국인들에 비해서 더 좋은 이웃이자 시민이다. 종교적인 이들은 자신의 시간과 돈을 관대하게 사용하며 특히 불쌍한 이들을 돕는데 관대하고 지역사회에서 더욱 적극적으로 활동한다" (2010, 461; Haidt 2012, 267에 인용됨).

18. Strawbridge et al. 1997.

19. Mahoney et al. 2002, 63; Strawbridge et al. 1997; Kenrick 2011, 151.

20. Frejka and Westoff 2008; Kenrick 2011, 151.

21. McCullough et al. 2000; Hummer et al. 1999; Strawbridge et al. 1997.

22. Steen 1996.

23. Wink, Dillon, and Larsen 2005.

24. Lelkes 2006.

25. Haidt 2012, ch. 11.

26. Durkheim의 말이라고 알려져 있지만 출처가 불분명하다. 하지만 출처와 무관하게 Durkheim의 주장을 잘 나타내는 말로써 Durkheim (1995)에서 그의 주장을 더욱 자세히 알아볼 수 있다.

27. 종교를 정확하고 명확하게 정의하고자 하는 학자는 드물다. 유교와 같이 경계선에 모호하게 걸쳐 있는 종교들이 너무 많기 때문에 종교와 비종교 사이에 명확한 선을 긋기 어렵다. 대부분의 학자들은 종교를 그저 종교와 관련이 있는 다른 특성들과 연관 지으려고 한다. 그리고 그런 특성이 많을수록 "종교"라고 부르기 쉬워진다. 종교의 몇 가지 "정의"를 살펴보자. Atran and Henrich (2010): "의식, 믿음, 규범이 복잡하게 뒤얽혀 있는 것." Rue (2005): "지적, 심미적, 경험적, 의식 및 제도적 전략에 뒷받침되는 서술로 구성되어 있는 자연스러운 사회 시스템." Sosis and Kiper (2014): "초자연적 물질, 감정이 들어간 상징물, 의식 상태의 변화, 의례, 신화, 금기사항 등으로 구성된 모호한 집합."

28. Cf. Haidt 2012, 251.

29. D. S. Wilson: "종교는 사람들이 개인으로서는 성취할 수 없는 것들을 함께 성취하기 위해서 존재한다" (2002, 159).

30. Roberts and Iannaccone: "완벽하게 이성적인 나에게 자원을 아무런 이유 없이 낭비하는 것은 경제적인 의미에서 전혀 말이 되지 않는다. 하지만 집단으로 볼 때, 물론 이상하게 보이겠지만, 이것은 꽤 효율적일 수도 있다" (2006).

31. Sosis and Alcorta: "종교에서는 종종 집단 구성원들로부터 값비싼 행동을 요구함으로써 집단 내 연대를 유지한다. 이런 값비싼 행동은 집단에 대한 헌신과 충성심 그리고 집단 내 구성원들에 대한 믿음을 의미한다. 따라서 집단 내 구성원들 사이에 신뢰가 형성되고, 이를 통해 집단의 목표를 달성하는 것을 방해하는 많은 요소들을 감시할 수 있는 방안을 마련하는 데 필요한 비용을 최소화할 수 있다" (2003).

32. Iannaccone: "형식적이든 경험적이든 간에 불필요해 보이는 희생을 통해 종교 집단 내 열성이 없는 구성원을 골라낼 수 있으며 남아 있는 구성원들의 참여도를 높일 수 있다" (1998).

33. Wikipedia, s.v. "Mourning of Muharram," 마지막 수정일: February 5, 2017, https://en.wikipedia.org wikiMourning_of_Muharram.

34. Johnstone 1985.

35. Iannaccone 1992, 1998.

36. 몇몇 기독교 청소년들은 혼전순결에 대한 서약을 나타내기 위해 순결 반지를 끼고 다닌다.

37. 역사적으로 중요한 자리가 왜 내시들에게 주어졌는지 알 수 있는 대목이다.

38. 값비싼 감시 체계를 최소화하기 위해 집단 내 구성원들의 헌신을 이끌어 내는 방법에 대해서는 Sosis and Alcorta (2003); Iannaccone (1992, 1998) 참조. 종교적 협동심에 관한 일반적인 증거에 대해서는 Tan and Vogel 2008; Ruffle and Sosis 2006; Atran and Henrich 2010 참조. 전반적인 개요에 대해서는 Haidt (2012), 256 - 57, 265 - 67 참조.

39. 집단 규모와 값비싼 의식 사이의 관계에 대해서는 Roes and Raymond 2003; Johnson 2005 (Atran and Henrich (2010)) 참조. 종교적 공동체와 세속적 공동체의 지속성 비교에 대해서는 Sosis (2000) 참조. Sosis and Alcorta 2003.

40. Jones 2012.

41. Ibid.

42. 규범이 존재하지 않는다면 모두가 이기적으로 행동할 동기가 많아진다. 집단에 소속되어 규범을 준수할지 또는 규범이 아예 존재하지 않는 다른 집단에 소속될지 선택해야 하는 상황에 놓인다면 대부분의 사람들은 오히려 규범이 더욱 강력하게 시행되는 집단에 소속되는 것을 선택할 것이다.

43. Sosis and Alcorta 2003.

44. Kenrick 2011, ch. 10; Weeden, Cohen, and Kenrick 2008; Durant and Durant 1968.

45. 자위를 금지하는 것도 결혼을 앞당기기 위한 것이라고 이해할 수 있다.

46. Kenrick 2011, 151 - 53.

47. Brown 2012.

48. 전쟁을 대비한 행동일 수도 있다. McNeill 1997; Jordania (2011) 참조.

49. Hutchinson 2014.

50. Wiltermuth and Heath 2009.

51. Ehrenreich 2007.

52. 물론 많은 사람들이 팟캐스트로 설교를 듣는다. 하지만 일반적이라기보다는 예외라고 볼 수 있다.

53. 10장에서 다뤘던 제3자 효과와 비슷하다. 웹사이트 Upworthy의 에디터는 이에 대해 이렇게 표현했다. "신자들에게 설교를 하는 것이 아니라 신자의 친구들에게 설교를 하는 것이다" (Abebe (2014)).

54. 종교적 맥락에서의 표식에 대해서는 Iannaccone (1992, 1998); Atran and Henrich (2010) 참조. 보다 일반적으로 표식은 단순히 집단의 소속뿐만 아니라 그 집단의 기본적인 사실에 대한 정보를 전달하는 역할도 한다. 전반적인 개요에 대해서는 Miller (2009, 116-19) 참조.

55. 다른 초자연적인 믿음과는 달리 종교적 믿음이 비판적 성찰에 의해 걸러지는 것이 아니라 종교 시스템의 핵심적인 특성 때문에 그렇다는 것을 설명하고자 한다.

56. 물론 누군가를 속이고 있다는 것을 들킨다면 더욱 큰 비난의 화살이 돌아올 것이다.

57. 화체설은 카톨릭 성찬에서 밀빵과 포도주가 예수의 살과 피로 바뀐다고 믿는다. 반면에 공존설은 밀빵과 포도주의 물리적 특성은 변하지 않고 오직 영적으로만 예수의 살과 피로 바뀐다고 믿는다.

58. 종교적인 맥락에서 자주 사용되는 "믿음"이라는 단어는 원래 충성심 또는 신뢰성을 의미하는 단어에서 파생된 것이다 (Online Etymology Dictionary, s.v. "faith," http://www.etymonline.comindex.php?term=faith).

59. 특정 팀을 응원하는 데 특별한 이유가 있다고 하면 그 팀의 팬이라는 사실은 그 팀에 대한 충성심을 나타내기보다는 편협한 개인의 이익을 추구한다는 것을 의미할 것이다.

60. 진화심리학자들은 인간은 "생물학적 적응도를 극대화하는 존재"가 아니라고 입을 모아 주장한다. 만약에 인간이 정말 생물학적 적응도를 극대화하는 존재라면 담배를 피우는 사람도, 도박을 하는 사람도, 포르노를 보는 사람도 없을 것이다. 피임을 하는 사람은 줄어들 것이고 남성은 기회가 될 때마다 자신의 정자를, 여성은 자신의 난자를 기부할 것이다. 입양을 하려는 사람은 없을 것이고 길을 가다가 꽃의 향기를 맡으려고 발걸음을 멈추는 사람도 없을 것이다. 이처럼 인간은 단순히 노골적으로 자신의 생식력

을 극대화하는 존재라기 보다는 "적응 수행자"라고 볼 수 있다. 우리의 뇌에는 조상 시대부터 더욱 많은 후손을 남길 수 있도록 도움이 되는 다양한 본능이 탑재되어 있다.

16장 정치

1. Wehner (2014)에 인용된 Mansfield.

2. Haidt: "많은 정치학자들은 사람들이 자신에게 이익이 될 후보나 정책을 선택하는 방식으로 이기적으로 투표를 한다고 생각했다. 하지만 수십 년간 여론을 연구해 본 결과, 자기이익은 대중의 정책 선호와 관련해서 매우 낮은 영향력을 미친다는 결론을 내렸다" (2012, 85). Caplan (2007) 참조.

3. Haidt: "Kinder (1998)의 리뷰 참조. "정책의 이익이 '실질적이고, 빠른 시일 내에 제공되고, 대중에게 잘 홍보되어 있을 때'에는 예외가 적용되고, 그 정책으로 이득을 볼 사람들은 그 정책으로 해를 입을 사람들보다 그 정책을 지지할 가능성이 높다." '자기이익의 규범'에 대해서는 D. T. Miller 1999 참조" (2012, 85 – 6, 각주).

4. 적어도 직접적인 방식으로는 아니다. Caplan (2007) 참조.

5. Gelman, Silver, and Edlin (2012).

6. Churchill은 출처가 없는 격언을 인용한 듯 보인다. Langworth (2011, 573) 참조.

7. 미국 대통령은 이런 식으로 선출된다. 각 주에서 가장 많은 표를 얻은 후보에게 그 주의 "선거인단 투표"가 주어진다. 이 선거인단 투표는 (모든 주에서) 집계되고, 가장 많은 선거인단 투표를 얻은 후보자가 대통령으로 선출된다.

8. Gelman et al. 2012.

9. Gerber et al. 2009.

10. 반면에 (중간선거와 비교해서) 대통령 선거에서는 유권자 100명 중 16명이 추가로 해당된다 (Gerber et al. 2009).

11. Delli-Carpini and Keeter 1997. 케빈과 로빈도 국회의원이 누군지 잘 모른다.

12. "American Public Vastly Overestimates Amount of U.S. Foreign Aid," WorldPublicOpinion.org, November 29, 2010, 접속일: April 26, 2017, http://worldpublicopinion.netamerican-public-vastly-overestimates-amount-of-u-s-foreign-aid.

13. Althaus 2003; Kraus, Malmfors, and Slovic 1992.

14. Caplan 2007.

15. Converse 1964.

16. Hall, Johansson, and Strandberg 2012.

17. Bruce Yandle은 생산을 규제하는 것과 직접적으로 최종 결과물을 규제하는 것 사이의 중요한 차이를 설명한다. 그리고 연방 대 주 수준에서 규제를 시행하는 비용과 이익을 설명한다. Yandle (1983); Yandle (1999) 참조.

18. Volden and Wiseman 2014.

19. 국가적인 사안에 대해서 잘 모르더라도 투표권을 잘 행사할 수 있는 방법이 있다. 예를 들어 "회고적 투표"를 통해 만약에 현재 정치인의 집권 기간 동안 (기대한 것보다) 삶이 나아졌다고 생각하면 현재 정치

인에 투표하고 그렇지 않다면 다른 정치인에게 투표를 하는 것이다. 만약에 대부분의 유권자들이 이런 방식으로 투표를 진행한다면 정치인들은 국민이 더 좋은 삶을 누릴 수 있도록 최선을 다할 것이다. 하지만 대부분의 유권자는 이런 투표 방식을 선호하지 않는다.

20. 새로운 정보에 따라 여론이 변화했다면 과거의 변화로부터 미래의 변화를 예측하기 어려울 것이다.

21. 엄밀히 말하자면 분노는 "사회적 감정"이라고 볼 수 없다. 사회적 감정은 "타인의 정신상태를 나타내야 하는 감정"을 의미하기 때문이다 (Wikipedia, s.v. "Social emotions," 마지막 수정일: January 29, 2017, https:en.wikipedia.orgwikiSocial_emotions).

22. Merriam-Webster, s.v. "apparatchik," 접속일: March 8, 2017, https://www. merriam-webster.com dictionaryapparatchik.

23. Solzhenitsyn (1973, 69–70). 더욱 간결하고 명확하게 제시되기 위해서 인용문은 편집되었다.

24. Wikipedia, s.v. "Great Purge," 마지막 수정일: February 22, 2017, https://en.wikipedia.orgwiki Great_Purge.

25. Dikötter (2010): 중국. Tudor and Pearson (2015): 북한.

26. Albright 2016.

27. Huntington 1997, 174–5.

28. Klofstad, McDermott, and Hatemi 2013.

29. Iyengar, Sood, and Lelkes (2012)에 분석된 2010년 조사. 1960년에는 공화당이 5%, 민주당이 4%로 훨씬 낮았다. 2014년 Pew 연구 결과, 보수 성향은 30%, 진보 성향은 23%로 나타났다 (Pew Research Center 2014).

30. Iyengar and Westwood 2015. Klein and Chang 2015; Smith, Williams, and Willis 1967.

31. Klein and Chang 2015.

32. Klein and Stern 2009. 미국 전역에서 민주당원 대 공화당원 비율은 약 1:1이다. 하지만 대학교수들 사이에서는 그 비율이 5:1이고, 인문학과 사회과학 분야에서는 비율이 8:1에 가깝다. 그리고 지난 40년간 이 비율은 2배 이상 늘어났다. 경제학자들이 다른 분야의 학자들에게 신뢰를 얻지 못하는 이유는 보수적 성향이 진보적 성향의 3배이기 때문이다. Cardiff and Klein 2005 참조.

33. Gross 2013.

34. Rothman, Lichter, and Nevitte 2005.

35. Gerber et al. 2012.

36. Roberts and Caplan (2007) (정확한 인용문은 아님).

37. 하지만 '인기가 없는' 의견을 지지하면서 일반적인 관행을 따르지 않는 것에 자부심을 느끼는 사람들의 주장은 어느 정도 가감해서 받아들여야 한다. 누군가에게 '인기 없어' 보이는 것을 지지하는 것은 다른 이에게 매력적으로 보일 수 있기 때문이다. Griskevicius et al. (2006)은 남성은 '인기가 없는' 정치적 의견을 가지고 있다고 주장하는 경향이 있는데, 이는 여성에게 조금 더 매력적으로 보이기 때문이다. Kuran (1995, 31) 참조.

38. Haidt 2012, 86.

39. See, e.g., Brennan and Hamlin 1998; Schuessler 2000.

39. e.g., Brennan and Hamlin 1998; Schuessler 2000.

40. Jones and Hudson 2000.

41. 투표를 하지 않는 사람들도 정치적인 의견을 보이고 심지어 다른 사람들과 이에 대해 이야기하는 것을 꺼리지 않는 이유를 알 수 있다.

42. Haidt 2012, 86.

43. 이전에 봤던 정직한 또는 값비싼 시그널링의 예로 볼 수 있다.

44. 웹사이트 votergasm.org에서 방문자들은 선거가 끝나고 1주일에서 최대 4년간 투표를 하지 않은 사람들과는 성관계를 가지지 않겠다는 서약을 하기도 한다. Sohn (2004) 참조.

45. Cf. Steven Pinker: "사람들은 자신의 신념에 따라 다른 이들에게 수용되기도 하고 비난받기도 한다. 따라서 우리의 마음은 가장 진실에 가까운 신념을 믿기보다는 한 편이 될 수 있는 동맹, 우리를 보호해 줄 수 있는 사람 또는 신봉자를 가장 많이 모을 수 있는 신념을 가지도록 작동한다" (2013, 286).

46. 의견 불일치로 이어질 수 있는 또 다른 요인은 서로 다른 목표를 가지고 있는 것이다. 예를 들어, 한 사람은 육체 노동을 우선시하고 다른 사람은 경제적 효율성을 우선시할 수 있다. 하지만 정치적 담론에서 우리는 종종 "공익", 즉 우리 모두를 위해 가장 좋은 것을 추구해야만 한다. 적어도 공익을 추구하는 것처럼 보여야 한다.

47. Mercier and Sperber 2011.

48. Tavits: "유권자들은 정당이 정치적 사안에 대해 입장을 번복하는 것은 허용했지만 사회적 사안에 대해 입장을 번복하는 것은 그렇지 않았다. . . .심지어 유권자의 선호도에 따라 입장을 변경하는 정당도 표를 잃기 십상이다" (2007).

49. Poole and Rosenthal 1987; Voeten 2001.

50. Poole and Rosenthal 2007; Voeten 2001.

51. Wikipedia, s.v. "Party realignment in the United States," 마지막 수정일: December 12, 2016, https://simple.wikipedia.orgwikiParty_realignment_in_the_United_ States.

52. Poole and Rosenthal 2000.

53. Costa and Kahn 2009.

54. Abrahms 2008, 2011.

55. 많은 자유주의자들이 이런 태도로 일관한다. Griskevicius et al. (2006)는 일반적인 흐름을 따르지 않는 것이 잠재적 배우자에게 매력이 될 수도 있다고 주장한다.

17장 총정리

1. 물론 성급히 결론을 내리는 것에 대해 신중해야 한다. 케빈은 보디랭귀지로만 봤을 때는 무척이나 거만하고 다른 사람들을 무시하는 태도를 보이는 듯한 대학생을 면접 본 적이 있다. 하지만 그 학생을 불합격 처리하고 난 후에야 그는 자신의 판단이 완전히 틀렸다는 사실을 알게 되었다. 오늘날까지 그는 그 사건에 대해서 무척이나 안타깝게 생각하고 있다.

2. 이 점에 대해서는 Paul Crowley에게 감사하고 싶다.

3. Frank, Gilovich, and Regan 1993. Cf. Goethe의 주장: "다른 이를 있는 그대로 대한다면 그는 계속 그 상태에 머물 것이다. 하지만 그의 이상적인 모습과 가능성을 보고 그렇게 대해 준다면 그는 그런 사람이 될 것이다" Stafford (2013) 참조.

4. Stavrova and Ehlebracht 2016.

5. Tocqueville 2013, sect. II, ch. 8; Smith 2013; McClure 2014.

6. Nowak and Highfield 2011.

7. Farrell and Finnemore 2013.

8. Hayek 1988.

참고문헌

Abebe, Nitsuh. 2014. "Watching Team Upworthy Work Is Enough to Make You a Cynic. or Lose Your Cynicism. Or Both. Or Neither." Daily Intelligencer, March 23.

Abrahms, Max. 2008. "What Terrorists Really Want: Terrorist Motives and Counterterrorism Strategy." International Security 32 (4), Spring: 8–105.

Abrahms, Max. 2011. "Does Terrorism Really Work? Evolution in the Conventional Wisdom since 9/11." Defence and Peace Economics 22 (6): 583–94.

Aghion, Philippe, Torsten Persson, and Dorothee Rouzet. 2012. "Education and Military Rivalry." NBER Working Paper No. 18049, National Bureau for Economic Research, Cambridge, MA.

Aizenman, N. C. 2010. "Hospital Infection Deaths Caused by Ignorance and Neglect, Survey Finds." Washington Post, July 13.
Akst, Jef. 2010. "Recess." The Scientist, October 1.

Albright, Madeleine. 2016. "Madeleine Albright: My Undiplomatic Moment." New York Times, February 12. https://www.nytimes.com/2016/02/13/opinion/ madeleine-albright-my-undiplomatic-moment.html.

Alicke, Mark D., and Olesya Govorun. 2005. "The Better-Than-Average Effect." The Self in Social Judgment 1: 85–106.

Almås, Ingvild, Alexander W. Cappelen, Erik Ø. Sørensen, and Bertil Tungodden. 2010. "Fairness and the Development of Inequality Acceptance." Science 328 (5982): 1176–78.

Alston, Julian, Matthew Andersen, Jennifer James, and Philip Pardey. 2011. "The Economic Returns to U.S. Public Agricultural Research." American Journal of Agricultural Economics 93 (5): 1257–77.

Althabe, Fernando, José Belizán, José Villar, Sophie Alexander, Eduardo Bergel, Silvina Ramos, Mariana Romero, Allan Donner, Gunilla Lindmark, Ana Langer, Ubaldo Farnot, José G. Cecatti, Guillermo Carroli, and Edgar Kestler. 2004. "Mandatory Second Opinion to Reduce Rates of Unnecessary Caesarean Sections in Latin America: A Cluster Randomised Controlled Trial." The Lancet 363 (9425): 1934–40.

Althaus, Scott. 2003. Collective Preferences in Democratic Politics. Cambridge, UK: Cambridge University Press.

Anderson, Benedict. 2006. Imagined Communities: Reflections on the Origin and Spread of Nationalism. London: Verso.

Andreoni, James. 1989. "Giving with Impure Altruism: Applications to Charity and Ricardian Equivalence." The Journal of Political Economy 97 (6): 1447–58.

Andreoni, James. 1990. "Impure Altruism and Donations to Public Goods: A Theory of Warm-Glow Giving." The Economic Journal 100 (401): 464–77.

Andreoni, James, and Ragan Petrie. 2004. "Public Goods Experiments without Confidentiality: A Glimpse Into Fund-Raising." Journal of Public Economics 88 (7): 1605–23.

Angier, Natalie. 2008. "Political Animals (Yes, Animals)." New York Times, January 22.

Ardrey, Robert. 1966. The Territorial Imperative. New York: Atheneum.

Arrow, Kenneth, Robert Forsythe, Michael Gorham, Robert Hahn, Robin Hanson, John O. Ledyard, Saul Levmore, Robert Litan, Paul Milgrom, Forrest D. Nelson, George R. Neumann, Marco Ottaviani, Thomas C. Schelling, Robert J. Shiller, Vernon L. Smith, Erik Snowberg, Cass R. Sunstein, Paul C. Tetlock, Philip E. Tetlock, Hal R. Varian, Justin Wolfers, and Eric Zitzewitz. 2008. "The Promise of Prediction Markets." Science 320 (5878), May 16: 877–8878.

Atran, Scott, and Joseph Henrich. 2010. "The Evolution of Religion: How Cognitive By-Products, Adaptive Learning Heuristics, Ritual Displays, and Group Competition Generate Deep Commitments to Prosocial Religions." Biological Theory 5 (1): 18–30.

Aubert, Maxime, A. Brumm, M. Ramli, T. Sutikna, E. W. Saptomo, B. Hakim, M. J. Morwood, G. D. van den Bergh, L. Kinsley, and A. Dosseto. 2014. "Pleistocene Cave Art from Sulawesi, Indonesia." Nature 514 (7521): 223–27.

Auster, Richard, Irving Leveson, and Deborah Sarachek. 1969. "The Production of Health, an Exploratory Study." Journal of Human Resources 4 (4): 411–36.

Avent, Ryan. 2016. "Why Do We Work So Hard?" The Economist 1843, April. https://www.1843magazine.com/features/why-do-we-work-so-hard.

Axelrod, Robert. 1986. "An Evolutionary Approach to Norms." American Political Science Review 80 (4): 1095–1111.

Axtell, Roger. 1997. Gestures: The Do's and Taboos of Body Language Around the World. Hoboken, NJ: Wiley.

Baicker, Katherine, Sarah L. Taubman, Heidi L. Allen, Mira Bernstein, Jonathan H. Gruber, Joseph P. Newhouse, Eric C. Schneider, Bill J. Wright, Alan M. Zaslavsky, and Amy N. Finkelstein. 2013. "The Oregon Experiment—Effects of Medicaid on Clinical Outcomes." New England Journal of Medicine 368 (18): 1713–22.

Balter, Michael. 2009. "Early Start for Human Art? Ochre May Revise Timeline." Science 323 (5914): 569.

Barnett, Susan M., and Stephen J. Ceci. 2002. "When and Where Do We Apply What We Learn?: A Taxonomy for Far Transfer." Psychological Bulletin 128 (4): 612.

Baron, Jonathan, and Ewa Szymanska. 2011. "Heuristics and Biases in Charity." In The Science of Giving: Experimental Approaches to the Study of Charity, edited by Daniel M. Oppenheimer and Christopher Y. Olivia, 215–35. New York: Psychology Press.

Barrett, William. 2015. "The Largest U.S. Charities for 2015." Forbes, December 9. http://www.forbes.com/sites/williampbarrett/2015/12/09/the-largest-u-s- charities-for-2015/.

Bateson, Gregory. 1955. "A Theory of Play and Fantasy." Psychiatric Research Reports 2: 39–51.

Bateson, Melissa, Luke Callow, Jessica Holmes, Maximilian Roche, and Daniel Nettle. 2013. "Do Images of 'Watching Eyes' Induce Behaviour That Is More Pro-Social or More Normative? A Field Experiment on Littering." PLoS One 8 (12): e82055.

Baumeister, Roy F., Karen Dale, and Kristin L. Sommer. 1998. "Freudian Defense Mechanisms and Empirical Findings in Modern Social Psychology: Reaction Formation, Projection, Displacement, Undoing, Isolation, Sublimation, and Denial." Journal of Personality 66 (6): 1081–1124.

Becker, Penny Edgell, and Pawan H. Dhingra. 2001. "Religious Involvement and Volunteering: Implications for Civil Society." Sociology of Religion 62 (3): 315–35.

Bekkers, René. 2005. "It's Not All in the Ask. Effects and Effectiveness of Recruitment Strategies Used by Nonprofits in the Netherlands." 34th Arnova Annual Conference, Washington, DC.

Bekkers, René, and Pamala Wiepking. 2011. "A Literature Review of Empirical Studies of Philanthropy: Eight Mechanisms That Drive Charitable Giving." Nonprofit and Voluntary Sector Quarterly 40 (5): 924–73.

Bekoff, Marc. 1995. "Play Signals as Punctuation: The Structure of Social Play in Canids." Behaviour 132 (5): 419–29.

Belkin, Douglas, and Melissa Korn. 2015. "Stanford Extends Free Tuition to More Middle-Class Students." Wall Street Journal,

April 3.

Belofsky, Nathan. 2013. Strange Medicine: A Shocking History of Real Medical Practices Through the Ages. New York: TarcherPerigee.

Benhabib, Jess, and Mark M. Spiegel. 1994. "The Role of Human Capital in Economic Development Evidence from Aggregate Cross-Country Data." Journal of Monetary Economics 34 (2): 143–73.

Benjamin, Walter. 1936. The Work of Art in the Age of Mechanical Reproduction. Translated by Harry Zohn. https://www.marxists.org/reference/subject/ philosophy/works/ge/benjamin.htm.

Bils, Mark, and Peter J. Klenow. 2000. "Does Schooling Cause Growth?" American Economic Review 90 (5): 1160–83.

Bingham, Paul. 2000. "Human Evolution and Human History: A Complete History." Evolutionary Anthropology: Issues, News, and Reviews 9 (6): 248–57.

Black, Donald W. 1984. "Laughter." JAMA: The Journal of the American Medical Association 252 (21): 2995–98.

Blakeslee, Thomas. 2004. Beyond the Conscious Mind: Unlocking the Secrets of the Self. Bloomington, IL: iUniverse.

Boehm, Christopher. 1999. Hierarchy in the Forest: Egalitarianism and the Evolution of Human Altruism. Cambridge, MA: Harvard University Press.

Borg, James. 2009. Body Language: 7 Easy Lessons to Master the Silent Language. Upper Saddle River, NJ: FT Press.

Borgia, Gerald. 1985. "Bower Quality, Number of Decorations and Mating Success of Male Satin Bowerbirds (Ptilonorhynchus violaceus): An Experimental Analysis." Animal Behaviour 33 (1): 266–71.

Bornmann, Lutz, Rüdiger Mutz, and Hans-Dieter Daniel. 2010. "A Reliability- Generalization Study of Journal Peer Reviews: A Multilevel Meta-Analysis of Inter-Rater Reliability and Its Determinants." PLoS One 14331 (December 14).

Bowles, Samuel, and Herbert Gintis. 1976. Schooling in Capitalist America. New York: Basic Books.

Bradbury, Jack W., and Sandra L. Vehrencamp. 1998. Principles of Animal Communication. Sunderland, MA: Sinauer Associates.

Branigan, Tania. 2014. "China Bans Wordplay in Attempt at Pun Control." The Guardian, November 28.

Branwen, Gwern. 2009. "Education Is Not about Learning." Gwern. net, July 25. Last modified March 8, 2017. http://www.gwern.net/ education-is-not-about-learning#school-hours.

Braverman, Harry. 1974. Labor and Monopoly Capital: The Degradation of Work in the Twentieth Century. New York: NYU Press.

Brennan, Geoffrey, and Alan Hamlin. 1998. "Expressive Voting and Electoral Equilibrium." Public Choice 95 (1-2): 149–75.

Brint, Steven. 2011. "The Educational Lottery." Los Angeles Review of Books, November 15.

Brock, Timothy C., and Joe L. Balloun. 1967. "Behavioral Receptivity to Dissonant Information." Journal of Personality and Social Psychology 6 (4 pt 1): 413.

Brook, Robert H., Emmett B. Keeler, Kathleen N. Lohr, Joseph P. Newhouse, John E. Ware, William H. Rogers, Allyson Ross Davies, Cathy D. Sherbourne, George A. Goldberg, Patricia Camp, Caren Kamberg, Arleen Leibowitz, Joan Keesey, and David Reboussin. 2006. "The Health Insurance Experiment: A Classic RAND Study Speaks to the Current Health Care Reform Debate." RAND Research Brief RB-9174-HHS. Santa Monica, CA: RAND Corporation. http://www.rand.org/ pubs/research_briefs/ RB9174.html.

Brook, Robert H., John E. Ware, William H. Rogers, Emmett B. Keeler, Allyson Ross Davies, Cathy D. Sherbourne, George A. Goldberg, Kathleen N. Lohr, Patricia Camp, and Joseph P. Newhouse. 1984. "The Effect of Coinsurance on the Health of Adults:

Results from the RAND Health Insurance Experiment." RAND Report R-3055-HHS. Santa Monica, CA: RAND Corporation. http://www.rand.org/ pubs/reports/R3055.html.

Brown, Andrew. 2012. "You Can't Dance to Atheism." The Guardian (blog), September 6. Brown, Donald E. 1991. Human Universals. New York: McGraw-Hill.

Brown, Peter C., Henry L. Roediger, and Mark A. McDaniel. 2014. Make It Stick. Cambridge, MA: Harvard University Press.

Brown, Richard. 2011. A Companion to James Joyce. West Sussex, UK: Wiley-Blackwell. Bruni, Frank. 2015. "Best, Brightest—and Saddest?" New York Times, April 11.

Bruze, Gustaf. 2015. "Male and Female Marriage Returns to Schooling." International Economic Review 56 (1): 207–34.

Bryant, W. Keith, Haekyung Jeon-Slaughter, Hyojin Kang, and Aaron Tax. 2003. "Participation in Philanthropic Activities: Donating Money and Time." Journal of Consumer Policy 26 (1): 43–73.

Bucholz, Robert. 2006. "Foundations of Western Civilization II: A History of the Modern Western World." Great Courses No. 8700.

Bull, Ray, and Elizabeth Gibson-Robinson. 1981. "The Influences of Eye-Gaze, Style of Dress, and Locality on the Amounts of Money Donated to a Charity." Human Relations 34 (10): 895–905.

Bunker, John P. 2001. "The Role of Medical Care in Contributing to Health Improvements within Societies." International Journal of Epidemiology 30 (6): 1260–63.

Burling, Robbins. 1986. "The Selective Advantage of Complex Language." Ethology and Sociobiology 7 (1): 1–16.

Burr, Bill. 2014. "Smoking Past the Band." Comedians in Cars Getting Coffee, season 5, episode 3, November 17. http://comedi-ansincarsgettingcoffee.com/ bill-burr-smoking-past-the-band.

Buss, David M. 2002. "Human Mate Guarding." Neuroendocrinology Letters 23 (Suppl. 4): 23–29.

Byrne, Margaret M., Kenneth Pietz, LeChauncy Woodard, and Laura A. Petersen. 2006. "Health Care Funding Levels and Patient Outcomes: A National Study." Health Economics 16 (4): 385–93.

Caplan, Bryan. 2007. The Myth of the Rational Voter: Why Democracies Choose Bad Policies. Princeton, NJ: Princeton University Press.

Caplan, Bryan. 2017. The Case Against Education. Princeton, NJ: Princeton University Press.

Carey, Kevin. 2015. "Here's What Will Truly Change Higher Education: Online Degrees That Are Seen as Official." New York Times, March 5.

Cardiff, Christopher F., and Daniel B. Klein. 2005. "Faculty Partisan Affiliations in All Disciplines: A Voter-Registration Study." Critical Review 17 (3-4): 237–55.

Carman, Katherine Grace. 2003. "Social Influences and the Private Provision of Public Goods: Evidence from Charitable Contributions in the Workplace." Unpublished manuscript. Palo Alto, CA: Stanford University.

Carnegie, Dale. 1936. How to Win Friends and Influence People. New York: Simon & Schuster.

Carnevale, Anthony, Stephen Rose, and Ban Cheah. 2011. The College Payoff: Education, Occupations, Lifetime Earnings. Washington, DC: Georgetown University Center on Education and the Workforce.

Carpenter, Malinda, Katherine Nagell, and Michael Tomasello. 1998. "Social Cognition, Joint Attention, and Communicative Competence from 9 to 15 Months of Age." Monographs of the Society for Research in Child Development 63 (4): i–174.

Carrell, Scott E., Teny Maghakian, and James E. West. 2011. "A's from Zzzz's? The Causal Effect of School Start Time on the

Academic Achievement of Adolescents." American Economic Journal: Economic Policy 3 (3): 62–81. Center for Global Prosperity. 2013. "The Index of Global Philanthropy and Remittances 2013: With a Special Report on Emerging Economics." Hudson Institute, Washington, DC. http://www.hudson.org/content/researchattachments/ attachment/1229/2013_indexof_global_philanthropyand_remittances.pdf.

Chan, Sewell. 2009. "New Targets in the Fat Fight: Soda and Juice." New York Times, August 31.

Changizi, Mark. 2010. The Vision Revolution: How the Latest Research Overturns Everything We Thought We Knew about Human Vision. Dallas, TX: Benbella Books.

Charness, Gary, and Uri Gneezy. 2008. "What's in a Name? Anonymity and Social Distance in Dictator and Ultimatum Games." Journal of Economic Behavior & Organization 68 (1): 29–35.

Cheng, Joey T., Jessica L Tracy, Tom Foulsham, Alan Kingstone, and Joseph Henrich. 2013. "Two Ways to the Top: Evidence That Dominance and Prestige Are Distinct Yet Viable Avenues to Social Rank And Influence." Journal of Personality and Social Psychology 104 (1): 103.

Chwe, Michael Suk-Young. 2001. Rational Ritual: Culture, Coordination, and Common Knowledge. Princeton, NJ: Princeton University Press.

Clark, Gregory. 1987. "Why Isn't the Whole World Developed? Lessons from the Cotton Mills." The Journal of Economic History 47 (1): 141–73.

Cochran, Gregory, and Henry Harpending. 2009. The 10,000 Year Explosion: How Civilization Accelerated Human Evolution. New York: Basic Books.

Collins, Paul. 2011. "Trust Issues." Lapham's Quarterly 4 (4, Fall). http:// laphamsquarterly.org/future/trust-issues.

Connor, Richard C., Michael R. Heithaus, and Lynne M. Barre. 1999. "Superalliance of Bottlenose Dolphins." Nature 397 (6720): 571–72.

Converse, Philip. 1964. "The Nature of Belief Systems in Mass Publics." In Ideology and Discontent, edited by David Apter, 206–61. New York: Free Press.

Corballis, Michael. 2008. "Not the Last Word." Review of The First Word: The Search for the Origins of Language, by Christine Kenneally. American Scientist 96 (1, January-February): 68.

Cosmides, Leda, and John Tooby. 1992. "Cognitive Adaptations for Social Exchange." In The Adapted Mind: Evolutionary Psychology and the Generation of Culture, edited by J. Barkow, L. Cosmides, and J. Tooby, 163–228. New York: Oxford University Press.

Costa, Dora L. & Matthew E. Kahn. 2009. Heroes and Cowards: The Social Face of War. Princeton, NJ: Princeton University Press.

Croyle, Robert T., Elizabeth F. Loftus, Steven D. Barger, Yi-Chun Sun, Marybeth Hart, and JoAnn Gettig. 2006. "How Well Do People Recall Risk Factor Test Results? Accuracy and Bias among Cholesterol Screening Participants." Health Psychology 25 (3): 425.

Cutler, David, Jonathan Skinner, Ariel Dora Stern, and David Wennberg. 2013. "Physician Beliefs and Patient Preferences: A New Look at Regional Variation in Health Care Spending." NBER Working Paper No. 19320, National Bureau for Economic Research, Cambridge, MA. Dall, Sasha RX, Luc-Alain Giraldeau, Ola Olsson, John M. McNamara, and David W. Stephens. 2005. "Information and Its Use By Animals in Evolutionary Ecology." Trends in Ecology & Evolution 20 (4): 187–93.

Darwin, Charles. 2012. The Expression of the Emotions in Man and Animals. Project Gutenberg, released 1998. www.gutenberg.org/ebooks/1227.

Davis, Fred. 1994. Fashion, Culture, and Identity. Chicago: University of Chicago Press.

Davison, W. Phillips. 1983. "The Third-Person Effect in Communication." Public Opinion Quarterly 47 (1): 1–15.

Dawkins, Richard. 1976. The Selfish Gene. New York: Oxford University Press. Dawson, Erica, Kenneth Savitsky, and David Dunning. 2006. " 'Don't Tell Me, I Don't Want to Know': Understanding People's Reluctance to Obtain Medical Diagnostic Information." Journal of Applied Social Psychology 36 (3): 751–68.

Dehaene, Stanislas, Jean-Pierre Changeux, Lionel Naccache, Jérôme Sackur, and Claire Sergent. 2006. "Conscious, Preconscious, and Subliminal Processing: A Testable Taxonomy." Trends in Cognitive Sciences 10 (5): 204–11. de la Fuente, Angel, and Rafael Doménech. 2006. "Human Capital in Growth Regressions: How Much Difference Does Data Quality Make?" Journal of the European Economic Association 4 (1): 1–36.

Delli-Carpini, M. X., and S. Keeter. 1997. What Americans Know about Politics and Why It Matters. New Haven CT: Yale University Press. de Miguel, C., and Maciej Henneberg. 2001. "Variation in Hominid Brain Size: How Much Is Due to Method?" Homo 52 (1): 3–58.

DeMuro, Doug. 2013. "Hatchback vs Sedan: Why You Might Want to Consider a Hatchback." AutoTrader, June. http://www.autotrader.com/car-news/ hatchback-vs-sedan-why-you-might-want-to-consider-a-hatchback-209345.

Dennett, Daniel C. 1991. Consciousness Explained. New York: Little, Brown. Dessalles, Jean-Louis. 2007. Why We Talk: The Evolutionary Origins of Language. New York: Oxford University Press.

Desvousges, William, Reed Johnson, Richard Dunford, Kevin Boyle, Sara Hudson, and Nicole Wilson. 1992. Measuring Nonuse Damages Using Contingent Valuation: An Experimental Evaluation of Accuracy. Monograph 92-1, No. BM. Research Triangle Park, NC: Research Triangle Institute.

Detterman, Douglas K., and Robert J. Sternberg. 1993. Transfer on Trial: Intelligence, Cognition, and Instruction. New York: Ablex. de Waal, Frans. 1982. Chimpanzee Politics: Power and Sex among Apes. Baltimore: Johns Hopkins University Press.

de Waal, Frans. 1996. Good Natured: The Origins of Right and Wrong in Humans and Other Animals. Cambridge, MA: Harvard University Press.

de Waal, Frans. 1997. "The Chimpanzee's Service Economy: Food for Grooming." Evolution and Human Behavior 18 (6): 375–86.

de Waal, Frans. 2005. Our Inner Ape. New York: Penguin.

Diamond, Jared. 1997. Guns, Germs, and Steel: The Fates of Human Societies. New York: W. W. Norton.

Dikötter, Frank. 2010. Mao's Great Famine: The History of China's Most Devastating Catastrophe, 1958–1962. New York: Bloomsbury.

Dissanayake, Ellen. 1980. "Art as a Human Behavior: Toward an Ethological View of Art." Journal of Aesthetics and Art Criticism 38 (4): 397–406.

Dissanayake, Ellen. 1988. What Is Art For? Seattle: University of Washington Press. Dissanayake, Ellen. 1992. Homo Aestheticus: Where Art Comes from and Why. New York: Free Press.

Dovidio, John, and Steve Ellyson. 1982. "Decoding Visual Dominance: Attributions of Power Based on Relative Percentages of Looking While Speaking and Looking While Listening." Social Psychology Quarterly 45 (2): 106–13.

Dovidio, John, Steve Ellyson, Caroline Keating, Karen Heltman, and Clifford Brown. 1988. "The Relationship of Social Power to Visual Displays of Dominance Between Men and Women." Journal of Personality and Social Psychology 54 (2): 233–42.

Duhigg, Charles. 2012. "How Companies Learn Your Secrets." New York Times Magazine, February 16.

Dunbar, Robin I. M. 1980. "Determinants and Evolutionary Consequences of Dominance among Female Gelada Baboons." Behavioral Ecology and Sociobiology 7 (4): 253–65.

Dunbar, Robin I. M., and M. Sharman. 1984. "Is social grooming altruistic?" Zeitschrift für Tierpsychologie 64 (2): 163–73.

Dunbar, Robin I. M. 1991. "Functional Significance of Social Grooming In Primates." Folia Primatologica 57 (3): 121–31.

Dunbar, Robin I. M. 2002. "The Social Brain Hypothesis." Foundations in Social Neuroscience 5 (71): 69.

Dunbar, Robin I. M. 2003. "The Social Brain: Mind, Language, and Society in Evolutionary Perspective." Annual Review of Anthropology 32: 163–81.

Dunbar, Robin I. M. 2004. "Gossip in Evolutionary Perspective." Review of General Psychology 8 (2): 100.

Dunbar, Robin I. M. 2010. "The Social Role of Touch in Humans and Primates: Behavioural Function and Neurobiological Mechanisms." Neuroscience & Biobehavioral Reviews 34 (2): 260–68.

Durant, Will, and Ariel Durant. 1968. The Lessons of History. New York: Simon & Schuster.

Durkheim, Émile. 1995. The Elementary Forms of Religious Life. Translated by Karen E. Fields. New York: Free Press.

Eastman, Max. 1936. Enjoyment of Laughter. New York: Simon & Schuster. The Economist. 2014. "Why Is Everyone So Busy?" December 20. http://www. economist.com/news/christmas-specials/21636612-time-poverty-problem- partly-perception-and-partly-distribution-why.

Edwards, Finley. 2012. "Early to Rise? The Effect of Daily Start Times on Academic Performance." Economics of Education Review 31 (6): 970–83.

Edwards, Jonathan. 1821. A Treatise Concerning Religious Affectations, in Three Parts. Philadelphia, PA: James Crissy.

Ehrenreich, Barbara. 2007. Dancing in the Streets: A History of Collective Joy. New York: Holt.

Eibl-Eibesfeldt, Irenäus. 2009. Human Ethology. Piscataway, NJ: Transaction.

Ekman, Paul, and Wallace V. Friesen. 1971. "Constants across Cultures in the Face and Emotion." Journal of Personality and Social Psychology 17 (2): 124.

Elias, Norbert. 2000. The Civilizing Process: Sociogenetic and Psychogenetic Investigations. Translated by Edmund Jephcott. Oxford, UK: Blackwell.

Ellyson, Steve L., John F. Dovidio, Randi L. Corson, and Debbie L. Vinicur. 1980. "Visual Dominance Behavior in Female Dyads: Situational and Personality Factors." Social Psychology Quarterly 43 (3): 328–36.

Emanuel, Ezekiel. 2013. "Better, If Not Cheaper, Care." New York Times, January 3. Emerson, Ralph Waldo. 1995. The Heart of Emerson's Journals, edited by Bliss Perry. New York: Dover.

Emerson, Ralph Waldo. 2012. Essays. Project Gutenberg, released 2005. www. gutenberg.org/ebooks/16643.

Eren, Ozkan, and Daniel J. Henderson. 2011. "Are We Wasting Our Children's Time by Giving Them More Homework?" Economics of Education Review 30 (5): 950–61.

Exline, Ralph, Steve Ellyson, and Barbara Long. 1975. "Visual Behavior as an Aspect of Power Role Relationships." In Nonverbal Communication of Aggression, Vol. 2 of Advances in the Study of Communication and Affect, edited Patricia Pliner, Lester Krames, Thomas Alloway, 21–52. New York: Springer.

Exline, Ralph, John F. Dovidio, Randi L. Corson, and Debbie L. Vinicur. 1980. "Visual Dominance Behavior in Female Dyads: Situational and Personality Factors." Social Psychology Quarterly 43 (3): 328–36.

Farrell, Henry, and Martha Finnemore. 2013. "The End of Hypocrisy: American Foreign Policy in the Age of Leaks." Foreign Affairs, November/December.

Fenichel, Otto. 1995. The Psychoanalytic Theory of Neurosis. New York: W. W. Norton. Finch, Robert P. 2010. A Shaw Anthology. United States: Laplace Publications and Art Bank.

Fine, Gary Alan, Jeffrey L. Stitt, and Michael Finch. 1984. "Couple Tie-Signs and Interpersonal Threat: A Field Experiment." Social Psychology Quarterly 47 (3): 282–86.

Finkelstein, Amy, Sarah Taubman, Bill Wright, Mira Bernstein, Jonathan Gruber, Joseph P. Newhouse, Heidi Allen, Katherine Baicker, and Oregon Health Study Group. 2102. "The Oregon Health Insurance Experiment: Evidence from the First Year" Quarterly Journal of Economics 127 (3): 1057–106.

Fisher, Franklin M., John J. McGowan, and David S. Evans. 1980. "The Audience- Revenue Relationship for Local Television Stations." Bell Journal of Economics 11 (2): 694–708.

Fisher, Elliott S., John E. Wennberg, Therese A. Stukel, Jonathan S. Skinner, Sandra M. Sharp, Jean L. Freeman, and Alan M. Gittelsohn. 2000. "Associations among Hospital Capacity, Utilization, and Mortality of U.S. Medicare Beneficiaries, Controlling for Sociodemographic Factors." Health Services Research 34 (6): 1351.

Fisher, Elliott S., David E. Wennberg, Thrse A. Stukel, Daniel J. Gottlieb, F. Lee Lucas, and Etoile L. Pinder. 2003. "The Implications of Regional Variations in Medicare Spending. Part 1: The Content, Quality, and Accessibility of Care." Annals of Internal Medicine 138 (4): 273–87.

Flack, Jessica C., Lisa A. Jeannotte, and Frans de Waal. 2004. "Play Signaling and the Perception of Social Rules by Juvenile Chimpanzees (Pan troglodytes)."Journal of Comparative Psychology 118 (2): 149.

Flanagan, Caitlin. 2012. "Jackie and the Girls: Mrs. Kennedy's JFK problem—and Ours." The Atlantic, July/August. http://www.theatlantic.com/magazine/archive/ 2012/07/jackie-and-the-girls/309000/.

Flesch, William. 2007. Comeuppance: Costly Signaling, Altruistic Punishment, and Other Biological Components of Fiction. Cambridge, MA: Harvard University Press.

Forster, Edward S. 2005. The Turkish Letters of Ogier Ghiselin de Busbecq. Baton Rouge: Louisiana State University Press.

Fox, Craig R., Rebecca K. Ratner, and Daniel S. Lieb. 2005. "How Subjective Grouping of Options Influences Choice and Allocation: Diversification Bias and the Phenomenon of Partition Dependence." Journal of Experimental Psychology: General 134 (4): 538.

Frank, Robert H., Thomas Gilovich, and Dennis T. Regan. 1993. "Does Studying Economics Inhibit Cooperation?" The Journal of Economic Perspectives 7 (2): 159–71.

Frejka, Tomas, and Charles F. Westoff. 2008. "Religion, Religiousness and Fertility in the U.S. and in Europe." European Journal of Population/Revue européenne de Démographie 24 (1): 5–31.

Freud, Anna. 1992. The Ego and the Mechanisms of Defence. London: Karnac Books. Frumin, Idan, Ofer Perl, Yaara Endevelt-Shapira, Ami Eisen, Neetai Eshel, Iris Heller, Maya Shemesh, Aharon Ravia, Lee Sela, Anat Arzi, and Noam Sobel. 2015. "A Social Chemosignaling Function for Human Handshaking." Elife 4 (March 3): e05154.

Fuchs, Victor R. 1998. "Health, Government, and Irving Fisher." Technical Report 6710, National Bureau for Economic Research, Cambridge, MA.

Gaither, Carl C., and Alma E. Cavazos-Gaither. 2008. Gaither's Dictionary of Scientific Quotations. Berlin/Heidelberg: Springer Science + Business Media.

Gallie, Walter Bryce. 1995. "Essentially Contested Concepts." Proceedings of the Aristotelian Society 56: 167–98.

Gatto, John. 1990. "Why Schools Don't Educate." The Sun 175, June. http:// thesunmagazine.org/archives/937.

Gawande, Atul. 2007. "The Checklist." New Yorker, December 10.

Gazzaniga, Michael S. 1989. "Organization of the Human Brain." Science 245 (4921): 947–52.

Gazzaniga, Michael S. 1998. "The Split Brain Revisited." Scientific American 279 (1): 50–55.

Gazzaniga, Michael S. 2000. "Cerebral Specialization and Interhemispheric Communication." Brain 123 (7): 1293–326.

Gazzaniga, Michael S., and Joseph E. LeDoux. 2013. The Integrated Mind. Berlin/ Heidelberg: Springer Science + Business Media.

Gazzaniga, Michael S., and Patricia Ann Reuter-Lorenz. 2010. The Cognitive Neuroscience of Mind: A Tribute to Michael S. Gazzaniga. Cambridge, MA: MIT Press.

Geehr, Carly. 2012. "Do Olympic or Competitive Swimmers Ever Pee in the Pool?" Quora, July 30. https://www.quora.com/Do-Olympic-or-competitive-swimmers- ever-pee-in-the-pool/answer/Carly-Geehr.

Gelman, Andrew, Nate Silver, and Aaron Edlin. 2012. "What Is the Probability Your Vote Will Make a Difference?" Economic Inquiry 50 (2): 321–26.

Gerber, Alan S., Gregory A. Huber, David Doherty, and Conor M. Dowling. 2012. "Disagreement and the Avoidance of Political Discussion: Aggregate Relationships and Differences across Personality Traits." American Journal of Political Science 56 (4): 849–74.

Gerber, Alan, Gregory Huber, Conor Dowling, David Doherty, and Nicole Schwartzberg. 2009. "Using Battleground States as a Natural Experiment to Test Theories of Voting." Paper presented at the American Political Science Association, Toronto, September 3–6.

Gersick, Andrew, and Robert Kurzban. 2014. "Covert Sexual Signaling: Human Flirtation and Implications for Other Social Species." Evolutionary Psychology 12 (3): 549–69.

Gertman, Paul M., Debra A. Stackpole, Dana Kern Levenson, Barry M. Manuel, Robert J. Brennan, and Gary M. Janko. 1980. "Second Opinions for Elective Surgery: The Mandatory Medicaid Program in Massachusetts." New England Journal of Medicine 302 (21): 1169–74.

Getzen, Thomas E. 2000. "Health Care Is an Individual Necessity and a National Luxury: Applying Multilevel Decision Models to the Analysis of Health Care Expenditures." Journal of Health Economics 19 (2): 259–70.

Giles, Howard, Nikolas Coupland, and Justine Coupland, eds. 1991. "Accommodation Theory: Communication, Context, and Consequence." In Contexts of Accommodation: Developments in Applied Sociolinguistics, edited by Howard Giles, Justine Coupland, and Nikolas Coupland, 1–68. Cambridge, UK: Cambridge University Press.

Gioia, Michael. 2016. "Stanford's Admission Rate Drops to 4.69 Percent." Stanford Daily, March 25.

GiveWell. 2016. "Against Malaria Foundation." Top Charities, November. Accessed January 7, 2017. http://www.givewell.org/charities/against-malaria-foundation.

Giving USA. 2015. "Americans Donated an Estimated $358.38 Billion to Charity in 2014; Highest Total in Report's 60-year History." The Giving Institute, June 16. https://givingusa.org/giving-usa-2015-press-release-giving-usa-americans- donated-an-estimated-358-38-billion-to-charity-in-2014-highest-total-in- reports-60-year-history/.

Glass, Ira. 2015. "Copes See It Differently." This American Life, No. 547. Radio broadcast, February 6.

Glazer, Amihai, and Kai A. Konrad. 1996. "A Signaling Explanation for Charity." The American Economic Review 86 (4): 1019–28.

Goodenough, Ursula W. 1991. "Deception by Pathogens." American Scientist 79 (4): 344–55.

Goosen, C. 1981. "On the Function of Allogrooming in Old-World Monkeys." In Primate Behavior and Sociobiology, edited by A. B. Chiarelli and R. S. Corruccini, 110–120. Proceedings in Life Sciences. Berlin/Heidelberg/Springer.

Grace, Debra, and Deborah Griffin. 2006. "Exploring Conspicuousness in the Context of Donation Behaviour." International Journal of Nonprofit and Voluntary Sector Marketing 11 (2): 147–54.

Greene, Robert. 1998. The 48 Laws of Power. New York: Viking.

Greenwald, Anthony G., Debbie E. McGhee, and Jordan L. K. Schwartz. 1998. "Measuring Individual Differences in Implicit Cognition: The Implicit Association Test." Journal of Personality and Social Psychology 74 (6): 1464.

Gregory Jr., Stanford W., and Timothy J. Gallagher. 2002. "Spectral Analysis of Candidates' Nonverbal Vocal Communication: Predicting U.S. Presidential Election Outcomes." Social Psychology Quarterly 65 (3): 298–308.

Gregory Jr., Stanford W., and Stephen Webster. 1996. "A Nonverbal Signal in Voices of Interview Partners Effectively Predicts Communication Accommodation and Social Status Perceptions." Journal of Personality and Social Psychology 70 (6): 1231.

Grice, H. Paul. 1975. "Logic and Conversation." In Syntax and Semantics 3: Speech Acts, edited by Peter Cole and Jerry L. Morgan, 41–58. New York: Academic Press.

Griskevicius, Vladas, Noah Goldstein, Chad Mortensen, Robert Cialdini, and Douglas Kenrick. 2006. "Going Along versus Going Alone: When Fundamental Motives Facilitate Strategic (Non) Conformity." Journal of Personality and Social Psychology 91 (2): 281.

Griskevicius, Vladas, Joshua M. Tybur, and Bram Van den Bergh. 2010. "Going Green to Be Seen: Status, Reputation, and Conspicuous Conservation." Journal of Personality and Social Psychology 98 (3): 392.

Griskevicius, Vladas, Joshua M. Tybur, and Jill M. Sundie. 2007. "Blatant Benevolence and Conspicuous Consumption: When Romantic Motives Elicit Strategic Costly Signals." Journal of Personality and Social Psychology 93 (1): 85.

Gross, Neil. 2013. Why Are Professors Liberal and Why Do Conservatives Care? Cambridge, MA: Harvard University Press.

Hadley, Jack. 1982. More Medical Care Better Health? Washington, DC: Urban Institute Press.

Haidt, Jonathan. 2006. The Happiness Hypothesis: Finding Modern Truth in Ancient Wisdom. New York: Basic Books.

Haidt, Jonathan. 2102. The Righteous Mind: Why Good People Are Divided by Politics and Religion. New York: Vintage.

Haldeman, Harry R., and Joseph DiMona. 1978. The Ends of Power. New York: Dell. Haley, Kevin J., and Daniel M. T. Fessler. 2005. "Nobody's Watching?: Subtle Cues Affect Generosity in an Anonymous Economic Game." Evolution and Human Behavior 26 (3): 245–56.

Hall, Edward Twitchell. 1966. The Hidden Dimension. New York: Doubleday. Hall, Lars, Petter Johansson, and Thomas Strandberg. 2012 . "Lifting the Veil of Morality: Choice Blindness and Attitude Reversals on a Self-Transforming Survey." PLoS One 7 (9): e45457.

Hall, Lars, Petter Johansson, Betty Tärning, and Thérèse Deutgen. 2010. "Magic at the Marketplace: Choice Blindness for the Taste of Jam and the Smell of Tea." Cognition 117 (1): 54–61.

Hanson, Robin. 1995. "Comparing Peer Review to Information Prizes." Social Epistemology 9 (1): 49–55.

Hanson, Robin. 1998. "Patterns of Patronage: Why Grants Won Over Prizes in Science." Working Paper, University of California, Berkeley, July 28. http:// hanson.gmu.edu/whygrant.pdf.

Hanson, Robin. 2008. "Showing That You Care; The Evolution of Health Altruism," Medical Hypotheses 70 (4): 724–42.

Hanson, Robin. 2012. "Marginal Charity." Overcoming Bias (blog), November 24. http://www.overcomingbias.com/2012/11/marginal-charity.html.

Harbaugh, William T. 1998. "What Do Donations Buy?: A Model of Philanthropy Based on Prestige and Warm Glow." Journal of Public Economics 67 (2): 269–84. Harris, Judith Rich. 2006. No Two Alike: Human Nature and Human Individuality. New York: W. W. Norton.

Haskell, Robert E. 2000. Transfer of Learning: Cognition and Instruction. Cambridge, MA: Academic Press.

Hayek, Anne-Sophie, Anne-Sophie, Claudia Toma, Dominique Oberlé, and Fabrizio Butera. 2015. "Grading hampers cooperative information sharing in group problem solving." Social Psychology 46 (3): 121–31.

Hayek, Friedrich. 1988. The Fatal Conceit: The Errors of Socialism. Chicago: University of Chicago Press.

Heaney, Michael, and Fabio Rojas. 2015. Party in the Street: The Antiwar Movement and the Democratic Party after 9/11. New York: Cambridge University Press.

Henrich, Joseph. 2015. The Secret of Our Success: How Culture Is Driving Human Evolution, Domesticating Our Species, and Making Us Smarter. Princeton, NJ: Princeton University Press.

Henrich, Joseph, and Francisco J. Gil-White. 2001. "The Evolution of Prestige: Freely Conferred Deference as a Mechanism for Enhancing the Benefits of Cultural Transmission." Evolution and Human Behavior 22 (3): 165–96.

Hobbes, Thomas. 2013. Leviathan. Project Gutenberg, released 2009. http://www.gutenberg.org/ebooks/3207.

Hoffman, Elizabeth, Kevin McCabe, and Vernon L. Smith. 1996."Social Distance and Other-Regarding Behavior in Dictator Games." American Economic Review 86 (3): 653–60.

Hollis, Nigel. 2011. "Why Good Advertising Works (Even When You Think It Doesn't)." The Atlantic, August 31. http://www.theatlantic.com/business/archive/ 2011/08/why-good-advertising-works-even-when-you-think-it-doesnt/244252/.

Hope Consulting. 2010. "Money for Good: The U.S. Market for Impact Investments and Charitable Gifts from Individuals Summary Findings." Aspen Institute, San Francisco, CA, August. http://www.aspeninstitute.org/sites/default/files/content/ docs/ande/ANDE_MFGSummaryNote_15AUG10.pdf.

Hugill, Nadine, Bernhard Fink, and Nick Neave. 2010. "The Role of Human Body Movements in Mate Selection." Evolutionary Psychology 8 (1): 66–89.

Hume, David. (1739) 1978. A Treatise of Human Nature. London: John Noon. Hummer, Robert, Richard G. Rogers, Charles B. Nam, and Christopher G. Ellison. 1999. "Religious Involvement and U.S. Adult Mortality." Demography 36 (2): 273–85. Huntington, Samuel P. 1997. The Clash of Civilizations and the Remaking of World Order. New York: Touchstone.

Hutchinson, Lee. 2014. "Tripping through IBM's Astonishingly Insane 1937 Corporate Songbook." Ars Technica, August 29.

Iannaccone, Laurence R. 1992. "Sacrifice and Stigma: Reducing Free-Riding in Cults, Communes, and Other Collectives." Journal of Political Economy 100 (2): 271–91.

Iannaccone, Laurence R. 1998. "Introduction to the Economics of Religion." Journal of Economic Literature 36 (3): 1465–95.

Ioannidis, John P. A. 2005a. "Contradicted and Initially Stronger Effects in Highly Cited Clinical Research." Journal of the American Medical Association 294 (2): 218–28.

Ioannidis, John P. A. 2005b. "Why Most Published Research Findings Are False." PLoS Med 2 (8): e124.

Iredale, Wendy, Mark Van Vugt, and Robin Dunbar. 2008. "Showing Off in Humans: Male Generosity as a Mating Signal." Evolutionary Psychology 6 (3): 386–92.

Institute of Medicine, Committee on Quality of Health Care in America, Molla S. Donaldson, Janet M. Corrigan, and Linda T. Kohn. 1999. To Err Is Human: Building a Safer Health System." Washington, DC: National Academy Press.

Islam, Nazrul. 1995. "Growth Empirics: A Panel Data Approach." Quarterly Journal of Economics 110 (4): 1127–70.

Iyengar, Shanto, Gaurav Sood, and Yphtach Lelkes. 2012. "Affect, Not Ideology a Social Identity Perspective on Polarization." Public Opinion Quarterly 76 (3): 405–31.

Iyengar, Shanto, and Sean J. Westwood. 2015. "Fear and Loathing across Party Lines: New Evidence on Group Polarization." American Journal of Political Science 59 (3): 690–707.

Isaacson, Walter. 2011. Steve Jobs. New York: Simon & Schuster.

Jackson, Jeffrey M., and Bibb Latané. 1981. "Strength and Number of Solicitors and the Urge toward Altruism." Personality and Social Psychology Bulletin 7 (3): 415–22.

Jain, Manoj. 2009. "A Skeptic Becomes a True Believer." Washington Post, February 10.

Johansson, Petter, Lars Hall, Sverker Sikström, and Andreas Olsson. 2005. "Failure to Detect Mismatches between Intention and Outcome in a Simple Decision Task." Science 310 (5745): 116–19.

Johnson, Dominic D. P. 2005. "God's Punishment and Public Goods." Human Nature 16 (4): 410–46.

Johnstone, Keith. 1985. Impro: Improvisation and the Theatre. New York: Theatre Arts Books.

Jones, Jeffrey M. 2012. "Atheists, Muslims See Most Bias as Presidential Candidates." Gallup, June 21. http://www.gallup.com/poll/155285/atheists-muslims-bias- presidential-candidates.aspx

Jones, Philip, and John Hudson. 2000. "Civic Duty and Expressive Voting: Is Virtue Its Own Reward?" Kyklos 53 (1): 3–16.

Jordania, Joseph. 2011. Why Do People Sing?: Music in Human Evolution. Tbilisi, Georgia: Logos.

Jordania, Joseph. 2014. Tigers, Lions, and Humans: History of Rivalry, Conflict, Reverence and Love. Tbilisi, Georgia: Logos.

Kahneman, Daniel. 2011. Thinking, Fast and Slow. New York: Farrar, Straus and Giroux.

Kahneman, Daniel, and Shane Frederick. 2002. "Representativeness Revisited: Attribute Substitution in Intuitive Judgment." In Heuristics and Biases: The Psychology of Intuitive Judgment, edited by Thomas Gilovich, Dale Griffin, and Daniel Kahneman, 49. Cambridge, UK: Cambridge University Press.

Kant, Immanuel. 2007. The Critique of Judgment. Translated by James Creed Meredith. Revised and edited by Nicholas Walker. Oxford, UK: Oxford University Press.

Kaufman, Myles. 2014. "The Curious Case of U.S. Ticket Resale Laws." Seatgeek. com, September 28. Last modified February 22, 2017. https://seatgeek.com/tba/ articles/ticket-resale-laws/.

Katz, Andrew. 2013. "As the Hajj Unfolds in Saudi Arabia, A Deep Look Inside the Battle against MERS." Time, October 16.

Kawakami, Kiyobumi, Kiyoko Takai-Kawakami, Masaki Tomonaga, Juri Suzuki, Tomiyo Kusaka, and Takashi Okai. 2006. "Origins of Smile and Laughter: A Preliminary Study." Early Human Development 82 (1): 61–66.

Kenrick, Douglas T. 2011. Sex, Murder, and the Meaning of Life: A Psychologist Investigates How Evolution, Cognition, and Complexity Are Revolutionizing Our View of Human Nature. New York: Basic Books.

Kenrick, Douglas T., and Vladas Griskevicius. 2013. The Rational Animal: How Evolution Made Us Smarter Than We Think. New York: Basic Books.

Keynes, John Maynard. 1931. Essays in Persuasion. London: Macmillan.

Kinder, Donald. 1998. "Attitude and Action in the Realm of Politics." In Handbook of Social Psychology, 4th ed., edited by D. Gilbert, S. Fiske, and G. Lindzey, pp. 778– 867. New York: Oxford University Press.

Kirkpatrick, Melanie. 2010. "One Nation, Indivisible." Wall Street Journal, October 11.

Kiva. 2017. "Maria's story." Kiva.org, accessed January 7. https://www.kiva.org/lend/ 1020392.

Klein, Daniel B., and Charlotta Stern. 2009. "By the Numbers: The Ideological Profile of Professors." In The Politically Correct University: Problems, Scope, and Reforms, edited by Robert Maranto, Richard E. Redding, and Fredrick M. Hess, 15–36. Washington, DC: National Research Initiative, American Enterprise Institute.

Klein, Ezra, and Alvin Chang. 2015. "Political Identity Is Fair Game for Hatred": How Republicans and Democrats Discriminate." Vox News, December 7. http://www.vox.com/2015/12/7/9790764/partisan-discrimination Klofstad, Casey A., Rose McDermott, and Peter K. Hatemi. 2013. "The Dating Preferences of Liberals and Conservatives." Political Behavior 35 (3): 519–38. Knapp, Mark. 1972. Nonverbal Communication in Human Interaction. New York: Holt, Rinehart and Winston.

Kornhaber, Spencer. 2015. "Empathy: Overrated?" The Atlantic, July 3. http://www. theatlantic.com/health/archive/2015/07/ against-empathy-aspen-paul-bloom- richard-j-davidson/397694/.

Kozintsev, Alexander. 2010. The Mirror of Laughter. Translated by Richard Martin. New Brunswick, NJ: Transaction.

Kraus, Nancy, Torbjörn Malmfors, and Paul Slovic. 1992. "Intuitive Toxicology: Expert and Lay Judgments of Chemical Risks." Risk Analysis 12 (2): 215–32.

Krebs, John R., and Richard Dawkins. 1984. "Animal Signals: Mind-Reading and Manipulation." In Behavioural Ecology: An Evolutionary Approach, 2nd ed., edited by J. R. Krebs and N. B. Davies, 380–402. Oxford, UK: Blackwell Scientific.

Krueger, Alan B., and Mikael Lindahl. 2001. "Education for Growth: Why and for Whom?" Journal of Economic Literature 39 (4): 1101–36.

Kuran, Timur. 1995. Private Truths, Public Lies: The Social Consequences of Preference Falsification. Cambridge, MA: Harvard University Press.

Kurzban, Robert. 2012. Why Everyone (Else) Is a Hypocrite: Evolution and the Modular Mind. Princeton, NJ: Princeton University Press.

Lachmann, Michael, Szabolcs Szamado, and Carl T. Bergstrom. 2001. "Cost and Conflict in Animal Signals and Human Language." Proceedings of the National Academy of Sciences 98 (23): 13189–94.

Lahaye, Rick. 2014. "Looking for Help: What's the Distinction between Self- Deception and Self-Concealment?" Research Gate, September 1. https://www. researchgate.net/post/Looking_for_help_Whats_the_distinction_between_self- deception_and_self-concealment.

Lakoff, George, and Mark Johnson. 1980. Metaphors We Live By. Chicago: University of Chicago Press.

Land, Michael F., and Dan-Eric Nilsson. 2002. Animal Eyes. New York: Oxford University Press.

Landry, Craig, Andreas Lange, John A. List, Michael K. Price, and Nicholas G. Rupp. 2005. "Toward an Understanding of the Economics of Charity: Evidence from a Field Experiment." Working Paper, National Bureau for Economic Research (NBER), Cambridge, MA, and Resources for the Future (RFF), Washington, DC. http://ices.gmu.edu/wp-content/uploads/2010/07/ Fall_09_ Price.pdf.

Lange, Fabian, and Robert Topel. 2006. "The Social Value of Education and Human Capital." In Handbook of the Economics of Education, Vol. 1, edited by Eric A. Hanushek and Finis Welch, 459–509. Amsterdam: North-Holland. Lantz, Paula, James House, James Lepkowski, David Williams, Richard Mero, and Jieming Chen. 1998. "Socioeconomic Factors, Health Behaviors, and Mortality: Results from a Nationally Representative Prospective Study of U.S. Adults." Journal of the American Medical Association 279 (21): 1703–708.

Langworth, Richard. 2011. Churchill by Himself: The Definitive Collection of Quotations. New York: Public Affairs.

La Rochefoucauld, François. 1982. Maxims. Translated by Leonard Tancock. London, UK: Penguin.

Leape, Lucian L. 2000. "Institute of Medicine Medical Error Figures Are Not Exaggerated." Journal of the American Medical Association 284 (1): 95–97.

Lehmann, Julia, A. H. Korstjens, and R. I. M. Dunbar. 2007. "Group Size, Grooming and Social Cohesion in Primates." Animal Behaviour 74 (6): 1617–29.

Lelkes, Orsolya. 2006. "Tasting Freedom: Happiness, Religion and Economic Transition." Journal of Economic Behavior &

Organization 59 (2): 173–94.

Lewis, Gregory. 2012. "How Many Lives Does a Doctor Save?" 80,000 Hours (blog), August 19. https://80000hours. org/2012/08/how-many-lives-does-a-doctor-save/.

Lewis, Jeff. 2002. Cultural Studies—The Basics. London: SAGE.

Lin, Zhiqiu, and Augustine Brannigan. 2006. "The Implications of a Provincial Force in Alberta and Saskatchewan." In Laws and Societies in the Canadian Prairie West, 1670–1940, edited by Louis A. Knafla and Jonathan Swainger, 240. Vancouver, Canada: UBC Press.

Locke, John. 1999. Why We Don't Talk to Each Other Anymore: The De-Voicing of Society. New York: Simon & Schuster.

Locke, John. 2011. Duels and Duets: Why Men and Women Talk So Differently. New York: Cambridge University Press.

Lorenz, Konrad. 2002. On Aggression. Hove, UK: Psychology Press.

Lott, Jr., John R. 1999. "Public Schooling, Indoctrination, and Totalitarianism." Journal of Political Economy 107 (S6): S127–57.

Lundberg, George D. 1998. "Low-Tech Autopsies in the Era of High-Tech Medicine: Continued Value for Quality Assurance and Patient Safety." Journal of the American Medical Association 280 (14): 1273–74.

Lurie, Alison. 1981. The Language of Clothes. New York: Random House. Macilwain, Colin. 2010. "Science Economics: What Science Is Really Worth." Nature

465: 682–84.

Macskássy, Sofus Attila. 2013. "From Classmates to Soulmates." Facebook Data Science, October 7. https://www.facebook.com/ notes/facebook-data-science/ from-classmates-to-soulmates/10151779448773859.

Mahoney, Annette, Kenneth Pargament, Nalini Tarakeshwar, and Aaron Swank. 2002. "Religion in the Home in the 1980s and 1990s: A Meta-Analytic Review and Conceptual Analysis of Links between Religion, Marriage, and Parenting." Journal of Family Psychology 15 (4):559–96.

Manning, Willard G., Joseph P. Newhouse, Naihua Duan, Emmett B. Keeler, and Arleen Leibowitz. 1987. "Health Insurance and the Demand for Medical Care: Evidence from a Randomized Experiment." American Economic Review 77 (3): 251–77.

Margolick, David. 1990. "In Child Deaths, a Test for Christian Science." New York Times, August 6.

Margolis, Howard. 1982. Selfishness, Altruism, and Rationality: A Theory of Social Choice. Chicago: University of Chicago Press.

Mattiello, Elisa. 2005. "The Pervasiveness of Slang in Standard and Non-Standard English." Mots Palabras Words 6: 7–41.

Mazur, Allan, Eugene Rosa, Mark Faupel, Joshua Heller, Russell Leen, and Blake Thurman. 1980. "Physiological Aspects of Communication via Mutual Gaze." American Journal of Sociology 86 (1): 50–74.

McCarthy, Eugene G., Madelon Lubin Finkel, and Hirsch S. Ruchlin. 1981. "Second Opinions on Elective Surgery: The Cornell/ New York Hospital Study." The Lancet 317 (8234): 1352–54.

McClure, Christopher S. 2014. "Learning from Franklin's Mistakes: Self-Interest Rightly Understood in the Autobiography." The Review of Politics 76 (1): 69–92.

McCullough, Michael, William Hoyt, David Larson, and Carl Thoresen. 2000. "Religious Involvement and Mortality: A Meta-Analytic Review." Health Psychology 19 (3): 211.

McGilchrist, Iain. 2012. The Master and His Emissary: The Divided Brain and the Making of the Western World. New Haven, CT: Yale University Press.

McGraw, A. Peter, and Caleb Warren. 2010. "Benign Violations Making Immoral Behavior Funny." Psychological Science 21 (8): 1141–49.

McKinlay, John B., and Sonja M. McKinlay. 1977. "The Questionable Contribution of Medical Measures to the Decline of Mortality in the United States in the Twentieth Century." Milbank Quarterly 55 (3): 405–28.

McNeill, William H. 1997. Keeping Together in Time. Cambridge, MA: Harvard University Press.

Meer, Jonathan. 2011. "Brother, Can You Spare a Dime? Peer Pressure in Charitable Solicitation." Journal of Public Economics 95 (7): 926–41.

Mehrabian, A., and Ferris, S. R. 1967. "Inference of Attitudes from Nonverbal Communication in Two Channels." Journal of Consulting Psychology 31 (3): 48–258

Mehrabian, A., and Wiener, M. 1967. "Decoding of Inconsistent Communications." Journal of Personality and Social Psychology 6: 109–14

Mennemeyer, Stephen T., Michael A. Morrisey, and Leslie Z. Howard. 1997. "Death and Reputation: How Consumers Acted upon HCFA Mortality Information." Inquiry 34 (2): 117–28.

Mercier, Hugo, and Dan Sperber. 2011. "Why Do Humans Reason? Arguments for an Argumentative Theory." Behavioral and Brain Sciences 34 (2): 57–111.

Miller, Dale T. 1999. "The Norm of Self-Interest." American Psychologist 54 (12): 1053.

Miller, Geoffrey. 2000. The Mating Mind: How Sexual Choice Shaped the Evolution of Human Nature. Norwell, MA: Anchor Books.

Miller, Geoffrey. 2009. Spent: Sex, Evolution, and Consumer Behavior. New York: Penguin.

Minsky, Marvin. 1988. The Society of Mind. New York: Touchstone.

Mlodinow, Leonard. 2013. Subliminal: How Your Unconscious Mind Rules Your Behavior. New York: Vintage.

Morreall, John, ed. 1987. The Philosophy of Laughter and Humor. Albany, NY: SUNY Press.

Mullan, Fitzhugh. 2004. "Wrestling with Variation: An Interview with Jack Wennberg." Health Affairs 23: 73–80.

Mundinger, Mary, Rick Kane, Elizabeth Lenz, and Michael Shelanski. 2000. "Primary Care Outcomes in Patients Treated by Nurse Practitioners or Physicians: A Randomized Trial." Journal of the American Medical Association 283 (1): 59–68.

National Academy of Sciences. 2015. "Improving Diagnosis in Health Care." Quality Chasm Series. Washington, DC: National Academy Press, September 22.

Navarro, Joe, and Marvin Karlins. 2008. What Every Body Is Saying: An Ex-FBI Agent's Guide to Speed-Reading People. New York: Harper Collins.

Nelson, Holly, and Glenn Geher. 2007. "Mutual Grooming in Human Dyadic Relationships: An Ethological Perspective." Current Psychology 26 (2): 121–40.

Nettle, Daniel, Zoe Harper, Adam Kidson, and Melissa Bateson. 2013. "The Watching Eyes Effect in the Dictator Game: It's Not How Much You Give, It's Being Seen to Give Something." Evolution and Human Behavior 34 (1): 35–40.

Newhouse, Joseph P., and Insurance Experiment Group. 1993. Free for All? Lessons from the RAND Health Insurance Experiment. Cambridge, MA: Harvard University Press.

Newman, George E., and Paul Bloom. 2012. "Art and Authenticity: The Importance of Originals in Judgments of Value." Journal of Experimental Psychology: General 141 (3): 558.

Nichols, L., P. Aronica, and C. Babe. 1998. "Are Autopsies Obsolete?" American Journal of Clinical Pathology 110 (2): 210–18.

Niehaus, Paul. 2013. "A Theory of Good Intentions." Working Paper, University of California, San Diego, November 15. http://cgeg.sipa.columbia.edu/sites/default/ files/cgeg/S13_Niehaus_0.pdf.

Nielsen. 2016. "Super Bowl 50 Draws 111.9 Million TV Viewers, 16.9 Million Tweets." Nielsen Company, February 8. http://www.nielsen.com/us/en/insights/ news/2016/super-bowl-50-draws-111-9-million-tv-viewers-and-16-9-million- tweets.html.

Nisbett, Richard, and Timothy Wilson. 1977. "Telling More Than We Can Know: Verbal Reports on Mental Processes." Psychological Review 84 (3): 231–59. Northover, Stefanie, William Pedersen, Adam Cohen, and Paul Andrews. 2017. "Artificial Surveillance Cues Do Not Increase Generosity: Two Meta-Analyses." Evolution and Human Behavior 38 (1):144–53.

Nowak, Martin, and Roger Highfield. 2011. SuperCooperators: Altruism, Evolution, and Why We Need Each Other to Succeed. New York: Free Press.

Nyhan, Brendan. 2014. "Increasing the Credibility of Political Science Research: A Proposal for Journal Reforms." Working Paper, Dartmouth College, Hanover, NH, September 11. http://www.dartmouth.edu/~nyhan/journal- reforms.pdf.

O'Connor, Anahad. 2011. "Getting Doctors to Wash Their Hands." New York Times (blog), September 1.

O'Conner, Patricia, and Stewart Kellerman. 2013. "Quote Magnets." Grammarphobia (blog), January 14. http://www.grammarphobia.com/blog/2013/01/quote- magnets.html.

Orwell, George. 1950. Shooting an Elephant and Other Stories. London: Secker and Warburg.

Orwell, George. 1983. Nineteen Eighty-Four. New York: Houghton Mifflin Harcourt.

O'Toole, Garson. 2010a. "Never Let Schooling Interfere with Your Education." Quote Investigator, September 25. http://quote-investigator.com/2010/09/25/ schooling-vs-education/.

O'Toole, Garson. 2010b. "A Single Death Is a Tragedy; a Million Deaths Is a Statistic." Quote Investigator, May 21. http://quote-investigator.com/2010/05/21/ death-statistic/.

O'Toole, Garson. 2013. "It Is the Mark of a Truly Intelligent Person to be Moved by Statistics." Quote Investigator, February 20. http://quoteinvestigator.com/ 2013/02/20/moved-by-stats/.

O'Toole, Garson. 2014. "A Person Has Two Reasons for Doing Anything: A Good Reason and the Real Reason." Quote Investigator, May 22. http:// quoteinvestigator.com/2014/03/26/two-reasons/.

O'Toole, Garson. 2016. "If You Want to Tell People the Truth, You'd Better Make Them Laugh or They'll Kill You." Quote Investigator, March 17. http:// quoteinvestigator.com/2016/03/17/truth-laugh/.

Ottina, Theresa J. 1995. Advertising Revenues per Television Household: A Market by Market Analysis. Washington, DC: National Association of Broadcasters.

Packard, Vance. 1957. The Hidden Persuaders. New York: David McKay. Pauly, Mark V. 1992. "Effectiveness Research and the Impact of Financial Incentives on Outcomes." In Improving Health Policy and Management: Nine Critical Research Issues for the 1990s, edited by Stephen M. Shortell and Uwe E. Reinhardt, 151–94. Ann Arbor, MI: Health Administration Press.

Pellis, Sergio M., and Vivien C. Pellis. 1996. "On Knowing It's Only Play: The Role of Play Signals in Play Fighting." Aggression and Violent Behavior 1 (3): 249–68.

Peloza, John, and Piers Steel. 2005. "The Price Elasticities of Charitable Contributions: A Meta-Analysis." Journal of Public Policy & Marketing 24 (2): 260–72.

Pentland, Alex, and Tracy Heibeck. 2010. Honest Signals: How They Shape Our World. Cambridge, MA: MIT Press.

Periyakoil, Vyjeyanthi S., Eric Neri, Ann Fong, and Helena Kraemer. 2014. "Do Unto Others: Doctors' Personal End-Of-Life

Resuscitation Preferences and Their Attitudes toward Advance Directives." PloS One 9 (5): e98246.

Perry, Sarah. 2014. Every Cradle Is a Grave: Rethinking the Ethics of Birth and Suicide. Charleston, WV: Nine-Banded.

Peters, Douglas P., and Stephen J. Ceci. 1982. "Peer-Review Practices of Psychological Journals: The Fate of Published Articles, Submitted Again." Behavioral and Brain Sciences 5 (2):187–95, June.

Pew Research Center. 2014. "Political Polarization in the American Public: Section 3: Political Polarization and Personal Life." U.S. Politics & Policies, June 12. http:// www.people-press.org/2014/06/12/section-3-political-polarization-and-personal- life/.

Pfeffer, Jeffrey, and Robert I. Sutton. 2006. Hard Facts, Dangerous Half-Truths, and Total Nonsense: Profiting from Evidence-Based Management. Brighton, MA: Harvard Business Press.

Pfeiffer, Thomas, and Robert Hoffmann. 2009. "Large-Scale Assessment of the Effect of Popularity on the Reliability of Research." PLoS One 4 (6): e5996.

Pinker, Steven. 1997. How the Mind Works. New York: W. W. Norton.

Pinker, Steven. 2013. Language, Cognition, and Human Nature: Selected Articles. New York: Oxford University Press. Pinker, Steven, and Paul Bloom. 1990. "Natural Language and Natural Selection." Behavioral and Brain Sciences 13 (4): 707–27.

Plassmann, Hilke, John O'Doherty, Baba Shiv, and Antonio Rangel. 2008. "Marketing Actions Can Modulate Neural Representations of Experienced Pleasantness." Proceedings of the National Academy of Sciences 105 (3): 1050–54.

Plooij, Frans. 1979. "How Wild Chimpanzee Babies Trigger the Onset of Mother- Infant Play—And What the Mother Makes of It." In Before Speech: The Beginning of Interpersonal Communication, edited by Margaret Bullowa, 223. Cambridge, UK: Cambridge University Press.

Pocklington, Rebecca. 2013. "Pictured: Millions of Migrating Crabs Force Roads to Close on Christmas Island." Mirror, December 30.

Pollard, Albert Frederick. 2007. Henry VIII. Project Gutenberg. www.gutenberg.org/ ebooks/20300.

Polonsky, Michael Jay, Laura Shelley, and Ranjit Voola. 2002. "An Examination of Helping Behavior—Some Evidence from Australia." Journal of Nonprofit & Public Sector Marketing 10 (2): 67–82.

Poole, Keith T., and Howard Rosenthal. 1987. "Analysis of Congressional Coalition Patterns: A Unidimensional Spatial Model." Legislative Studies Quarterly 12 (1):55–75.

Poole, Keith T., and Howard Rosenthal. 2000. Congress: A Political-Economic History of Roll Call Voting. New York: Oxford University Press.

Poole, Keith T., and Howard Rosenthal. 2007. Ideology and Congress. New Brunswick, NJ: Transaction.

Power, Camilla. 1999. "Beauty Magic: The Origins of Art." In The Evolution of Culture edited by Robin Dunbar, Chris Knight, and Camilla Power, 92–112. New Brunswick, NJ: Rutgers University Press.

Prinz, Jesse. 2013. "How Wonder Works." Aeon, June 21. https://aeon.co/essays/ why-wonder-is-the-most-human-of-all-emotions.

Pritchett, Lant. 2001. "Where Has All the Education Gone?" World Bank Economic Review 15 (3): 367–91.

Provine, Robert R. 2000. Laughter: A Scientific Investigation. New York: Penguin. Ramachandran, Vilayanur S., Sandra Blakeslee, and Oliver W. Sacks. 1998. Phantoms in the Brain: Probing the Mysteries of the Human Mind. New York: William Morrow.

Rand, Ayn, and Nathaniel Branden. 1964. The Virtue of Selfishness: A New Concept of Egoism. New York: Signet.

Rao, Venkatesh. 2013. "You Are Not an Artisan." Ribbonfarm, July 10. http://www. ribbonfarm.com/2013/07/10/you-are-not-an-artisan/.

Rappaport, Roy A. 1999. Ritual and Religion in the Making of Humanity. Vol. 110. Cambridge, UK: Cambridge University Press.

Ridley, Matt. 1993. The Red Queen: Sex and the Evolution of Human Nature. New York: Viking Press.

Rigdon, Mary, Keiko Ishii, Motoki Watabe, and Shinobu Kitayama. 2009. "Minimal Social Cues in the Dictator Game." Journal of Economic Psychology 30 (3): 358–67.

Roberts, Russ, and Bryan Caplan. 2007. "Caplan on the Myth of the Rational Voter." EconTalk, June 25. http://www.econtalk.org/archives/2007/06/caplan_on_the_m.html. Roberts, Russ, and Iannaccone, Larry. 2006. "The Economics of Religion." EconTalk, October 9. http://www.econtalk.org/archives/2006/10/the_economics_o_7.html. Robertson, Jeanne. 2017. "Don't Send a Man to the Grocery Store." Video, accessed January 8. http://jeannerobertson.com/VideoGroceryStore.htm.

Roes, Frans L., and Michel Raymond. 2003. "Belief in Moralizing Gods." Evolution and Human Behavior 24 (2): 126–35.

Ross, Marina Davila, Michael J. Owren, and Elke Zimmermann. 2010. "The Evolution of Laughter in Great Apes and Humans." Communicative & Integrative Biology 3 (2): 191–94.

Rothman, Stanley, S. Robert Lichter, and Neil Nevitte. 2005. "Politics and Professional Advancement among College Faculty." The Forum 3 (1): 1–16.

Rowland, Peter, ed. 2008. Bowerbirds. Clayton, Victoria, Australia: CSIRO.

Rue, Loyal D. 2005. Religion Is Not about God: How Spiritual Traditions Nurture Our Biological Nature and What to Expect When They Fail. New Brunswick, NJ: Rutgers University Press.

Ruffle, Bradley J., and Richard Sosis. 2006. "Cooperation and the In-Group-Out- Group Bias: A Field Test on Israeli Kibbutz Members and City Residents." Journal of Economic Behavior & Organization 60 (2): 147–63.

Sackeim, Harold. 2015. "Deception." Interview by Robert Krulwich. Radiolab, podcast audio. Original NPR broadcast 2008.

Savic, Ivanka, Hans Berglund, and Per Lindström. 2005. "Brain Response to Putative Pheromones in Homosexual Men." Proceedings of the National Academy of Sciences of the United States of America 102 (20): 7356–61.

Schelling, Thomas. 1980. The Strategy of Conflict. Cambridge, MA: Harvard University Press.

Schelling, Thomas, Martin Bailey, and Gary Fromm. 1968. "The Life You Save May Be Your Own." In Problems in Public Expenditure Analysis: Papers Presented at a Conference of Experts Held Sept. 15–16, 1966. Vol. 2: Brookings Conference on Government Expenditures, edited by Samuel B. Chase, 127–62. Washington, DC: Brookings Institution.

Schino, Gabriele. 2007. "Grooming and Agonistic Support: A Meta-Analysis of Primate Reciprocal Altruism." Behavioral Ecology 18 (1): 115–20.

Schlegelmilch, Bodo B., Adamantios Diamantopoulos, and Alix Love. 1997. "Characteristics Affecting Charitable Donations: Empirical Evidence from Britain." Journal of Marketing Practice: Applied Marketing Science 3 (1): 14–28.

Schneider, Eric C., and Arnold M. Epstein. 1998. "Use of Public Performance Reports: A Survey of Patients Undergoing Cardiac Surgery." Journal of American Medical Association 279 (20): 1638–42.

Schopenhauer, Arthur. 1966. The World as Will and Representation. Vol. 2. Translated by E. F. J. Payne. New York: Dover.

Schor, Juliet B. 1998. The Overspent American: Why We Want What We Don't Need. New York: Basic Books.

Schuessler, Alexander A. 2000. "Expressive Voting." Rationality and Society 12 (1): 87–119.

Sexton, Steven E., and Alison L. Sexton. 2014. "Conspicuous Conservation: The Prius Halo and Willingness to Pay for Environmental Bona Fides." Journal of Environmental Economics and Management 67 (3): 303–17.

Seyfarth, Robert M. 1977. "A Model of Social Grooming among Adult Female Monkeys." Journal of Theoretical Biology 65 (4): 671–98.

Seyfarth, Robert M., and Dorothy L. Cheney. 1984. "Grooming, Alliances and Reciprocal Altruism in Vervet Monkeys." Nature 308: 541–43.

Shanks, David R., Miguel A. Vadillo, Benjamin Riedel, and Lara M. C. Puhlmann. 2015. "Romance, Risk, and Replication: Can Consumer Choices and Risk-Taking Be Primed by Mating Motives?" Journal of Experimental Psychology: General 144 (6): e142.

Shariff, Azim F., and Ara Norenzayan. 2007. "God Is Watching You: Priming God Concepts Increases Prosocial Behavior in an Anonymous Economic Game." Psychological Science 18 (9): 803–809.

Shojania, Kaveh, Elizabeth Burton, Kathryn McDonald, and Lee Goldman. 2002. "The Autopsy as an Outcome and Performance Measure." Agency for Healthcare Research and Quality, Evidence Report/Technology Assessment No. 58, October.

Singer, Peter. 1972. "Famine, Affluence, and Morality." Philosophy and Public Affairs 1 (1): 229–43.

Singer, Peter. 1999. "The Singer Solution to World Poverty." New York Times Magazine, September 5.

Singer, Peter. 2009. The Life You Can Save: How to Do Your Part to End World Poverty. New York: Random House.

Singer, Peter. 2015. "The Logic of Effective Altruism." Boston Review, July 6. http:// bostonreview.net/forum/peter-singer-logic-effective-altruism.

Siu, Albert L., Frank A. Sonnenberg, Willard G. Manning, George A. Goldberg, Ellyn S. Bloomfield, Joseph P. Newhouse, and Robert H. Brook. 1986. "Inappropriate Use of Hospitals in a Randomized Trial of Health Insurance Plans." New England Journal of Medicine 315 (20): 1259–66.

Skinner, Jonathan S., John Wennberg. 2000. "How Much Is Enough? Efficiency and Medicare Spending in the Last Six Months of Life." In The Changing Hospital Industry: Comparing For-Profit and Not-for-Profit Institutions, edited by David Cutler. Chicago: University of Chicago Press.

Small, Deborah A., and George Loewenstein. 2003. "Helping a Victim or Helping the Victim: Altruism and Identifiability." Journal of Risk and Uncertainty 26 (1): 5–16. Smith, Adam. 2013. An Inquiry into the Nature and Causes of the Wealth of Nations.

Project Gutenberg, released 2009. http://www.gutenberg.org/ebooks/3300.

Smith, Carole, Lev Williams, and Richard Willis. 1967. "Race, Sex, and Belief as Determinants of Friendship Acceptance." Journal of Personality and Social Psychology 5 (2):127–37.

Smith, Rosanna K., and George E. Newman. 2014. "When Multiple Creators Are Worse Than One: The Bias toward Single Authors in the Evaluation of Art." Psychology of Aesthetics, Creativity, and the Arts 8 (3): 303.

Snyder, Thomas D., and Sally A. Dillow. 2011. "Digest of education statistics, 2010 (NCES 2011–2015)." National Center for Education Statistics, U.S. Department of Education.

Sohn, Amy. 2004. "Crossing the Party Line." New York, November 8. http://nymag. com/nymetro/nightlife/sex/columns/mating/10260/.

Solzhenitsyn, Aleksandr. 1973. The Gulag Archipelago Volume 1: An Experiment in Literary Investigation. Translated by Thomas P. Whitney. New York: Harper and Row.

Sosis, Richard, and Candace Alcorta. 2003. "Signaling, Solidarity, and the

Sacred: The Evolution of Religious Behavior." Evolutionary Anthropology: Issues, News, and Reviews 12 (6): 264–74.

Sosis, Richard, and Eric R. Bressler. 2003. "Cooperation and Commune Longevity: A Test of the Costly Signaling Theory of Religion." Cross-Cultural Research 37 (2): 211–39.

Sosis, Richard, and Jordan Kiper. 2014. "Religion Is More Than Belief: What Evolutionary Theories of Religion Tell Us about Religious Commitment." In Challenges to Religion and Morality: Disagreements and Evolution, edited by Michael Bergmann and

Patrick Kain, 256–76. New York: Oxford University Press.

Spence, Michael. 1973. "Job Market Signaling." The Quarterly Journal of Economics 87 (3): 355–74.

Spence, Susan H. 1987. "The Relationship between Social—Cognitive Skills and Peer Sociometric Status." British Journal of Developmental Psychology 5 (4): 347–56.

Spring, Joel H. 1973. Education and the Rise of the Corporate State. Boston: Beacon Press.

Stafford, Tom. 2013. "Does Studying Economics Make You More Selfish?" BBC Future, October 22.

Stam, J. H. 1976. Inquiries into the Origins of Language. New York: Harper and Row. Staradub, Valerie L., Kathleen A. Messenger, Nanjiang Hao, Elizabeth L. Wiely, and Monica Morrow. 2002. "Changes in Breast Cancer Therapy Because of Pathology

Second Opinions." Annals of Surgical Oncology 9 (10): 982–87.

Starek, Joanna E., and Caroline F. Keating. 1991. "Self-Deception and Its Relationship to Success in Competition." Basic and Applied Social Psychology 12 (2): 145–55.

Stavrova, Olga, and Daniel Ehlebracht. 2016. "Cynical Beliefs about Human Nature and Income: Longitudinal and Cross-Cultural Analyses." Journal of Personality and Social Psychology 110 (1):116–32.

Steen, Todd P. 1996. "Religion and Earnings: Evidence from the NLS Youth Cohort." International Journal of Social Economics 23 (1): 47–58.

Stephens. Mitchell. 2007. A History of the News, 3rd ed. New York: Oxford University Press.

Strawbridge, William J., Richard D. Cohen, Sarah J. Shema, and George A. Kaplan. 1997. "Frequent Attendance at Religious Services and Mortality over 28 Years." American Journal of Public Health 87 (6): 957–61.

Sugawara, Kazuyoshi. 1984. "Spatial Proximity and Bodily Contact among the Central Kalahari San." African Study Monographs, supplementary issue 3: 1–43. Kyoto University, Research Committee for African Area Studies.

Sullivan, Aline. 2002. "Affair of the Heart." Barron's 82 (49): 28.

Sullivan, James. 2014. "Bill Burr Gets into a Groove, Just Like His Comedy Heroes." Boston Globe, September 30.

Sully, James. 1902. An Essay on Laughter: Its Forms, Its Causes, Its Development and Its Value. New York: Longmans, Green.

Swatos, William H., and Peter Kivisto. 1998. Encyclopedia of Religion and Society. Walnut Creek, CA: AltaMira.

Szabo, Liz. 2013. "Book Raises Alarms about Alternative Medicine." USA Today, July 2.

Számadó, Szabolcs. 1999. "The Validity of the Handicap Principle in Discrete Action–Response Games." Journal of Theoretical Biology 198 (4): 593–602.

Tan, Jonathan H. W., and Claudia Vogel. 2008. "Religion and Trust: An Experimental Study." Journal of Economic Psychology 29 (6): 832–48.

Tavits, Margit. 2007. "Principle vs. Pragmatism: Policy Shifts and Political Competition." American Journal of Political Science 51 (1):151–65.

Thiel, Peter. 2014. "Thinking Too Highly of Higher Ed." Washington Post, November 21.

Tibbetts, Elizabeth A., and James Dale. 2004. "A Socially Enforced Signal of Quality in a Paper Wasp." Nature 432 (7014): 218–22.

Tocqueville, Alexis. 2013. Democracy in America. Vol. 2 (of 2). Translated by Henry Reeve. Project Gutenberg, released 2009. https://www.gutenberg.org/files/816/ 816-h/816-h.htm#link2HCH0029.

Trivers, Robert. 1971. "The Evolution of Reciprocal Altruism." Quarterly Review of Biology 46 (1): 35–57.

Trivers, Robert. 2002. Natural Selection and Social Theory: Selected Papers of Robert Trivers. New York: Oxford University Press.

Trivers, Robert. 2011. The Folly of Fools: The Logic of Deceit and Self-Deception in Human Life. New York: Basic Books.

Trope, Yaacov, and Nira Liberman. 2010. "Construal-Level Theory of Psychological Distance." Psychological Review 117 (2): 440.

Trufelman, Avery. 2015. "Hard to Love a Brute." 99% Invisible, podcast episode 176, August 11. http://99percentinvisible.org/episode/hard-to-love-a-brute/.

Tudor, Daniel, and James Pearson. 2015. North Korea Confidential: Private Markets, Fashion Trends, Prison Camps, Dissenters and Defectors. North Clarendon, VT: Tuttle.

Tuljapurkar, Shripad, Nan Li, and Carl Boe. 2000. "A Universal Pattern of Mortality Decline in the G7 Countries." Nature 405 (6788): 789–92.

United Way. n.d. "Paying It Forward." Accessed February 4, 2016. https://www. unitedway.org/our-impact/stories/paying-it-forward.

Uomini, Natalie Thaïs, and Georg Friedrich Meyer. 2013. "Shared Brain Lateralization Patterns in Language and Acheulean Stone Tool Production: A Functional Transcranial Doppler Ultrasound Study." PloS One 8 (8): e72693.

Uy, J. Albert C., Gail L. Patricelli, and Gerald Borgia. 2000. "Dynamic Mate- Searching Tactic Allows Female Satin Bowerbirds Ptilonorhynchus Violaceus to Reduce Searching." Proceedings of the Royal Society of London B: Biological Sciences 267 (1440): 251–56.

van der Velde, Frank W., Joop van der Pligt, and Christa Hooykaas. 1994. "Perceiving AIDS-Related Risk: Accuracy as a Function of Differences in Actual Risk." Health Psychology 13 (1): 25.

Veblen, Thorstein. 2013. The Theory of the Leisure Class. Project Gutenberg, released 2008. http://www.gutenberg.org/ebooks/833.

Ventura, Raffaella, Bonaventura Majolo, Nicola F. Koyama, Scott Hardie, and Gabriele Schino. 2006. "Reciprocation and Inter-change in Wild Japanese Macaques: Grooming, Cofeeding, and Agonistic Support." American Journal of Primatology 68 (12): 1138–49.

Vingerhoets, Ad. 2013. Why Only Humans Weep: Unravelling the Mysteries of Tears. New York: Oxford University Press.

Vladeck, Bruce, Emily Goodwin, Lois Myers, and Madeline Sinisi. 1988. "Consumers and Hospital Use: The HCFA 'Death List.'" Health Affairs 7 (1): 122–25.

Voeten, Erik. 2001. "Outside Options and the Logic of Security Council Action." American Political Science Review 95: 845–58.

Volden, Craig, and Alan E. Wiseman. 2014. Legislative Effectiveness in the United States Congress: The Lawmakers. New York: Cambridge University Press.

Von Grünau, Michael, and Christina Anston. 1995. "The Detection of Gaze Direction: A Stare-in-the-Crowd Effect." Perception 24 (11): 1297–313.

Waber, Rebecca, Baba Shiv, Ziv Carmon, and Dan Ariely. 2008. "Commercial Features of Placebo and Therapeutic Efficacy." Journal of the American Medical Association 299 (9):1016–17. The Wachowskis. 1999. The Matrix. Burbank, CA: Warner Bros.

Waldfogel, Joel. 1993. "The Deadweight Loss of Christmas." The American Economic Review 83 (5): 1328–36.

Wallace, David Foster. 2004. "Consider the Lobster." Gourmet Magazine, August, 50–64.

Weber, Eugen. 1976. Peasants into Frenchmen: The Modernization of Rural France, 1870–1914. Palo Alto, CA: Stanford University Press.

Wedekind, Claus, Thomas Seebeck, Florence Bettens, and Alexander J. Paepke. 1995. "MHC-Dependent Mate Preferences in Humans." Proceedings of the Royal Society of London B: Biological Sciences 260 (1359): 245–49.

Weeden, Jason, Adam B. Cohen, and Douglas T. Kenrick. 2008. "Religious Attendance as Reproductive Support." Evolution and Human Behavior 29 (5): 327–34.

Wehner, Peter. 2014. "The Nobility of Politics." Commentary Magazine, July 16. Weiskrantz, Lawrence. 1986. Blindsight: A Case Study and Implications. New York: Oxford University Press.

West, Patrick. 2004. Conspicuous Compassion: Why Sometimes It Really Is Cruel to Be Kind. London: Coronet Books.

West, Stephen G., and T. Jan Brown. 1975. "Physical Attractiveness, the Severity of the Emergency and Helping: A Field Experiment and Interpersonal Simulation." Journal of Experimental Social Psychology 11 (6): 531–38.

Westra, William H., Joseph D. Kronz, and David W. Eisele. 2002. "The Impact of Second Opinion Surgical Pathology on the Practice of Head and Neck Surgery: A Decade Experience at a Large Referral Hospital." Head & Neck 24 (7): 684–93.

White, Arthur H. 1989. "Patterns of Giving." In Philanthropic Giving: Studies in Varieties and Goals, edited by Richard Magat, 65–71. Yale Studies on Nonprofit Organizations. New York: Oxford University Press.

Wickler, Wolfgang. 1998. "Mimicry." Encyclopedia Britannica. Last modified December 1, 2000. https://www.britannica.com/science/mimicry.

Wilson, David Sloan. 2002. Darwin's Cathedral: Evolution, Religion, and the Nature of Society. Chicago: University of Chicago Press.

Wilson, Edward O. 2012. The Social Conquest of Earth. New York: Liveright. Wilson, Timothy D. 2002. Strangers to Ourselves: Discovering the Adaptive Unconscious. Cambridge, MA: Belknap.

Wiltermuth, Scott S., and Chip Heath. 2009. "Synchrony and Cooperation." Psychological Science 20 (1): 1–5.

Wink, Paul, Michele Dillon, and Britta Larsen. 2005. "Religion as Moderator of the Depression-Health Connection Findings from a Longitudinal Study." Research on Aging 27 (2): 197–220.

Wirth, Michael O., and Harry Bloch. 1985. "The Broadcasters: The Future Role of Local Stations and the Three Networks." In Video Media Competition: Regulation, Economics, and Technology, edited by Eli M. Noam, 121–37. New York: Columbia University Press.

Wittemyer, George, Iain Douglas-Hamilton, and Wayne Marcus Getz. 2005. "The Socioecology of Elephants: Analysis of the Processes Creating Multitiered Social Structures." Animal Behaviour 69 (6): 1357–71.

Wright, Robert. 2010. The Moral Animal: Why We Are, the Way We Are: The New Science of Evolutionary Psychology. Reprint, New York: Vintage.

Yandle, Bruce. 1983. "Bootleggers and Baptists—the Education of a Regulatory Economist." Regulation 7: 12.

Yandle, Bruce. 1999. "Bootleggers and Baptists in Retrospect." Regulation 22: 5. Youngberg, David, and Robin Hanson. 2010. "Forager Facts." Working Paper, May. http://hanson.gmu.edu/forager.pdf.

Zader, Rachel. 2016. "What Are Some Things That Cops Know, but Most People Don't?" Quora, February 7. https://www.quora.com/What-are-some-things-that-cops-know-but-most-people-dont/answer/Rachel-Zader.

Zahavi, Amotz. 1975. "Mate Selection—A Selection for a Handicap." Journal of Theoretical Biology 53 (1): 205–14.

Zahavi, Amotz. 2003. "Indirect Selection and Individual Selection in Sociobiology: My Personal Views on Theories of Social Behaviour." Animal Behaviour 65 (5): 859–63.

Zahavi, Amotz, and Avishag Zahavi. 1999. The Handicap Principle: A Missing Piece of Darwin's Puzzle. New York: Oxford University Press.

Zhong, Chen-Bo, Vanessa K. Bohns, and Francesca Gino. 2010. "Good Lamps Are the Best Police Darkness Increases Dishonesty and Self-Interested Behavior." Psychological Science 21 (3): 311–14.

Zhou, Wen, Xiaoying Yang, Kepu Chen, Peng Cai, Sheng He, and Yi Jiang. 2014. "Chemosensory Communication of Gender through Two Human Steroids in a Sexually Dimorphic Manner." Current Biology 24 (10): 1091–95.

뇌 속 코끼리
우리가 스스로를 속이는 이유

펴 낸 날 | 초판 1쇄 2023년 1월 30일

지 은 이 | 케빈 심러, 로빈 핸슨
옮 긴 이 | 이주현

책임편집 | 이윤형
편   집 | 강가비, 백지연, 이인지, 이정, 임한결, 최민성

표지디자인 | 별을 잡는 그물 양미정
본문디자인 | 이가민

펴 낸 곳 | 데이원
출판등록 | 2017년 8월 31일 제2021-000322호
편 집 부 | 070-7566-7406, dayone@bookhb.com
영 업 부 | 070-8623-0620, bookhb@bookhb.com
팩   스 | 0303-3444-7406

뇌 속 코끼리 ⓒ 케빈 심러, 로빈 핸슨, 2023

ISBN 979-11-6847-045-3 03400

* 잘못된 책은 구입하신 서점에서 바꾸어 드립니다.
* 이 책의 출판권은 지은이와 데이원에 있습니다.
   내용의 전부 또는 일부를 재사용하려면 반드시 양측의 서면 동의를 받아야 합니다.
* 데이원은 펜슬프리즘(주)의 임프린트입니다.